北京大学化学专业课教材

# 物理有机化学简明教程

王剑波 编著

**图书在版编目(CIP)数据**

物理有机化学简明教程/王剑波编著. —北京：北京大学出版社，2013.10
(北京大学化学专业课教材)
ISBN 978-7-301-23147-0

Ⅰ.①物…　Ⅱ.①王…　Ⅲ.①物理有机化学－高等学校－教材　Ⅳ.①O621.16

中国版本图书馆CIP数据核字(2013)第210113号

**书　　名：物理有机化学简明教程**
著作责任者：王剑波　编著
责 任 编 辑：郑月娥
标 准 书 号：ISBN 978-7-301-23147-0/O·0952
出 版 发 行：北京大学出版社
地　　址：北京市海淀区成府路205号　100871
网　　址：http://www.pup.cn　　新浪官方微博：@北京大学出版社
电 子 信 箱：zye@pup.pku.edu.cn
电　　话：邮购部62752015　发行部62750672　编辑部62767347　出版部62754962
印 刷 者：北京虎彩文化传播有限公司
经 销 者：新华书店
787毫米×1092毫米　16开本　14.5印张　360千字
2013年10月第1版　2023年6月第3次印刷
定　　价：43.00元(含1张光盘)

# 内容简介

物理有机化学涉及有机化合物结构和性能的关系，以及有机化学反应机理的相关理论和研究方法，是有机化学学科的核心内容之一。物理有机化学为反应机理的阐明提供基本的理论和方法，也是有机合成化学的重要基础。近年来物理有机化学的基本原理和方法也被广泛应用于超分子化学、生命科学以及材料科学等新兴前沿领域。对于从事有机化学以及相关领域研究的科研工作者，掌握一定程度的物理有机化学知识对于各自领域的科研工作是十分有益的。

物理有机化学的内容十分丰富，而本书作为一门32学时课程的教科书，旨在尽可能简明扼要地介绍物理有机化学的核心内容，强调对基本原理和方法建立过程的理解，使读者从中理解物理有机化学研究的基本思路。

本书共分8章，包括：物理有机化学概述、有机化学反应的过渡态理论、动力学同位素效应、线性自由能相关、有机化合物的酸碱理论、溶剂效应以及有机反应中间体等。每一章后还配以一定数量的练习题，读者可以通过这些实战练习加深对相关内容的理解。

# 作 者 简 介

**王剑波**，北京大学化学与分子工程学院教授。1990年于北海道大学获工学博士学位。1990—1995年分别在瑞士日内瓦大学和美国威斯康星大学做博士后。1995年回国到北京大学化学与分子工程学院任教。2000年获教育部跨世纪人才基金，2002年获国家自然科学基金委杰出青年基金，2005年被聘为教育部长江特聘教授。现任生物有机与分子工程教育部重点实验室主任。

2006年获中国礼来科学贡献奖，2007年获宝钢优秀教师奖，2008年获中国化学会-巴斯夫青年知识创新奖，2013年获国务院特殊津贴，2015年获高等学校科学研究优秀成果一等奖，2018年获中国化学会物理有机化学奖。主要研究方向为金属卡宾经由的催化反应，在国内外主要学术刊物发表论文300余篇。

# 前　言

物理有机化学是有机化学学科的核心内容之一，它为有机化学反应机理的阐明提供基本的理论和方法，是有机合成化学的重要基础。近年来物理有机化学的基本原理和方法也被应用于超分子化学、生命科学以及材料科学等新兴前沿领域。作者在北京大学化学与分子工程学院为有机化学专业高年级本科生讲授“物理有机化学”课程数年，本书是基于该课程的讲义编写而成的。

物理有机化学的内容十分丰富，而本书作为一门32学时课程的教科书，旨在尽可能简明扼要地介绍物理有机化学的核心内容。学生通过该课程的学习，初步了解掌握物理有机化学的基本原理和方法，并能在将来各自的科研中得到应用。对于专门从事物理有机化学研究的学生，则还需参考更为全面深入的专著。本书在每一章节中还配以一定数量的练习题，读者可以通过这些实战练习加深对相关内容的理解。

本书经清华大学刘磊教授和北京大学赵达慧教授仔细审校，北京大学陈家华教授也审校了部分内容，在此向他们表示衷心的感谢。本书的编写得到北京大学出版社的鼎力支持，特别是责任编辑郑月娥老师认真细致的编校，一并深表谢意。

由于作者水平有限，本书中错误、缺点在所难免，恳请读者批评指正，以便将来有机会再版时得以更正。

王剑波
2019年11月

# 目　　录

# 第 1 章　物理有机化学概述
## (Introduction to Physical Organic Chemistry)

物理有机化学的基本任务是利用某一有机化学反应所包含的化合物的基本性质来解释引起该化学反应的原因或者驱动力,以及解释影响这种化学变化速度的各种因素。物理有机化学是通过研究有机化学反应的详细历程(机理,mechanism)来实现上述两个目的的。近年来,物理有机化学的基本原理和方法还被应用于材料科学、生命科学以及超分子化学等前沿交叉领域的研究。

本书的读者需要对有机化学的基础理论和基本反应机理有较好的掌握。在本书中我们将会以若干有机反应机理为例展开讨论,目的在于展示物理有机化学的基本原理以及机理研究的基本方法。

### 1.1　引言

很多化学家认为反应机理是化学研究的核心,也就是要精确地测定分子进行化学反应所发生的一些具体变化和相互作用。比如化学键的形成和断裂,立体构型的变化,中间体以及过渡态的结构和性质等等。要完全描述一个有机反应的机理,最理想的情况是要能够"看到"反应物分子转变为产物分子的全过程中所有原子在不同时间的确切位置。然而这样的理想目标从来也没有完全实现过,因为许多化学变化对于任何能直接监测的方法来说发生得太快。分子的振动和碰撞的时间尺度在 $10^{-12}\sim10^{-14}$ s 范围之内,这比一般的光谱监测方法所能够达到的时间分辨快得多。因此,我们无法实时地"看到"化学键的旋转、伸缩、断裂和形成等过程。

例如,有机化合物结构鉴定最为常用的核磁共振的时间分辨大约为 $10^{-3}$ s。有机分子由于键的旋转大多数具有快速转换的构象异构体,比如我们熟知的环己烷相对稳定的有椅式构象和船式构象。在测定这些分子的结构时,由于构象之间的转换非常快,我们看到的谱图是这些结构的平均(准确地说是和稳定性相关的权重平均)。

因此,在通常的条件下我们不能够看到单个的构象。如果希望看到单个的构象,就必须提高仪器的时间分辨,或者降低分子的运动速度。要降低分子的运动速度,常用的方法是降低温度。因此,低温核磁、低温红外等是研究分子结构的有力手段。当降到适当的低温时,分子的运动速度能够变慢到仪器的时间分辨极限以内(图 1-1)。此外,通过大基团的取代也可以降低构象之间相互转化的速度。比如,碘代环己烷中与碘相连碳上的氢在室温的核磁谱中是一个复杂的多重峰,而在 −80℃时两种椅式构象可以清楚地区分开来,处于平伏键和直立键的质子分别表现为宽的单峰和清晰可辨的多重峰(*J. Am. Chem. Soc.* **1969**, *91*, 344),见图 1-2。

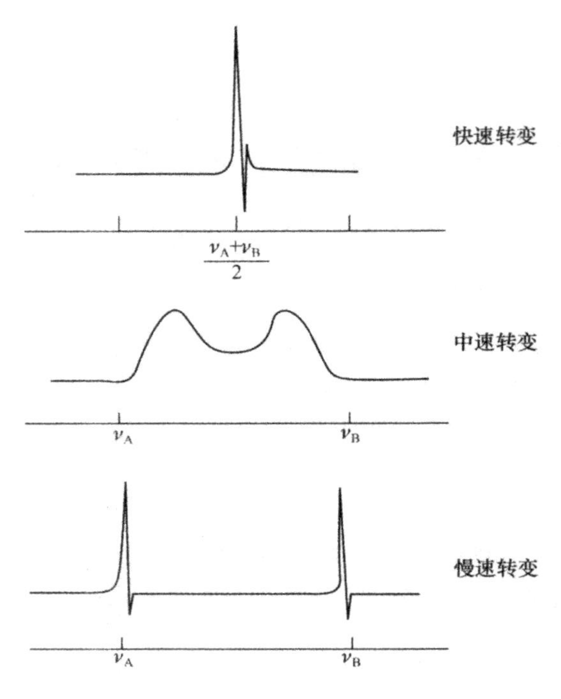


**图 1-1　在核磁共振中两种结构可以互相转变的体系随温度的变化（A $\rightleftharpoons$ B）**

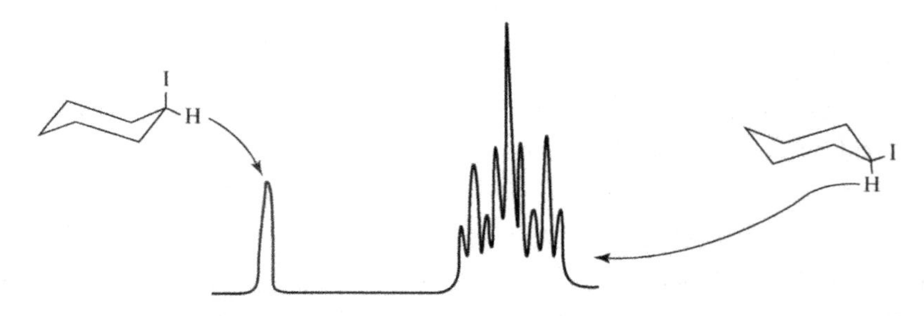


**图 1-2　−80℃时环己基碘的核磁共振氢谱（100 MHz），高场区的吸收没有显示**

由于直接观测反应过程很困难，可以说迄今为止关于反应机理的绝大部分知识都是由间接的证据推理而得到的。化学家的工作就是设计一些适当的实验以获得最大可能的结论性证据。因此，可以认为没有一个化学反应机理被绝对地证明过。我们只能认为，某一个或某一些证据支持某个机理，或者说它（们）与某一机理相一致。当然，一个新的实验证据就有可能有力地否定某一给定的机理。即使对于一些“很好建立”起来的机理也常常需作重大的修改，或者仅因某一个新的证据就被完全推倒。一个合理的反应机理必须能够解释该反应相关的所有已知事实，而且它还必须具有强的预见能力。

例如，我们熟知的格氏试剂与酮的反应就是一个很好的例子（图 1-3）。格氏试剂的反应最初被认为是格氏试剂对羰基的亲核进攻，后来发现一些 Lewis（路易斯）酸，如氯化镁，甚至格氏试剂本身对反应具有催化作用。另外，在反应过程中除了生成产物外，常常还可以得到还原产物，比如能分离得到频哪醇。显然，亲核加成反应的机理无法解释这些产物的生成。此外，人们还发现金属镁的纯度对反应也有很大影响，微量的过渡金属杂质的存在有利于频哪醇的生成。这些实验事实表明，除简单的极性历程外，还可能有自由基反应途径。人们进一步通过大量的实验证实了这样的推断。

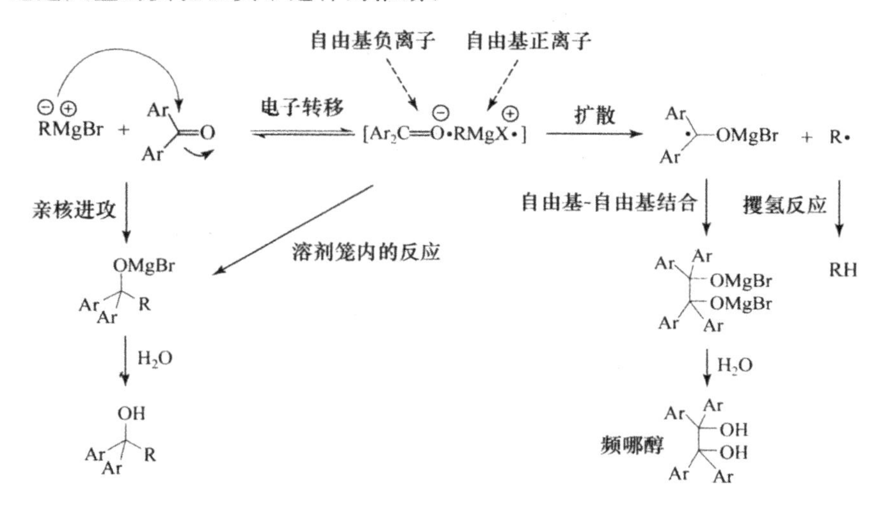


图 1-3　格氏试剂与酮反应的机理

既然反应机理只能通过实验间接推测，并且无法绝对证明，那么我们为什么还需要研究？反应机理研究对于有机化学的重要性可以归纳为以下几点：

1）在有机合成方面，反应机理的知识常能够指导我们选择适当的反应条件以得到较高产率或者提高反应的选择性。已知，亲核反应在不同的有机溶剂中有很大的差别。了解了反应机理中的决速步为负离子的亲核进攻，以及非质子性极性溶剂由于无法有效地溶剂化负离子，进而使得亲核负离子更具有活性以后，我们就知道应该选用什么样的溶剂来提高反应的速率。例如，甲醇和二甲亚砜都是极性溶剂，但是非质子性的二甲亚砜由于没有强酸性的质子，不和负离子形成氢键，并且由于其特定的形状，很难溶剂化溶液中的负离子，这导致甲氧基负离子在二甲亚砜中具有更强的反应活性。

$$\mathrm{PhCH(Me)CN} + \mathrm{MeO}^{\ominus} \longrightarrow \mathrm{Ph\overset{\ominus}{C}(Me)CN} + \mathrm{MeOH}$$

$$k(\mathrm{DMSO}) / k(\mathrm{MeOH}) = 109$$

2）反应机理的知识可以把表面上看来互不相干的大量反应联系在一起。有机化学的一大特点是反应种类繁多，仅常用的人名反应就有上百种，单纯靠记忆掌握这些反应是一件十分困难的事情。如果我们根据反应机理对繁杂的有机反应进行分类，则会发现有机反应的类型其实并不多，并且它们相互之间也有联系。例如，频哪醇/频哪酮的重排反应，不同的起始物和反应条件生成同样的产物，这些可以用共同的碳正离子中间体联系在一起。这些表面看上去不同的反应，本质上却是相同的，即碳正离子的 1,2-迁移。

碳正离子的 1,2-迁移反应机理也把表面上不同的二烯酮/酚重排联系在一起。从机理上来看，它们和上面的频哪醇/频哪酮的重排一样，经历了相同的碳正离子 1,2-迁移，属于同一类反应。

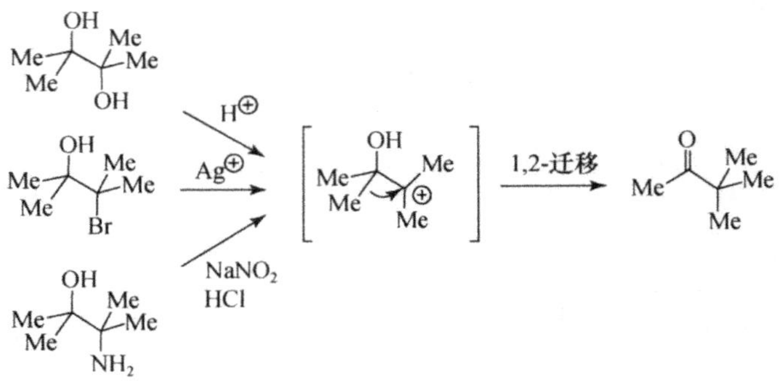

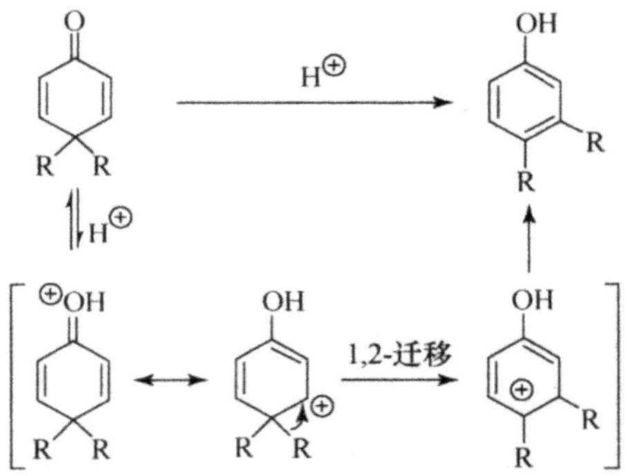

3）机理方面的研究说明，我们对化学问题的探讨已进入到分子实际上发生什么变化和为什么发生这种变化的境界。机理方面的深厚背景可以帮助我们透过繁杂的现象，看到隐藏在背后的本质，我们对化学的认识因此也上升到更高的层次。

## 1.2 一些重要的基本概念

**反应机理**（reaction mechanism）：反应机理是通过一系列的基元反应来实现的化学变化的详细过程。

**基元反应**（elementary reaction）：只有一个过渡态而不包含任何中间体的过程。

**过渡态**（transition state）：在基元反应过程中经历的具有最高势能的结构。

**反应中间体**（reaction intermediate）：由两个以上基元反应所组成的化学反应中存在的最低能量的化学结构，其寿命长于典型的分子振动（$10^{-13} \sim 10^{-14}$ s）。

在一个两步反应的反应进程示意图中，有关过渡态和中间体的信息对于了解反应机理是十分重要的（图 1-4）。但是这些中间过程发生在极短的时间范围内，因此相关的研究是非常具有挑战性的。我们可以通过下面简单的计算来体会这些过程的短暂性。

假若有一个反应在 10 min 内完成，按秒计算为

$$10\ \text{min} \times 60\ \text{s/min} = 600\ \text{s}$$

过渡态发生在 $10^{-13}$ s（化学键振动的时间尺度）的时间范围内。假设整个过程的时间放大 $10^{13}$ 倍，则过渡态发生在 1 s 的时间范围内，反应的时间则为

$$\frac{600 \times 10^{13}\ \text{s}}{(365 \times 24 \times 60 \times 60)\ \text{s/a}} = 1.9 \times 10^{8}\ \text{a} = 1.9\ 亿年$$

也就是说，如果把这个 10 min 的反应比喻成一部电影，那么过渡态仅是一部 1.9 亿年长

电影中出现的一些1秒钟的画面！因此，直接用实验的方法研究过渡态是极为困难的。目前人们所了解的反应过渡态的信息绝大部分是通过间接的实验手段，例如通过研究反应的动力学和热力学。近年来随着理论计算的发展，很多有关反应过渡态的信息（能量、结构等）可以通过量子化学理论计算获得。

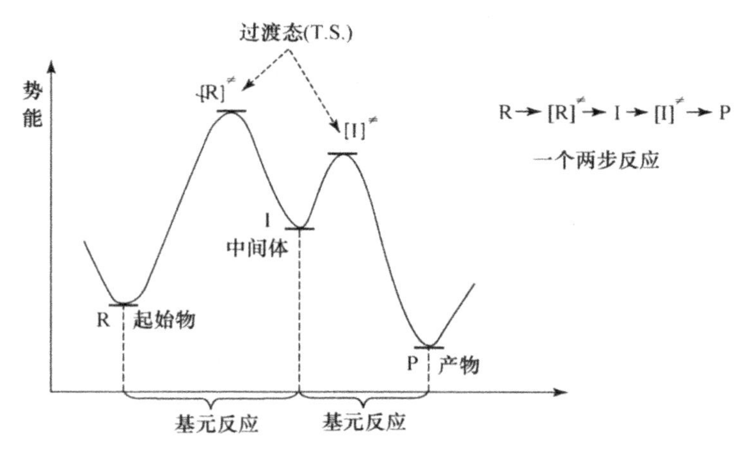


图 1-4 一个两步反应的反应进程示意图

另一方面，目前最先进的实验技术也已有可能直接观测到这种飞速的过程，这主要归功于近代激光技术的发展。现在的激光脉冲可以达到飞秒（fs，$10^{-15}$ s）数量级。例如，加州理工学院的 Zewail（1999 年诺贝尔化学奖获得者）领导的研究组一直致力于飞秒激光反应动力学的研究。他们运用飞秒激光技术研究了若干有机反应（消除反应、Diels-Alder 反应等）的详细历程，对反应过渡态进行了直接的观察。例如，碘和苯的电荷转移反应是一个已经有 100 多年历史的经典反应，将苯和碘混合以后会产生新的颜色，即新的吸收光谱。现在这个经典反应的详细过程可用最先进的激光技术呈现在我们面前。首先用分子束把 $I_2$ 和苯带到一起，接着用飞秒激光脉冲给予体系一定的能量来引发电荷转移反应，然后用一系列激光脉冲来观测过程的变化，并用质谱观测最终产物的生成。从反应开始到碘原子出现，总的时间是 750 fs（$7.5\times10^{-13}$ s）(*J. Phys. Chem.* **1996**, *100*, 12701)，见图 1-5。

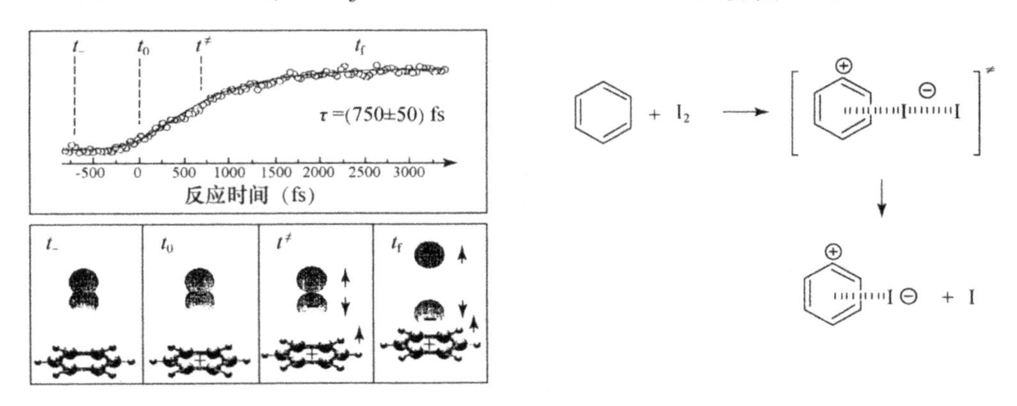


图 1-5 飞秒激光技术直接观察化学反应

另外，用激光闪光光解的方法可以测量纳秒（ns，$10^{-9}$ s）数量级的反应速率，再结合其他技术已有可能得到皮秒（ps，$10^{-12}$ s）数量级的化学变化的精确过程。例如，美国韦恩州立大学 Newcomb 领导的研究组运用激光闪光光解的方法测量了一系列快速自由基单分子重排的速率常数，再结合间接的动力学研究手段，得到自由基 **A** 的重排速率常数为 $4\times10^{11}\ s^{-1}$。这是最快的单分子重排反应之一，接近单分子重排反应的速率极限($6.3\times10^{12}\ s^{-1}$，25℃)。由动力学数据可知，二苯基取代环丙烷基甲基自由基的寿命只有 $2.5\times10^{-12}$ s，目前常规的实验技术难以直接观察到如此短寿命的中间体(*J. Am. Chem. Soc.* **1992**, *114*, 10915)。

$$\text{Ph}_2\text{C(cyclopropyl)CH}_2\cdot\ (\mathbf{A}) \underset{}{\overset{k=4\times10^{11}\ s^{-1}(25℃)}{\rightleftharpoons}} \text{Ph}_2\dot{\text{C}}\text{CH}_2\text{CH=CH}_2$$

## 1.3 提出合理的反应机理

虽然已经有一些最尖端的技术使得直接观察反应的详细历程逐渐成为可能，但是就目前来说，绝大部分的机理研究仍然是借助于间接的方法。对于某一有机反应的机理研究是从提出合理的反应机理开始的。对于大多数反应，我们能够设想出许多可能的机理。因此，决定一个可能的机理是否合理及是否值得深入考察和验证，将是我们开始机理研究时最重要的步骤之一。

例如，讨论下面的氰基负离子对 2-溴丁烷的亲核取代反应：

$$CH_3CH_2CH(CH_3){-}Br + {}^{\ominus}CN \longrightarrow CH_3CH_2CH(CH_3){-}CN + Br^{\ominus}$$

如果不以任何化学知识为基础，而是仅从最小单元的组合考虑，可以设想反应物分子按下式都分解为原子，然后再重新组合成产物分子。显然，稍有化学常识的人都可以看出这种机理是十分荒谬的，完全不值得进一步探讨。

$$CH_3CH_2CH(CH_3){-}Br + {}^{\ominus}CN \longrightarrow [5C + 9H + N + Br + e^{\ominus}] \longrightarrow CH_3CH_2CH(CH_3){-}CN + Br^{\ominus}$$

根据我们的化学知识以及对于类似取代反应的了解，可以设想以下的机理：

$$CH_3CH_2CH(CH_3){-}Br + {}^{\ominus}CN \longrightarrow CH_3CH_2CH(CH_3){-}CN + Br^{\ominus}$$

这个反应机理看上去是合理的，但即使对这样一个简单的反应机理，对于它的细节也仍然有许多值得探讨之处。如我们可以提出反应在什么时间、什么位置以及为什么这样发生等问题。确切地说，溴离子是在什么时间离开的——是在氰基离子键合上去之前、之后，还是键合上去的同时(我们知道，这和反应是 $S_N1$ 机理还是 $S_N2$ 机理有关)？此外，相对于溴原来的位置，氰基离子接到碳原子的什么地方(这可以从产物的立体化学推断)？最后，这个反应为什么能发生，尤其是它为什么能按照提出的机理所描述的具体方式发生？这些问题均涉及该反应的本质。

我们可以看到，即使对这样简单的取代反应也可以提出几种可能的合理机理。物理有机化学的一个主要任务正是通过各种实验和理论的手段从这些可能的合理机理中筛选出更加合理的机理。

虽然判断一个可能的机理是否合理，似乎是一件依靠经验或直觉的事情，但是我们仍然可以列出关于确立可能机理合理性的一些基本规则。遵循这些规则，我们能更为有效地提出合理的反应机理。

**确立反应机理的基本规则**

1）**简要原则**。在能够解释全部实验事实的前提下，机理应当尽可能地简单。如果有几个机理假设均与实验事实相符，那么就应当选择最简单的那一个。简要原则可以帮助我们排除很多繁杂多余的机理假设。

2）**基元反应通常只能是单分子或者双分子的反应**。化学反应动力学告诉我们，两个以上的分子按一定的空间取向同时碰撞发生反应的机会是非常罕见的。例如，在一个大气压下，气相中双分子碰撞的概率比三分子同时碰撞约大1000倍，因此仅有极个别的基元反应是三分子的。这条规则在我们考虑多步反应的机理时是十分重要的。

3）**机理中的每一步骤在能量上应该是合理的**。有机化学反应必须符合热力学的基本定律。它们是建立在无数实验事实的基础之上的，具有与数学公理相似的地位。现在通过量子化学理论计算可以比较容易地获得机理假设中每一步的能量变化，这对于判断机理假设中每一步在能量上的合理性是非常有帮助的。

4）**机理中的每一步骤在化学上应当是合理的**。最后这个准则通常需要很丰富的经验和直觉判断能力。一般来说，我们是基于类似反应的知识来进行判断的。我们所提出的机理通常应与类似反应的已知机理相一致。当然，不符合已知情况的反应机理也可能会出现，甚至常常会出现。一个背离“正常”行为的发现就表示一个新的启示，这种情况自然要求更有份量的证据，以便提出新的机理。在科学研究中，对于非正常现象的关注常会导致新的甚至重大的发现。例如，烯烃复分解反应最初也是作为烯烃聚合反应中的一个较奇特的副反应被观察到的。对这个“非正常”反应的长期关注导致了有机合成化学中重要方法的发展。

需要指出的是，虽然计算化学为机理研究提供了强有力的手段，但是理论计算必须基于合理的机理假设。也就是说，计算机只能针对我们提出的特定机理假设进行运算。显然，即使有非常先进的计算手段，我们还是无法穷尽其他可能的反应路径。因此，提出合理的机理假设是至关重要的一步，上述的这些基本原则在当今的机理研究中仍然十分重要。

在根据已知的实验事实提出一个合理的假设以后，机理研究工作就进入设计实验或者进行理论计算以证实这种假设的阶段。以下将简要介绍进行机理研究的一些实验方法。需要注意的是，虽然探讨机理的许多技术经过多年的发展和应用已经是相当标准化了，但是在一些情况下最有力的证据往往来自对所讨论具体反应专门设计的独特实验。因此，需要注意机理研究不能完全局限于以下的“标准化”方法。

## 1.4　研究反应机理的基本方法

### 1. 产物的研究，包括副产物

对于某一反应，首先需要准确地确定产物的结构，这是所有后续工作的基础。需要特别指出的是，在机理研究中副产物和主产物具有同样的重要性。对某一反应提出的任何机理假设，要能合理解释得到的所有产物的形成，包括所有的副产物。例如，对于甲烷的氯化反应：

$$CH_4 + Cl_2 \xrightarrow{h\nu} CH_3Cl + CH_3CH_3\text{（少量）} + HCl$$

若提出的机理不能解释少量乙烷在该反应中的形成原因，那么这个机理就不可能是正确的。在中性的反应条件下形成了碳碳键，最有可能是通过自由基之间的结合。我们现在知道，这个反应是经历了经典的自由基的链式反应，甲基自由基结合形成乙烷是整个链式反应中链终止的步骤之一。

$$CH_3\cdot \ \ \cdot CH_3 \longrightarrow CH_3CH_3$$

**2. 中间体的确立**

中间体的确立在机理研究中往往具有决定性的意义。然而，由于中间体通常不稳定，特别是现代有机合成中十分重要的过渡金属催化反应的中间体。发展高活性的催化反应是合成方法学努力追求的目标，然而催化活性越高，相关中间体的研究就会变得越困难。反应中间体的研究通常有以下几种方法：

1）中间体的分离。反应经过一段时间后在其未完全反应之前停止，将中间体分离出来进行结构确定。这种实验的前提当然是需要中间体具有一定的稳定性。例如在霍夫曼降解反应中，中间体 RC(O)NHBr 被分离出来，结构得到确认，并且将这个中间体在相同反应条件下反应会得到相同的最终产物（图 1-6）。需要注意的是，后者的验证实验通常是必需的，因为这样才能够确定分离得到的化合物的确是该反应的中间体。

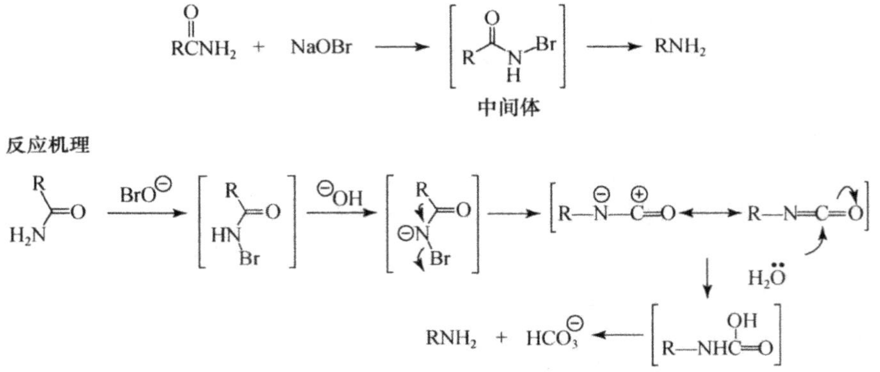

$$RC(=O)NH_2 + NaOBr \longrightarrow \left[ RC(=O)NHBr \right] \longrightarrow RNH_2$$

中间体

反应机理

$$H_2N{-}C(=O)R \xrightarrow{BrO^{\ominus}} \left[ BrHN{-}C(=O)R \right] \xrightarrow{^{\ominus}OH} \left[ Br{-}\overset{\ominus}{N}{-}C(=O)R \right] \longrightarrow \left[ R{-}\overset{\ominus}{N}{-}\overset{\oplus}{C}{=}O \longleftrightarrow R{-}N{=}C{=}O \right]$$

$$\xrightarrow{H_2\ddot{O}} \left[ R{-}NHC(OH){=}O \right] \longrightarrow RNH_2 + HCO_3^{\ominus}$$

**图 1-6　霍夫曼降解反应的机理**

2）中间体的检测。很多情况下中间体不可能被分离出来。比如大多数自由基、碳正离子、碳负离子、卡宾等。对于这些活泼的反应中间体，可以利用红外、核磁共振、顺磁共振等光谱手段检测其存在。此外，应用时间分辨的光谱可以跟踪中间体浓度的变化，进一步研究反应的动力学。在一些特殊的条件下，活性中间体有可能稳定存在，使得详细的谱学研究成为可能。例如，可以用惰性基质（inert matrix）在低温下对于一些非常活泼的中间体进行检测（参考 7.9 节中芳基卡宾的 ESR 研究）。Olah 的著名工作是在超酸介质中产生碳正离子，进一步应用低温核磁共振方法直接进行研究。

3）中间体的捕获。对于寿命非常短、用光谱手段无法直接观测的中间体，我们可以采取间接的方法进行研究。常用的一种间接研究方法是在反应中加入另一试剂（称为捕获剂，trapping agent），使中间体与加入的试剂反应生成稳定的产物，通过分离鉴定该产物来反推中间体的结构。这种间接的方法采用的是常规的化学实验手段，因此，在一般的有机化学实验室里也很容易进行。例如，用双烯的 Diels-Alder 反应捕获苯炔（benzyne）中间体。

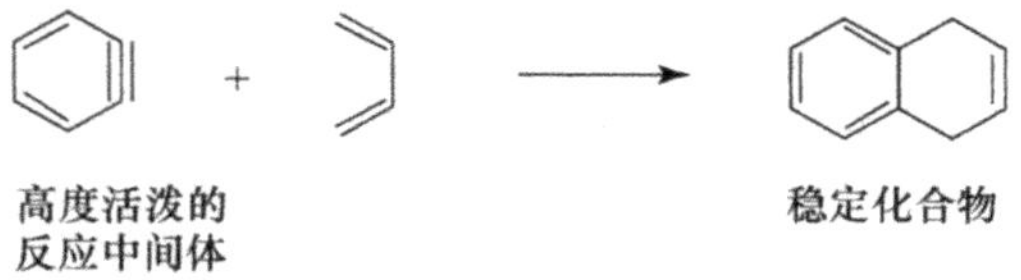

高度活泼的
反应中间体

稳定化合物

4）中间体的独立合成。如果机理中有某个可疑的中间体，则有可能用另外一条独立的路线合成这个中间体（或者这个中间体的前体），并使之在相同的条件下反应。如果所提出的机理正确，那么应当得到相同的产物。图 1-7 的例子很好地说明了中间体的独立合成在机理研究中的应用。环戊醇在 $HgO/I_2$ 作用下生成次碘酸酯，进一步光照以后形成烷氧自由基，再经一系列的自由基反应最终生成碘代甲酸酯 **B**。该反应的关键步骤是烷氧自由基的两次 β-碳碳键断裂，其中第二次 β-碳碳键断裂是经由 **A** 产生的自由基的选择性 β-碳碳键断裂（只发生在碳碳键，而不发生在碳氧键）(*J. Org. Chem.* **1984**, *49*, 3753)。

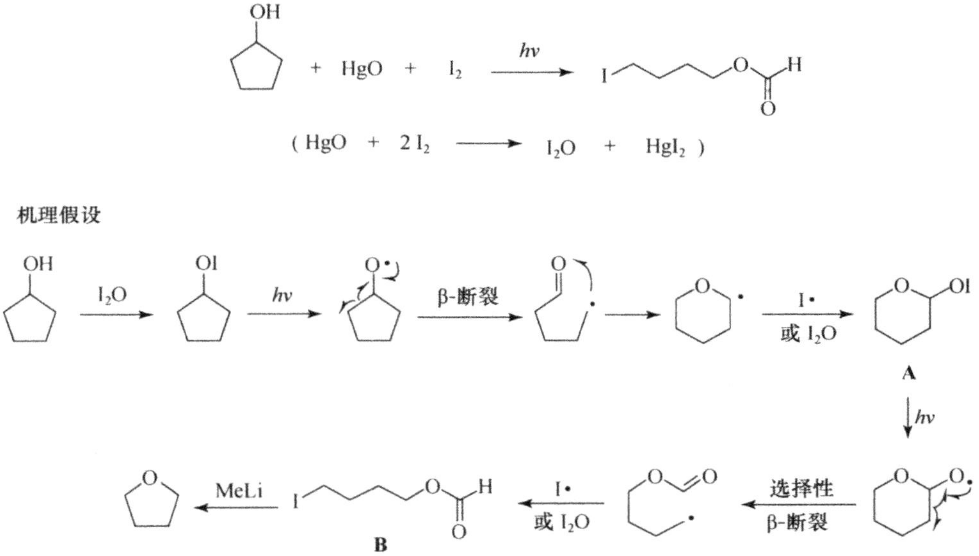

OH
+ HgO + $I_2$ $\xrightarrow{h\nu}$ I　O　H
O

$$(HgO + 2I_2 \longrightarrow I_2O + HgI_2)$$

机理假设

OH　$I_2O$　OI　$h\nu$　O·　β-断裂　O　·　O　·　I·
或 $I_2O$　O　OI

A

$h\nu$

O　MeLi　I　O　H
O
B　I·
或 $I_2O$　O　O　·　选择性
β-断裂　O　O·

**图 1-7　环戊醇在 $HgO/I_2$ 作用下的反应机理**

该反应机理中关键中间体 **A** 的前体，可以通过另外一条路线合成（图 1-8）。实验表明，独立合成的半缩醛 **C** 在完全相同的条件下生成了碘代甲酸酯，进而为上述反应机理提供了有力的证据。

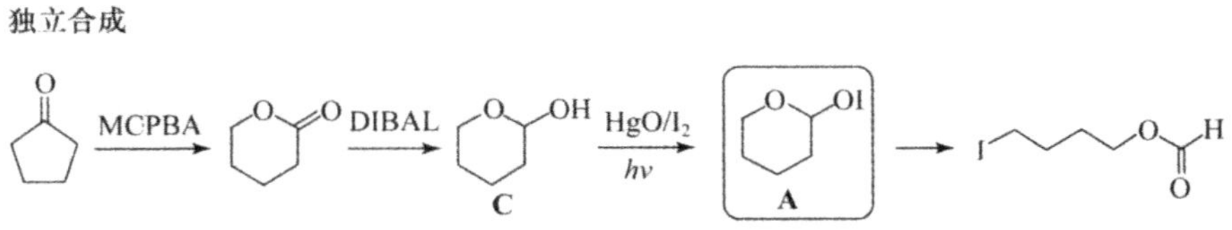

独立合成

O　MCPBA　O　O　DIBAL　O　OH　$HgO/I_2$
$h\nu$　O　OI　I　O　H
O
C　A

MCPBA: *m*-chloroperoxybenzoic acid　　DIBAL: diisobutylaluminium hydride

**图 1-8　中间体 A 的独立合成**

### 3. 同位素标记(isotope labeling)

同位素取代分子中的相应原子基本不影响该分子的化学性质，因此，可以利用同位素$^{2}H$，$^{14}C$，$^{18}O$，$^{15}N$等确立反应过程中原子的去向。注意，这里同位素标记方法和第3章要介绍的同位素效应的区别。

例如，碳-14标记为确定苯炔中间体的存在提供了有力的证据。在液氨中，氯苯和$KNH_2$反应生成苯胺。实验证据表明，卤代苯中卤素被氨基负离子取代的反应比想象的要复杂得多。

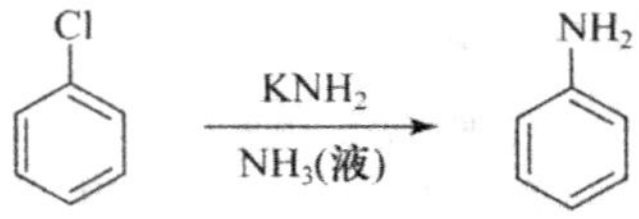

Cl　$\xrightarrow[NH_3(液)]{KNH_2}$　$NH_2$

可以设想的机理是$NH_2^-$直接进攻苯环取代氯离子。这在化学上并不合理，因为从有关芳香环的化学反应知识我们知道，苯环易于发生亲电取代，除苯环上有强拉电子基团的情况外极少发生亲核取代。

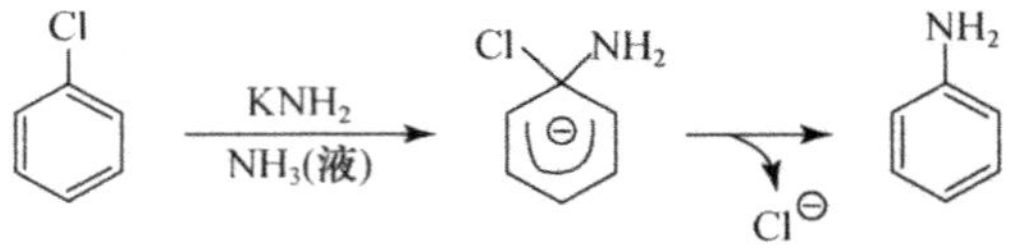

Cl　$\xrightarrow[NH_3(液)]{KNH_2}$　Cl　$NH_2$　⊖　→　$NH_2$　$Cl^{\ominus}$

以上的反应机理也与下面的实验事实不符：当氯的邻位有烷基取代时，反应生成了邻位和间位的混合物。

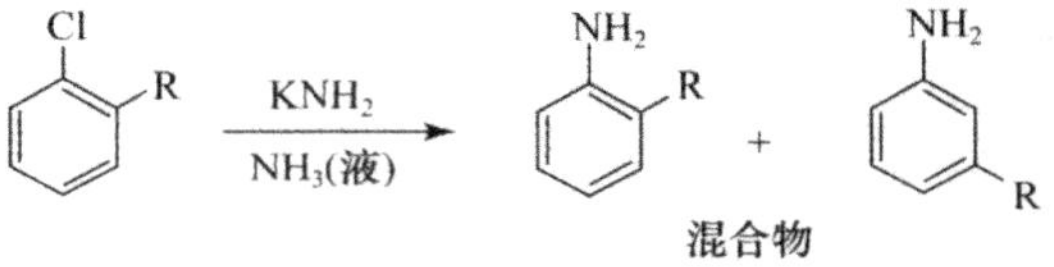

Cl　R　$\xrightarrow[NH_3(液)]{KNH_2}$　$NH_2$　R　+　$NH_2$　R

混合物

那么，是否有可能存在一个和芳香亲核取代机理平行的反应机理生成间位的产物呢？这时用同位素技术，将与氯原子相连的碳用$^{14}C$标记，我们得到以下的实验结果：

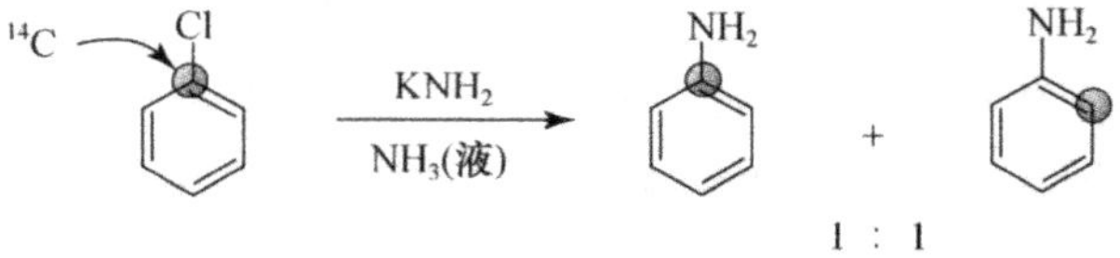

$^{14}C$　Cl　$\xrightarrow[NH_3(液)]{KNH_2}$　$NH_2$　+　$NH_2$

1 : 1

显然，上述的平行机理的解释是难以成立的。因为这要求平行的过程和亲核芳香取代以完全相同的速率进行，设想这样的巧合并不合理。而1∶1产物的事实通常是强烈地提示存在一个共同的中间体，在这个中间体中原有的取代基的位置，即和氯相连的碳，和其邻位在反应过程中由于产生对称结构而变得等价。因此，最有可能的机理是经历了一个高度活泼的苯炔中间体(应用前面提到的中间体捕获技术进一步证实了苯炔的存在)。

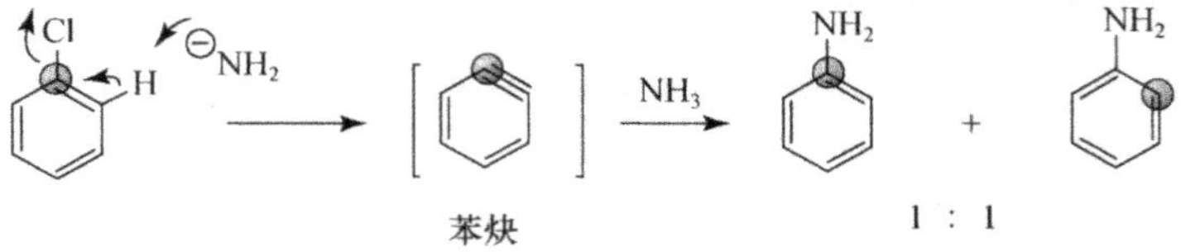

Cl　H　$^{\ominus}NH_2$　→　[苯炔]　$\xrightarrow{NH_3}$　$NH_2$　+　$NH_2$

苯炔　　　1 : 1

应用同位素标记技术的另一个例子是康奈尔大学 Carpenter 关于环丁二烯结构的工作。按照 Hückel 理论，环丁二烯是反芳香性的分子。事实上，环丁二烯是极为不稳定的分子，在室温下是不能够存在的。一个有趣且具有重要理论意义的问题是，环丁二烯分子的形状是正方形的还是长方形的。

正方形　或者　长方形

对于这个看似棘手的问题，Carpenter 教授应用同位素标记技术设计了一个巧妙的实验（图 1-9）。环丁二烯的前体偶氮化合物用同位素 D 标记，产生的环丁二烯用高度缺电子的烯烃通过[4+2] Diels-Alder 反应捕获。通过分析产物的结构将获得有关环丁二烯结构的信息（*J. Am. Chem. Soc.* **1980**, *102*, 4272; **1982**, *104*, 6473）。

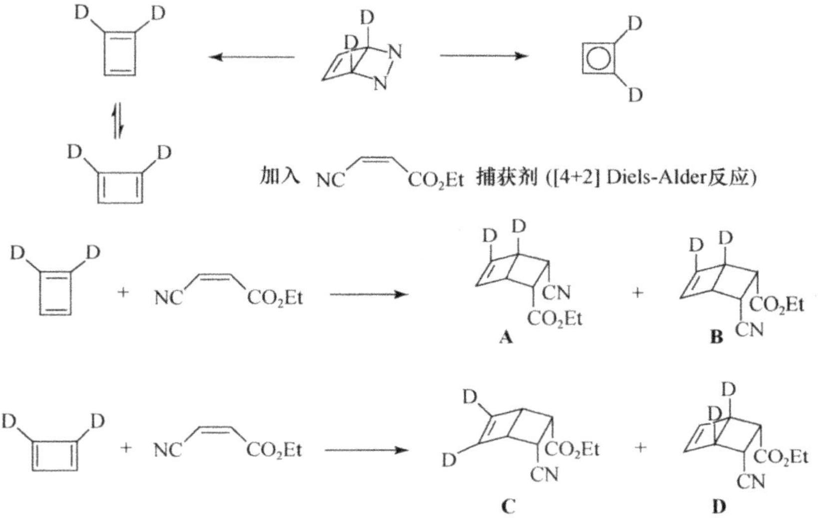

**图 1-9　环丁二烯的研究**

从反应式分析，如果环丁二烯具有正方形的结构，即环丁二烯的双键电子完全离域，或者两种长方形结构的重排非常快，那么四种[4+2]产物应当是等量的，即 **A**=**B**=**C**=**D**。结果发现 **A**+**B**≫**C**+**D**，因此，这个实验支持环丁二烯为长方形结构的结论。另外，应用产物的比率对浓度和温度的依赖关系可以研究两种长方形异构体之间相互转化的活化参数。

同位素标记的优点在于，如果没有显著的同位素效应，那么就常常可以应用简单的统计学来预测一个指定机理的标记异构体的比率。另一方面，同位素标记虽然是巧妙而简明的技术，但在实际的研究工作中却往往是十分困难的。主要的困难来自于同位素标记底物的合成。例如，上一个例子中合成 $^{14}C$ 标记的氯苯就是一个有一定挑战性的工作。另外，同位素标记实验还是比较费钱的方法之一。尽管如此，由于同位素标记常常可以提供用其他方法所得不到的信息，因此它是反应机理研究中常用的重要手段。

#### 4. 同位素效应(isotope effect)

当反应物分子中的氢（或者其他原子）被重氢（或相应的同位素）取代时，反应速率往往会发生变化，这种现象称为动力学同位素效应。这方面的研究可以提供反应机理中决速步以及过渡态结构方面的信息。有关反应机理研究中的同位素效应方法将在第 3 章详细讨论。

**5. 立体化学(stereochemistry)**

根据化合物的构型变化可以推断反应物变化的方式、键的形成和断裂的方向等。例如 $HO^-$ 对碘甲烷的亲核取代反应,我们试图知道 $HO^-$ 是从什么方向进攻。这个问题可以由不对称分子,如(*R*)-2-碘丁烷,作为反应底物的研究来解决。

$$CH_3-I + {}^{\ominus}OH \longrightarrow CH_3OH + I^{\ominus}$$

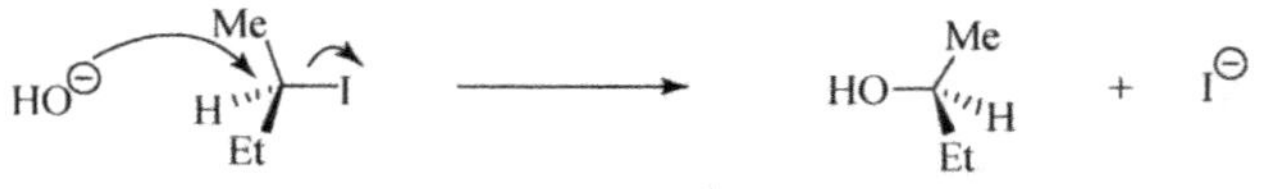

(*R*)-2-碘丁烷　　(*S*)-2-丁醇

实验证明,(*S*)-2-丁醇为唯一的产物,即产物的构型发生了完全的翻转,从而可以明确地证明 $HO^-$ 确切进入的位置,同时也说明反应是按照协同的机理($S_N2$)进行。

立体化学的方法并不局限于应用手性化合物。即使起始物没有旋光性,只要产物有可能显示出立体化学的特征,就有可能对机理进行推断。例如在溴对于双键的加成反应中,得到的产物为反式。这表明,溴的加成不可能按协同方式一步发生,一定是分步进行的,并且两个溴原子是从双键的两侧加上去的。

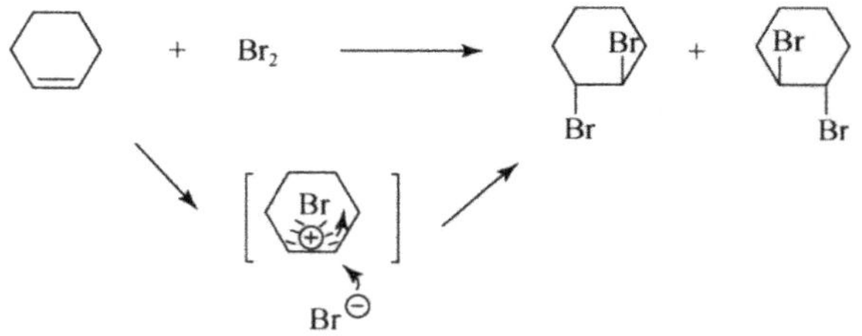

**6. 动力学(kinetics)**

迄今为止,大多数有关反应机理的证据是由研究各种反应参数对反应进程的影响而得到的,例如反应的活化能、活化焓、活化熵等。而这些反应参数又是通过测定反应速度来定量的(虽然理论计算现在可以在这方面发挥很大作用)。另外,反应动力学的研究可以获得有关哪些分子和有多少分子参与了决速步的信息,以及通过动力学方程验证机理假设的正确性。从物理有机化学发展的历史上看,动力学为阐明反应机理做出了最大的贡献。下面,我们将简单回顾动力学方法的基本内容。

## 1.5 动力学研究的一般方法

简单地说,反应速率就是任一产物或反应物的浓度变化的速度。比如,对于下述假想的反应:

$$2A+B \longrightarrow C+2D$$

我们可以写出这样的速率表达式：

$$速率=-\frac{1}{2}\frac{d[A]}{dt}=-\frac{d[B]}{dt}=\frac{d[C]}{dt}=\frac{1}{2}\frac{d[D]}{dt}$$

因此，一个反应的速率测定至少需要知道反应中一种物质的浓度对时间的函数。要实现这样的目的，我们主要有以下两种方法：

1）在选定的时间区间移出一定份量的反应混合物，快速终止反应，进行各组分分析。

2）连续或间歇地分析反应混合物中某些与浓度有关的物理性质。例如用核磁共振、时间分辨的红外或紫外等。这种方法的优点是，它可以在不干扰反应的情况下多次甚至连续地监测反应。

用于研究反应动力学的一些特殊技术包括快速反应的遏流、温度骤变以及闪光光解等。近年来发展迅速的激光闪光光解已使我们能够在皮秒（$10^{-12}$ s）甚至飞秒（$10^{-15}$ s）的时间范围内监测分子。

**1. 反应级数(reaction order)**

$$mA+nB+pC+\cdots\longrightarrow$$

在涉及 A,B,C…的上述反应中，反应速度的一般表达式为

$$-\frac{d[A]}{dt}=k[A]^a[B]^b[C]^c\cdots$$

我们称 $k$ 为速率常数(rate constant)，但实际上它是随温度、溶剂以及其他反应条件而变化的。对于服从上述动力学方程的反应，对 A 可以说是 $a$ 级，对 B 是 $b$ 级，对 C 是 $c$ 级，对整个反应来说则是$(a+b+c)$级的。指数 $a$、$b$ 和 $c$ 通常是 0、1 或 2，但是它们不一定与反应方程式中的系数有关，也可以不是整数。

对于基元反应（即只有一个过渡态，不包含任何中间体的过程），单分子反应为一级动力学，双分子反应为二级动力学。但是，对于多步反应，这种对应关系却不是一定的。例如，一个多分子参与的反应仍然可以有一级动力学方程。多步反应总的动力学方程称为表观动力学方程，相应的反应常数称为表观动力学常数。

**2. 简单反应的积分速度定律**

1）零级反应动力学

$$-\frac{d[A]}{dt}=k_0,\quad \int_{[A]_0}^{[A]}d[A]=k_0\int_0^t dt$$

可以得到

$$[A]=[A]_0-k_0t$$

零级反应的特征是浓度和时间呈简单的线性关系（图 1-10(a)），可以直接从浓度和时间的关系获得速率常数。显然，零级反应不可能是基元反应。

2）一级反应动力学

$$-\frac{d[A]}{dt}=k_1[A],\quad \int_{[A]_0}^{[A]}\frac{d[A]}{[A]}=k_1\int_0^t dt$$

可得

$$-\ln\frac{[A]}{[A]_0}=k_1t\quad 或\quad [A]=[A]_0e^{-k_1t}$$

一级反应的浓度和时间的指数成反比关系。在实际应用中，为了处理数据的方便，通常

取对数,使之变成线性关系(图 1-10(b))。

3) 二级反应动力学

二级反应动力学的一种特殊情况是两种物质的浓度完全一样,例如相同分子的二聚反应等。

$$-\frac{d[A]}{dt}=k_2[A]^2,\quad \int_{[A]_0}^{[A]}\frac{d[A]}{[A]^2}=-k_2\int_0^t dt$$

可得

$$\frac{1}{[A]}=\frac{1}{[A]_0}+k_2t$$

也可变为线性关系(图 1-10(c))。

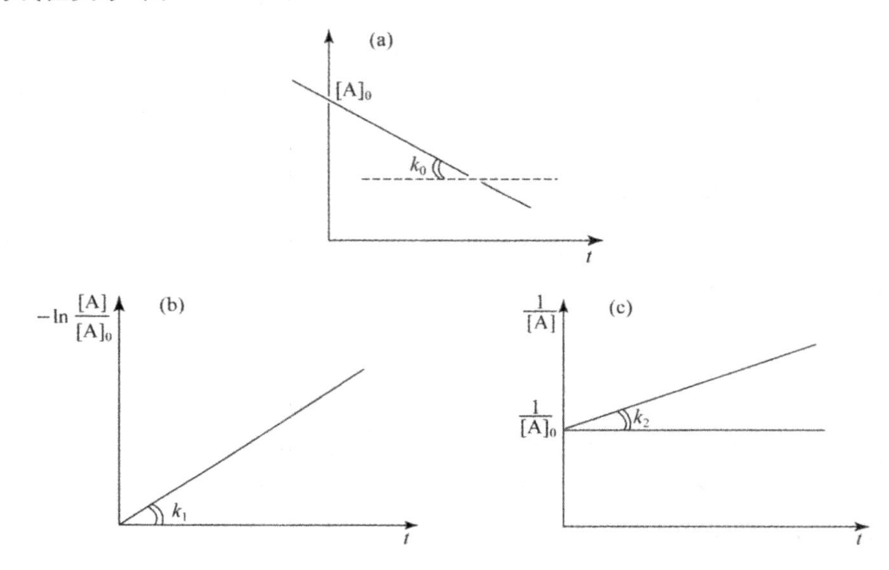


**图 1-10 反应动力学**

(a) 零级反应动力学;(b) 一级反应动力学;(c) 二级反应动力学

4) 假一级反应动力学

对于一般的二级反应:$A+B\xrightarrow{k_2}C+D$,$-\frac{d[A]}{dt}=k_2[A][B]$,可以推导出

$$-\frac{1}{[B]_0-[A]_0}\ln\left\{\frac{[A]_0([B]_0-[A]_0+[A])}{[A][B]_0}\right\}=k_2t\qquad([A]\neq[B])$$

这个式子在动力学研究中的直接使用有一点麻烦,因此人们往往考虑用简化的方法。一种情况是使得$[A]=[B]$,则速率方程变为

$$-\frac{d[A]}{dt}=k_2[A]^2$$

另一种情况是使得$[B]_0$大大过量,那么$[B]\approx[B]_0=$常数,则有

$$-\frac{d[A]}{dt}=k_1'[A]$$

其中$k_1'=k_2[B]_0$,称为假一级动力学(pseudo first order kinetics)。假一级动力学的方法在机理研究中常常用到,它可以使复杂的动力学问题简化。

**3. 可逆反应(reversible reaction)**

任何反应均遵循微观可逆性原理(principle of microscopic reversibility),即任何基元反

应一定是可逆的，并且逆向反应和正向反应经历相同的反应途径。虽然微观可逆性原理告诉我们逆反应是一定发生的，但在很多情况下逆反应的速率可能很慢以致无法观察到。因此，在讨论实际问题时，我们常指那些能够观察到逆反应的平衡过程为可逆反应，而称观察不到逆反应的过程为不可逆反应。但是在严格的概念上，我们需要注意这些实际的讨论和微观可逆性原理的区别。

**可逆反应的动力学**

对于以下的单分子可逆重排，我们可以进行简单的动力学处理。

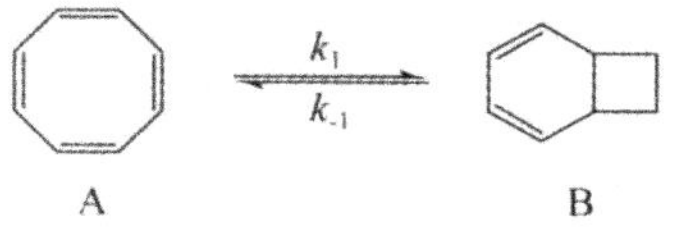

$$\text{A} \underset{k_{-1}}{\overset{k_1}{\rightleftharpoons}} \text{B}$$

$$\frac{\mathrm{d}[\mathrm{A}]}{\mathrm{d}t} = -k_1[\mathrm{A}] + k_{-1}[\mathrm{B}] \tag{1-1}$$

$$\frac{\mathrm{d}[\mathrm{B}]}{\mathrm{d}t} = k_1[\mathrm{A}] - k_{-1}[\mathrm{B}] \tag{1-2}$$

达到平衡时，有 $k_1[\mathrm{A}]_e - k_{-1}[\mathrm{B}]_e = 0$；带入(1-1)式，有

$$\frac{\mathrm{d}[\mathrm{A}]}{\mathrm{d}t} = -k_1([\mathrm{A}] - [\mathrm{A}]_e) + k_{-1}([\mathrm{B}] - [\mathrm{B}]_e) \tag{1-3}$$

又因为在反应过程中总的浓度不变，所以有

$$[\mathrm{A}] + [\mathrm{B}] = [\mathrm{A}]_e + [\mathrm{B}]_e \quad 或 \quad [\mathrm{A}] - [\mathrm{A}]_e = [\mathrm{B}]_e - [\mathrm{B}] \tag{1-4}$$

带入(1-3)式，有

$$\frac{\mathrm{d}[\mathrm{A}]}{\mathrm{d}t} = \frac{\mathrm{d}([\mathrm{A}] - [\mathrm{A}]_e)}{\mathrm{d}t} = -(k_1 + k_{-1})([\mathrm{A}] - [\mathrm{A}]_e)$$

$$\int_{[\mathrm{A}]_0}^{[\mathrm{A}]} \mathrm{d}([\mathrm{A}] - [\mathrm{A}]_e)/([\mathrm{A}] - [\mathrm{A}]_e) = -(k_1 + k_{-1})\int_0^t \mathrm{d}t$$

$$\ln \frac{\Delta[\mathrm{A}]}{\Delta[\mathrm{A}]_0} = -(k_1 + k_{-1})t$$

其中，$\Delta[\mathrm{A}]$为 $t$ 时刻$[\mathrm{A}]$和$[\mathrm{A}]_e$ 的浓度差，$\Delta[\mathrm{A}]_0$ 为 $t=0$ 时$[\mathrm{A}]$和$[\mathrm{A}]_e$ 的浓度差。

### 4. 多步反应的动力学

有机反应在许多情况下是经历了多步反应的机理，如何对于多步反应的动力学进行分析是机理研究中的动力学方法的关键。

例如，有以下反应：

$$\mathrm{A} \underset{k_{-1}}{\overset{k_1}{\rightleftharpoons}} \mathrm{X} + \mathrm{Y}$$

$$\mathrm{Y} \overset{k_2}{\rightleftharpoons} \mathrm{B} + \mathrm{C}$$

$$-\frac{\mathrm{d}[\mathrm{A}]}{\mathrm{d}t} = k_1[\mathrm{A}] + k_{-1}[\mathrm{Y}][\mathrm{X}]$$

$$\frac{\mathrm{d}[\mathrm{Y}]}{\mathrm{d}t} = k_1[\mathrm{A}] - k_{-1}[\mathrm{X}][\mathrm{Y}] - k_2[\mathrm{Y}]$$

$$\frac{\mathrm{d}[\mathrm{B}]}{\mathrm{d}t} = \frac{\mathrm{d}[\mathrm{C}]}{\mathrm{d}t} = k_2[\mathrm{Y}]$$

显然，需要得到中间体 X 和 Y 的浓度随时间的变化才能够对这个反应的动力学进行定量的分析。然而，在有机化学反应中，这些中间体的浓度常常难以确定（它们通常是一些活泼的反应中间体，例如碳正离子、碳负离子、自由基、卡宾等）。所以，多步反应的机理通常借助于一些简单的假设。这些假设的目的是为了排除这些活泼的中间体，使动力学分析成为可能。以下是多步反应动力学研究中常用的假设。

1）稳态近似方法。对于一些非常活泼的中间体，它们在反应体系里的浓度将是很低的，因而其浓度变化的绝对值也将很小。例如，在上面的多步反应中，如果 $k_{-1}, k_2 \gg k_1$，则生成的中间体 Y 将迅速地消失（回到起始物或者生成产物），这样在体系中它的浓度将是很小的，因而其变化的数值也将是很小的。这时我们就可以认为

$$\frac{d[Y]}{dt}=0$$

这种关于活泼反应中间体浓度的假设称为稳态近似（steady-state approximation）。运用稳态近似方法可以避免在速率方程中出现活泼反应中间体的浓度项，因为从实验上来确定这些活泼中间体的浓度是十分困难的。

例如，对于碘乙烷的水解反应：

$$EtI + H_2O \longrightarrow EtOH + HI$$

我们可以假设反应是经过了以下的机理（注意这里仅仅是假设，也许是不正确的）：

$$EtI \underset{k_{-1}}{\overset{k_1}{\rightleftharpoons}} Et^{\oplus} + I^{\ominus}$$

$$Et^{\oplus} + H_2O \underset{k_{-2}}{\overset{k_2}{\rightleftharpoons}} EtOH + H^{\oplus}$$

我们可以再假设 $Et^+$ 和 $H_2O$ 的反应比和 $I^-$ 的反应要快得多，并且 EtOH 在该反应条件下不会生成 $Et^+$，也就是：$k_{-1}, k_{-2} \ll k_1, k_2$，且 $k_2 > k_1$。这样我们就可以忽略 $k_{-1}$ 和 $k_{-2}$：

$$EtI \xrightarrow{k_1} Et^{\oplus} + I^{\ominus}$$

$$Et^{\oplus} + H_2O \xrightarrow{k_2} EtOH + H^{\oplus}$$

因为 $k_2 > k_1$，我们进一步假设 $Et^+$ 非常活泼，因此它的浓度总是非常小，那么它的变化值也一定很小，于是有

$$\frac{d[Et^+]}{dt}=0$$

这样，我们在这一步用了稳态近似假设。有了这个假设以后，动力学方程被简化：

$$\frac{d[Et^+]}{dt}=k_1[EtI]-k_2[Et^+][H_2O]=0$$

可以得到

$$[Et^+]=\frac{k_1[EtI]}{k_2[H_2O]}$$

因此，产物 EtOH 的生成速率为

$$\frac{d[EtOH]}{dt}=k_2[H_2O][Et^+]=k_1[EtI]$$

我们看到在速率方程已没有 $[Et^+]$ 项。在这里，通过假设第二步反应比第一步要快得多，我们实际上引入了决速步（rate-determining step）的概念，即整个反应的速率是由最慢的那一步反应决定的。因此，在这种情况下，速率方程实际上可以由第一步反应直接写出。

$$\frac{d[EtOH]}{dt}=k_1[EtI]$$

对于相同的反应，如果我们采取不同的假设：

$$EtI \underset{k_{-1}}{\overset{k_1}{\rightleftharpoons}} Et^{\oplus} + I^{\ominus}$$

$$Et^{\oplus} + H_2O \xrightarrow{k_2} EtOH + H^{\oplus}$$

$$k_{-1}, k_2 \gg k_1$$

$Et^+$ 的反应快于它的生成，但是它可以向两个方向反应。这时我们仍然可以用稳态近似，因为 $Et^+$ 在体系中将保持很低的浓度。这时我们得到不同的动力学方程：

$$\frac{d[Et^+]}{dt} = k_1[EtI] - k_{-1}[I^-][Et^+] - k_2[Et^+][H_2O] \approx 0$$

$$[Et^+] = \frac{k_1[EtI]}{k_{-1}[I^-] + k_2[H_2O]}$$

$$\frac{d[EtOH]}{dt} = k_2[H_2O][Et^+] = \frac{k_1 k_2[H_2O]}{k_{-1}[I^-] + k_2[H_2O]}[EtI] = \frac{k_1[EtI]}{1 + \frac{k_{-1}}{k_2}\frac{[I^-]}{[H_2O]}}$$

由此可见，稳态近似可以帮助我们在速率方程中排除非常活泼的反应中间体。

2) 平衡假设(preliminary equilibrium)。如果多步反应中包括的可逆反应其正反两方向的速率比其后的反应快得多，则我们可以近似地认为在反应过程中这个可逆反应始终处于平衡状态。

对于上述同样的反应，如果有

$$EtI \underset{k_{-1}}{\overset{k_1}{\rightleftharpoons}} Et^{\oplus} + I^{\ominus}$$

$$Et^{\oplus} + H_2O \xrightarrow{k_2} EtOH + H^{\oplus}$$

$$k_1[EtI] \approx k_{-1}[Et^+][I^-] \gg k_2[Et^+][H_2O]$$

则 EtI 和 $Et^+$，$I^-$ 几乎处于平衡，即

$$K_{eq} = \frac{[Et^+][I^-]}{[EtI]} = \frac{k_1}{k_{-1}} \qquad 或 \qquad [Et^+] = \frac{[EtI]}{[I^-]}K_{eq}$$

$$\frac{d[EtOH]}{dt} = k_2[H_2O][Et^+] = k_2 K_{eq}[EtI]\frac{[H_2O]}{[I^-]}$$

对于以上碘乙烷的水解反应，应用不同的机理假设，可以得到不同的动力学方程。通过和实际观察到的动力学方程进行比较，就可以对假设的机理进行验证。有关亲核取代反应的这些机理均被实际地研究过。

上述的这些假设是为了使动力学分析简单化，特别是为了除去反应机理中的活泼中间体。那么问题是，我们是否可以随意地进行假设？从上例可以看到，这些机理假设其实是我们所提出的机理的一部分，因而这些假设最终必须以反应中所包含物质的已知的化学性质为基础。换句话说，这些假设并非是随意的。

### 5. 机理的推出

实验上确立了反应的速率方程和动力学级数以后，接下来的问题是如何把它们和机理联系在一起。为解决这个问题，我们需记住下面两个重要的原理：

1) 反应的动力学与机理中最慢的基元步骤(决速步)相同。也就是说，对于一个多步反应，在大多数情况下总反应将以最慢的那个步骤的速率进行。这使得问题大为简化，但同时也使得速率方程所能够提供的信息受到限制。如果希望得到除决速步以外的其他步骤的信

息，一般还需要其他的一些方法，比如同位素标记、溶剂效应、立体化学等方法。

2）基元反应步骤的动力学级数与该步骤的分子数相同。这个原理使得问题进一步简单化，因为这样我们可以对任何一个基元反应写出一个相应的速率方程。

运用上述两个原理，对于一个有机反应我们就可以提出由几个基元反应组成的反应机理，然后指定或假定一个决定速度的基元步骤，推导出所预期的速率方程，并与观察到的实验速率方程相比较，从而来判断所提出机理的合理性，初步确立一个反应机理，或者排除一些反应机理。

## 1.6 动力学分析实例

### 1. 芳香化合物的硝化反应

对于这个经典的有机化学反应，我们可以假设三种不同的机理。

**机理假设 I**

$$\text{X-C}_6\text{H}_5 + HNO_3 \longrightarrow \text{X-C}_6\text{H}_4\text{-NO}_2$$

$$2HONO_2 \underset{k_{-1}}{\overset{k_1}{\rightleftharpoons}} H_2\overset{\oplus}{O}NO_2 + NO_3^{\ominus} \qquad (1)$$

$$\text{X-C}_6\text{H}_5 + H_2\overset{\oplus}{O}NO_2 \xrightarrow[k_2]{\text{慢}} \text{X-C}_6\text{H}_5(\text{H})(\text{NO}_2)^{\oplus} + H_2O \qquad (2)$$

$$\text{X-C}_6\text{H}_5(\text{H})(\text{NO}_2)^{\oplus} \xrightarrow{\text{快}} \text{X-C}_6\text{H}_4\text{-NO}_2 \qquad (3)$$

假设第二步为决速步，并对于第一步应用平衡假设，我们可以得到

$$v=k_2[HO^+NO_2][ArH]=k_2K_{eq}[ArH]\frac{[HONO_2]^2}{[NO_3^-]} \quad (K_{eq}=k_1/k_{-1})$$

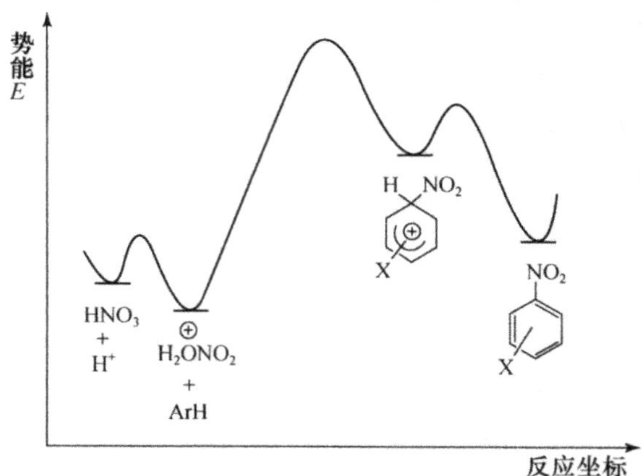

**机理假设 Ⅱ**

$$2HONO_2 \underset{k_{-1}}{\overset{k_1}{\rightleftharpoons}} H_2\overset{\oplus}{O}NO_2 + NO_3^{\ominus}$$

---

$$H_2\overset{\oplus}{O}NO_2 \xrightarrow[k_2]{慢} NO_2^{\oplus} + H_2O \qquad (1)$$

$$C_6H_5X + NO_2^{\oplus} \overset{快}{\rightleftharpoons} [XC_6H_5(H)(NO_2)]^{\oplus} \qquad (2)$$

$$[XC_6H_5(H)(NO_2)]^{\oplus} \xrightarrow{快} XC_6H_4NO_2 \qquad (3)$$

在此种机理中，我们假设后两步均是快速的过程，决速步是 $NO_2^+$ 生成的一步。根据决速步以及第一步的平衡假设，我们可以得到

$$v=k_2[HO^+NO_2]=k_2K_{eq}\frac{[HONO_2]^2}{[NO_3^-]} \quad (K_{eq}=k_1/k_{-1})$$

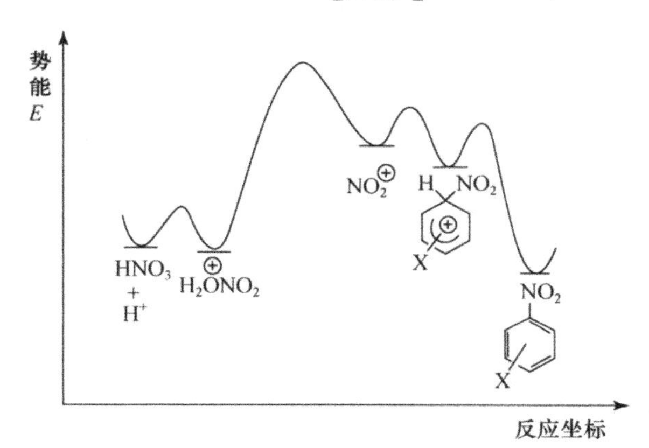


**机理假设 Ⅲ**

$$2HONO_2 \underset{k_{-1}}{\overset{k_1}{\rightleftharpoons}} NO_2^{\oplus} + NO_3^{\ominus} + H_2O$$

---

$$C_6H_5X + NO_2^{\oplus} \underset{k_{-2}}{\overset{k_2}{\rightleftharpoons}} [XC_6H_5(H)(NO_2)]^{\oplus}\ (\text{I}) \qquad (1)$$

$$[XC_6H_5(H)(NO_2)]^{\oplus} \xrightarrow[k_3]{慢} XC_6H_4NO_2 \qquad (2)$$

在此种机理中，我们假设最后一步的去质子为最慢的一步，前面的步骤均为快速平衡。根据平衡假设，我们可以得到

$$v=k_3[\text{I}]$$

$$k_2[NO_2^+][ArH]=k_{-2}[\text{I}]$$

$$k_1[HONO_2]^2=k_{-1}[NO_2^+][NO_3^-][H_2O]$$

$$[\mathrm{I}]=\frac{k_2k_1[\mathrm{ArH}][\mathrm{HNO_3}]^2}{k_{-2}k_{-1}[\mathrm{NO_3^-}][\mathrm{H_2O}]}$$

即

$$v=k_3[\mathrm{I}]=\frac{k_3k_2k_1[\mathrm{HNO_3}]^2}{k_{-2}k_{-1}[\mathrm{NO_3^-}][\mathrm{H_2O}]}[\mathrm{ArH}]$$

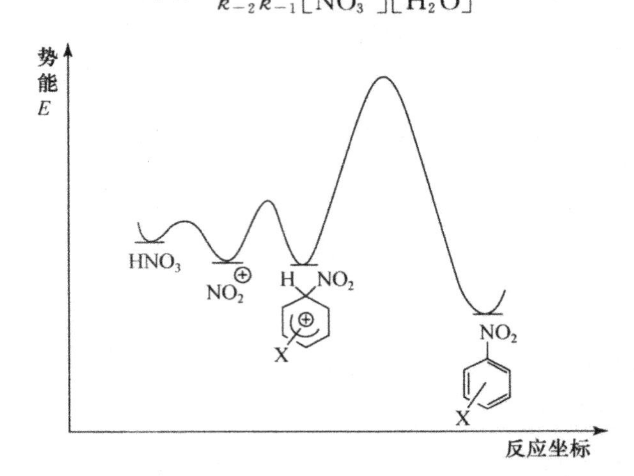


机理假设Ⅰ和Ⅲ的速率方程相似，它们和机理假设Ⅱ是可以区分的。如果要区分反应机理Ⅰ和Ⅲ，则需要进一步使用其他的实验手段。由此我们也可以看到动力学方法的局限性。

**2. 亚胺的水解**

$$\mathrm{R^1CH{=}NR^2} + \mathrm{H_2O} \rightleftharpoons \mathrm{R^1CH{=}O} + \mathrm{R^2NH_2}$$

机理假设：

$$\mathrm{R^1CH{=}NR^2} + \mathrm{H^{\oplus}} \underset{k_{-2}}{\overset{k_2}{\rightleftharpoons}} \mathrm{R^1CH{=}N^{\oplus}HR^2}\ (\mathrm{SH^+})$$

$$\mathrm{R^1CH{=}N^{\oplus}HR^2}\ (\mathrm{SH^+}) + \mathrm{H_2O} \underset{k_{-2}}{\overset{k_2}{\rightleftharpoons}} \mathrm{R^1CH(OH){-}NHR^2}\ (\mathrm{X}) + \mathrm{H^{\oplus}}$$

$$\mathrm{R^1CH{=}N^{\oplus}HR^2}\ (\mathrm{SH^+}) + \mathrm{HO^{\ominus}} \underset{k_{-3}}{\overset{k_3}{\rightleftharpoons}} \mathrm{R^1CH(OH){-}NHR^2}\ (\mathrm{X})$$

$$\mathrm{R^1CH(OH){-}NHR^2}\ (\mathrm{X}) \xrightarrow{k_4} \mathrm{R^1CH{=}O}\ (\mathrm{P}) + \mathrm{R^2NH_2}$$

在上述假设的可能机理中，由于醇胺中间体 X 十分活泼，因此，我们可以运用稳态近似：

$$\frac{\mathrm{d}[\mathrm{X}]}{\mathrm{d}t}=k_2[\mathrm{H_2O}][\mathrm{SH^+}]-k_{-2}[\mathrm{X}][\mathrm{H^+}]+k_3[\mathrm{SH^+}][\mathrm{HO^-}]-k_{-3}[\mathrm{X}]-k_4[\mathrm{X}]=0$$

得到
$$[X]=\frac{k_2[H_2O][SH^+]+k_3[SH^+][HO^-]}{k_{-2}[H^+]+k_{-3}+k_4}$$
反应速率为
$$\frac{d[P]}{dt}=k_4[X]=k_4\frac{k_2[H_2O][SH^+]+k_3[SH^+][HO^-]}{k_{-2}[H^+]+k_{-3}+k_4} \tag{1-5}$$
在这里我们并不希望有$[SH^+]$项，因为通常反应过程中总的浓度$[SH^+]+[S]$可以用光谱的方法来测定，但是$[SH^+]$和$[S]$分别的浓度则比较难以确定。所以，我们要用第一步的快速质子化的平衡假设，用总的浓度$[S_T]$来表示$[SH^+]$。
$$K_{eq}=\frac{[SH^+]}{[H^+][S]}=\frac{1}{K_{a,SH^+}}$$
其中 $K_{a,SH^+}$ 表示S的共轭酸$SH^+$的解离常数，$[S_T]=[SH^+]+[S]$，则
$$K_{a,SH^+}=\frac{[H^+][S]}{[SH^+]}=\frac{[H^+]([S_T]-[SH^+])}{[SH^+]}$$
所以有
$$[SH^+]=\frac{[S_T][H^+]}{K_{a,SH^+}+[H^+]}$$
带入(1-5)式整理后得到
$$\frac{d[P]}{dt}=k_4[X]=k_4[S_T]\frac{k_2[H_2O][H^+]+k_3[H^+][HO^-]}{(K_{a,SH^+}+[H^+])(k_{-2}[H^+]+k_{-3}+k_4)}$$
其中$[H^+][HO^-]=10^{-14}\ mol^2/L^2$。如果反应是在酸性缓冲溶液中进行，则$[H^+]$保持不变，这样我们就有
$$\frac{d[P]}{dt}=k_{obs}[S_T]$$
其中，
$$k_{obs}=\frac{k_2k_4[H_2O][H^+]+10^{-14}k_3k_4}{(K_{a,SH^+}+[H^+])(k_{-2}[H^+]+k_{-3}+k_4)} \tag{1-6}$$
可以通过确定不同pH条件下的反应速率常数$k_{obs}$，研究$k_{obs}$与pH之间是否满足(1-6)式，从而验证上述假设的反应机理。这是假一级动力学方法的一个应用(*J. Am. Chem. Soc.* **1963**, *85*, 2843)。

## 练习题

**1-1** 评论下面反应作为基元反应机理步骤的合理性。

a) $CH_4 + Cl\cdot \longrightarrow CH_3Cl + H\cdot$

b) $4\ HC{\equiv}CH \xrightarrow{Ni(CN)_2}$ (环辛四烯)

c) (苯) $\xrightarrow{D_2SO_4}$ (苯基负离子，$\ddot{}\ominus$) + $H^{\oplus}$

d) $CH_4 + Cl\cdot \longrightarrow CH_4^{\oplus} + Cl^{\ominus} \longrightarrow (CH_3\cdot + HCl)$

**1-2** 如果在硝基甲烷溶剂中用硝酸把甲苯硝化，其反应速率与在相同条件下把苯硝化的反应速率相同。虽然如此，但如果在上述条件下把苯和甲苯的等量混合物硝化，则甲苯优先被硝化。试解释用这两种方法测定相对反应活性时的表面矛盾。

**1-3** $^{13}C$ 标记的邻苯二甲酰胺酸在 $^{18}O$ 标记的水中水解得到 $^{18}O$ 等同地分布在每个羧基上的邻苯二甲酸，试提出一个合理的反应机理解释这个实验结果。

$$\text{C}_6\text{H}_4(^{13}\text{CONH}_2)(\text{COOH}) \xrightarrow[\triangle]{H_2{}^{18}O} \text{C}_6\text{H}_4(^{13}\text{CO}^{18}\text{OH})(\text{COOH}) + \text{C}_6\text{H}_4(^{13}\text{COOH})(\text{CO}^{18}\text{OH})$$

**1-4** 如果下面的反应测得的速率方程只对化合物 **A** 是一级的，试对下面的反应提出一个合理的机理。

$$\underset{\mathbf{A}}{\text{1,2-二苯基苯并环丁烯}} + (NC)_2C{=}C(CN)_2 \longrightarrow \text{1,4-二苯基-2,2,3,3-四氰基四氢萘}$$

**1-5** 羟醛缩合反应（以乙醛为例）在碱性条件下也可被一般碱 B 所催化，其机理可表示为

$$CH_3CHO + {}^{\ominus}OH \underset{k_{-1}}{\overset{k_1}{\rightleftharpoons}} {}^{\ominus}CH_2CHO + H_2O$$

$$CH_3CHO + B \underset{k_{-2}}{\overset{k_2}{\rightleftharpoons}} {}^{\ominus}CH_2CHO + HB^{\oplus}$$

$$CH_3CHO + {}^{\ominus}CH_2CHO \overset{k_3}{\rightleftharpoons} CH_3CH(O^{\ominus})CH_2CHO \xrightarrow[\text{慢}]{H_2O,\ HB^{\oplus}} \underset{P}{CH_3CH(OH)CH_2CHO}$$

试用稳态近似方法证明：

a）只有当 $k_{-1}[H_2O] + k_{-2}[HB^+] \gg k_3[CH_3CHO]$ 时，才有表观的特殊碱催化速率方程：

$$d[P]/dt = k_{obs}[HO^-][CH_3CHO]^2, \quad k_{obs} = k_1k_3/k_{-1}[H_2O]$$

b）若 $k_{-1}[H_2O] + k_{-2}[HB^+] \ll k_3[CH_3CHO]$，则有

$$d[P]/dt = k_{obs}[CH_3CHO], \quad k_{obs} = k_1[HO^-] + k_2[B]$$

**1-6** 芳香化合物的硝化反应的机理如下：

$$2HONO_2 \underset{k_{-1}}{\overset{k_1}{\rightleftharpoons}} H_2\overset{\oplus}{O}NO_2 + NO_3^{\ominus}$$

$$H_2\overset{\oplus}{O}NO_2 \underset{k_{-2}}{\overset{k_2}{\rightleftharpoons}} H_2O + NO_2^{\oplus}$$

$$NO_2^{\oplus} + ArH \xrightarrow{k_3} [ArHNO_2]^{\oplus}$$

$$[ArHNO_2]^{\oplus} \xrightarrow{k_4} ArNO_2 + H^{\oplus}$$

当用过量的硝酸使甲苯硝化时，硝化反应是假零级的：$v=k$；

在相同条件下使硝基苯硝化，硝化反应是假一级的：$v=k[PhNO_2]$。

a）试根据机理导出符合测定结果的速率方程式。

b）上述两种情况差别的原因何在？

c）用反应势能曲线表示上述两种情况。

**1-7** 根据以下反应的反应机理，分别写出相应的速率方程。

a）

$$\text{HBrC=CHBr} + R_3N \underset{k_{-1}}{\overset{k_1}{\rightleftharpoons}} \text{HBrC=C}^{\ominus}\text{Br} + R_3\overset{\oplus}{N}H$$

$$\text{HBrC=C}^{\ominus}\text{Br} \xrightarrow{k_2} H-C\equiv C-Br + Br^{\ominus}$$

$$H-C\equiv C-Br + R_3N \xrightarrow{k_3} H-C\equiv C-\overset{\oplus}{N}R_3$$

假设第一步为快速平衡，第二步为决速步。

b）

$$Me_3CO_2C-C_6H_4-NO_2 \xrightarrow[\text{丙酮-水}]{k_1} Me_3C^{\oplus} + {}^{\ominus}O_2C-C_6H_4-NO_2$$

$$Me_3C^{\oplus} \xrightarrow{k_2} Me_3C-OH$$

$$Me_3C^{\oplus} \xrightarrow{k_3} Me_2C=CH_2$$

假设第一步为决速步。

c）

$$X-C_6H_5 + Br_2 \underset{k_{-1}}{\overset{k_1}{\rightleftharpoons}} X-C_6H_5Br^{\oplus}\text{(σ络合物)} + Br^{\ominus}$$

$$X-C_6H_5Br^{\oplus} \xrightarrow{k_2} X-C_6H_4-Br + H^{\oplus}$$

$$Br^{\ominus} + Br_2 \underset{k_{-3}}{\overset{k_3}{\rightleftharpoons}} Br_3^{\ominus}$$

假设对络合物中间体进行稳态近似，而最后一步是快速平衡，将部分 $Br_2$ 转化成为惰性的 $Br_3^-$。

**1-8** 2-乙烯基亚甲基环丙烷在气相中重排生成 3-亚甲基环戊烯，两个可能的机理如下：

机理 I

机理 II

a）画出两种机理的能级图；

b）如何用同位素标记的方法区分这两种机理。

**1-9** 丙酮与溴反应，其速率以溴的消耗来表示。当溴的浓度高时，反应速率对丙酮浓度以及 $H^+$ 浓度都是一级，但对溴的浓度是零级的；而当溴的浓度低时，反应速率对丙酮浓度以及溴的浓度是一级的，而对 $H^+$ 浓度是零级。提出符合这种速率定律的机理，并导出速率方程。

$$CH_3\overset{O}{\overset{\|}{C}}CH_3 + Br_2 \xrightarrow{H^{\oplus}} HBr + CH_3\overset{O}{\overset{\|}{C}}CH_2Br$$

**1-10** 对于以下的同位素标记实验，请从反应机理的角度给予合理的解释（*J. Am. Chem.*

*Soc.* **1953**, *75*, 6011)。

**1-11** Cannizzaro 反应是在强碱性(NaOH)溶液中发生的歧化反应，它可以将苯甲醛转化为苄醇和苯甲酸钠。该反应过程中，氢负离子 $H^-$ 转移被认为是关键的步骤。

$$2PhCHO + NaOH \longrightarrow PhCO_2^{\ominus}\overset{\oplus}{Na} + PhCH_2OH$$

根据以下的实验事实，提出可能的反应机理。简单说明每一个实验事实和所提出机理之间的关系。

a) 当反应在重水 $D_2O$ 中进行时，产物苄醇的亚甲基上不含有 D；

b) 当反应在 $H_2{}^{18}O$ 中进行时，两产物中均含有 $^{18}O$；

c) 反应速率方程为：$v=k[PhCHO]^2[HO^-]$；

d) 取代的苯甲醛在该反应中的速率可以用 Hammett 方程线性相关，得 $\rho=+3.76$。

# 第 2 章　有机化学反应的过渡态理论
# (Transition State Theory of Organic Reaction)

在本书的开头提到物理有机化学的重要任务是探讨有机化学反应的本质。化学反应的本质应当从能量的角度来理解，而有关反应能量的信息可以从测定反应速率常数得到。很早人们就注意到化学反应一般随温度的增加而加速，人们也很早就开始探讨反应温度和速率之间的定量关系。荷兰科学家 van't Hoff(范霍夫)曾总结出一条近似的规律：温度每升高 10 K，反应速率增加 2～4 倍。1889 年瑞典科学家 Arrhenius(阿仑尼乌斯)在前人大量工作的基础上，结合自己的实验提出了 Arrhenius 方程：

$$k_{obs}=Ae^{-\frac{E_a}{RT}}$$

其中，$k_{obs}$ 为表观速率常数(指实际测定的速率常数，即反应总的速率常数)，$E_a$ 称为 Arrhenius活化能(Arrhenius activation energy)，$A$ 称为指前因子。通常化学反应的活化能在10～40 kcal/mol。如果 $E_a<10$ kcal/mol，则反应在室温下即可瞬间完成；如果 $E_a>25$ kcal/mol，则需适当加热。也有少数反应 $E_a<0$，比如处于激发态的自由基在复合时将释放出多余的能量。Arrhenius 方程最初是通过研究气相反应总结出来的，后来发现对溶液中的反应也适用。

Arrhenius 方程是从实验中总结出的经验关系，为了更深入地了解化学反应的本质，人们开始从理论上对反应速率和能量之间的关系进行探讨。20 世纪 20 年代最早提出了碰撞理论，随后 30 年代又提出了过渡态理论。过渡态理论是至今被普遍接受的反应速率理论，本章的主要内容即是关于有机化学反应中的过渡态理论。

## 2.1　一些基本概念

### 1. 势能面(potential energy surface)

一个分子由 $N$ 个原子组成，每个原子可以在互相垂直的三个空间坐标上运动，因而有 $3N$ 个自由度。但我们考虑一个分子是一个整体，因此需将上述的自由度进行分类。如果原子是相对固定的，则这个刚性分子在空间将由六个自由度来决定：质量中心的三个坐标，三个转动角表示该分子在空间的取向。那么，剩余的 $3N-6$ 个自由度将是原子相互间的内部振动(对于一个线性分子只有两个转动角，即 $3N-5$)。

图 2-1(a)表示仅考虑沿着反应坐标一个振动时的反应势能图。除了沿着反应坐标方向的振动之外，再考虑垂直于反应坐标方向上的振动时的势能面。图 2-1(b)是图 2-1(a)沿最小能量路径的截面图。

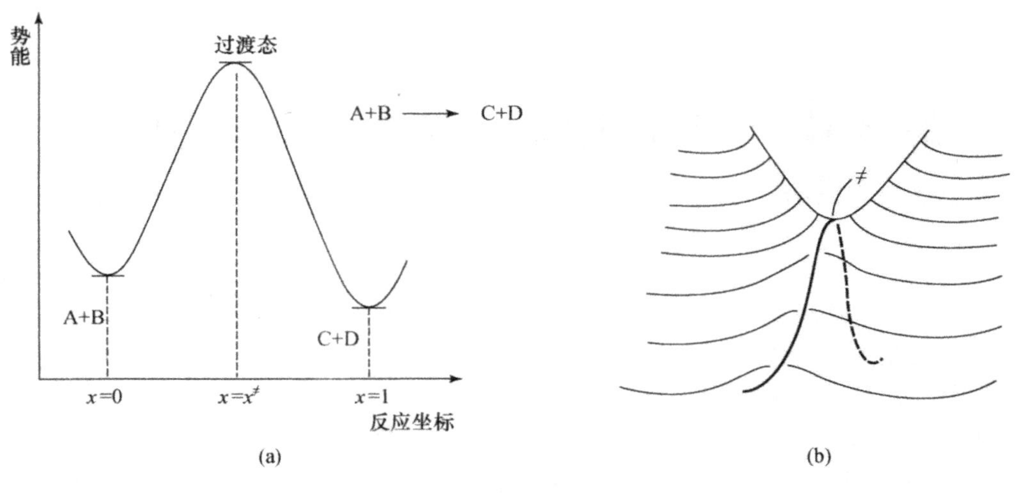


**图 2-1 简化的反应势能图**

## 2. 反应坐标 (reaction coordinate)

化学反应进程中沿最小能量路径发生的原子运动用反应坐标来表示。定义参数 $x$ 为沿反应坐标体系的变化。势能是 $x$ 的函数。这样的图称为反应坐标图。反应坐标的涵义常常很混乱,它的意义主要是试图表示反应沿着反应物和产物之间一些平稳的过渡进行状态。对于单分子反应,要找到一个适当的反应参数通常是比较容易的,例如 1,3-丁二烯的环化反应,我们可以用 1,4 碳原子之间的距离,或者 1,4 碳原子上 p 轨道的二面角作为衡量反应进程的参数(图 2-2)。

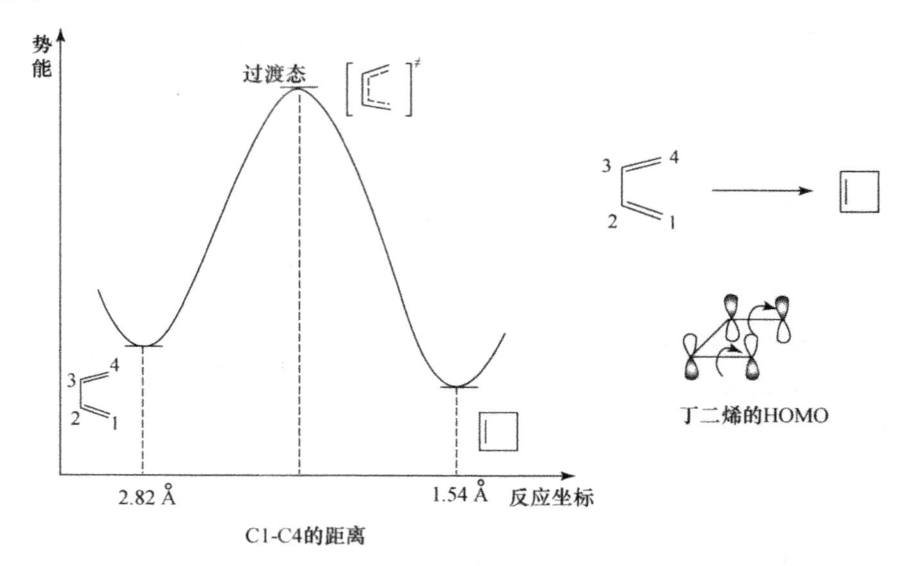


**图 2-2 1,3-丁二烯的环化反应的势能图(以 C1 和 C4 间的距离为反应坐标)**

但是对于双分子反应,情况要复杂一些。如氢氧离子取代碘甲烷中碘的反应我们常可以选择几种可能的反应坐标。例如 C—O 键长的减小,或者 C—I 键长的增加都可以选用。当然,理想的势能图应表示出势能与所有可能变量之间的函数关系。比如图 2-3 的这个取代反应,势能对 C—O 键和 C—I 键的键长所作的三维曲线应当是最能够说明问题的,因为它可以告诉我们最低能量的途径是 C—I 键先断裂还是 C—O 键先生成或者两者同时发生。

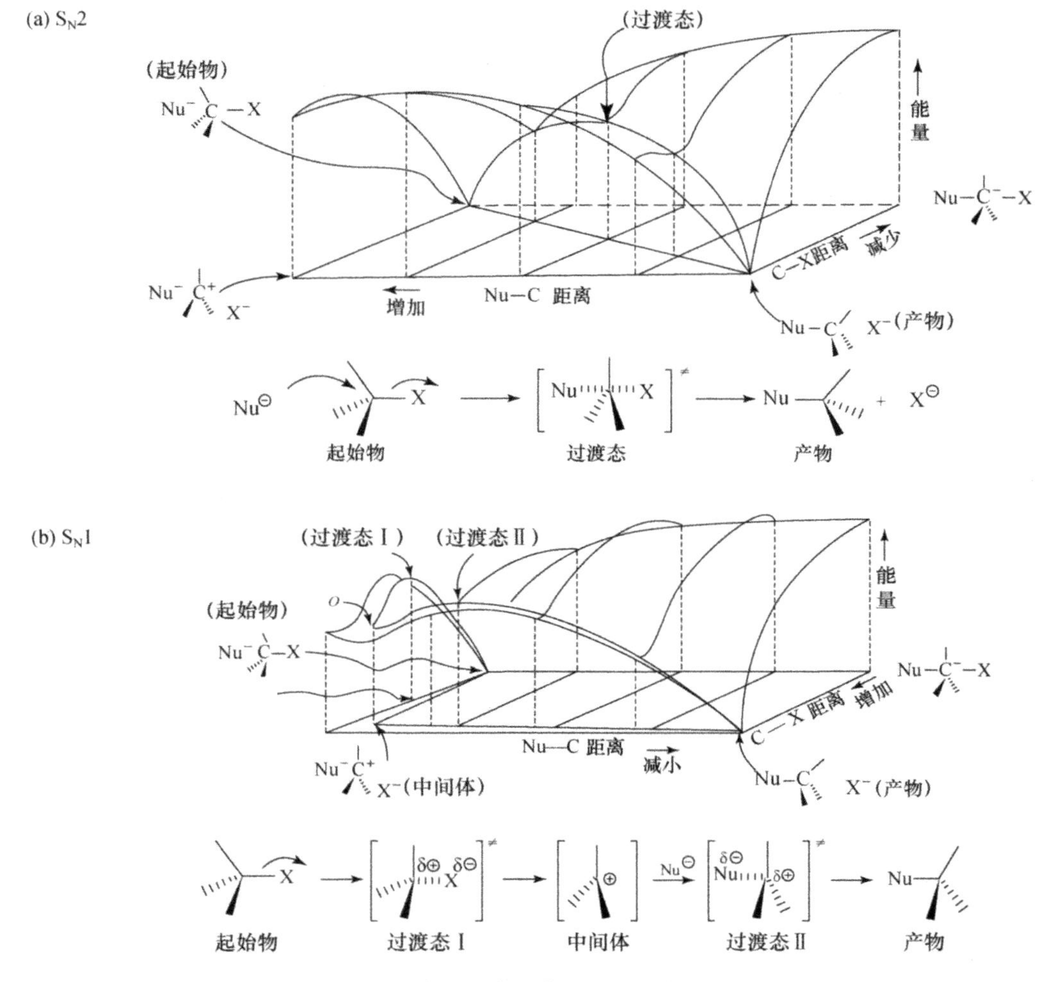


图 2-3　亲核取代反应的二维反应坐标

但是,当存在几个反应参数时,问题就会变得十分复杂(显然,要在二维平面上绘制三维以上的势能曲线是不可能的)。所以,我们通常使用二维的势能曲线图,它们可以看作是 $n$ 维曲线图切出的模切面。在绝大多数情况下,确切地知道反应坐标代表什么并不是关键的,只要知道所画出的曲线代表最低能量途径,反应坐标沿着该曲线能够量度反应的进程就可以了。

### 3. 过渡态理论的基本假设

过渡态理论假定两分子经碰撞生成产物时将经历一个具有最大势能的构型,这个具有最大势能的构型被称为过渡态,达到过渡态的活化络合物将迅速地生成产物。在这里有两点需要注意:

1) 除了沿反应坐标的变化之外,还有其他的振动。这些振动仅是常规的振动,它们独立地进行,而和反应无关(至少可以这样假定)。如果除反应坐标之外,只有一个振动自由度,我们可以画出三维的势能曲线(例如,图 2-3)。

2) 二维的或三维的反应坐标图只显示了体系的势能,而分子体系的总能量是动能和势能之和。分子通过相互碰撞交换能量,并在一定的能量范围内形成垂直分布。多数分子处于较低的能量而少数分子处于高能。当分子的能量高于过渡态势能时,该分子就迅速"滑向"产物。单位时间内越过过渡态生成产物的分子数量,取决于不同能量高度上分子数目的分布以及过渡态势能的高度。而处于不同能量高度上的分子数目的分布,又取决于体系的温度。

## 2.2 Erying 方程

基于过渡态的上述基本假定,过渡态理论又借助于统计热力学来处理基元反应的速率。因为热力学只处理平衡而不是速率,因此过渡态理论引入了平衡的概念。它假设过渡态和起始物之间处于平衡(显然,这样的假设只有在化学反应的速率和分子之间交换能量的速率相比要慢得多的情况下才能够成立)。这里需要注意的是,过渡态理论仅限于单独的基元反应,所以只对微观的速率常数才有意义。为简化起见,我们考虑起始物 **A** 生成产物 **B** 的情况,反应中经历了过渡态 $\mathbf{A}^{\neq}$(图 2-4)。这里假设 **A** 和 $\mathbf{A}^{\neq}$ 之间处于平衡,平衡常数为 $K^{\neq}$。按简单的动力学处理,可以得到这个基元反应的速率常数为 $k=k^{\neq}\cdot K^{\neq}$,其中 $k^{\neq}$ 为从过渡态 $\mathbf{A}^{\neq}$ 生成产物 **B** 的速率常数。

$$\mathrm{A} \xrightarrow{k} \mathrm{B}$$

$$\mathrm{A} \overset{K^{\neq}}{\rightleftharpoons} \mathrm{A}^{\neq} \xrightarrow{k^{\neq}} \mathrm{B}$$

$$\frac{\mathrm{d}[\mathrm{B}]}{\mathrm{d}t}=k^{\neq}[\mathrm{A}^{\neq}]=k^{\neq}K^{\neq}[\mathrm{A}]$$

$$v=k^{\neq}K^{\neq}[\mathrm{A}]=k[\mathrm{A}] \quad (k=k^{\neq}K^{\neq}) \tag{2-1}$$

$k^{\neq}$ 可以通过统计热力学的方法导出(将反应坐标上的振动和其他的振动分开):

$$k^{\neq}=\frac{k_{\mathrm{B}}T}{h}$$

其中,$h$ 为 Planck(普朗克)常数,其值为 $6.626\times10^{-34}$ J·s;$k_{\mathrm{B}}$ 为 Boltzmann(玻尔兹曼)常数,其值为 $1.38\times10^{-23}$ J·K$^{-1}$。

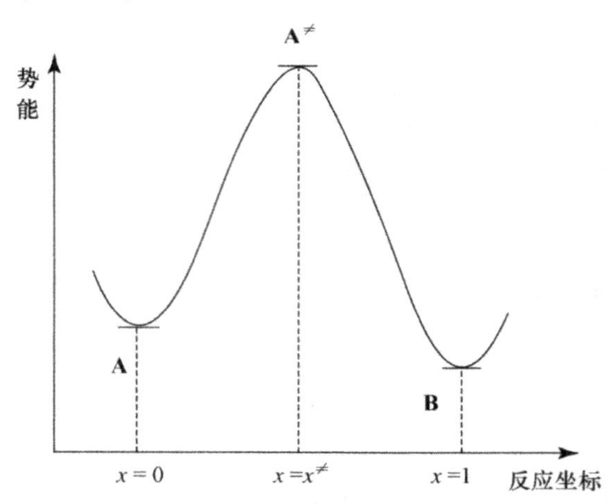


图 2-4 Erying 方程示意图

式(2-1)中 $K^{\neq}$ 是一个根据过渡态理论假设得到的平衡常数，按照平衡常数和自由能之间的关系可以得到

$$\Delta G^{\neq}=-RT\ln K^{\neq},\quad \Delta G^{\neq}=\Delta H^{\neq}-T\Delta S^{\neq}$$

其中，$R$ 为摩尔气体常数，值为 8.314 $J \cdot K^{-1} \cdot mol^{-1}$；$\Delta G^{\neq}$ 是过渡态自由能和起始物自由能之差，称为活化自由能(free energy of activation)；$\Delta H^{\neq}$ 和 $\Delta S^{\neq}$ 为相应的活化焓(enthalpy of activation)和活化熵(entropy of activation)。$\Delta G^{\neq}$、$\Delta H^{\neq}$ 和 $\Delta S^{\neq}$ 共同构成该反应的活化参数。

两个式子结合以后，就有

$$k=k^{\neq}K^{\neq}=\frac{k_B T}{h}K^{\neq}=\frac{k_B T}{h}e^{-\frac{\Delta G^{\neq}}{RT}}=\frac{k_B T}{h}e^{\frac{\Delta S^{\neq}}{R}}e^{-\frac{\Delta H^{\neq}}{RT}}$$

上式称为 Erying(艾林)方程(通常还要乘上一个系数 $\kappa$，称为传递系数)，由 Erying 教授在 20 世纪 30 年代导出。

将 Erying 方程和 Arrhenius 的经验方程($k_{obs}=Ae^{-\frac{E_a}{RT}}$)比较，在等压条件下

$$E_a=\Delta H^{\neq}+RT$$

可以导出

$$A=\frac{ek_B T}{h}e^{\frac{\Delta S^{\neq}}{R}}$$

也许我们会设想，有了 Erying 方程那么我们无需实验就可以计算一个反应的速率。然而，Erying 方程的实际应用并非是通过活化参数来计算反应速率，而是相反，即通过反应速率的测定来求得反应的活化参数。因为反应速率是可以通过实验较为容易得到的，而可靠的活化参数却很难获得(虽然近年理论计算在这方面获得了很大的进展，但是理论计算必须是基于合理的机理假设)。Erying 方程的另一实际应用是通过在低温下测定一些快速反应获得活化参数，再由速率方程推算其在室温下的反应速率。

Erying 方程在反应机理研究的实际应用中，常常进行以下的变换：

$$k=k^{\neq}K^{\neq}=\frac{k_B T}{h}K^{\neq}=\frac{k_B T}{h}e^{-\frac{\Delta G^{\neq}}{RT}}=\frac{k_B T}{h}e^{\frac{\Delta S^{\neq}}{R}}e^{-\frac{\Delta H^{\neq}}{RT}}$$

将右边的温度 $T$ 转移到左边，则上式变为

$$\frac{k}{T}=\frac{k_B}{h}e^{\frac{\Delta S^{\neq}}{R}}e^{-\frac{\Delta H^{\neq}}{RT}}$$

其中，$\frac{k_B}{h}e^{\frac{\Delta S^{\neq}}{R}}$ 随温度的变化很小，近似设定为 $C$，这样就有

$$\frac{k}{T}=Ce^{-\frac{\Delta H^{\neq}}{RT}}$$

取对数后得

$$\ln\frac{k}{T}=-\frac{\Delta H^{\neq}}{RT}+C'\quad (C'=\ln C)$$

由 $\ln\frac{k}{T}$ 对 $\frac{1}{T}$ 作图得一直线，其斜率为 $-\frac{\Delta H^{\neq}}{R}$(图 2-5)。$\Delta H^{\neq}$ 确定了以后，即可以按下式求得 $\Delta S^{\neq}$：

$$\Delta S^{\neq}=\frac{\Delta H^{\neq}}{T}+R\ln\frac{hk}{k_B T}$$

当一个反应的活化自由能等于零时，即 $\Delta G^{\neq}=0$，由 Erying 方程可以得到在 25℃时：

$$k=\frac{k_B T}{h}=\frac{1.38\times10^{-23}\,J\cdot K^{-1}\times298\ K}{6.626\times10^{-34}\,J\cdot s}=6.2\times10^{12}\,s^{-1}$$

这大约等于在气相中单分子反应速率的极限。在溶液中，双分子反应的极限速率受分子扩散速度的控制(diffusion control)，这个速率受溶剂粘度以及温度的影响。对于普通的溶剂，在常温下其数值在 $10^{10}\ L\cdot mol^{-1}\cdot s^{-1}$左右。

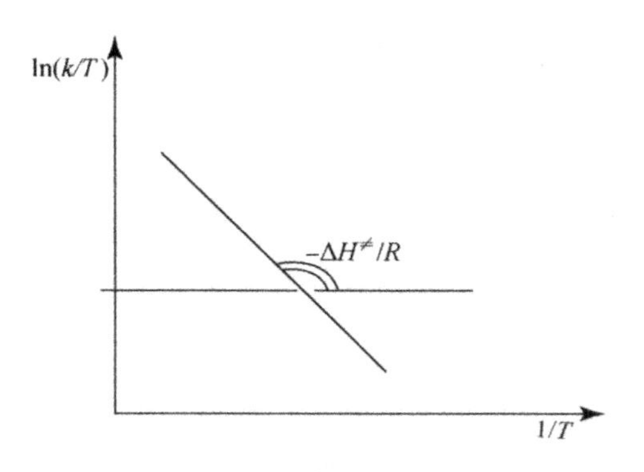


图 2-5 ln(k/T)与 1/T 之间的关系

## 2.3 活化参数的意义

了解反应在过渡态时的能量，对于探讨一个化学反应的实质是至关重要的。$\Delta H^{\neq}$ 和 $\Delta S^{\neq}$ 的大小和符号反映了过渡态的结构：达到过渡态时各原子的位置和起始基态是不对应的，发生变化的化学键将部分形成和部分断裂，这将伴随着能量的释放和吸收，相应地在活化焓 $\Delta H^{\neq}$ 中将有所体现。

活化熵 $\Delta S^{\neq}$ 是起始物到过渡态转变过程中自由度变化的量度。如果平动、振动或者转动自由度在过渡态时消失或减少，则系统的总熵将减少，反之则增加。除了单分子反应以外，由反应物生成活化络合物(过渡态)时，分子数一般总是减少的，所以 $\Delta S^{\neq}<0$。这是由于形成过渡态时体系的平动自由度减少，转变为转动和振动自由度。而平动自由度对熵的贡献比转动和振动自由度大。

例如，一个双分子反应 $A+B \longrightarrow [AB]^{\neq} \longrightarrow C+D$，反应物中两个分子各有 3 个平动自由度，共为 6 个平动自由度。而在过渡态$[AB]^{\neq}$中，只有 3 个平动自由度，如果 A 和 B 皆为原子，则在形成过渡态的过程中将增加两个转动自由度和一个振动自由度，但却失去 3 个平动自由度，因此，活化熵 $\Delta S^{\neq}<0$。

对于单分子反应，如 $A \longrightarrow [A]^{\neq} \longrightarrow P$，一般情况过渡态的结构与反应物相似，因此活化熵 $\Delta S^{\neq}$ 的绝对值不会太大。这时 $\Delta S^{\neq}$ 可能大于零或小于零。前者中的过渡态的结构比反应物分子松散，称为松散过渡态(loose transition state)；而后者过渡态的结构比反应物更为有序，称为紧凑过渡态(tight transition state)。

以上的一般论述限于在气相或者低极性溶剂中的反应。对于有溶剂效应的反应，活化熵、焓不仅反映底物分子的变化，还包括溶剂的重组(见下文例三)。

### 活化参数分析实例

**例一　环戊二烯的二聚反应**

$$\Delta H^{\neq}=15.5\ \text{kcal/mol}$$
$$\Delta S^{\neq}=-34\ \text{cal/mol}\cdot\text{K (e.u.)}$$

(*Monatch Chem*. **1952**, *83*, 543)

**例二　1,1′-偶氮丁烷的分解**

$$\text{Bu—N=N—Bu}\xrightarrow{\text{气相}}2\text{Bu}\cdot+\text{N}_2$$
$$\Delta H^{\neq}=52\ \text{kcal/mol}$$
$$\Delta S^{\neq}=19\ \text{cal/mol}\cdot\text{K(e. u.)}$$

(*J. Am. Chem. Soc.* **1962**, *84*, 2922)

例一中反应的活化参数具有协同反应的典型特征。较低的 $\Delta H^{\neq}$ 是因为键的断裂伴随着键的形成，断键所需要的能量被成键所释放的能量所补偿。熵的变化则相反，由于协同的[4+2]反应不仅要求两分子结合到一起，而且还需要两分子在空间严格地按照一定的取向排列，因此，反应体系的自由度大为降低，活化熵 $\Delta S^{\neq}$ 成为绝对值较大的负值。例二则给出了单分子分解反应特征的活化参数。这时的决速步是碳氮单键的均裂，只有很少新键的生成来补偿所需的能量，因此具有较高的活化焓；熵的变化则相反，随着单个偶氮分子解离，体系获得平动自由度，使得 $\Delta S^{\neq}$ 成为数值较大的正值。

**例三　叔丁基氯的溶剂解反应**

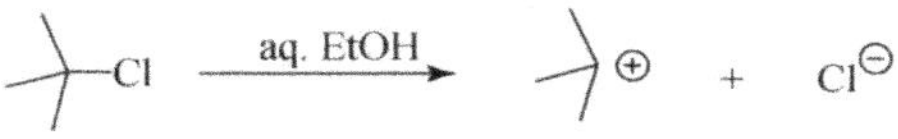

$$\Delta S^{\neq}=-6.6\ \text{cal/mol}\cdot\text{K (e.u.)}$$

(*J. Am. Chem. Soc.* **1948**, *70*, 846)

这是经典的 $S_N1$ 反应，决速步为单分子的电离。我们可能会推测其活化熵会增加，但实际测得的活化熵 $\Delta S^{\neq}$ 为负值。这是因为极性较小的反应起始物随着反应的进行逐步出现电荷的分离，到达过渡态时极性变得较大。反应过程中分子极性的增加会导致溶剂更为有序的排列(溶剂化作用，见第 6 章)。所以，尽管是单分子的分解反应，由于随着反应的进行环境(即溶液)变得更为有序，因此总的熵反而是减少的。这种现象具有一般性，即产生电荷的反应通常具有负的活化熵 $\Delta S^{\neq}$，而从带电荷的起始物生成中性过渡态通常具有正的活化熵 $\Delta S^{\neq}$。

和例一、例二中的气相反应比较，我们遇到的溶液中的反应要复杂得多，因此必须考虑包括溶剂在内的整个系统的熵变。

**例四　Cope 重排**

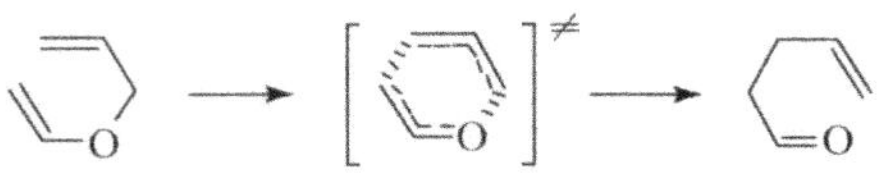

$$\Delta S^{\neq}=-8\ \text{cal/mol}\cdot\text{K (e.u.)}$$

(*J. Am. Chem. Soc.* **1950**, *72*, 3155)

单分子反应经过环状过渡态具有负的活化熵 $\Delta S^{\neq}$，因为在反应过程中失去了转动自由度。将一些常见反应类型的活化熵 $\Delta S^{\neq}$ 范围总结于表 2-1 中。

**表 2-1 一些常见反应类型的活化熵 $\Delta S^{\neq}$**

| 常见反应类型 | $\Delta S^{\neq}$ (cal/mol·K) |
|---|---|
| (1) A—B ⟶ A+B | +8～+17 |
| (2) X—C—C—Y ⟶ C=C + X—Y | −3～+4 |
| (3) 单分子重排反应(例如 Cope 重排) | −20～0 |
| (4) A+B ⟶ A—B | −20～−15 |
| (5) A+B—C ⟶ A—B+C | −30～−10 |
| (6) 双分子多中心反应(例如 Diels-Alder 重排) | −40～−20 |

## 2.4 与过渡态理论相关的一些重要原理和概念

### 1. 哈蒙德假说 (Hammond postulate)

因为反应过渡态的能量决定了反应的速率，因此，有关过渡态结构的信息对于理解反应机理就变得十分重要。但是过渡态只是一个最高能量的构型，其寿命接近于零，所以几乎不可能用实验的方法直接测量其结构。从直觉上对于过渡态的结构我们可以这样合理地考虑：对于一个放热反应(exothermic reaction)，起始物具有较高的能量，因此只需很小几何结构上的变化就可以达到过渡态，可以推测过渡态的结构和起始物相近；相反，对于一个吸热反应(endothermic reaction)，由于反应物较为惰性，因此它将吸收能量并在几何结构上发生较大的变化。推测只有在过渡态的结构已经非常相似于高能量的产物时才能达到过渡态，这时过渡态的结构和产物相近。上述的定性论述是由 Hammond (哈蒙德)最早提出的，因此称为 Hammond 假说(*J. Am. Chem. Soc.* **1955**,77,334)，见图 2-6。

Hammond 假说根据反应前后的能量改变来探讨过渡态的结构和能量，进而对反应的动力学进行合理的解释。虽然是十分定性的推测，但是简洁明了的 Hammond 假说在反应机理讨论中得到了十分广泛的应用。

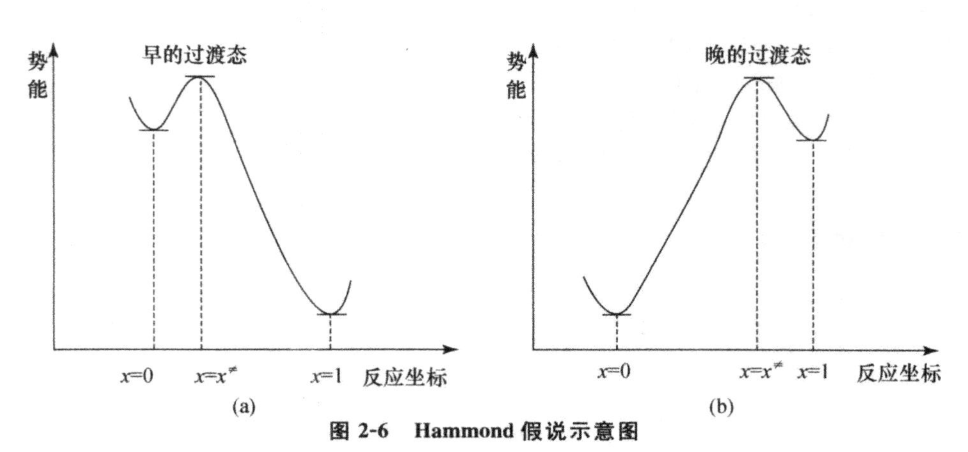


**图 2-6 Hammond 假说示意图**

(a) 放热反应($\Delta H<0$)，具有早的过渡态；(b)吸热反应($\Delta H>0$)，具有晚的过渡态

### 2. 反应活性-选择性

1）反应活性和选择性之间的关系

这是有机化学反应中常见的问题。我们所熟知的基本常识是，反应活性高则选择性低，反之亦然。应用 Hammond 假说我们可以从能量的角度来理解这个问题。

假设有如下反应：

$$Y \xleftarrow{k_Y} R \xrightarrow{k_X} X$$

$$S=\lg\frac{k_X}{k_Y}=\lg\frac{[X]}{[Y]}=\Delta G_Y^{\neq}-\Delta G_X^{\neq}$$

反应的选择性定义为 $S=\lg(k_X/k_Y)=\lg([X]/[Y])$。显然，最终产物的比例取决于两个反应活化自由能 $\Delta G_X^{\neq}$ 和 $\Delta G_Y^{\neq}$ 之间的差。

设想 A 和 B 为两种化学试剂，分别可以和 R 反应生成 X 和 Y，现在我们考察反应的活性和生成物选择性之间的关系。这里假设 A 的活性高于 B，因此 R 和 A 反应很快，而和 B 反应较慢，我们有如图 2-7 所示的反应势能图。和 A 反应时，过渡态较早，更像反应物，而反应物为同一化合物，所以和 A 反应时生成 X，Y 的过渡态差别不大，故选择性低；相反，和 B 反应时，过渡态更像产物，而 X，Y 为不同的化合物，所以过渡态差别大，故选择性高。

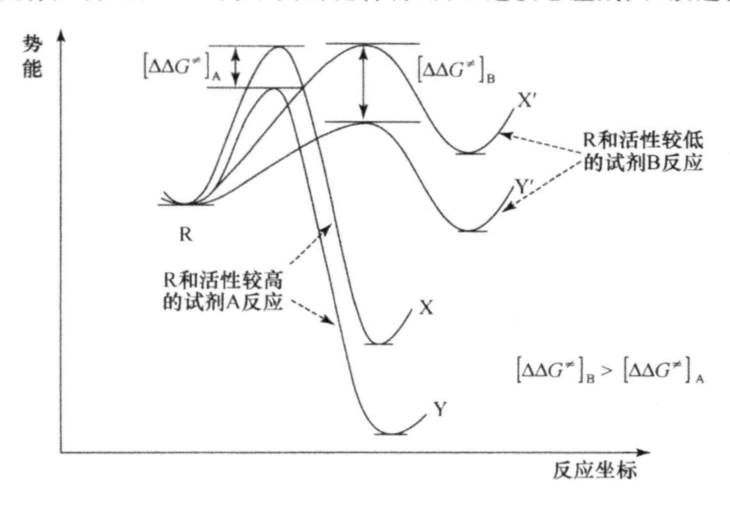


图 2-7　反应活性和选择性之间的关系

2）反应活性-选择性应用实例

卤素原子可以攫取烷烃分子中的氢原子，溴原子和氯原子在攫取氢原子时的选择性有如下数据：

$$\text{(CH}_3)_3\text{C—H} + X\cdot \longrightarrow (\text{CH}_3)_3\text{C}\cdot + X\text{—H}$$

相对速率

| | $-CH_3$ | >CH−H | ⟩—H |
|---|---|---|---|
| Cl• | 1 | 3.5 | 4.2 |
| Br• | 1 | 80 | 1700 |

可以看到，无论是溴原子还是氯原子，对于 C—H 的攫取的顺序是：三级＞二级＞一级。但是，溴原子的攫氢反应具有更高的选择性。

自由基反应通常受极性因素(例如溶剂等)的影响较小，因此可以用键的均裂能(bond dissociation energy，BDE，即 A-§-B ⟶ A·+B·过程中需要的能量)数据估算反应前后能量的变化。

$$Cl\cdot + CH_3CH_2CH_2{-}H \longrightarrow H{-}Cl + CH_3CH_2CH_2\cdot$$

$$\Delta H = \Delta H_{CH_2-H} - \Delta H_{H-Cl} = (98-103)\,\text{kcal/mol} = -5\ \text{kcal/mol}$$

$$Cl\cdot + CH_3CH(H)CH_3 \longrightarrow H{-}Cl + CH_3\dot{C}HCH_3$$

$$\Delta H = \Delta H_{CH-H} - \Delta H_{H-Cl} = (95-103)\,\text{kcal/mol} = -8\ \text{kcal/mol}$$

$$Br\cdot + CH_3CH_2CH_2{-}H \longrightarrow H{-}Br + CH_3CH_2CH_2\cdot$$

$$\Delta H = \Delta H_{CH_2-H} - \Delta H_{H-Br} = (98-88)\,\text{kcal/mol} = 10\ \text{kcal/mol}$$

$$Br\cdot + CH_3CH(H)CH_3 \longrightarrow H{-}Br + CH_3\dot{C}HCH_3$$

$$\Delta H = \Delta H_{CH-H} - \Delta H_{H-Br} = (95-88)\,\text{kcal/mol} = 7\ \text{kcal/mol}$$

从反应前后的能量变化可以清楚地看到，氯原子的攫氢反应为放热反应，而溴原子的攫氢反应是吸热反应。由 Hammond 假说和反应活性-选择性我们可以很容易地理解，虽然在两种情况下攫取二级氢比攫取一级氢要有利 3.0 kcal/mol，但是溴原子的攫氢反应具有更高的选择性。对于氯原子的反应，由于氯原子较为活泼，结果反应是放热的(图2-8)。根据 Hammond 假说，过渡态将会出现得早，此时自由基形成的程度很小，过渡态更像起始的状态。或者说，二级自由基比一级自由基稳定的因素并没有在很大程度上影响过渡态的能量。因此，两个过渡态的能量差较小。溴原子攫氢的情况则刚好相反(图 2-9)。

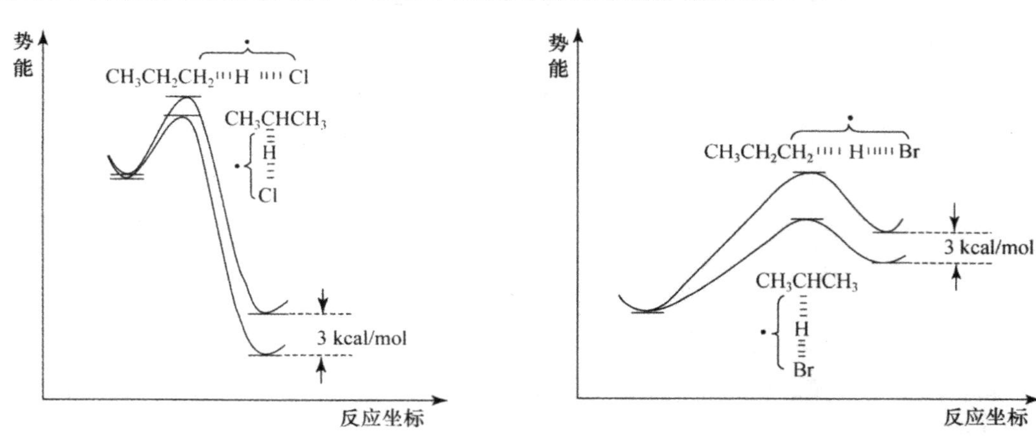


图 2-8 氯原子攫氢的势能图　　图 2-9 溴原子攫氢的势能图

### 3. 科廷-哈米特原理(Curtin-Hammett principle)

大多数有机分子会通过化学键的旋转产生构象异构体，这些构象异构体在常温下一般可以非常快速地相互转化。如果从两个不同的构象异构体出发可以生成不同的产物，那么生成物的比例是否取决于这两个构象异构体的相对浓度？我们可以借助势能图对此问题进行分析(图 2-10)。

$$P_A \xleftarrow{k_a} A \underset{}{\overset{K_c}{\rightleftharpoons}} B \xrightarrow{k_b} P_B$$

其中，$K_c$ 为构象异构体互相转化的平衡常数。$\Delta G_c = G_A - G_B$（正向反应设为 B ⟶ A），则有

$$G_B^{\neq} - G_A^{\neq} = (\Delta G_B^{\neq} + G_B) - (\Delta G_A^{\neq} + G_A)$$

由于大多数情况下构象之间的转换非常迅速，因此可以假设起始物的不同构象异构体 A 和 B 之间始终处于平衡的状态。

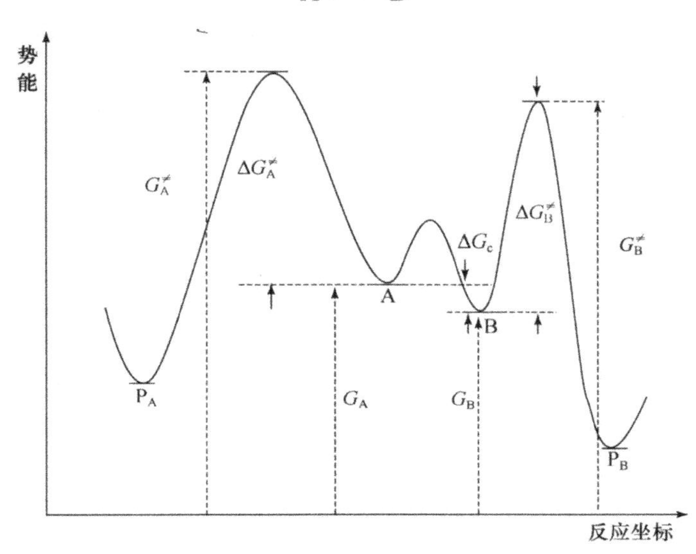


**图 2-10　Curtin-Hammett 原理示意图**

应用平衡假设，有

$$K_c = \frac{[A]}{[B]}$$

$$v_A = \frac{d[P_A]}{dt} = k_a[A] = k_a K_c [B]$$

$$v_B = \frac{d[P_B]}{dt} = k_b[B]$$

$$\frac{v_A}{v_B} = \frac{d[P_A]/dt}{d[P_B]/dt} = \frac{k_a K_c}{k_b}$$

根据过渡态理论：

$$k = \frac{k_B T}{h} e^{-\frac{\Delta G^{\neq}}{RT}}$$

而平衡常数 $K_c$ 和 $\Delta G_c$ 之间的关系有

$$K_c = e^{-\frac{\Delta G_c}{RT}}$$

则

$$\frac{v_A}{v_B} = \frac{d[P_A]/dt}{d[P_B]/dt} = \frac{k_a K_c}{k_b} = \frac{\frac{k_B T}{h} e^{-\frac{\Delta G_A^{\neq}}{RT}} \cdot e^{-\frac{\Delta G_c}{RT}}}{\frac{k_B T}{h} e^{-\frac{\Delta G_B^{\neq}}{RT}}}$$

$$= \exp\left(\frac{-\Delta G_A^{\neq} - \Delta G_c + \Delta G_B^{\neq}}{RT}\right) = \exp\left(\frac{G_B^{\neq} - G_A^{\neq}}{RT}\right)$$

由此可见，产物的比例并不取决于 $\Delta G_c$，而取决于两个过渡态的相对能量。我们因此可

以得到以下结论：由不同构象异构体生成的产物的比例，并不取决于构象异构体浓度的比例，浓度小的构象也可能成为主要产物，这就是 Curtin-Hammett（科廷-哈米特）原理。显然，Curtin-Hammett 原理的适用条件是构象间的转化速率要远远快于反应的速率，即平衡假设必须能够成立（*Chem. Rev.* **1983**，*83*，83）。

### 4. 动力学控制和热力学控制（kinetic control *versus* thermodynamic control）

了解一个反应是动力学控制还是热力学控制，不仅对于反应机理研究具有十分重要的意义，而且对于该反应在有机合成上的应用也十分重要。借助势能图我们考虑三种情况。

1）第一种情况，起始物 R 可以分别生成 A 和 B。由 A 或 B 生成 R 的活化能很大，故一旦生成 A 或 B 以后将不会再回到 R。A 和 B 的比例由反应的生成速率所控制，即取决于 $\Delta G_A^{\neq}$ 和 $\Delta G_B^{\neq}$ 的相对大小。这种情况为动力学控制（图 2-11）。

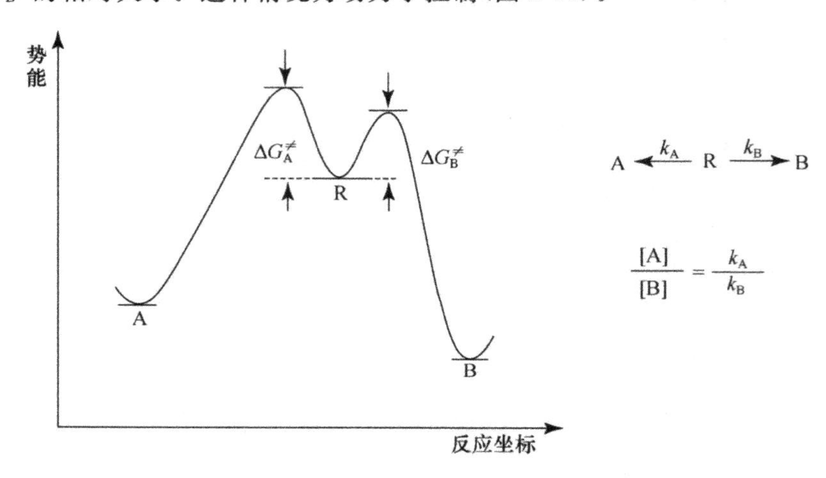


**图 2-11　典型的动力学控制的反应**

2）第二种情况，$k_A > k_B$，但相差不大（图 2-12）。这种情况下，如果很仔细地调节反应条件，则反应有可能仅停留在 A，即为动力学控制。相反，如果在较剧烈的条件下，比如高温，则 A 将会转化为 B，那么 A，B 之间将会发生平衡反应。此时 A，B 的比例取决于平衡常数，反应为热力学控制。

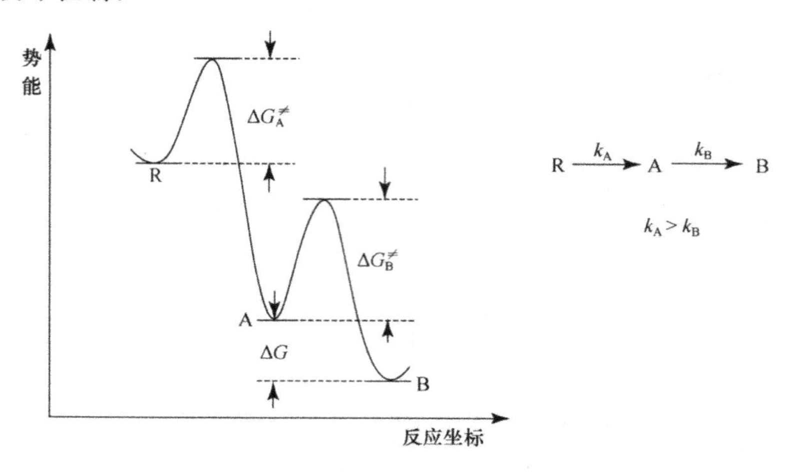


**图 2-12　动力学控制或热力学控制的反应**

3）第三种情况，$k_{AB} \gg k_{A}$。这种情况将是完全的热力学控制，A，B 将会很容易达到平衡，改变反应条件将不会在很大程度上改变最终 A，B 的比例（图 2-13）。

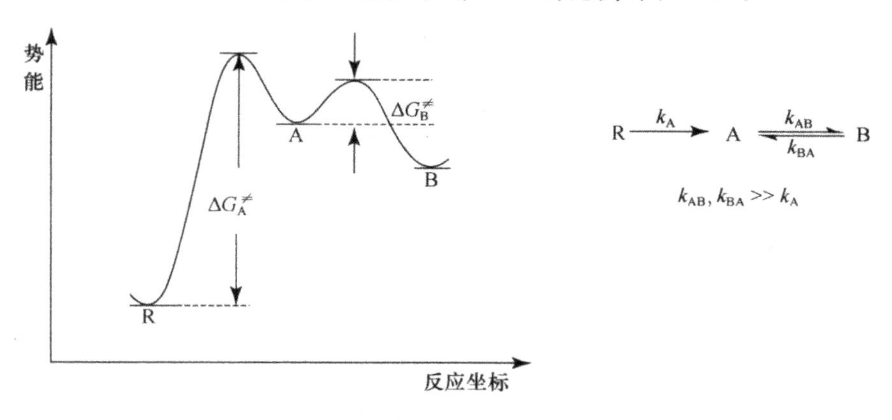


**图 2-13　典型的热力学控制的反应**

具体分析一个合成上十分有用的反应：在前面曾经提到过的非对称酮的去质子化。如果碱 B 很强，同时具有空间位阻，且溶剂是非质子性的，则将主要生成 Y，这时反应为动力学控制。因为 B 很强，则 BH 稳定，不会再回去。如果 B 较弱（和生成的负离子的碱性相当），且使用质子性溶剂，这时质子的转移将是可逆的，X 将为主要的生成物，因为它较为稳定，这时为热力学控制。

Y　　碱 ←　R　→ 碱　X

动力学控制产物　　　　热力学控制产物

碱：A（LiN(*i*-Pr)₂）　　B：EtONa 或者 KH

例如下例中，LDA 是一个强碱，并且负离子的体积大，因此，它优先从空间位阻较小的位置夺取质子，并且夺去质子的过程不可逆，100%得到动力学控制的产物。而 KH 是相对较弱的碱，在较高温度下反应时可以达到热力学平衡，故 100%得到热力学控制的产物。

| | | | | |
|---|---|---|---|---|
| LDA/THF, −78℃ | 0 | : | 100 | 动力学控制 |
| KH/THF, r.t. | 100 | : | 0 | 热力学控制 |

**5．最小移动原理（least motion principle）**

具有最小的原子和电子构型变化的基元反应是有利的。最小移动原理通常会被其他更强的效应所掩盖，例如产物的稳定性、分子轨道对称性以及空间取向的要求等。所以，要找到一个由最小移动原理来控制的反应实例是较为困难的。图 2-14 中的六元环上的消除反应可以作为这方面的一个例子。计算表明，反式消除具有最小的原子移动，实验上也的确只观察到反式的消除(*J. Am. Chem. Soc.* **1969**, *91*, 7144; **1976**, *98*, 7132)。

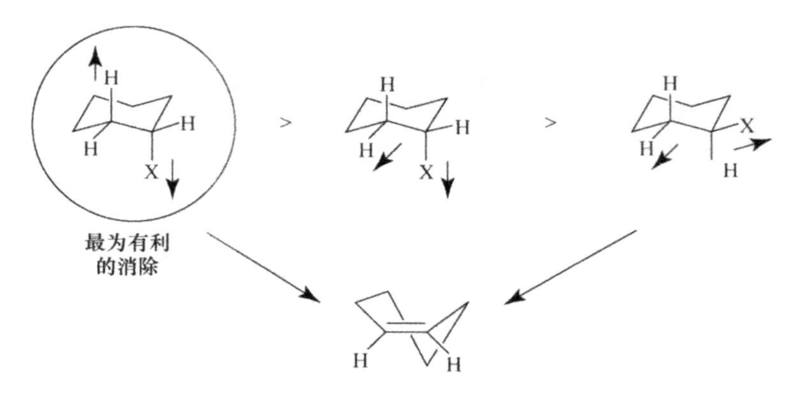


图 2-14 受最小移动原理控制的反应

## 2.5 过渡态理论的局限性

尽管过渡态理论在处理基元反应的详细历程方面获得了巨大的成功，但是在应用过渡态理论时，有必要对其假设的正确性进行评估。过渡态理论的平衡假设要求反应物分子服从Boltzmann分布。反应物分子通过激烈碰撞使一部分分子获得富余能量达到过渡态，而这部分分子迅速反应生成产物，因而破坏了 Boltzmann 平衡分布。只有通过分子间频繁碰撞的传能，才能重新恢复平衡分布。显然，只有反应的速率相对于分子间传能速率而言要慢得多时，反应物分子服从 Boltzmann 分布的假设才能成立。可以证明，只要 $E_a/RT \geqslant 5$，反应物分子的Boltzmann分布就是可以成立的。例如，某有机反应温度是 100℃ (373 K)，则只要活化能 $E_a \geqslant 3.7$ kcal/mol，平衡分布的假设就可以成立。这个条件对于一般的反应来说是可以满足的。但是对于高温条件下的快速反应(例如活化能很低的自由基反应)，$E_a/RT$ 可能小于 5。

**隧道效应(tunneling effect)**

另一方面，过渡态理论是基于经典的统计热力学，而非量子力学。根据量子力学原理，一个粒子的能量即使低于势垒，它出现在势垒另一端的概率也不为零，这称为隧道效应。而根据经典力学，则不可能发现该粒子处于势垒的另一面。用一个形象的比喻，有一个小球，把它扔向一面墙，它将会穿入墙一段距离后再弹回来。如果墙很薄，则该球会穿过墙出现在另一面。显然，球质量愈小，穿透能力愈强。宏观物体不会有这样的现象，因为它们的质量是如此之大[或者量子力学的 de Broglie(德布罗意)波长如此之小]，以至于无法观察到这种穿透。de Broglie 波长

$$\lambda = \frac{h}{mv}$$

其中 $h$ 为 Planck 常数，$m$ 为粒子质量，$v$ 为粒子运动速率。

当粒子的质量很小时，如电子、质子等，其量子效应将不能忽略，这时隧道效应将会比较显著。也就是说，对于一些包含有电子或质子转移的反应，有可能无须达到过渡态即完成了

反应。因为氢的原子质量较小，因此它与比较重的原子相比更易受测不准原理的影响，从而产生隧道效应(*Chem. Soc. Rev.* **1974**, *3*, 513; *J. Chem. Educ.* **1970**, *47*, 254)，见图 2-15。

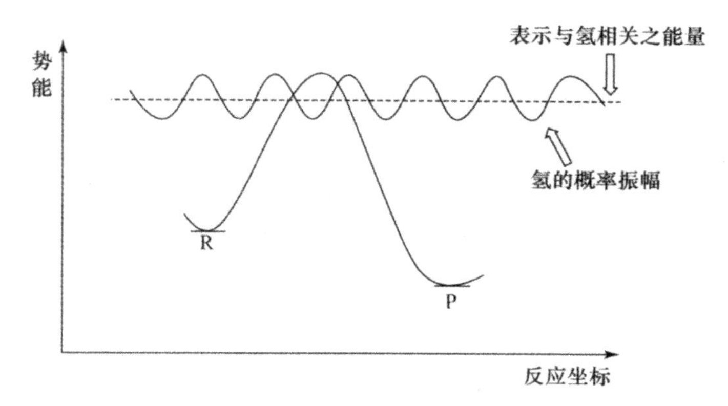


**图 2-15　隧道效应示意图**

隧道效应的结果是使得反应速率变得比由过渡态理论所预测的要大，这在动力学同位素效应实验中偶尔会观察到(详见第 3 章)。因为氢的质量只有氘的一半，因此与氘相比氢的这种效应会更大。所以，隧道效应会导致异常大的同位素效应。理论研究进一步指出了隧道效应的其他特征，比如 $\lg(k_H/k_D)$ 对 $1/T$ 作图会弯曲，指前因子 $A_H/A_D$ 具有较小的值。

隧道效应的实例：自由基的分子内攫氢反应。这里观察到的异常大的动力学同位素效应即是由于隧道效应的作用(见第 3 章)。

(D) H　$CH_2$　$\xrightarrow{k_H/k_D > 100}$　(D) H　$\dot{C}H_2$

对于大多数包含质子转移的反应，我们并不会观察到隧道效应。这是溶剂化作用增加了质子的有效质量的缘故。

## 2.6　马库斯反应速率理论简介

为了研究电子转移问题，加州理工学院 Marcus(马库斯)教授从 20 世纪 50 年代开始发展了反应速率理论(Marcus reaction rate theory)。Marcus 理论运用定量的方法来研究过渡态的问题，可以看到它的结论和定性的 Hammond 假说是一致的(Marcus 教授因为创立和发展电子转移反应理论而获得 1992 年诺贝尔化学奖)。

Marcus 理论认为，反应的活化能 $\Delta G^{\neq}$ 应由三部分组成：

$$\Delta G^{\neq} = \Delta G_c^{\neq} + \Delta G_{int}^{\neq} + \Delta G^{\ominus}$$

其中，$\Delta G^{\ominus}$ 为反应前后的标准自由能变化；$\Delta G_c^{\neq}$ 为反应物之间静电相互作用的活化自由能，等于将反应物从无限远处移至过渡态时所需做的功，如果反应物为不带电荷的分子，则可以认为 $\Delta G_c^{\neq} = 0$；$\Delta G_{int}^{\neq}$ 是过渡态构型内配位层变形的活化自由能，是内在的动力学能垒，它是假设反应前后生成物和起始物具有相同自由能时会存在的能垒，称为固有能垒(intrinsic barrier)，与键的伸展、压缩、弯曲等有关。

为了说明 Marcus 理论，我们来考察一个简单的取代反应。在这个简单的 $S_N2$ 亲核取代反应中，C—Br 键断裂，同时 C—O 键生成。

$$(1)\ HO^{\ominus} + H_3C\text{—}Br \longrightarrow CH_3OH + Br^{\ominus}$$

Marcus 理论将反应的势能图描述成由两个相交的抛物线组成，一个代表 C—Br 键的伸缩势能面，而另一个则代表产物中 C—O 键伸缩的势能面（图 2-16）。这些抛物线的形状和相交处的位置是由反应前后总的自由能变化以及内能（固有能垒）决定的。应用抛物线的原因是键伸缩振动的 Morse 势能图中，接近平衡键长位置的势能曲线和抛物线是十分接近的（见第 3 章）。因此，人们常用抛物线方程去模拟这些 Morse 势能曲线，抛物线方程也是经典力学中弹簧伸缩振动的势能方程。

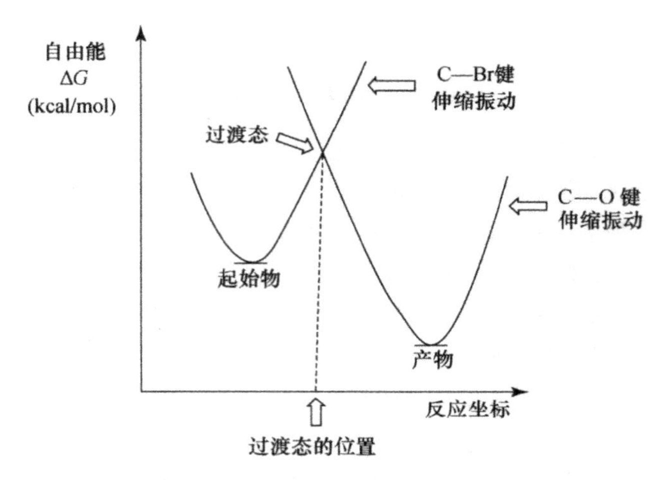


**图 2-16　由伸缩振动抛物线组成的反应势能图**

我们来看 Marcus 是如何确定固有能垒的。对于以下甲醇羟基的交换反应：

$$(2)\ HO^{\ominus} + H_3C\text{—}OH \longrightarrow CH_3OH + HO^{\ominus}$$

可以画出两个相交的相同的抛物线（因为前后能量不变，因而是对称的），并且使两抛物线在实验测出的活化能处相交。

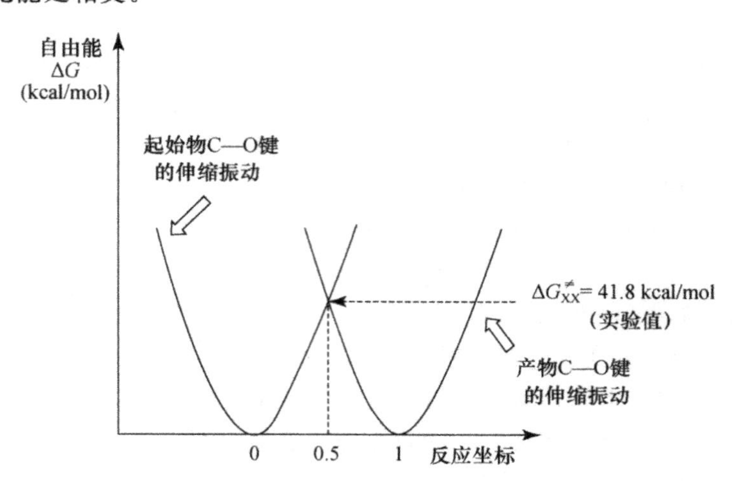

同样,对于产物溴甲烷作相同的处理。

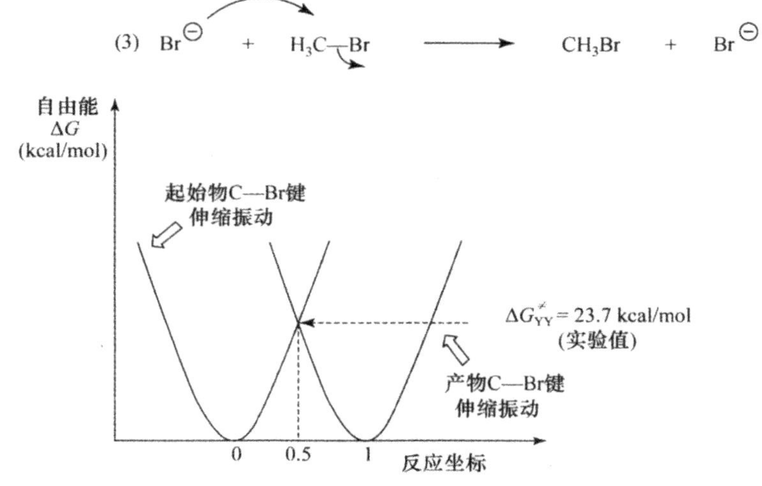


Marcus 然后这样定义反应式(1)的内部能垒：通过画出一对新的抛物线,使之相交于前两个对称反应的能垒的平均值。由反应式(2)和(3)的固有能垒的平均值定义反应式(1)的固有能垒。

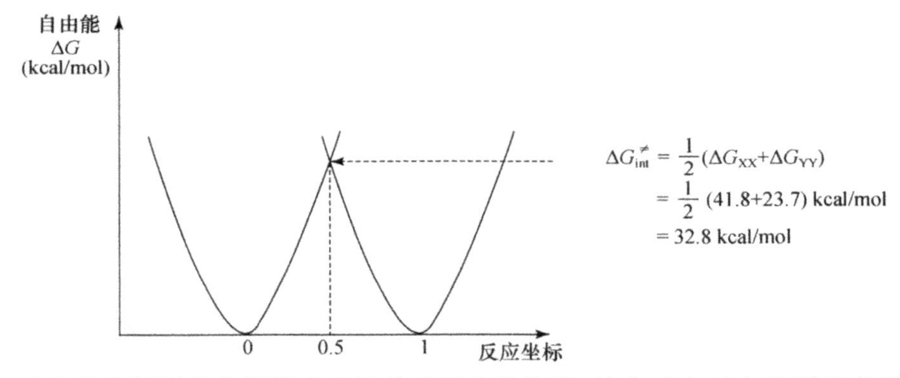


那么,反应的实际活化能则是垂直地移动两个抛物线,使之对应于实验所观察到的反应前后总的自由能变化(−23.4 kcal/mol)。注意,这时过渡态的位置不再是 0.5。

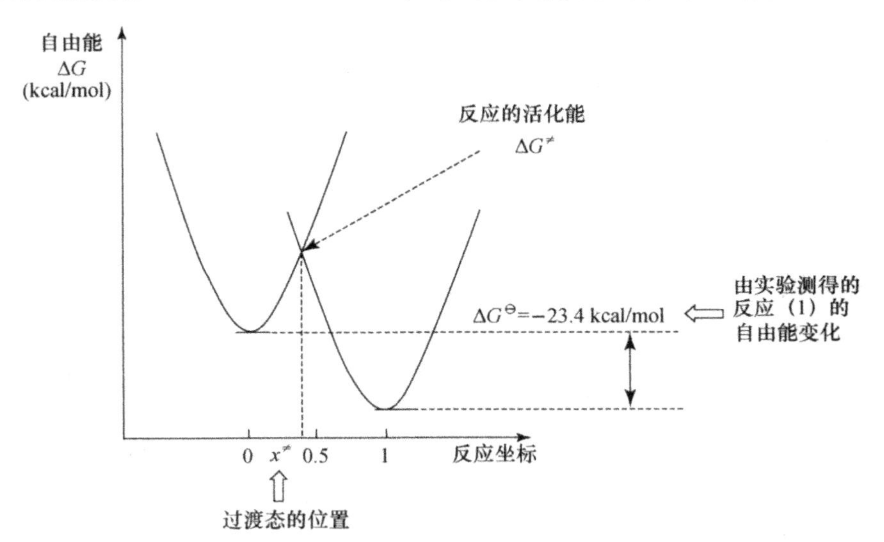

由抛物线的数学表达式可以容易地求得此时的相交点：

$$y = 4\Delta G_{int}^{\neq} x^2$$

$$y + \Delta G^{\ominus} = 4\Delta G_{int}^{\neq}(x-1)^2$$

解上述联立方程，可以得到

$$\Delta G^{\neq} = \Delta G_{int}^{\neq} + \frac{1}{2}\Delta G^{\ominus} + \frac{(\Delta G^{\ominus})^2}{16\Delta G_{int}^{\neq}}$$

上式称为 Marcus 方程。将 $\Delta G_{int}^{\neq}$和 $\Delta G^{\ominus}$的数据带入上式，即可以得到该反应的活化能

$$\Delta G^{\neq} = \left[32.8 + \frac{1}{2}(-23.4) + \frac{(-23.4)^2}{16 \times 32.8}\right] \text{kcal/mol} = 22.14 \text{ kcal/mol}$$

由实验测得的该反应的活化能为 22.71 kcal/mol，和上述由 Marcus 方程计算得到的数值 22.14 kcal/mol 非常接近。

由两抛物线相交点我们还可求得过渡态的位置：

$$x^{\neq} = \frac{1}{2} + \frac{\Delta G^{\ominus}}{8\Delta G_{int}^{\neq}}$$

因此，如果使得 $\Delta G^{\ominus}$更负，即反应更为放热，则 $x^{\neq}$会更小，也就是说过渡态出现更早；相反，如果 $\Delta G^{\ominus}$更正，即反应更为吸热，则 $x^{\neq}$会更大，也就是说过渡态出现更晚。这与前面讨论的定性的 Hammond 假说是一致的。

## 2.7 电子转移反应

Marcus 理论在研究电子转移反应(electron transfer reaction)中发挥了巨大的作用。电子转移是化学反应中的一种重要类型，可以简单地用以下的反应式表示：

$$A + D \longrightarrow A^{\cdot -} + D^{\cdot +} \quad \begin{pmatrix} \text{A：电子受体} \\ \text{D：电子给体} \end{pmatrix}$$

通常认为，电子转移反应就是氧化还原反应。但严格地说，电子转移反应可以分为两大类。第一类是电子交换反应，在这类反应中的电子转移并不引起净的化学变化。例如，同一元素不同价态的络合物，它们之间的电子转移并没有化学变化。电子交换反应在动力学和反应机理的研究中有重要的应用。

电子交换反应实例：

$$Ru^*(NH_3)_6^{2+} + Ru(NH_3)_6^{3+} \longrightarrow Ru^*(NH_3)_6^{3+} + Ru(NH_3)_6^{2+}$$

其中，$Ru^*$ 是 Ru 的同位素。这种电子交换反应只能用同位素标记或核磁共振的方法跟踪。

第二类是常见的氧化还原反应，在电子转移过程中有化学变化，可以用通常的物理和化学方法观测。近年来的很多实验现象表明，有一些曾经被认为是亲核和亲电试剂之间的极性反应很可能是首先经历了单电子的转移，然后以自由基的机理发生的。

一个具有代表性的例子是在第 1 章中曾经介绍过的格氏试剂与酮的反应(图 2-17)。格氏试剂的反应最初被认为是格氏试剂对羰基的亲核进攻，后来发现一些 Lewis 酸，如氯化镁，甚至格氏试剂本身对反应具有催化作用。另外，在反应过程中除了生成产物外，常常还可以得到还原产物，比如分离得到频哪醇。金属镁的纯度对反应也有很大影响，微量的过渡金属杂质的存在有利于频哪醇的生成。这些实验事实表明，除简单的极性历程外，还可能有自由基途径。

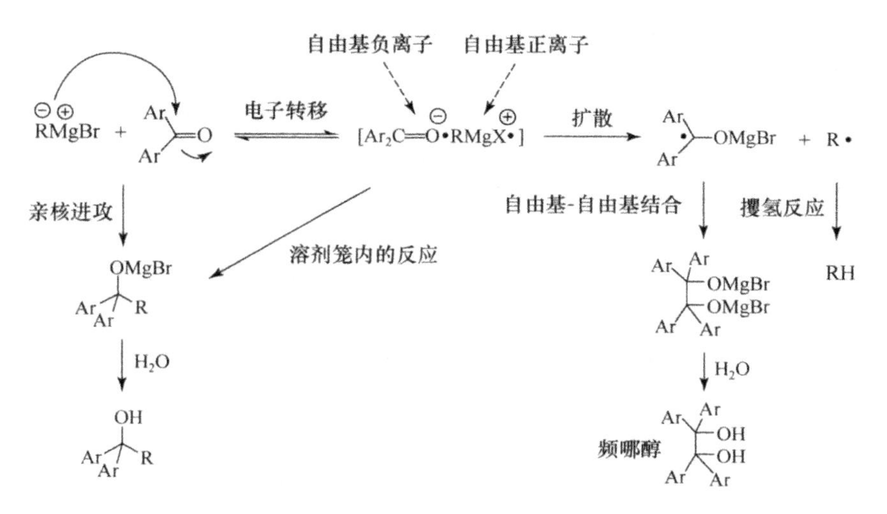


图 2-17　格氏试剂与酮的反应机理

在图 2-17 中，存在两种机理的竞争。自由基机理的关键一步是 RMgX 和 $Ph_2C{=}O$ 之间的单电子转移，生成溶剂笼内的负离子自由基/正离子自由基对。显然，如果能使产生的自由基稳定，则电子转移过程将变得有利。的确，对于那些能使自由基负离子稳定的酮，如 $Ar_2C{=}O$，有很多事实可表明单电子转移机理的存在。例如，当高空间位阻的二(2,4,6-三甲基苯基)甲酮进行格氏反应时，用电子自旋共振(ESR)可以检测到顺磁物种的形成，浓度高达原料的 80%(*J. Am. Chem. Soc.* **1981**, *103*, 4983; **1986**, *108*, 6263)。

格氏试剂
单电子转移

除了应用电子自旋共振(ESR)对较为稳定的自由基负离子直接检测外，人们也应用其他的化学手段证实了自由基中间体的存在。例如在下例中，自由基特征的环合反应被用来作为探针间接证实在这个格氏反应中有自由基中间体的存在。

MgBr + $Ph_2C{=}O$ THF → OMgBr + Ph Ph OMgBr
88 : 12
单电子转移
$Ph_2C{=}O^{\ominus}\cdot$ + $MgBr^{\oplus}\cdot$ → · → ·
自由基探针反应

另外，$LiAlH_4$ 和 RX 的还原反应等也被用类似的自由基探针方法进行了研究，同样发现了自由基中间体存在的证据。

X　X　X　X= OTs, Ck, Br, I

从这些例子可见，单电子转移反应机理是相当普遍的现象。下面结合 Marcus 理论来对有机分子的电子转移的一般情况作一介绍。

电子的转移通常是极快的过程，因为电子的运动比核的运动要快得多（前者 $10^{-16}\,s^{-1}$，后者 $10^{-13}\ s^{-1}$）。在转移过程中电子没有时间增加或者失去能量，为了使得能量能够守恒，给出电子的给体的能级和接受电子的受体的能级必须是相同的。进一步说，在开始发生电子转移的时候，它们的能级就必须相同，因为转移过程中没有时间使核的位置改变以便使能级发生变化。Franck-Condon（弗兰克-康登）原理是这样陈述的：电子转移是如此之快，以致可以认为它们是在静止的核体系内发生的。

那么，电子转移是否只能在给体和受体刚好只有相同的能级的基态分子间进行呢？回答是否定的，电子转移的确只有在相互匹配的能级之间进行，但这种匹配可以通过给体和受体以及周围的溶剂的重组，在电子转移发生之前进行。这种重组使得电子转移需要越过一定的能垒（活化能）。这个能垒称为重组能，它涉及键的伸展或压缩，键角变形和扭曲；溶剂重组涉及在反应物周围的静电环境中，溶剂分子重新诱导定向等。

上面的论述可以归纳如下：电子转移反应都遵循 Franck-Condon 原理，电子转移要比核运动快得多。因此，当始态和终态的核结构类似时，发生电子转移最为有利。能级间的彼此匹配，可以通过体系能量的增加来实现。为使核结构类似，在发生电子转移之前，反应物分子和溶剂分子之间需先进行一些结构调整，即键重组和溶剂重组。

Marcus 方程给出了反应的活化自由能 $\Delta G^{\neq}$ 和反应前后的总的自由能变化 $\Delta G^{\ominus}$ 之间的关系，这种关系不是简单线性的。

$$\Delta G^{\neq}=\Delta G_{\mathrm{int}}^{\neq}+\frac{1}{2}\Delta G^{\ominus}+\frac{(\Delta G^{\ominus})^2}{16\Delta G_{\mathrm{int}}^{\neq}}$$

由 Marcus 方程可知，如果 $\Delta G^{\ominus}$ 具有足够的负值，则有可能使得两抛物线在代表反应物的位置相交，即交于左边抛物线之最低点处（图 2-18）。

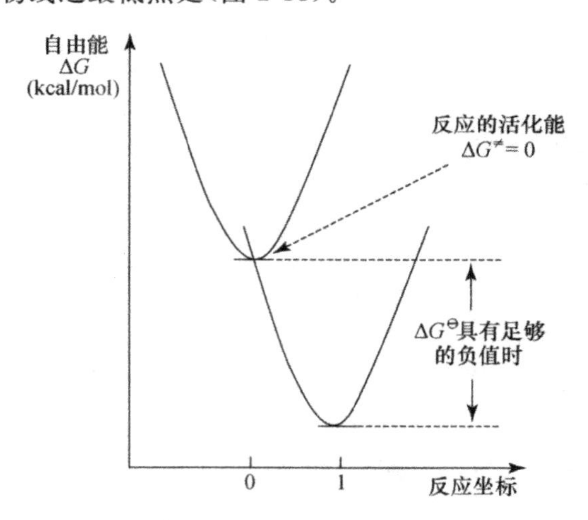


**图 2-18　$\Delta G^{\ominus}$ 有足够负值时的反应势能图**

这时 $\Delta G^{\ominus}=-4\Delta G_{\mathrm{int}}^{\neq}$，这将使得

$$\Delta G^{\neq}=\Delta G_{\mathrm{int}}^{\neq}-2\Delta G_{\mathrm{int}}^{\neq}+\frac{(-4\Delta G_{\mathrm{int}}^{\neq})^2}{16\Delta G_{\mathrm{int}}^{\neq}}=0$$

换句话说，如果有足够负的 $\Delta G^{\ominus}$，根据 Marcus 理论，可以完全抵消内部的活化能垒。由

于电子转移的活化能随着放热而减少，因此电子转移发生在一个电子激发态（excited state）和一个基态（ground state）的可能性大于发生在两个基态的可能性。图 2-19 给出了这种电子转移的情况。

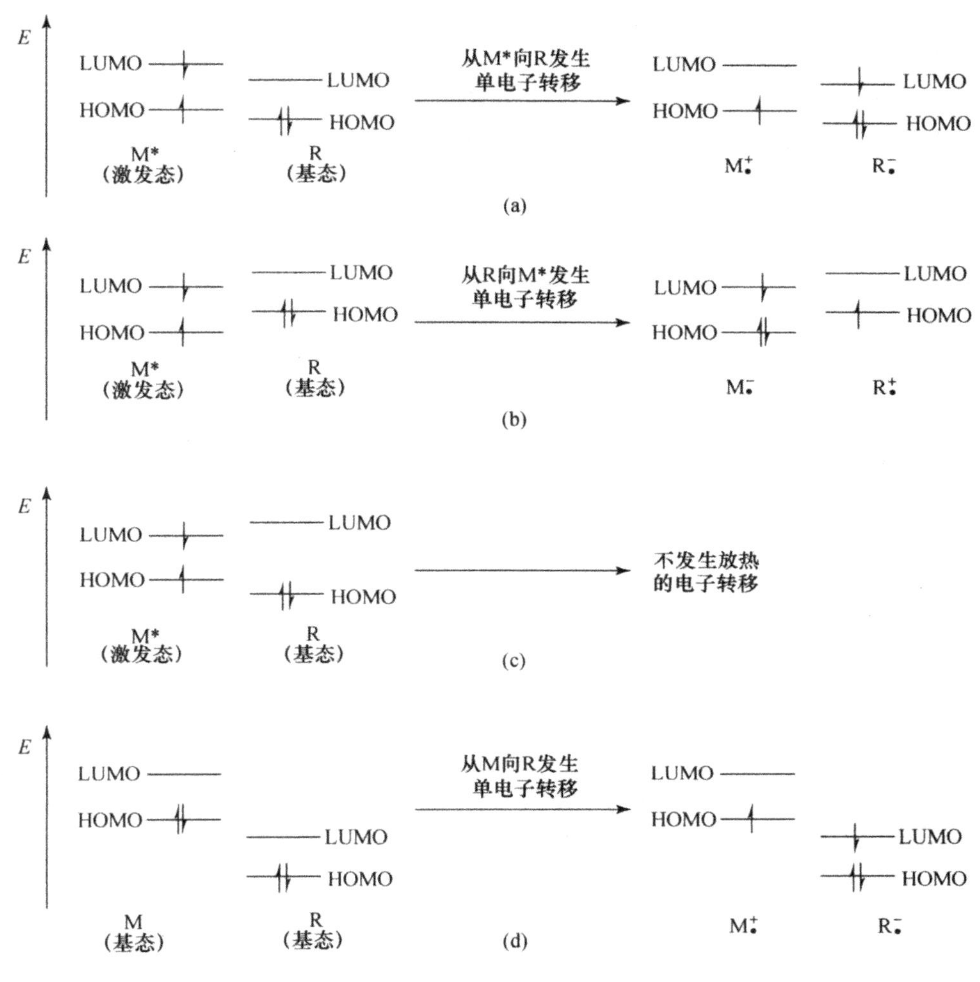


图 2-19　单电子转移的能级图

图 2-19 中，激发态分子 $M^*$ 的半占 LUMO 轨道的能级高于基态分子 R 的空 LUMO 轨道时，电子从 $M^*$ 转移到 R 是放热的，见图（a）；激发态分子 $M^*$ 的半占 HOMO 轨道低于基态分子 R 的全占轨道，电子从基态分子 R 转移到激发态分子 $M^*$ 是放热的，见图（b）；基态分子 R 的空LUMO轨道高于激发态分子 $M^*$ 的半占空轨道，而基态分子 R 的全占 HOMO 轨道又低于激发态分子 $M^*$ 的 HOMO 轨道，因此，这种情况下不可能发生放热的电子转移，见图（c）；基态分子 R 的 LUMO 能级低于基态分子 M 的 HOMO 能级，这种情况下两个基态分子之间的放热电子转移是可以发生的，见图（d）。

以上的电子转移可以用简洁的定量方式表达。当电子转移发生在两个基态的分子之间时，电子转移前后的自由能变化可以用下式表示：

$$\Delta G^{\ominus}=E(D/D^{+})-E(A^{-}/A)$$

其中，$E(D/D^{+})$是供体分子的氧化电势，$E(A^{-}/A)$是受体分子的还原电势。显然，只有当受体分子的还原电势大于供体分子的氧化电势时，$\Delta G^{\ominus}$才能够变为负值。然而，当一个分子处于激发态时，则有以下的关系式(称为 Weller 方程)：

$$\Delta G^{\ominus *}=E(\mathrm{D/D^{+}})-E(\mathrm{A^{-}/A})-E_{00}$$

其中，$\Delta G^{\ominus *}$表示激发态反应前后的自由能变化，$E_{00}$表示激发分子的激发能。在这种情况下，即使相应的基态反应的自由能变化 $\Delta G^{\ominus}$为正值，$\Delta G^{\ominus *}$ 通常也是负值。

根据 Marcus 方程，当 $\Delta G^{\ominus}$变负时，$\Delta G^{\neq}$ 最初变小，当 $\Delta G^{\ominus}=-4\Delta G^{\neq}_{\mathrm{int}}$时 $\Delta G^{\neq}=0$，达到最小值；如果 $\Delta G^{\ominus}$进一步变负时，可以看到产物的抛物线将和起始物抛物线的左边部分相交，此时 $\Delta G^{\neq}$ 又增加(图 2-20)。势能曲线上的这个区域称为 Marcus 反转区。图 2-21 为当 $\Delta G^{\neq}_{\mathrm{int}}=5$ kcal/mol 时 $\Delta G^{\neq}$ 与 $\Delta G^{\ominus}$的关系。

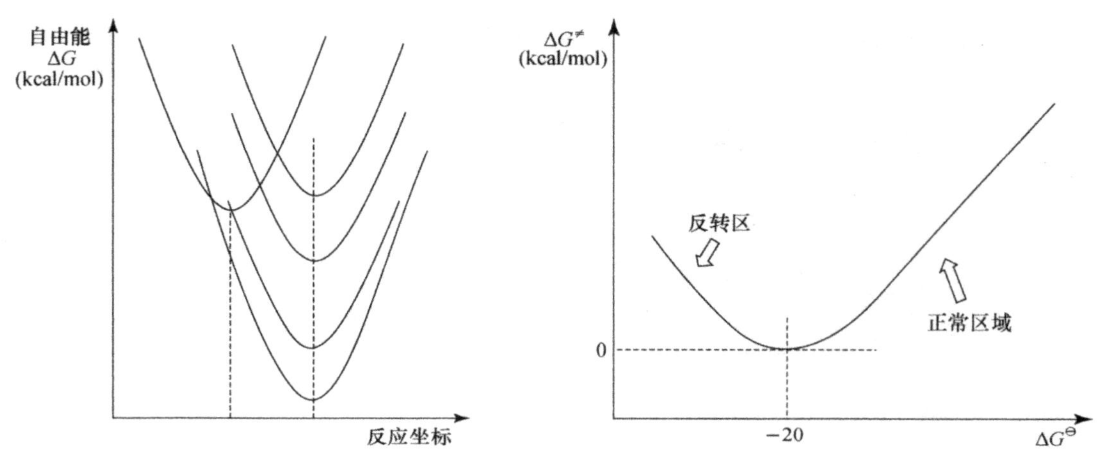


**图 2-20 垂直向下移动产物抛物线**

**图 2-21 $\Delta G^{\neq}$ 和 $\Delta G^{\ominus}$之间的关系**

如果用 ln$k$ 表示电子转移之速率，并对$-\Delta G^{\ominus}$作图，则可以得到图 2-22。由此图可知，随着电子转移反应释放能量的增加($\Delta G^{\ominus}$变得更负)，电子转移速率首先是增加，达到一个最大值以后又减小。

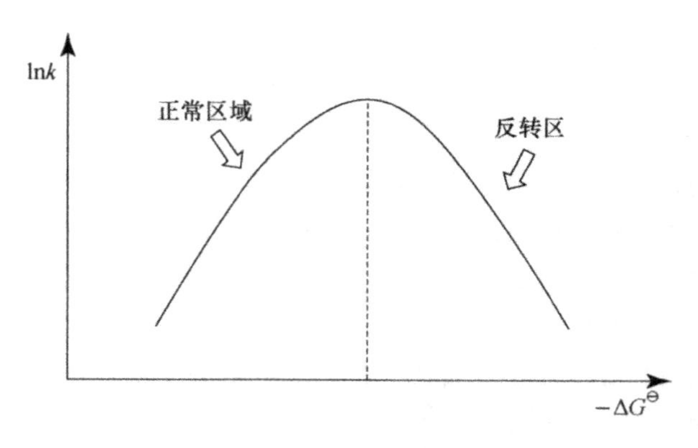


**图 2-22 反应速率和 $\Delta G^{\ominus}$之间的关系**

$\Delta G^{\neq}$ 随着$-\Delta G^{\ominus}$的增加而减小是化学反应中可以预期的趋势。例如酸碱催化的 Brønsted(布朗斯台德)催化定律，它说明越强的酸或碱达到平衡的速度也越快。这称为是处于正常区域的反应，此时反应活化能和反应前后自由能的差值呈现斜率为正值的线性关系。

$$\mathrm{AH} \xrightleftharpoons{K} \mathrm{A}^- + \mathrm{H}^+ \qquad k = CK^{\alpha}$$

$$\lg k = \alpha \lg K + \lg C \quad 或 \quad \Delta G^{\neq} = \alpha \Delta G^{\ominus} + C'$$

但是，势能曲线上的 Marcus 反转区却是与人们的常识相悖的。Marcus 在 1960 年的研究论文中预言了这个区域的存在，在此后的 20 多年里，不少研究者做了大量的工作，但均未观察到反转区。原因是他们研究的是分子间的电子转移。当 $\Delta G^{\ominus}$ 降到一定的负值时电子转移的速率达到扩散控制而保持不变，这时所测得的不是电子转移的速率，而是分子扩散的速率。

以后有人开始研究分子内的电子转移。1984 年 Miller 发表了给体与受体用刚性间隔基团(固定在 1 pm)连接的化合物的分子内电子转移反应，基本上消除了扩散的掩盖作用，才证实了 Marcus 反转区的存在(图 2-23)。这距理论预言已相隔 25 年(*J. Am. Chem. Soc.* **1984**, *106*, 3047)。

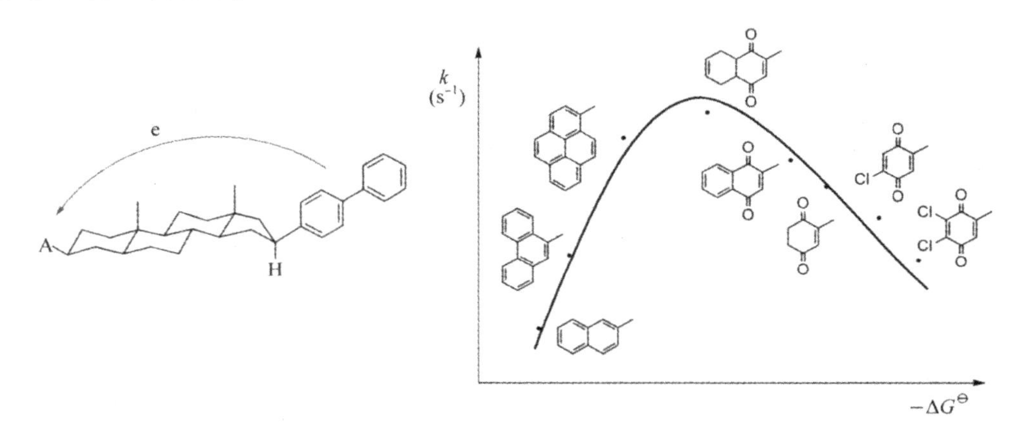


图 2-23　Marcus 反转区的实验证明

## 2.8　过渡态理论与生物有机化学

### 1. 过渡态类似物(transition state analog)

Pauling (鲍林)早在 1948 年就指出，酶的活性中心与它所催化的反应的过渡态在空间上具有互补性。换句话说，酶与过渡态之间的结合比酶与反应物之间的结合更为紧密(*Nature*, **1948**, *161*, 707; *Science*, **1973**, *180*, 149; *Acc. Chem. Res.* **2005**, *38*, 379)。

据此，人们提出了所谓过渡态类似物(transition state analog)的概念：它们是稳定的化合物，在结构上与酶催化反应中的反应物的过渡态相似。这类化合物是很强的酶的抑制剂，它们强有力地与反应物竞争酶的结合位点。它们与酶的结合比反应物与酶的结合更加紧密，并且在化学上是稳定的化合物，因此可非常有力地阻止酶催化反应。下面对酶催化反应的动力学的基本知识进行简单的介绍。

$$\mathrm{EI} \underset{+\mathrm{I}}{\overset{K_i}{\rightleftharpoons}} \mathrm{E} + \mathrm{S} \underset{k_2}{\overset{k_1}{\rightleftharpoons}} [\mathrm{ES}] \rightleftharpoons [\mathrm{ES}]^{\neq} \rightleftharpoons [\mathrm{EP}] \rightleftharpoons \mathrm{E} + \mathrm{P} \qquad ([\mathrm{ES}] \xrightarrow{k_3} \mathrm{E} + \mathrm{P})$$

竞争性抑制　　Michaelis 络合物　　过渡态

(E：酶；S：反应物；P：产物；I：抑制剂)

对于以上基本的酶催化动力学过程，应用稳态近似可以得到

$$v=\frac{k_3[E_T][S]}{[S]+K_m}$$

上式称为米氏方程(Michaelis-Menten equation)。其中 $K_m=\frac{k_2+k_3}{k_1}$，$[E_T]$为酶的总浓度。

竞争性抑制的平衡常数为

$$K_i=\frac{[E][S]}{[EI]}$$

其中[E]为未与底物结合的酶的浓度。一个好的底物应当具有较小的 $K_m$，而一个好的抑制剂应当具有较小的 $K_i$。

以下用几个例子说明应用过渡态类似物的概念。

**例一** 在腺苷(adenosine)水解脱氨基变为次黄苷(inosine)的酶催化反应过程中，反应的产物次黄苷是酶的一个比较好的抑制剂。这是因为产物次黄苷和起始物腺苷在结构上仍然十分相似。但是，抗生素肋间型霉素(coformycin)是一个更好的酶抑制剂，因为它的结构与酶催化过程的过渡态更为接近，特别是可模拟水解脱氨过程的 $sp^3$ 碳原子。

$H_2O$ 腺苷脱氨酶；$-NH_3$

腺苷 $K_m=3.1\times10^{-5}$ mol/L

次黄苷 $K_i=1.6\times10^{-4}$ mol/L

过渡态类似物：抗生素 coformysin $K_i=2.5\times10^{-12}$ mol/L

**例二** 分枝酸转变为预苯酸。

分枝酸变位酶

分枝酸 过渡态 预苯酸

糖类 芳香氨基酸

这个十分特别的生物转化经过了一个 Claisen(克莱森)重排，或者称为[3,3]σ 同面迁移反应。这个重要反应将糖类生物分子和含有芳香环的氨基酸联系在了一起。下面的[3,3,1]-二环化合物 **A** 被发现是以上反应一个较好的抑制剂。

后来，人们发现与过渡态更为相似的化合物 **B** 具有更强的抑制作用(*J. Am. Chem. Soc.* **1985**, *107*, 7792)。显然，化合物 **B** 在结构上和反应的过渡态更为相似。

事实上，用过渡态类似物来抑制酶反应已经成为药物设计的一个重要手段。在它背后

隐藏的原理是，自然界经过长时间的进化，使得酶和反应过渡态的结合比与反应底物的结合更为紧密，进而降低活化能，有效地加速反应。

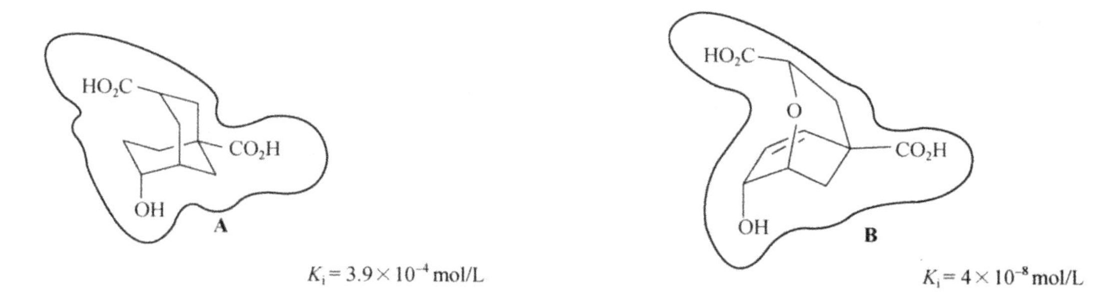


**2. 抗体酶(antibody enzyme)**

动物免疫系统可以产生大量结构多样的抗体(antibody，由多肽链组成)。这些抗体可以识别侵入体内的外来物质，即抗原(antigen)，并与之形成非常专一的紧密结合。与酶的不同之处在于，抗体与分子的基态相结合，而酶则与高能量的过渡态更为紧密地结合。

那么，如何把抗体的识别能力与酶的催化作用联系在一起呢？为实现这种联系，Schultz 和 Lerner 在 1986 年几乎同时报道了第一个具有催化活性的抗体(*Science*，**1986**，*234*，1570；*PNAS*，**1986**，*83*，6736)。其做法并不十分复杂，主要是基于过渡态类似物的原理。根据这一原理，Schultz 和 Lerner 研究组分别应用过渡态类似物来诱导产生能够识别和结合某一给定反应(例如酯水解)的过渡态的抗体，目的是希望这个抗体能够以一定的选择性催化该反应(酯水解)。用于诱发抗体的抗原分子是一些膦酸酯或者磷酸盐(酯)，例如 **A**，它们可以模拟酯水解的四面体过渡态。

抗体

$O_2N$–C6H4–O–C(=O)–$OCH_3$ ⇌ [$O_2N$–C6H4–O–C(OH)($O^-$)–$OCH_3$]$^{\neq}$ ⇌ $O_2N$–C6H4–OH + HO–C(=O)–$OCH_3$ ⇌ $CO_2$ + MeOH

$O_2N$–C6H4–O–P(O)($O^-$)–$CH_2CH_2CH_2CH_2$–$CO_2H$

**A**

膦酸酯（过渡态类似物）

从上述诱导产生抗体的过程中筛选出对抗原分子具有较强结合能力的抗体，并用于以下的水解反应，得到 $k_{cat} = 0.4\ min^{-1}$，$K_m = 208\ \mu mol/L$。这说明，应用抗体催化的反应比未催化的反应快了 3000 倍。并且水解可以用过渡态类似物 **A** 抑制，进一步说明它的确具有酶的特征。

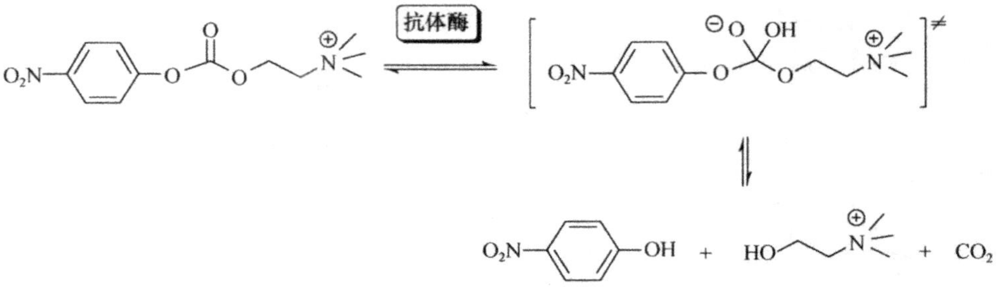

$$O_2N-C_6H_4-O-C(=O)-O-CH_2CH_2-\overset{\oplus}{N}(CH_3)_3 \xrightleftharpoons{\text{抗体酶}} \left[O_2N-C_6H_4-O-C(O^{\ominus})(OH)-O-CH_2CH_2-\overset{\oplus}{N}(CH_3)_3\right]^{\neq}$$

$$\rightleftharpoons O_2N-C_6H_4-OH + HO-CH_2CH_2-\overset{\oplus}{N}(CH_3)_3 + CO_2$$

## 练习题

**2-1** 分别对比下列 A),B),C) 三组反应,各组中哪一个反应有较负的活化熵？请作简单说明。

A) a) $CH_3I + NH_3 \longrightarrow CH_3\overset{\oplus}{N}H_3 + I^{\ominus}$

b) $CH_3I + {}^{\ominus}NH_2 \longrightarrow CH_3NH_2 + I^{\ominus}$

B) a) $(CH_3)_2C(CN)-N{=}N-C(CN)(CH_3)_2 \longrightarrow N_2 + 2(CH_3)_2\dot{C}CN$

b) 2-乙氧基-γ-丁内酯(O=C⟨环O⟩—OC₂H₅) ⟶ $O{=}C(O^{\ominus})-CH_2CH_2-CH{=}\overset{\oplus}{O}C_2H_5$

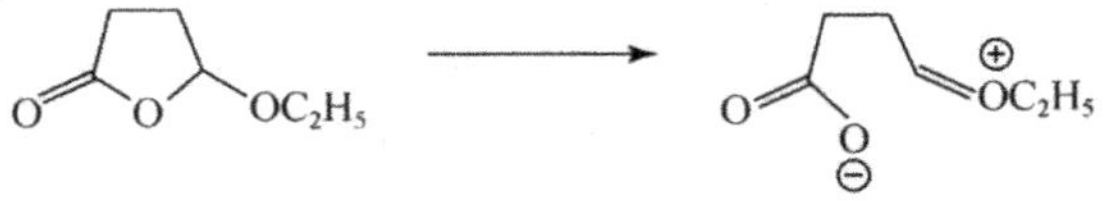

C) a) 3,4-二甲基-1,5-己二烯 ⟶ 2,6-辛二烯

b) 双环[5.1.0]辛-2,5-二烯 ⟶ 双环[5.1.0]辛-2,5-二烯(简并重排)

**2-2** 在二级和三级卤代物的 $S_N1$ 水解反应中,中间体碳正离子被分配给不同的亲核试剂(叠氮负离子或者水)。叠氮负离子的速率常数和水的速率常数的相对值可以作为这种分配的度量。

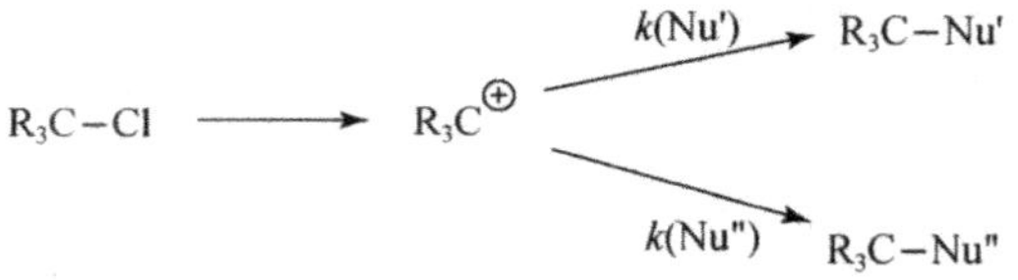

$$R_3C-Cl \longrightarrow R_3C^{\oplus} \begin{cases} \xrightarrow{k(Nu')} R_3C-Nu' \\ \xrightarrow{k(Nu'')} R_3C-Nu'' \end{cases}$$

$$Nu' = N_3^{\ominus};\ Nu = H_2O$$

当 R 不同时,有下列数据:

| | |
|---|---|
| $Ph_3C-Cl$ | $k(Nu')/k(Nu'') = 280\ 000$ |
| $Ph_2CH-Cl$ | $= 170$ |
| $Me_3C-Cl$ | $= 4$ |

试借助能级图说明相对速率常数变化的原因。

**2-3** 试分析下列反应的活化参数与机理是否相符,并作简单说明。

a) $PhS(=O)Ph + HSiCl_3 \xrightarrow{\text{慢}} Ph\overset{\oplus}{S}(OH)Ph + {}^{\ominus}SiCl_3 \xrightarrow{\text{快}} PhSPh + HOSiCl_3$

$\Delta H^{\neq}=7.3$ kcal/mol，　$\Delta S^{\neq}=-3.1$ e. u.

b) $Ph-N{=}N-H \xrightarrow{慢} Ph + N_2 + H\cdot \xrightarrow{快} PhH + N_2$

$\Delta H^{\neq}=9.0$ kcal/mol，　$\Delta S^{\neq}=-23$ e. u.

**2-4** 用给出的数据计算下列反应在 100℃时的 $E_a$，$\Delta H^{\neq}$ 和 $\Delta S^{\neq}$。

3-氯-3-(3-氯苯基)双吖丙啶 ⟶ $N_2$ + 其他产物

| 温度(℃) | 60.0 | 70.0 | 75.0 | 80.0 | 90.0 | 95.0 |
| --- | --- | --- | --- | --- | --- | --- |
| $k(10^{-4}s^{-1})$ | 0.30 | 0.97 | 1.79 | 3.09 | 8.92 | 15.90 |

**2-5** 用反应势能图表示下面的反应。

a) $A \xrightarrow{慢} I \xrightarrow{快} B$

b) $A \underset{}{\overset{快}{\rightleftharpoons}} I \xrightarrow{慢} B$

c) $A\cdot + \cdot A \longrightarrow A-A$

**2-6** 根据以下的数据计算对甲苯磺酸(3-氯苄)酯醋酸解反应的 $\Delta H^{\neq}$ 和 $\Delta S^{\neq}$。

$3\text{-}ClC_6H_4CH_2OTs \xrightarrow{AcOH} 3\text{-}ClC_6H_4CH_2OAc$

| 温度(℃) | 25.0 | 40.0 | 50.1 | 58.8 |
| --- | --- | --- | --- | --- |
| $k(10^{-5}s^{-1})$ | 0.0136 | 0.085 | 0.272 | 0.726 |

# 第 3 章　动力学同位素效应
# (Kinetic Isotope Effect)

1933 年，Lewis(路易斯)等用电解水的方法获得了接近纯的重水，证实了同位素取代对化学反应速率确有影响。1949 年，Bigeleisen(比格尔艾森)建立了动力学同位素效应的统计理论。动力学同位素效应是分离同位素的重要根据之一，它还可用来研究化学反应机理和溶液理论。

在反应机理研究中，我们常需要知道某一特定的键的形成或者断裂是否包含在反应的决速步中，而简单的动力学数据往往不能告诉我们这方面的信息。同位素效应的方法即提供了解决这个问题的一个非常有用的手段。当用同位素取代分子中的某些原子时，反应速率可能会发生变化，这种现象称为动力学同位素效应(kinetic isotope effect，KIE)。它常常包含有关反应机理，特别是决速步方面的重要信息。

例如，二苯甲醇的氧化。实验发现，当被标记的 $H^*$ 被 D 取代后，反应速率降低了 6.7 倍。在这个反应中 $C—H^*$ 键发生了断裂。很显然，同位素实验表明反应中 $C—H^*$ 键的断裂一定包含在决速步中。

$$Ph_2CH^*OH \xrightarrow[HO^{\ominus}]{MnO_4^{\ominus}} Ph_2C{=}O \qquad k_H/k_D = 6.7$$

## 3.1　动力学同位素效应的简化模型

### 1. 同位素效应的分类

同位素效应的实验理论上可以用碳、氮、氧及氢等各种元素，但是由于除了氢之外的元素和其同位素之间质量比的数值都很小，这导致碳、氮、氧等元素的动力学同位素效应的数值将非常小。这就需要非常精确的实验测量，同时数据的分析也将会有更大的不确定性。因此，绝大部分同位素效应研究是运用氢的同位素，特别是氘。以下的讨论将集中于氢氘的同位素效应。

常见的动力学同位素效应可以分为以下三种：

1) 一级动力学同位素效应(primary kinetic isotope effect，PKIE)。出现此同位素效应表明，与同位素相连接的化学键发生了断裂，且为整个反应的决速步。

2) 二级动力学同位素效应(secondary kinetic isotope effect，SKIE)。此时，与同位素相连接的化学键在反应过程中并没有发生断裂，但是该化学键在反应过程中可能被削弱，或者与同位素相连接的碳原子的杂化状态发生了改变。

3) 溶剂同位素效应(solvent isotope effect)。反应的介质(溶剂分子)被同位素取代以后引起了化学反应速率的改变。

以上三种动力学同位素效应中，一级动力学同位素效应是机理研究中最为常用的，因此是本章重点介绍的内容。根据同位素取代以后反应速率的变化，有以下区分：如果 $k_H/k_D>1$，则称为“正常(normal)”的同位素效应；如果 $k_H/k_D<1$，则称为“反向(inverse)”的同位素效应。

**2. 动力学同位素效应的起因**

同位素原子的不同之处仅在于其质量，因此，同位素取代后分子的势能面以及电子的能级均不会发生改变。

化学键振动的频率，即振动的能量，是和质量相关联的。当用同位素取代以后，该化学键的振动频率会产生相应的改变。在反应进程中，从起始物到过渡态发生反应的化学键是在断裂或者形成过程中，因此与之相关联的振动频率也会受到影响。这种影响直接关系到过渡态的能量，所以同位素取代以后将会影响反应的速率。可以想象，这种速率的变化会在很大程度上取决于同位素的相对质量，所以，对于 H、D 或 T，同位素效应将会是最大的。由于我们所观察到的大量同位素效应与 C—H 键的断裂有关，以下我们将以氢和氘作为简单的模型对同位素效应进行分析。

**3. 莫尔斯势能曲线(Morse potential energy curve)**

Morse 势能曲线表示键长和势能之间的关系(图 3-1)。随着键长的缩短，势能逐渐降低，最终达到势能的最低点。这时的键长为该化学键的平衡键长。进一步压缩这个化学键，将导致势能的迅速上升。

如果我们将 C—H 键设想为一个双原子谐振子，那么由双原子谐振子的 Schrödinger(薛定谔)方程可以得到这个谐振子的势能是呈量子化的。

$$E_n=(n+1/2)h\nu \quad (n=0,1,2,3,4\cdots)$$

其中，$n$ 为振动量子数；$\nu$ 为振动频率，由 C—H 键伸缩振动的红外光谱吸收得到。$\nu$ 通常出现在波数 3000～2100 $cm^{-1}$，换算成为频率则对应于$(6.3\sim9)\times10^{13}\ s^{-1}$。

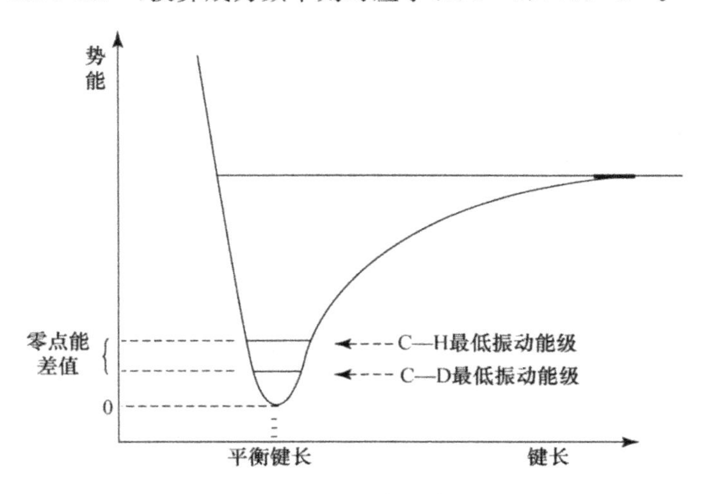


图 3-1　Morse 势能曲线

#### 4. 零点能(zero point energy)的概念

在通常状态下，任何C—H键均有一个特征的振动。C—H键的特征伸缩振动频率可以通过红外光谱观察到：它们一般在2900～3100 $cm^{-1}$范围。由于氘质量的增加，使C—D键的伸缩振动频率出现在相对低处，大约在2050～2200 $cm^{-1}$之间。因此，就这个特征的伸缩振动频率而言，C—D键的能量要低于C—H键的能量。所以，对任何C—H键或者C—D键断裂甚至变弱的反应，可以预料C—H键将比C—D键活泼一些。也就是说，用氘取代相应的氢以后反应速率将会变慢。需要注意的是，由下文关于二级动力学同位素效应的讨论可以看到，氢被氘取代以后也会出现反应速率变快的情况。

值得注意的是，最低的振动能级($n=0$)比势能曲线的最低点高出$h\nu/2$。也就是说，当C—H键的伸缩振动处于最低能级时，其势能并不等于零。这个势能值就是零点能。每一个化学键都有与之振动频率相对应的零点能。由于C—D键的振动频率低于C—H键，因此它的零点能也低于C—H键的零点能。

#### 5. 动力学同位素效应的估算

对于C—H键，由最低能级($n=0$)跃迁一个能级(到$n=1$)所需的能量可以计算如下：

$$\Delta E=h\nu=(6.626\times10^{-34}\times9\times10^{13}\times6.022\times10^{23})\ \text{J/mol}$$
$$=359.1\times10^{2}\ \text{J/mol}=35.9\ \text{kJ/mol}=8.6\ \text{kcal/mol}$$

室温下的热能为：$RT=[(8.314\times398)/4.18]\ \text{kcal/mol}=0.8\ \text{kcal/mol}$，它远低于C—H键伸缩振动跃迁一个能级所需要的能量。因此，在室温下几乎所有的分子均处于最低的振动能级($n=0$)。

对于一个C—H键发生断裂的反应，在达到过渡态时，这个C—H键的伸缩振动将转化为平动。因此，对于这个自由度而言，在过渡态时零点能将消失(图3-2)。如果我们仅考虑这个零点能的消失，则可以简单地计算同位素效应。

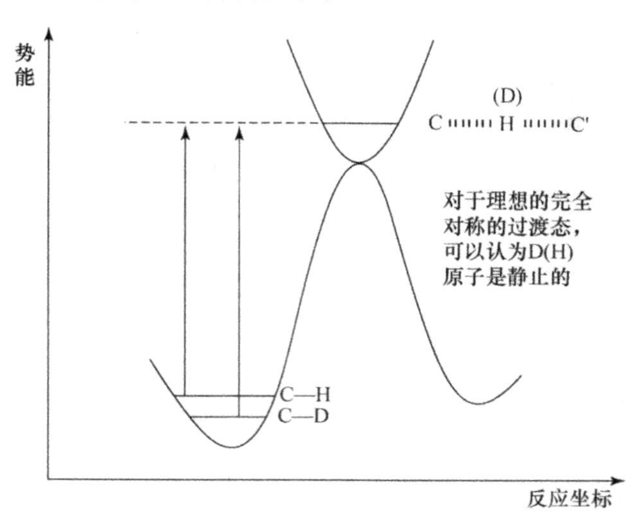


**图3-2 C—H/C—D键断裂的理想模型**

首先，可合理地认为，当用D取代H以后，质量的不同仅仅引起键振动频率的变化，而势能面、电子结构及成键力(bonding force)等将保持不变。我们可以把分子中的氢原子想象成一个质量很小的球，通过弹簧（化学键）连接在一个质量很大的物体（分子的其余部分）上。弹簧的弹力系数为 $k$，则由经典力学的胡克定律（Hooke's Law）给出振动频率为

$$\nu = \frac{1}{2\pi}\sqrt{\frac{k}{\mu}}$$

其中 $\mu$ 为折合质量，$\mu = m_1 m_2/(m_1 + m_2)$。当 $m_2 \gg m_1$ 时，$\mu \approx m_1$，这时有

$$\nu = \frac{1}{2\pi}\sqrt{\frac{k}{m_1}}$$

由此可以估算出 C—H 键和 C—D 键之间振动频率的差为 1/1.41，而实际观测到的为 1/1.35。根据这个数据，我们可以计算 C—H 键和 C—D 键的零点能差。

$$E_{\mathrm{H}}^{\neq} - E_{\mathrm{D}}^{\neq} = \frac{1}{2}(\nu_{\mathrm{H}} - \nu_{\mathrm{D}})hc = \frac{1}{2}hc\left(\frac{1}{1.35} - 1\right)\nu_{\mathrm{H}}$$

如果把这个能量上的变化作为活化焓的差，再进一步假设 $\Delta S^{\neq}$ 对于两个分子都是相同的，则根据反应速率的 Erying 方程有

$$\frac{k_{\mathrm{H}}}{k_{\mathrm{D}}} = \mathrm{e}^{-\frac{E_{\mathrm{H}}^{\neq} - E_{\mathrm{D}}^{\neq}}{k_{\mathrm{B}}T}} = \mathrm{e}^{-\frac{hc}{2k_{\mathrm{B}}T}(1-1/1.35)\nu_{\mathrm{H}}} = \mathrm{e}^{\frac{0.1865\nu_{\mathrm{H}}}{T}}$$

从红外光谱得到 C—H 键的伸缩振动的频率，如果取 3000 $\mathrm{cm}^{-1}$，那么当 $T = 298$ K 时，同位素效应的估算值为

$$\frac{k_{\mathrm{H}}}{k_{\mathrm{D}}} = \mathrm{e}^{\frac{0.1865 \times 3000}{298}} = 6.5$$

由上式可以看到，同位素效应与温度有关，它随着温度降低而增大。

以上的动力学同位素效应模型是非常粗略的，特别是它假设了完全对称的过渡态（即在过渡态时零点能完全消失），并且只考虑了反应坐标方向上的伸缩振动。如果考虑起始物和过渡态的所有振动，那么从统计热力学可以推导出同位素效应的一般表达式为

氢化合物　　氘化合物

$$\frac{k_{\mathrm{H}}}{k_{\mathrm{D}}} = \underbrace{\prod_i^{\neq} \exp\left[-\frac{1}{2}(\mu_{i\mathrm{H}} - \mu_{i\mathrm{D}})^{\neq}\right]}_{\text{过渡态的所有振动}} \underbrace{\prod_i^{\mathrm{r}} \exp\left[+\frac{1}{2}(\mu_{i\mathrm{H}} - \mu_{i\mathrm{D}})^{\mathrm{r}}\right]}_{\text{起始物的所有振动}} \tag{3-1}$$

其中 $\mu_i = h\nu_i/k_{\mathrm{B}}T$，$\nu_i$ 为第 $i$ 种振动的频率。

## 3.2　同位素效应和过渡态结构的关系

在前面通过简单模型得到的同位素效应 $k_{\mathrm{H}}/k_{\mathrm{D}} \approx 6.5$（25℃）基于假设形成完全对称结构的直线形过渡态。事实上，对于 C—H 键的断裂为决速步的反应，同位素效应的大小除了受温度的影响之外，还受过渡态结构的影响。反之，同位素效应也可以在一定程度上提供有关过渡态结构方面的信息。下面对过渡态结构和同位素效应之间的关系进行分析。

### 1. 直线形过渡态的同位素效应

我们来分析一个简单的体系，将一个氢由 AH 转到 B，这里 A 和 B 是多原子的片段。通过如下的过渡态：

$$AH + B \longrightarrow [A\cdots H\cdots B]^{\neq} \longrightarrow A + HB$$

T. S.

对于整个反应的势能面，除 C—H 键和 C—D 键的伸缩振动之外，我们还应当考虑其他振动。当反应体系处于起始物时，有 A—H 键的伸缩振动和弯曲振动；而在过渡态时，A—H 键的不对称伸缩振动变成了反应坐标。

A　　H　　B

如果我们假定过渡态是完全对称的，那么在过渡态时 H 和 D 将没有差别。假如只考虑这一种伸缩振动，那么式(3-1)中将只有起始物项：$\exp\left[+\frac{1}{2}(\mu_{iH}-\mu_{iD})\right]$，可以得到 $k_H/k_D \approx$ 6.5，即最初的简化模型所得到的。

但事实上，过渡态的结构内部仍有其他振动，其中一种为弯曲振动：

这些振动(弯曲)与起始物大致相同。通常弯曲振动的频率比伸缩振动低，在考虑一级同位素效应时，常认为它们是相互抵消的。因此，它们对于过渡态能量的影响可以忽略。另外，在过渡态中还有另一种振动，即对称的伸缩振动，而这在起始物中是没有的。

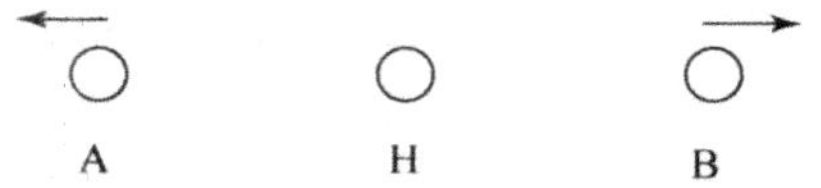


如果 A…H 和 B…H 的力常数相同，则只有 A，B 同时对称地运动，H 或 D 保持静止，此时振动频率与 H 或 D 无关，它对于过渡态的贡献相互抵消。它相当于在图 3-3 中能级 $E_D^{\neq}$ 和 $E_H^{\neq}$ 相等。此时按照前面的估算，同位素效应应当在 6.5 附近。如果过渡态不是对称的，

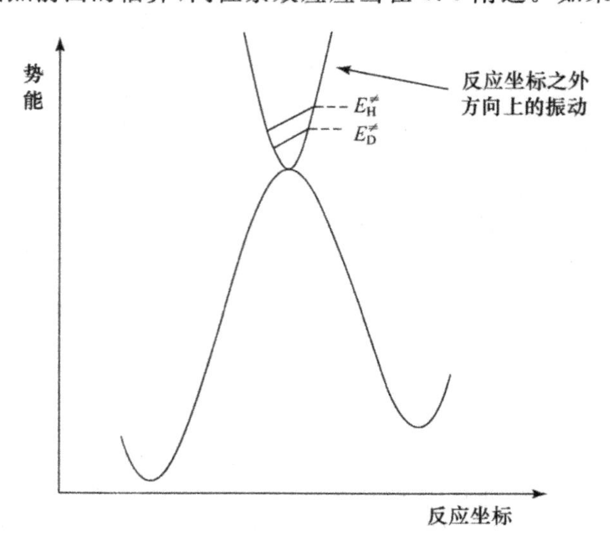


**图 3-3　过渡态时除反应坐标之外振动的零点能**

则 H（D）将会更靠近 A 或者 B，H（D）进行对称伸缩振动时有 $\nu_H > \nu_D$，故 $\exp\left[-\frac{1}{2}(\mu_H-\mu_D)^{\neq}\right]$将会小于 1，即在图 3-3 中，$E_D^{\neq}$ 将会比 $E_H^{\neq}$ 更低。这时由于起始物沿反应坐标振动的零点能的消失将会部分地被抵消，因此同位素效应将会比前面按照零点能完全消失所估算的小。一种极限的情况是过渡态和反应物几乎是相同的，此时对称的伸缩振动将包含同起始物几乎一样的 H 或者 D 的运动，则过渡态时的 H 和 D 的零点能差将抵消起始物的相应零点能差，这时的同位素效应将会是很小的。

对于这种情况，同位素效应将不能提供有关反应决速步的信息。此外，从这个简单的模型我们也可以看到，同位素效应有时可以用来大致估计过渡态的位置。对于对称的过渡态，同位素效应将会是最大的，而过渡态接近反应物或者接近产物均会导致较小的同位素效应。

**2. 非直线形过渡态的一级同位素效应**

非直线形的过渡态可能是我们会更多遇到的情况，它相应的振动图示如下：

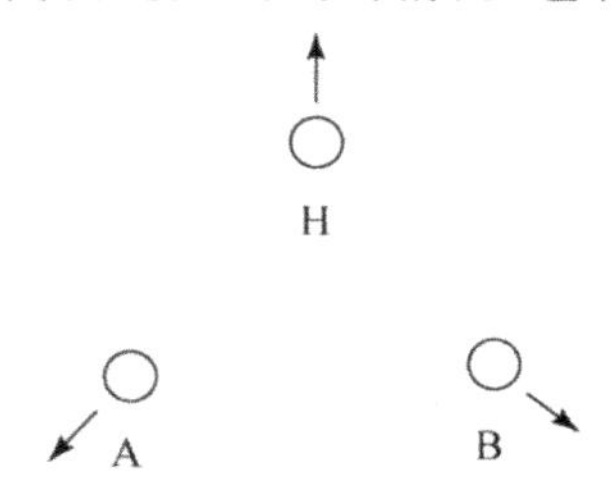


此时，即使是对于对称振动，H(D)也会以相对较高的频率运动，这将会抵消掉大部分的零点能。因此，一个非直线形的过渡态将会有较小的同位素效应，并且此时同位素效应受过渡态的对称性影响较小。所以，对于非直线形的过渡态，同位素效应不可用于判断过渡态的位置。

总结以上的分析，我们看到一级动力学同位素效应可以提供以下两方面的信息：

1) $k_H/k_D>2$，即被认为有显著的同位素效应，它表明 C—H 键的断裂为反应的决速步。

2) 在某些情况下，同位素效应的大小可以用来分析过渡态的位置。

此外，需要指出的是，动力学同位素效应受到诸多因素的影响，包括多步反应的动力学、过渡态的位置（出现的早晚）以及过渡态的结构等等。因此，在应用动力学同位素效应进行机理分析时需要十分小心。在大多数情况下，动力学同位素效应实验是作为辅助手段和其他各种机理研究的手段结合起来使用的。

## 3.3 一级动力学同位素效应的实例

**例一** $PhH_2—H^* + X\cdot \longrightarrow PhCH_2\cdot + HX$

$k_H/k_D = 4.6(77℃)$ $(X=Br)$

$k_H/k_D = 1.5(77℃)$ $(X=Cl)$

(*J. Am. Chem. Soc.* **1958**, *80*, 3033)

**例二**

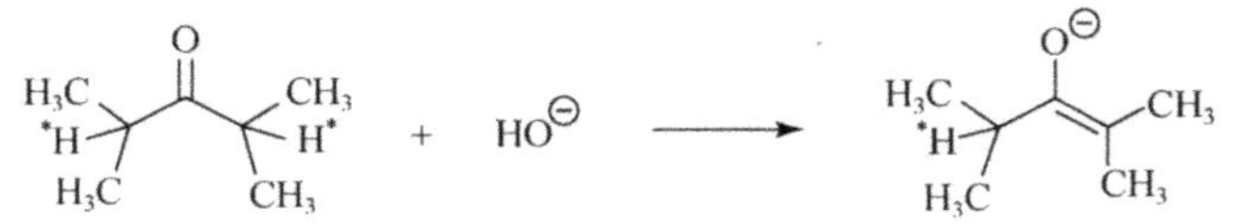

O

$H_3C$ $CH_3$

$^*H$ $H^*$ + $HO^{\ominus}$ ⟶

$H_3C$ $CH_3$

$O^{\ominus}$

$H_3C$ $CH_3$

$^*H$

$H_3C$ $CH_3$

$k_H/k_D=6.1(25℃)$

(*J. Am. Chem. Soc.* **1972**, *94*, 8351)

**例三**

$H^*$

$\oplus$ N

\+ $HO^{\ominus}$ ⟶ + N

$k_H/k_D=4.0(191℃)$

(*J. Am. Chem. Soc.* **1969**, *94*, 4473)

以上几个反应均观察到显著的一级动力学同位素效应，说明 C—H 键的断裂应是在决速步。

**例四** $PhCH_2^* CH_2^{\oplus} NMe_3 \xrightarrow{EtO^{\ominus}} PhCH^*{=}CH_2 + NMe_3$ $k_H/k_D=4.6$

三种可能的过渡态

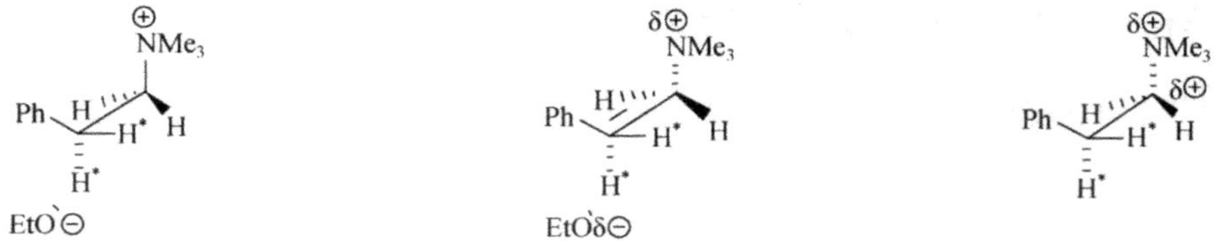

$\oplus$ $NMe_3$ Ph H $H^*$ H $H^*$ $EtO^{\ominus}$

$\delta\oplus$ $NMe_3$ Ph H $H^*$ H $H^*$ $EtO\delta\ominus$

$\delta\oplus$ $NMe_3$ $\delta\oplus$ Ph H $H^*$ H $H^*$

**A** 共轭碱作用的单分子消除 (E1cb)

**B** 协同的消除 (E2)

**C** 单分子消除 (E1)

因为较大的同位素效应，所以 **C** 的情况可以排除。另外，发现有氮同位素效应：$k_{^{14}N}/k_{^{15}N}=1.009$。因此，协同机理 **B** 的可能性最大。

**例五** $^*H_3C{-}C(CH_3)_2{-}Cl \xrightarrow{EtOH} CH_2^*{=}C(CH_3)_2$ $k_H/k_D=1.1$

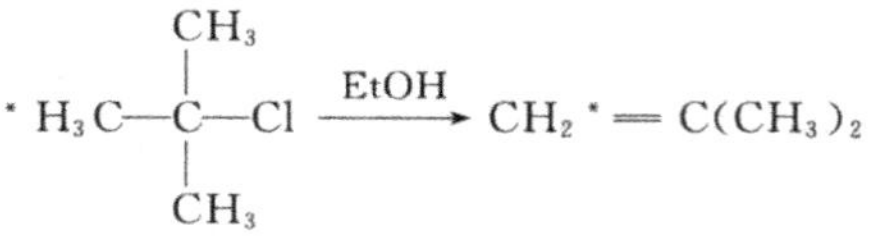

$^*H_3C{-}C(CH_3)_2{-}Cl \xrightarrow{慢} {^*H_3C{-}C^{\oplus}(CH_3)_2} + Cl^{\ominus} \xrightarrow[-H^{\oplus}]{快} CH_2^*{=}C(CH_3)_2$

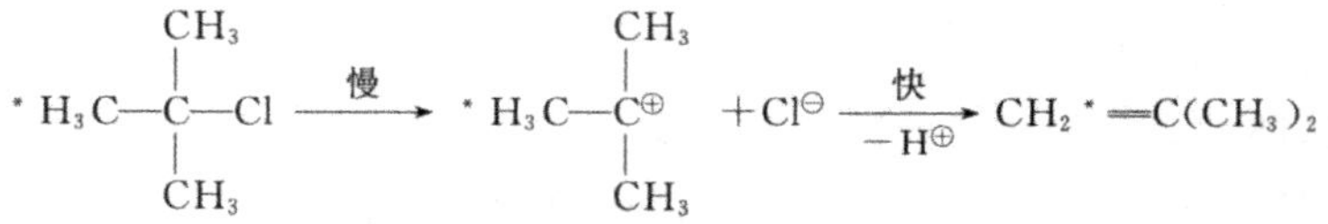

没有同位素效应说明 C—H 键的断裂没有包含在决速步。因此，上述消除反应最有可能是分步的机理。

**例六**

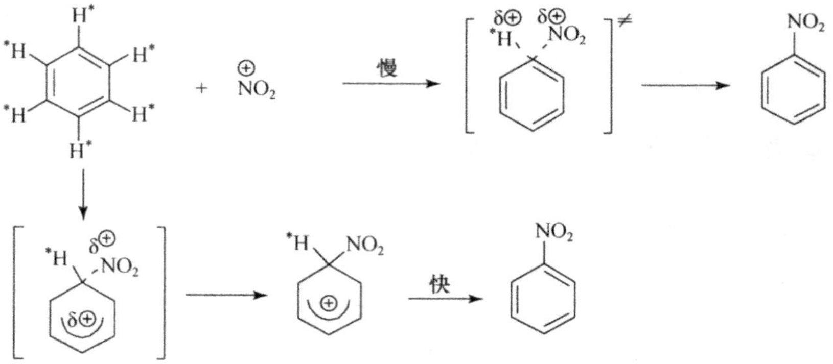

$H^*$ $^*H$ $H^*$ $^*H$ $H^*$ $H^*$ + $\overset{\oplus}{NO_2}$ $\xrightarrow{慢}$ $[\delta\oplus\ \delta\oplus\ {^*H},\ NO_2]^{\neq}$ ⟶ $NO_2$

↓

$[{^*H}\ \delta\oplus\ NO_2\ (\delta\oplus)]$ ⟶ $^*H$ $NO_2$ ($\oplus$) $\xrightarrow{快}$ $NO_2$

因为实验测得：$k_H/k_D=1.0$，所以反应应当是按照分步的机理进行的。

除了常用的 H/D 同位素效应，人们偶尔也用重原子的同位素效应来研究反应机理，例如上面例四中的氮同位素效应。又如，对于 Baeyer-Villiger 氧化反应，实验观察到 32°C 时，$k_{^{12}C}/k_{^{14}C}=1.046\pm0.002$。说明反应经过了途径 **b**，即芳基的迁移是协同的过程，碳碳键的断裂发生在反应的决速步（*J. Am. Chem. Soc.* **1970**, *92*, 2580），见图 3-4。很显然，应用重原子同位素效应在测量技术上有一定的难度，因为这种效应的数值很小。

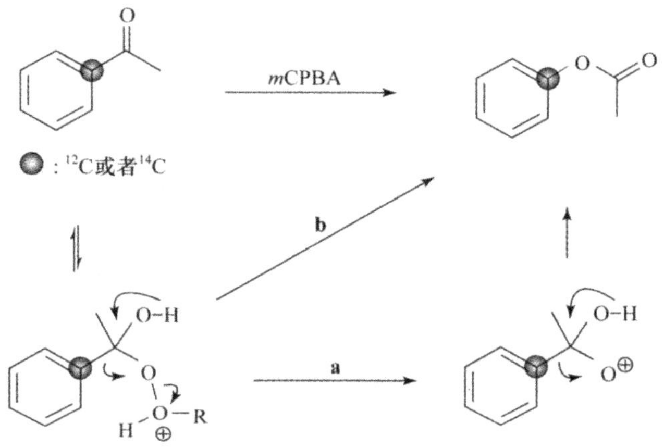

mCPBA

●：$^{12}C$或者$^{14}C$

**图 3-4　Baeyer-Villiger 氧化反应中的 $^{12}C/^{14}C$ 动力学同位素效应**

## 3.4　二级动力学同位素效应(SKIE)

在一个并没有断裂的键上用同位素取代以后产生的反应速率变化称为二级动力学同位素效应(secondary kinetic isotopic effect，SKIE)。

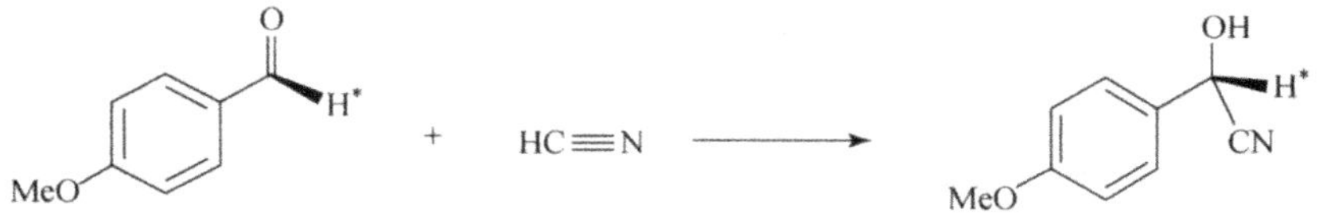

$k_H/k_D=0.73(25℃)$
(*J. Am. Chem. Soc.* **1972**, *94*, 7579)

在上述反应中 C—H* 键并没有发生断裂，但是亲核加成却表现出反向的同位素效应（即氘取代以后反应反而加速），这是为什么呢？我们注意到在上述反应中和 H* 相连的碳原子的杂化状态由 $sp^2$ 变为 $sp^3$，这是否是造成反应速率变化的原因呢？以下是简单的分析。

图 3-5 显示了过渡态时除反应坐标之外振动的零点能。显然，无论 C—H 键是否断裂，相对于起始物如果这些零点能的差发生了改变，则过渡态的能量将发生变化。由于没有发生 C—H* 键的断裂，反应坐标方向上的振动不会受到同位素取代的影响。因此，二级动力学同位素效应一定是由于其他方向上的振动的零点能的变化所引起的。图中给出了体系由反应物到过渡态的变化过程中和反应坐标垂直方向上的振动由于碳原子杂化状态的改变而引起的零点能改变。这种零点能的改变可能会出现过渡态时 C—H 键和 C—D 键的差别大

于起始物时的相应差别，或者相反的情况。图中从反应物转变为过渡态的过程中由于D取代了H，引起零点能之差距变小。

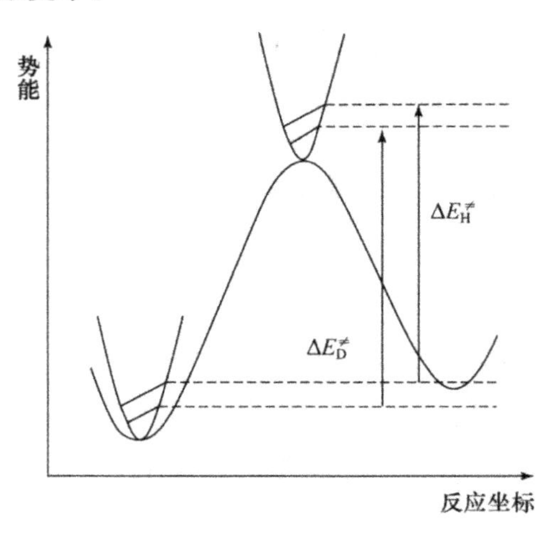


**图 3-5 二级动力学同位素效应的简化模型**

如果 $\Delta E_H^{\neq} < \Delta E_D^{\neq}$，则 $k_H/k_D > 1$；如果 $\Delta E_H^{\neq} > \Delta E_D^{\neq}$，则 $k_H/k_D < 1$

由以上的分析可以看到，反应势能面上的任何振动，如果从起始物到过渡态的转化过程中振动频率发生了变化（变大或变小），都将会引起 $k_H/k_D$ 偏离1。在实际研究中人们遇到最多的情况是，同位素D取代的碳原子的杂化状态在反应过程中发生了变化。因此，人们分析了当碳的杂化状态由 $sp^3$ 变为 $sp^2$ 时C—H键振动频率的变化，得到如下结果：

R₂C(X)—H(D) ⟶ R₂C⊕—H(D) + X⊖　　$sp^3 \longrightarrow sp^2$

H₂C=CH—CH=CH—H(D) + H₂C=CH₂ ⟶ (cycloadduct)—H(D)　　$sp^2 \longrightarrow sp^3$

| $sp^3$杂化 | | | $sp^2$杂化 |
| --- | --- | --- | --- |
| $2900\ cm^{-1}$ | ⟹ | $2800\ cm^{-1}$ | 伸缩振动 |
| $1350\ cm^{-1}$ | ⟹ | $1350\ cm^{-1}$ | 平面内弯曲振动 |
| $1350\ cm^{-1}$ | ⟹ | $800\ cm^{-1}$ | 平面外弯曲振动 |

从以上数据可见，反应从起始物到过渡态的过程中，当碳原子经历从 $sp^3 \rightarrow sp^2$ 的变化时，弯曲振动将会经历阻力的减少。这种阻力的减少对于C—H键来说更大，而对于C—D键则较小，这将会造成反应活化能的差别。因此，C—H键由C—D键取代后反应速率将会

下降。反之，如果碳原子经历从 $sp^2 \rightarrow sp^3$ 的变化时，反应速率将会增加，即二级动力学同位素效应可以是正常的（$k_H/k_D > 1$）或反向的（$k_H/k_D < 1$）。

对于碳原子经历从 $sp^3 \rightarrow sp^2$ 变化的反应，二级动力学同位素效应可以简单地估算如下：

$$\frac{k_H}{k_D} = \exp\left\{-\frac{h}{2}\left[(\nu_H^{\neq} - \nu_D^{\neq}) - (\nu_{rH} - \nu_{rD})\right]/k_B T\right\} \tag{3-2}$$

过渡态零点能之差　　起始物零点能之差

应用式(3-2)，并且和 C—H 键的伸缩振动的情况相似，近似地取 $\nu_D = \nu_H/1.35$，那么在 25℃（$T = 298$ K）时，同位素效应为

$$\frac{k_H}{k_D} = \exp\left\{-\frac{0.1865}{T}(\nu_H^{\neq} - \nu_{rH})\right\} = \exp\left\{-\frac{0.1865}{T}(800 - 1350)\right\} = 1.41$$

以上是假定碳原子完全从 $sp^3$ 杂化变为 $sp^2$ 杂化的情况。如果反应的过渡态较早出现，即碳原子只是部分地变为 $sp^2$ 杂化，则同位素效应将会比较小。因此，正常的二级动力学同位素效应最典型的数值是在 1.15～1.25 之间。对于碳原子杂化从 $sp^2 \rightarrow sp^3$ 的反应，应用同样的估算，可以得到反向的二级动力学同位素效应 $k_H/k_D = 1/1.41 = 0.71$。

以下两个例子为二级动力学同位素效应的实例，其中碳的杂化状态均由 $sp^3$ 变为 $sp^2$。

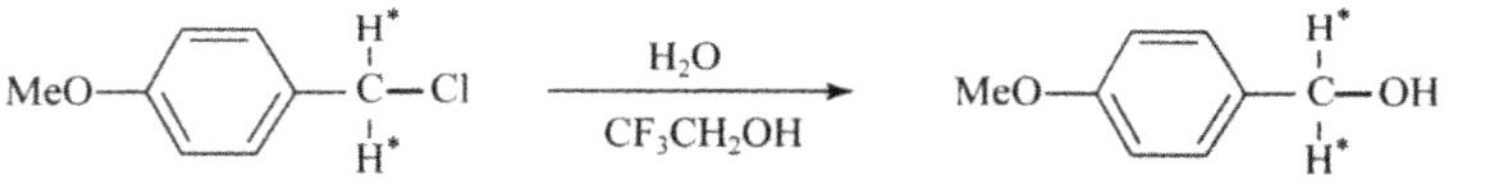

MeO—C₆H₄—CH*₂—Cl $\xrightarrow[CF_3CH_2OH]{H_2O}$ MeO—C₆H₄—CH*₂—OH

$k_H/k_D = 1.3$(25℃)
(*J. Am. Chem. Soc.* **1970**, *92*, 232)

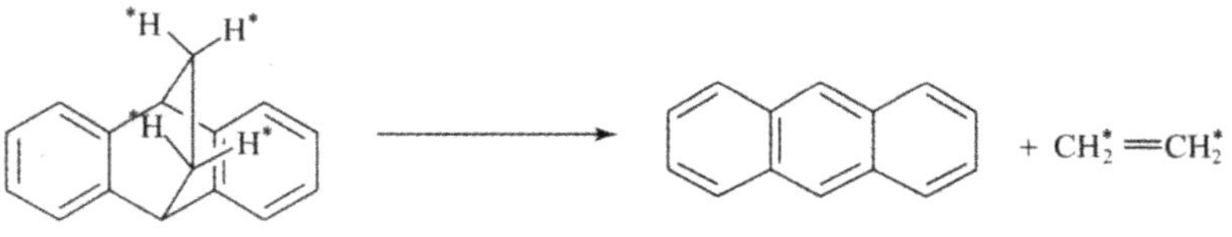

→ 蒽 + $CH_2^*$═$CH_2^*$

$k_H/k_D = 1.37$(50℃)
(*J. Am. Chem. Soc.* **1972**, *94*, 1168)

**β 位同位素效应**

β 位同位素效应是二级动力学同位素效应的一种。这种同位素效应通常是由于碳正离子中间体 β 位的 C—H 键与碳正离子的 p 轨道相互作用（超共轭效应），使得 C—H 键有部分形式上的断裂（更好的理解是 C—H* 键被削弱，但是并没有真正断裂）。

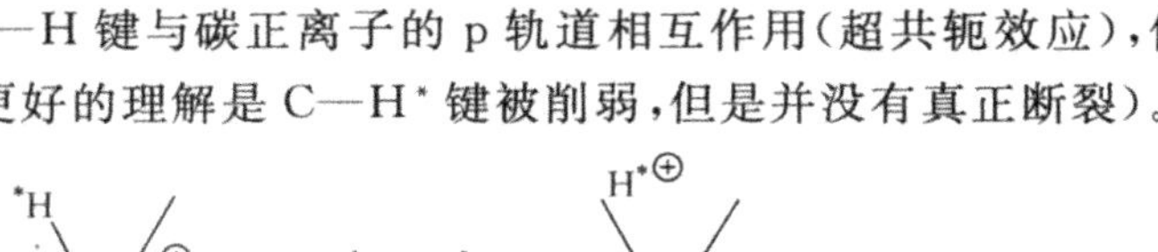

$k_H/k_D > 1$

(*J. Am. Chem. Soc.* **1967**, *89*, 463; **1968**, *90*, 809)

人们观察到 β 位二级动力学同位素效应和分子的构型有关，这和超共轭效应的起因直接相关联。例如在下面的例子中，刚性结构的碳正离子的 p 轨道和 C—H* 键之间的二面角直接影响 β 位二级动力学同位素效应。要使得 σ 轨道和 p 轨道有效地作用，相互作用轨道的二面角必须尽可能地小。

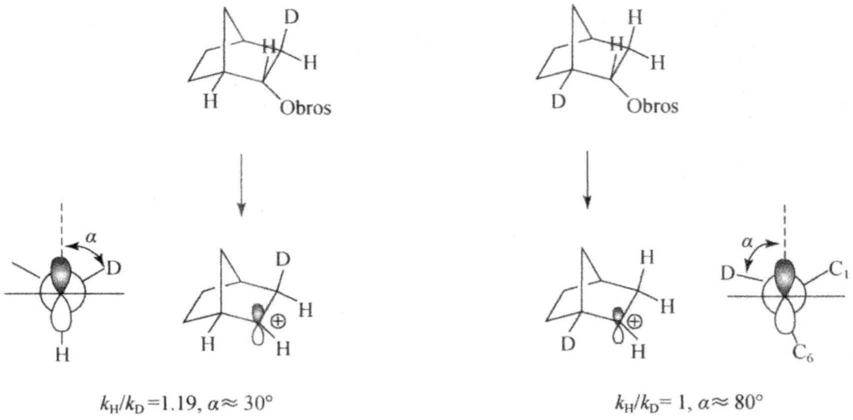

$k_H/k_D$=1.19, $\alpha\approx 30°$　　　　$k_H/k_D$= 1, $\alpha\approx 80°$

## 3.5 隧道效应

在过渡态理论部分我们已经提到隧道效应(tunneling effect)。因为氢的原子质量较小，因此它比重的原子更易受测不准原理的影响。量子力学的原理指出，即使某一核的总能量小于势垒，在势垒的另一边发现该粒子的概率也不等于零。而根据经典力学，则不可能发现该粒子处于势垒的另一面。

隧道效应的结果是使得反应速率变得比由过渡态理论所期待的要大。因为氢的质量只有氘的一半，对于氢这种效应会更大。当用氘取代氢以后，反应速率的降低可能会远远大于预计，即可能会出现非常大的同位素效应。理论研究进一步指出了隧道效应的其他特征。例如，以 lg ($k_H/k_D$)对 $1/T$ 作图会弯曲，指前因子 $A_H/A_D$ 具有较小的值等。

在有机反应中存在大量的质子转移过程，然而能够观察到隧道效应的例子却非常少。这可能是由于溶剂化作用，质子的实际质量被大大增加。在自由基的氢原子转移反应中，由于溶剂化作用小，常常能够观察到隧道效应。例如以下的实例：

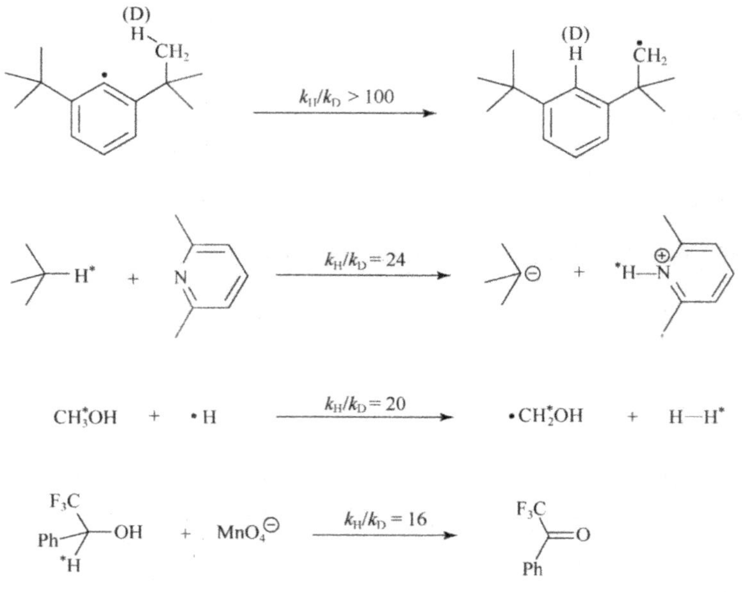

$k_H/k_D > 100$

$k_H/k_D = 24$

$CH_3^*OH$ + •H $\xrightarrow{k_H/k_D=20}$ •$CH_2^*OH$ + H—H*

$k_H/k_D = 16$

## 3.6　动力学同位素效应测量的光谱方法

经典的动力学同位素实验首先需要合成同位素取代的化合物,其次需要精确地进行动力学测量。这两个方面都是费时费力的工作,对实验技术有较高的要求。近年人们发展了测量动力学同位素效应的新方法,这些方法是基于灵敏的现代光谱手段对同位素丰度变化的分析。其中,由于不需要合成同位素取代的反应底物,光谱方法使得动力学同位素数据的获取变得更为容易,其基本原理如下:元素的自然同位素丰度随着反应的进程逐步改变。反应较慢的同位素,例如 D 或者$^{13}$C 将会在剩余的起始物中被富集。例如,对于同位素效应为1.05的反应,当转化到 99%时,剩余起始物中反应较慢同位素的富集将达到自然丰度的25%。这种富集的程度可以通过$^{2}$H 或者$^{13}$C NMR 进行测量(*J. Am. Chem. Soc.* **1995**, *117*,9357)。这个方法的好处是可以对感兴趣的所有单个原子同时进行测量,并且特别是对于测量碳等重原子的同位素效应非常有用。因为碳等重原子同位素标记的化合物的合成通常是较为困难的,并且动力学测量对精度有很高要求。

分析手段除了核磁共振之外,也可以应用质谱方法(*Org. Lett.* **2007**, *9*,1663)。

### 练习题

**3-1**　预测下列反应当标记的原子被同位素取代以后的动力学同位素效应的类型(一级或者二级;正常或者反向),并指出同位素效应可能大于 2 的反应。

a) 

b) 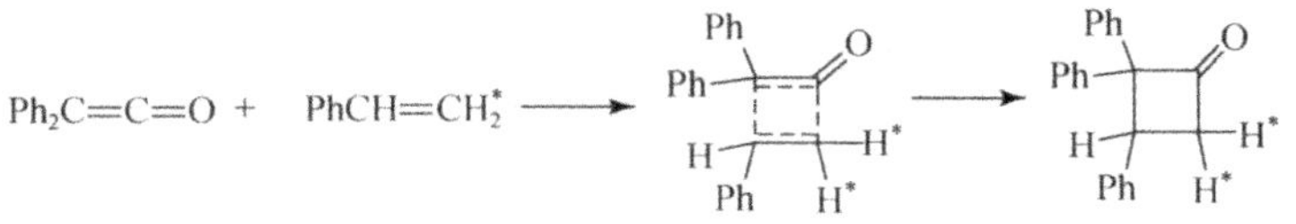

c) 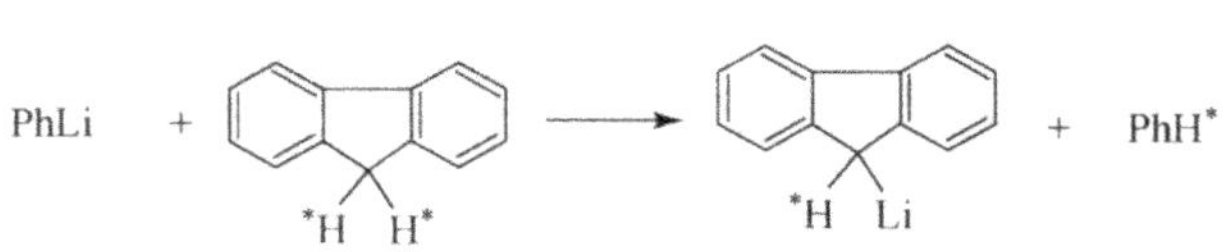

d) 

e) 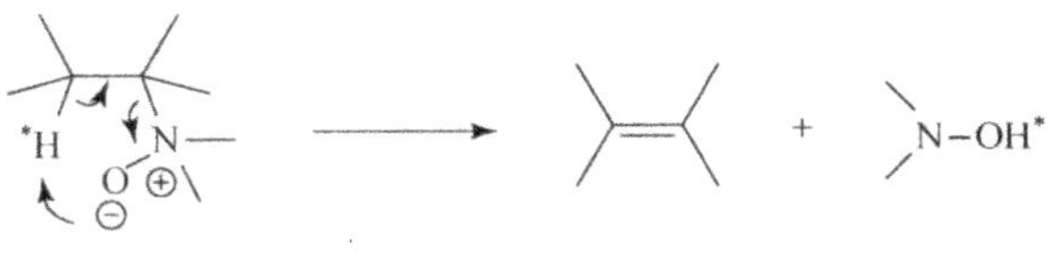

f) 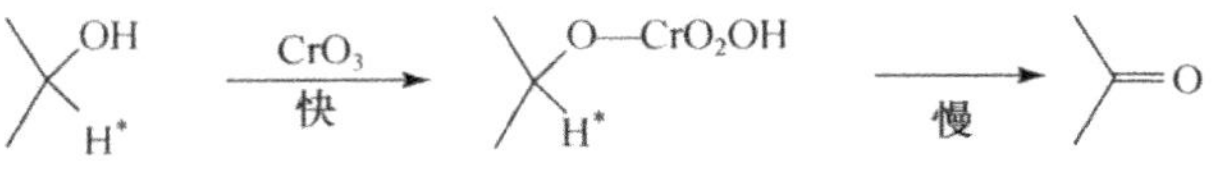

g) 450℃

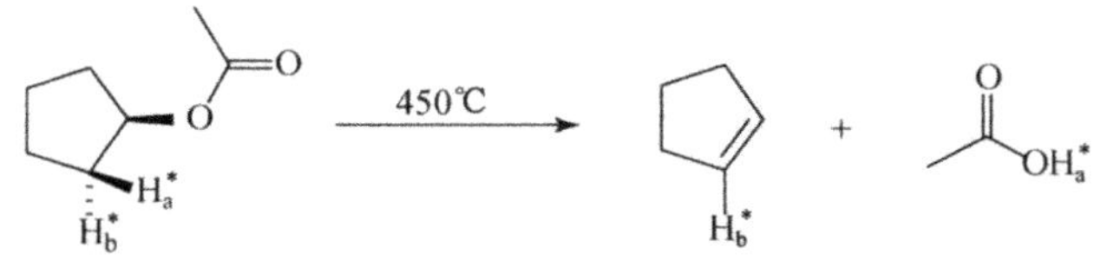

h)

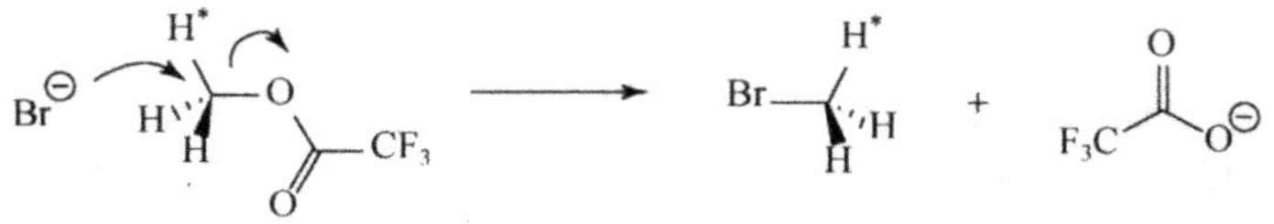

i) AcOH

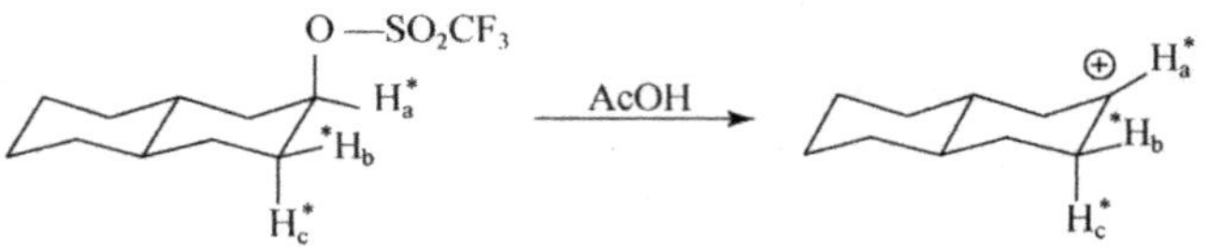

**3-2** 下列消除反应当标记的 H 被同位素 D 取代后发现反应速率无变化。

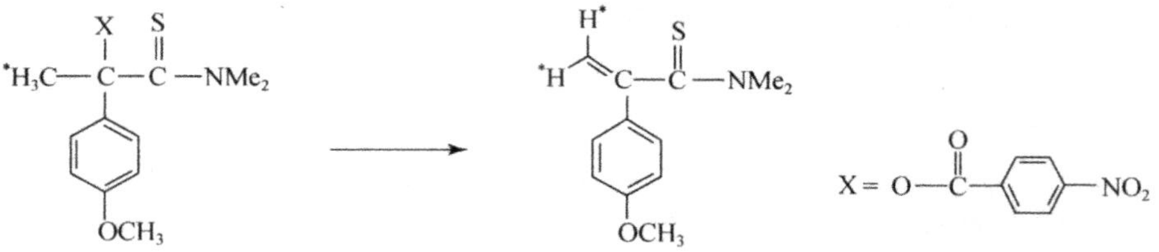

$X = O-C(=O)-C_6H_4-NO_2$

当甲基上只有一个 H 被同位素 D 取代时，经消除反应得一混合物，比例为 6.6 ∶ 1。

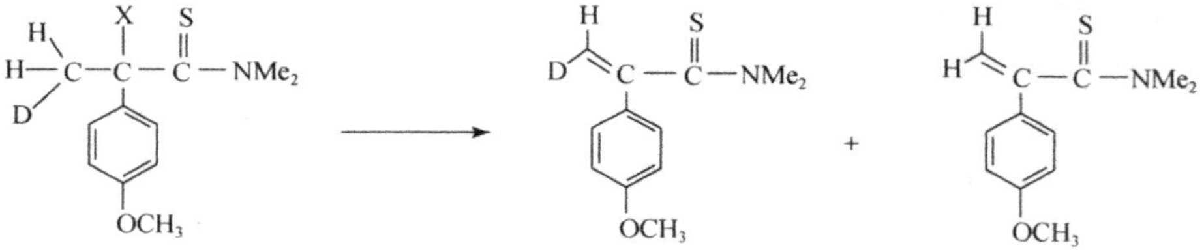

$^1$H NMR(峰区) 6.6 : 1

解释以上实验结果，并写出可能的反应机理。

**3-3** 设计一个分子内和分子间的实验，以测定丙酮溴化反应的动力学同位素效应。

**3-4** 如果 C—H 和 C—D 键的零点能之差为 1.2 kcal/mol，试计算理论的最大动力学同位素效应。

**3-5** 对于以下对甲苯磺酸酯的溶剂解反应，观察到大约为 2 的动力学同位素效应。因为这个数值远大于 β 位二级同位素效应，因此认为 1,2-迁移是按照一种协同的方式进行，即在过渡态 C—H$^*$ 键部分的迁移。

进一步对以下一组取代的环己基对甲苯磺酸酯 **A**,**B**,**C**,**D** 进行同样的溶剂解反应研究，分别得到动力学同位素效应如下：

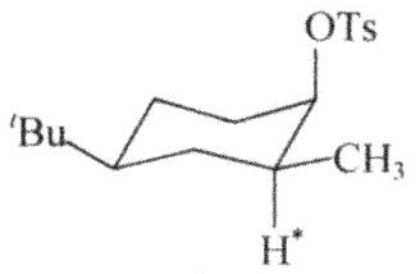

OTs　ᵗBu　$CH_3$　$H^*$

**A**　$k_H/k_D$= 2.08

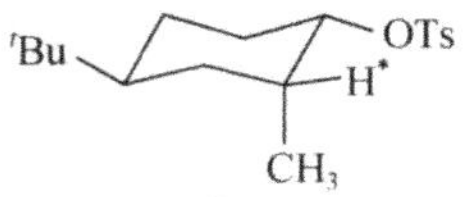

ᵗBu　OTs　$H^*$　$CH_3$

**B**　$k_H/k_D$= 1.96

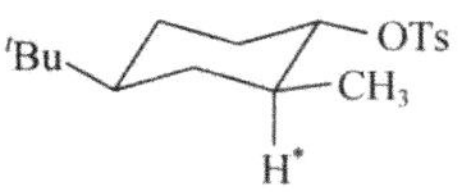

ᵗBu　OTs　$CH_3$　$H^*$

**C**　$k_H/k_D$= 1.19

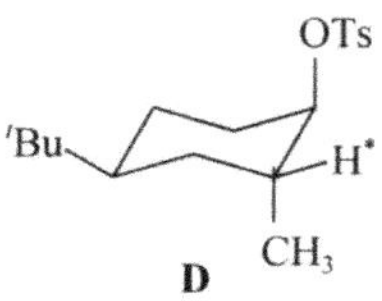

OTs　ᵗBu　$H^*$　$CH_3$

**D**　$k_H/k_D$= 1.15

试回答以下问题：

a）如何解释动力学同位素效应的数值 **A** 和 **B** 接近，而 **C** 和 **D** 接近？

b）哪一种构象最有利于发生 1,2-迁移？推测这些对甲苯磺酸酯的反应快慢顺序。

c）对于 **B**，推测 1,2-迁移需要采取什么样的构象。

**3-6** 对于二价钯催化的烯烃的芳基化，有以下动力学同位素效应的实验数据。试写出其反应机理，并指明哪一步是决速步。

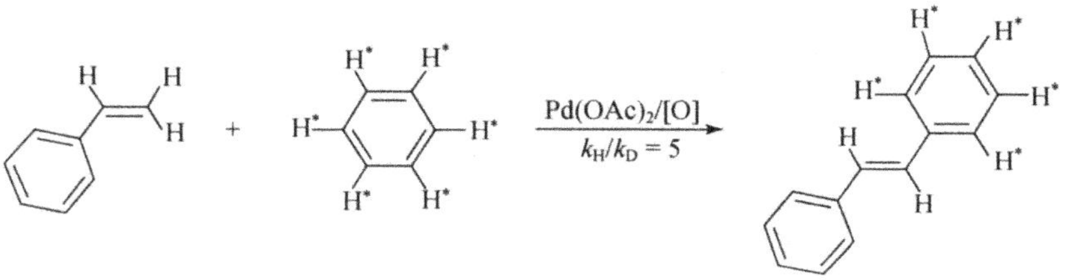

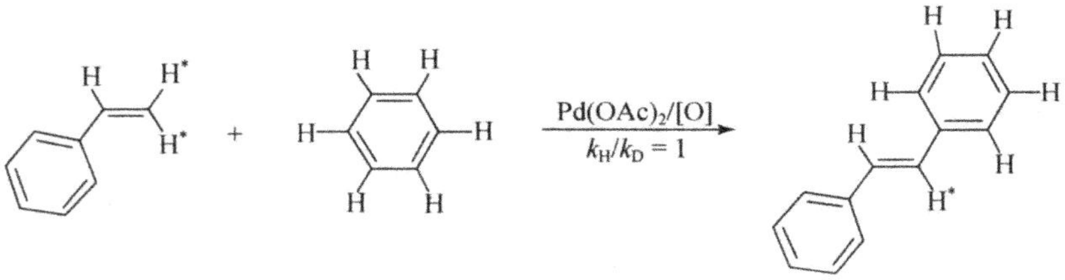

H　H　H　+　$H^*$　$H^*$　$H^*$　$H^*$　$H^*$　$H^*$　$\xrightarrow[k_H/k_D = 5]{Pd(OAc)_2/[O]}$　$H^*$　$H^*$　$H^*$　$H^*$　$H^*$　H　H

H　$H^*$　$H^*$　+　H　H　H　H　H　H　$\xrightarrow[k_H/k_D = 1]{Pd(OAc)_2/[O]}$　H　H　H　H　H　H　$H^*$

# 第 4 章　线性自由能相关

## (Linear Free Energy Relationship)

在有机化学反应机理研究中，一个看似简单却富有挑战性的问题是，如何准确地确定取代基的电子效应对于有机反应速率和途径的影响。这个问题的重要性是不言而喻的，因为通过研究反应的电子效应可以有效地验证提出的反应机理假设。在确定取代基的电子效应时，困难之一在于如果取代基和反应中心离得较近，则无法区别电子效应和立体效应；反之，如果取代基和反应中心离得较远，则电子效应将会大为减弱以致难以通过实验精确测量。

### 4.1　Hammett 线性自由能相关

1937 年，Hammett(哈米特)指出取代基 X 的电子效应可以通过研究苯环衍生物侧链 Y 上的反应来了解。在空间上，取代基 X 被苯环从侧链 Y 上分开，但其给电子或吸电子作用可以通过苯环上相对易于极化的 π 电子体系传递到反应中心(*J. Am. Chem. Soc.* **1937**, *59*, 96)。

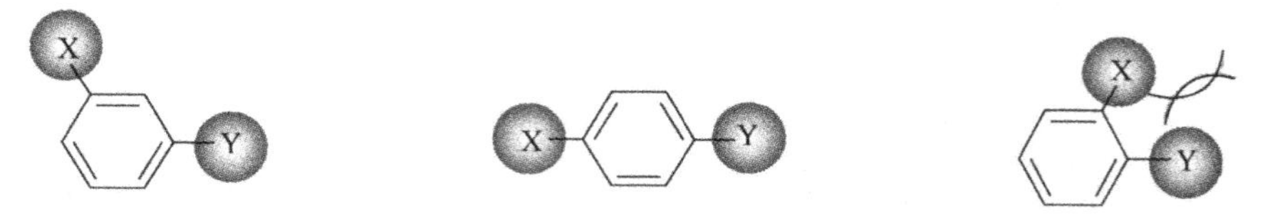


X:取代基　　　Y:反应位点

Hammett 用取代的苯甲酸的电离作为一个标准反应来量化取代基的电子效应。显然，对位上的吸电子基团(例如硝基)将增加酸的强度，而给电子基团(例如甲氧基)将减小酸的强度。间位上的取代基效应将和对位上的略有不同。邻位取代基没有包括在内，因为它们和反应中心较接近，故引入了其他的相互作用，例如立体效应、氢键等，因而难以准确确定其电子效应。

$$XC_6H_4CO_2H + H_2O \underset{}{\overset{25℃}{\rightleftharpoons}} XC_6H_4CO_2^{\ominus} + H_3O^{\oplus}$$

为了量化电子效应，对于苯甲酸的电离，Hammett 定义：

$$\lg \frac{K}{K_o} = \sigma \qquad (4\text{-}1)$$

其中，$K$ 为取代苯甲酸 $XC_6H_4CO_2H$ 的电离平衡常数，$K_o$ 为 $C_6H_5CO_2H$ 的电离平衡常数，$\sigma$ 称为取代基常数。

对于某一特定的取代基，当其在对位和间位时将分别各有一个取代基常数，故需注明取代的位置。这是因为同样的取代基在对位和间位上的电子效应是不同的。这样对于每一个取代基我们就有了两个常数，分别量化其在苯环的间位和对位的取代基效应，分别表示为 $\sigma_m$ 和 $\sigma_p$。取代苯甲酸以及苯甲酸的电离平衡常数很容易由实验测得，因此我们就有了两组以实验数据定义的取代基常数。

然后，我们再来看苯乙酸衍生物的电离平衡：

$$X\text{-}C_6H_4\text{-}CH_2CO_2H + H_2O \xrightleftharpoons{25^\circ C} X\text{-}C_6H_4\text{-}CH_2CO_2^{\ominus} + H_3O^{\oplus}$$

这个电离平衡与苯甲酸的相似，因此各种取代基将会对平衡常数产生类似的作用。但由于取代基和羧基之间多了一个亚甲基，故可以预计该电离平衡反应对于取代基的敏感程度将比苯甲酸的为小，或者说取代基对于这个电离平衡的影响要小一些。因此，需要在方程(4-1)的右边乘上一个系数 $\rho$。$\rho$ 被称为反应常数，它与反应有关，对于苯甲酸在 25℃水溶液中的电离，按照定义其 $\rho=1$。而取代基常数 $\sigma$ 则仅仅与取代基的种类有关，而与反应无关。

$$\lg\frac{K}{K_o} = \rho\sigma \tag{4-2}$$

方程(4-2)被称为 Hammett 方程，如果用图表示则是一种线性的关系。通过实验测得一系列苯乙酸衍生物的电离平衡常数，发现实验数据确实满足 Hammett 方程，构成图 4-1 的线性关系，并得到直线的斜率(即反应常数 $\rho$)为 0.56。类似地，由苯丙酸衍生物的电离平衡数据可以得到另一线性关系，斜率(反应常数 $\rho$)为 0.21。

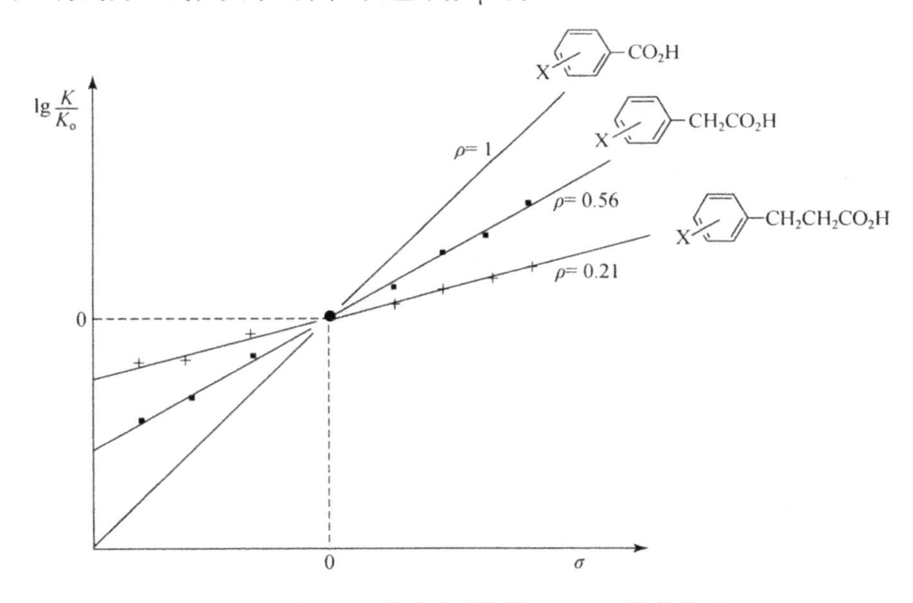


**图 4-1　羧酸衍生物电离平衡的 Hammett 线性关系**

上述的线性关系似乎是在预料之中，因为对于相似的电离平衡，取代基电子效应的影响应当也是相似的，区别仅仅在于影响的强弱。而反应常数 $\rho$ 的数值恰恰体现了这种电子效应的强弱程度。人们通过大量实验进一步发现，许多不同类型的反应也服从 Hammett 线性关系。因此，由取代苯甲酸电离所定义的取代基常数也可以用于分析不同类型反应的电子效应。此外，人们还发现，用相应的速率常数也可以得到类似的线性关系：

$$\lg \frac{k}{k_{\circ}} = \rho\sigma \tag{4-3}$$

方程(4-2)和(4-3)统称为 Hammett 方程，其中的平衡常数和速率常数如果用反应的自由能和活化自由能来表示，我们可以得到方程(4-4)和(4-5)。具体推导过程如下：

因为 $\lg K = -\dfrac{\Delta G^{\ominus}}{2.303RT}$，所以有(令 $M = XC_6H_4CO_2H$)

$$\sigma = \left(\lg \frac{K}{K_{\circ}}\right)_M = -\left(\frac{\Delta G_X^{\ominus} - \Delta G_H^{\ominus}}{2.303RT}\right)_M$$

又因为 $\lg \dfrac{K}{K_{\circ}} = \rho\sigma$，所以有

$$\Delta G_X^{\ominus} - \Delta G_H^{\ominus} = \rho\,(\Delta G_X^{\ominus} - \Delta G_H^{\ominus})_M \tag{4-4}$$

如果用反应速率常数，则有 $\lg \dfrac{k}{k_{\circ}} = \rho\sigma$，那么

$$\Delta G_X^{\neq} - \Delta G_H^{\neq} = \rho\,(\Delta G_X^{\ominus} - \Delta G_H^{\ominus})_M \tag{4-5}$$

方程(4-2)～(4-5)均被称为线性自由能相关。

## 4.2 取代基常数 σ 的意义

常数 $\sigma$ 量化了取代基的电子效应，根据定义很容易理解：如果 $\sigma > 0$，说明取代基比氢的吸电子能力更强；如果 $\sigma < 0$，则说明取代基比氢的给电子能力更强。为了使得 $\sigma$ 值更为精确地反映取代基的电子效应，多年来人们一直在修正 $\sigma$ 值。表 4-1 是部分常见取代基的取代基常数数据，更多的取代基常数数据可以参考原始文献(*Chem. Rev.* **1991**, *91*, 165)。

$\sigma$ 的符号和大小反映了该取代基对其环境施加电子影响的能力(相对于 H)。我们注意到，对于相同的取代基当其位于苯环的间位和对位时，其数值是不一样的，甚至符号也会改变。因此，同一种取代基有 $\sigma_m$ 和 $\sigma_p$ 两个常数。例如 $\sigma_{pOMe} = -0.27$，表明它是给电子的；而 $\sigma_{mOMe} = +0.12$，说明它是吸电子基。也就是说，对甲氧基苯甲酸是比苯甲酸更弱的酸，而间甲氧基苯甲酸则是比苯甲酸更强的酸。这样的现象表明，我们所观察到的电子效应是两种(或更多种)相互独立的效应共同作用的结果。事实上，取代基效应是由以下各种效应组合的结果：① 共振效应(resonance effect)；② 诱导效应(inductive effect)和场效应(field effect)，统称为极化效应。

从 $\sigma$ 常数的数值可以看出，$\sigma_m$ 的大小顺序与给电子-吸电子的强弱顺序相同，故 $\sigma_m$ 表示总的极化效应对反应中心的影响。这是因为间位上取代基的共振效应不会直接传递到反应中心上。与 $\sigma_m$ 相对应的 $\sigma_p$ 则表示总的极化效应与总的共振效应之和，此时对位上的取代基的共振效应将会直接传递到反应中心上。

MeO—C₆H₄—Y (para)　　　　MeO—C₆H₄—Y (meta)

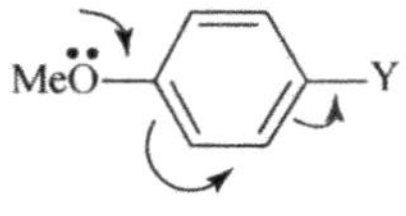

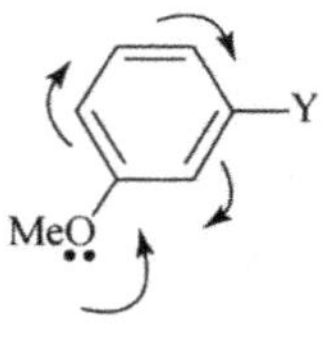

**表 4-1　一些取代基的 $\sigma_m$ 常数和 $\sigma_p$ 常数**

| 取代基 | $\sigma_m$ | $\sigma_p$ | 取代基 | $\sigma_m$ | $\sigma_p$ |
|---|---|---|---|---|---|
| Me | −0.07 | −0.17 | $NO_2$ | +0.71 | +0.78 |
| Et | −0.07 | −0.15 | NO | +0.62 | +0.91 |
| *t*Bu | −0.10 | −0.20 | $N_3$ | +0.37 | +0.08 |
| $CH_2Br$ | +0.12 | +0.14 | $N_2^+$ | +1.76 | +1.91 |
| $CH_2Cl$ | +0.11 | +0.12 | $Me_3N^+$ | +0.99 | +0.96 |
| $CH_2F$ | +0.20 | +0.11 | $N{\equiv}C:$ | +0.48 | +0.49 |
| $CH_2I$ | +0.10 | +0.11 | $N{=}NC_6H_5$ | +0.32 | +0.39 |
| $CH_2OH$ | 0.00 | 0.00 | $N{=}CHC_6H_5$ | −0.08 | −0.55 |
| $CBr_3$ | +0.28 | +0.29 | $NHNH_2$ | −0.02 | −0.55 |
| $CCl_3$ | +0.40 | +0.46 | $NH_2$ | −0.16 | −0.66 |
| $CF_3$ | +0.43 | +0.54 | $NMe_2$ | −0.16 | −0.83 |
| $C_6Cl_5$ | +0.25 | +0.24 | NHMe | −0.21 | −0.70 |
| $C_6F_5$ | +0.26 | +0.27 | $NHC_6H_5$ | 0.03 | −0.07 |
| $C_6H_5$ | +0.06 | −0.01 | $N(C_6H_5)_2$ | 0.00 | −0.22 |
| $C{\equiv}CH$ | +0.21 | +0.23 | NHCOMe | +0.21 | 0.00 |
| $C{\equiv}CMe$ | +0.21 | +0.03 | $NHCOCF_3$ | +0.30 | +0.12 |
| $C{\equiv}CC_6H_5$ | +0.14 | +0.16 | $NHCO_2Et$ | +0.11 | −0.15 |
| $C{\equiv}CCF_3$ | +0.41 | +0.51 | OH | +0.12 | −0.37 |
| $CH{=}CH_2$ | +0.06 | −0.04 | OMe | +0.12 | −0.27 |
| $CH{=}CHC_6H_5$ | +0.03 | −0.07 | OEt | +0.10 | −0.24 |
| $CH{=}CHCHO$ | +0.24 | +0.13 | OCOMe | +0.39 | +0.31 |
| $CH{=}CHCOMe$ | +0.21 | −0.01 | $OCOC_6H_5$ | +0.21 | +0.13 |
| $CH{=}CHCO_2Et$ | +0.19 | +0.03 | $OSO_2Me$ | +0.39 | +0.36 |
| $CH{=}CHCN$ | +0.24 | +0.17 | $OCF_3$ | +0.38 | +0.35 |
| $CH{=}CHNO_2$ | +0.32 | +0.26 | $OC_6H_5$ | +0.25 | −0.03 |
| $CH{=}NC_6H_5$ | +0.35 | +0.42 | $OSiMe_3$ | +0.13 | −0.27 |
| CHO | +0.35 | +0.42 | OCN | +0.67 | +0.54 |
| COMe | +0.38 | +0.50 | $ONO_2$ | +0.55 | +0.70 |
| $COC_6H_5$ | +0.34 | +0.43 | SH | +0.25 | +0.15 |
| $COCF_3$ | +0.63 | +0.80 | $S^-$ | −0.36 | −1.21 |
| $CO_2H$ | +0.37 | +0.45 | SMe | +0.15 | 0.00 |
| $CO_2Ph$ | +0.37 | +0.44 | SCN | +0.51 | +0.52 |
| $CO_2Me$ | +0.37 | +0.45 | SOMe | +0.52 | +0.49 |
| CN | +0.56 | +0.66 | $SO_2Me$ | +0.60 | +0.72 |
| $CO_2^-$ | −0.10 | 0.00 | $SO_2Ph$ | +0.62 | +0.68 |
| F | +0.34 | +0.06 | $SO_2NH_2$ | +0.53 | +0.60 |
| Cl | +0.37 | +0.23 | $SO_2Cl$ | +1.20 | +1.11 |
| Br | +0.39 | +0.23 | $SO_2^-$ | −0.02 | −0.05 |
| I | +0.35 | +0.18 | $SO_3^-$ | +0.30 | +0.35 |
| $SiMe_3$ | −0.04 | −0.07 | $B(OH)_2$ | −0.01 | +0.12 |
| $SnMe_3$ | 0.00 | 0.00 | $PO(OMe)_2$ | +0.42 | +0.53 |

注：数据取自 *Chem. Rev.* **1991**, *91*, 165。

**1. 共振效应**

要产生共振效应，一个取代基必须具有一个 p 轨道或者 π 轨道，这样它才能够与苯环的 π 体系发生轨道重叠作用。共振效应有以下两种情况。

1）取代基 X 具有孤对电子，是给电子共振效应。

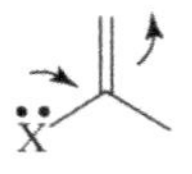

+M

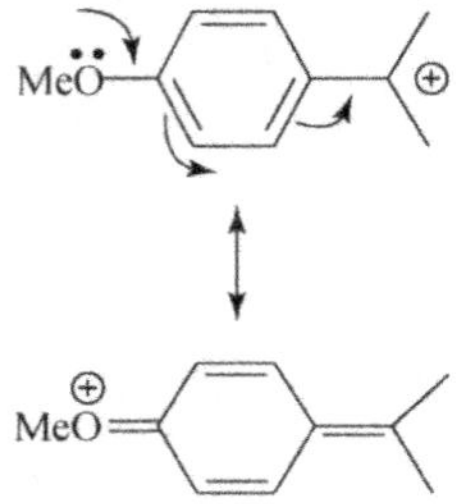

X= –NR₂, –OR, –SR, –PR₂, Hal (Cl, Br, F, I)

2）取代基 Z 具有接受电子的能力，为吸电子共振效应。

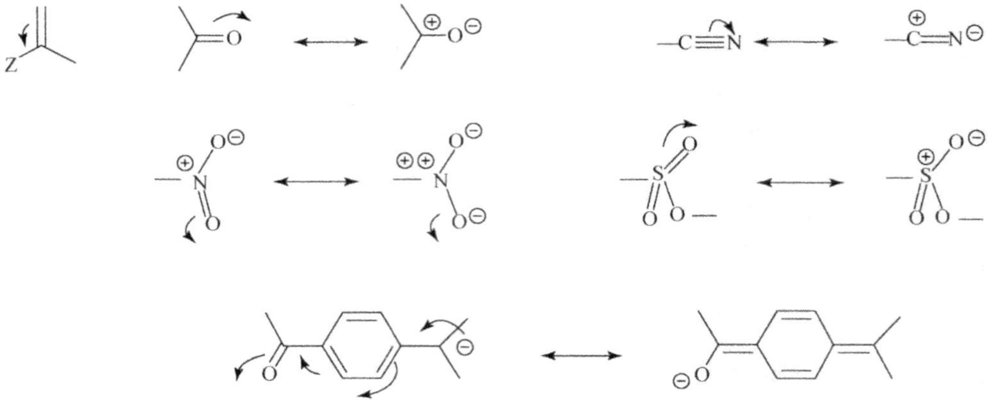

**2. 极性效应(分为场效应和诱导效应)**

1）场效应：这种效应是由于分子中带有电荷的基团的电场，或者电负性不同基团所引起的键的极化而产生的效应。本质上它是一种通过空间传递的静电作用。

比如芳香环上电负性大的取代基将使被取代位置的碳带有部分正电荷，反之，则会使相应的碳带有负电荷。所产生的偶极将会以两种方式影响反应中心的电子分布：首先是通过化学键传递的诱导效应；其次是电荷或者电荷分离的存在将会通过空间的静电作用对分子内其他部位产生影响，后者就是场效应。

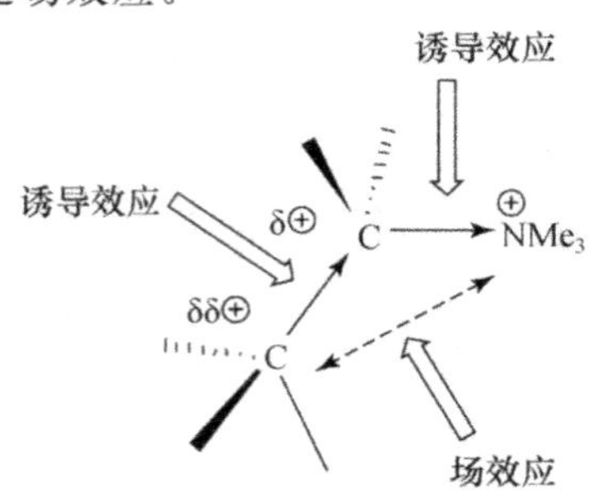


以下实验可以说明场效应的存在。芳香环上的质子在酸性介质中可以和环境发生质子交换，质子交换的速率受到芳香环电子效应的影响，如当有吸电子基团时交换速率将会变

慢。实验发现，化合物 **A** 的质子交换速率比苯慢 $10^5$ 倍。对于这样的现象，显然不能仅用诱导效应与空间位阻来解释。由于铵基正离子和苯环隔了两个碳，因此它的吸电子诱导效应大为减弱。在这个例子中，通过空间起作用的场效应必然起到了阻碍芳香环上形成正电荷的过程(*J. Chem. Soc. Perkin II*, **1972**, 1547; 2107)。

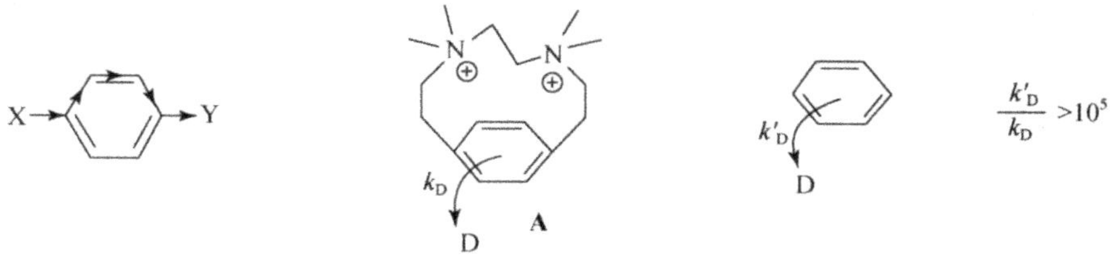

X　Y　$k_D$　D　**A**　$k'_D$　D　$\frac{k'_D}{k_D} > 10^5$

2）诱导效应：取代基与反应中心相互影响的另一种方式是通过诱导效应。这种效应是通过连接的化学键逐步传递的键的偶极，它随着取代基与反应中心化学键的增加迅速减弱。

场效应和诱导效应很多情况下是无法严格区分的，它们统称为极性效应。目前的理论和实验均表明，场效应作用通常大于诱导效应。

常见取代基的分类如下：

| 共振给电子（+M）<br>极性给电子（+I） | 共振给电子（+M）<br>极性吸电子（−I） | | | 共振吸电子（−M）<br>极性吸电子（−I） | |
|---|---|---|---|---|---|
| Me | AcNH | Br | OH | Ac | $Me_3N$ |
| Et | AcO | Cl | MeO | CN | |
| $Me_3C$ | $NH_2$ | F | EtO | $NO_2$ | |
| | | | Ph | $CF_3$ | |

## 4.3　反应常数 ρ 的意义

反应常数 $\rho$ 表示反应中心受苯环上对位或者间位取代基影响的敏感程度。例如，从以下的反应常数数据可以看到，反应常数的大小说明取代基对于电离平衡的影响程度。需要注意的是，这里所谓的取代基作用的敏感程度是一个相对概念，它是基于苯甲酸电离平衡的反应常数为 1 这个人为的定义。

$$RCO_2H + H_2O \rightleftharpoons RCO_2^{\ominus} + H_3O^{\oplus}$$

| $RCO_2H$ | $\rho$ 值 |
|---|---|
| $XC_6H_4CO_2H$ | +1.0 |
| $XC_6H_4CH_2CO_2H$ | +0.56 |
| $XC_6H_4CH_2CH_2CO_2H$ | +0.21 |
| $XC_6H_4CH{=}CHCO_2H$ | +0.47 |
| $XC_6H_4C{\equiv}CCO_2H$ | +1.1 |

比较以上数据可以看出，CH═CH 比 $CH_2CH_2$ 能够更好地传递芳香环上取代基的电子效应。显然，这是因为双键的 $\pi$ 电子易于极化。

因为反应常数 $\rho$ 与取代基常数 $\sigma$ 之间是指数关系，所以 $\rho$ 变化 1 个单位说明当取代基常数改变 1 个单位时反应速率(或者平衡常数)改变了 10 倍。如果 $\rho=1.0$，那么取代基 *p*-OMe 变为 *p*-$NO_2$($\Delta\sigma\approx1$)将会产生反应速率(或者平衡常数)10 倍的差；如果 $\rho=2.0$，则有 100 倍的差。例如对于酯的水解反应：

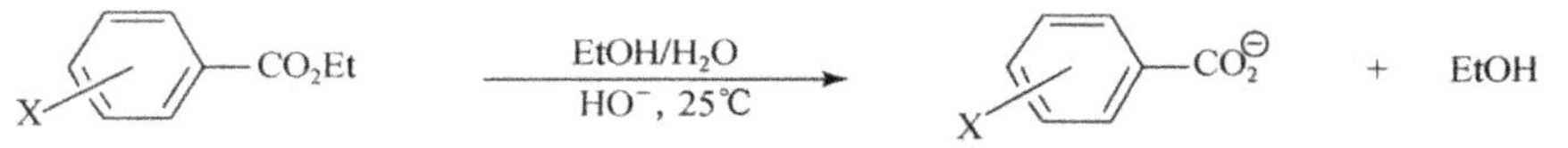

$$X\text{-}C_6H_4\text{-}CO_2Et \xrightarrow[HO^-,\ 25℃]{EtOH/H_2O} X\text{-}C_6H_4\text{-}CO_2^{\ominus} + EtOH \qquad \rho=+2.51$$

这个反应比取代的苯甲酸电离对取代基敏感 $10^{2.51-1.0}=32$ 倍，且对硝基苯甲酸乙酯的水解比对甲氧基苯甲酸乙酯的水解要快 $10^{2.51}=323$ 倍。这个结果与反应机理是相符的。因为酯的水解 $HO^-$ 进攻与苯环直接相连的碳，因此取代基的作用强；而苯甲酸电离参与反应的键与苯环隔了两个化学键，并且进攻的亲核试剂不带电荷。

取代基常数也可以是负值。如果 $\rho<0$，则说明苯环上取代基对于该反应的影响与取代基对于苯甲酸电离的影响相反。例如以下的反应：

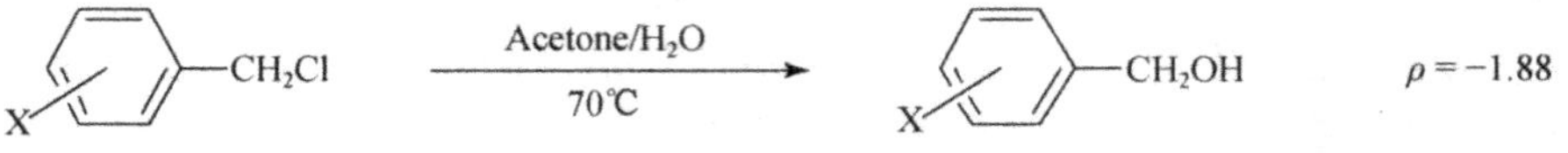

$$X\text{-}C_6H_4\text{-}CH_2Cl \xrightarrow[70℃]{Acetone/H_2O} X\text{-}C_6H_4\text{-}CH_2OH \qquad \rho=-1.88$$

上述反应如果是 $S_N2$ 机理，则表明 $HO^-$ 进攻时已经有相当程度 C—Cl 键的断裂，因而苄基碳上带有部分的正电荷。

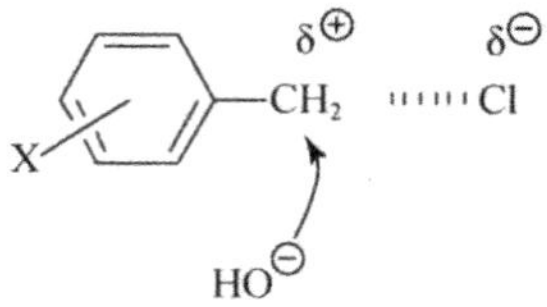

上述的讨论可以归纳如下：

为了研究某一反应的电子效应，我们可以将反应中心置于芳环的侧链，并且尽可能靠近苯环的位置。在苯环的对位和间位引入具有不同电子效应的取代基，应用这一系列底物在相同条件下反应，测得一系列相对速率常数或相对平衡常数，然后用 Hammett 方程进行线性相关。运用 Hammett 方程最方便的方法是用 $\lg(k/k_H)$ 或 $\lg(K/K_H)$ 作为 $y$ 轴，$\sigma$ 作为 $x$ 轴作图，线性回归以后得到直线的斜率即为该反应的反应常数 $\rho$。通过这样的实验我们将能够得到以下几方面的信息：

1）较好的直线关系表示 Hammett 方程是有效的，这有几方面的含义。线性关系表明取代基的改变并不影响反应的机理(决速步、反应途径等)。在后面的讨论中我们还会看到，有时需要用其他的取代基常数才能有好的线性关系，这样的结果也能提供有关反应机理的有用信息。有时 $\lg k$ 或 $\lg K$ 和 $\sigma$ 没有很好的线性关系，例如有时可以得到两条不同斜率的直线。这常常表明，取代基的改变使反应机理发生了变化，或者是多步反应的决速步发生了改变。

2）直线的斜率给出反应常数 $\rho$ 的数值。反应常数 $\rho$ 值的意义在于，应用 Hammett 的方法我们对有机反应的电子效应有了定量的概念。这些反应常数的数据使得我们可以对不同反应，包括不同类型的反应的电子效应进行定量的比较，从而获得有关反应机理的重要信息。

3）反应常数 $\rho$ 的数值的大小和符号具有以下的意义：$\rho>0$，表示取代基对该反应的影响和对苯甲酸电离的影响是同方向的，也就是说，吸电子基团增加平衡常数(或速率常数)，通常表明决速步反应中心有负离子或部分负离子的形成；$\rho>1$，说明该反应比苯甲酸的电离更为敏感地受取代基的影响；$0<\rho<1$，说明吸电子基团仍然增加速率或平衡常数，但其程度小于苯甲酸的电离；$\rho<0$，说明取代基效应和苯甲酸电离相反，即给电子基团增加反应常数，通常表明决速步反应中心有正离子或部分正离子的形成。

4）较小的 $\rho$ 值通常表示反应过程中可能有自由基中间体，或者存在一个没有很多电荷分离的环状结构(比如 Diels-Alder 反应)。这些类型的反应通常显示较弱的电子效应。

需要注意的是，从本质上来讲，Hammett 方程是对实验数据进行规定的处理以后自然得到的结果，它并非是基于任何理论的推导。Hammett 的方法实际上是将各种类型反应的电子效应统一地和苯甲酸电离的电子效应进行对比，从而获得不同反应之间可以对比分析的一系列电子效应被量化的数据(反应常数)。图 4-2 列出了一些反应的反应常数。

| | 反应 | Hammett相关 | 反应常数 |
|---|---|---|---|
| (1) | $X\text{-}C_6H_4\text{-}NH_2$ + PhC(O)Cl $\xrightarrow[25℃]{C_6H_6}$ $X\text{-}C_6H_4\text{-}NHC(O)Ph$ | $\lg\frac{k_X}{k_H}\sim\sigma$ | $\rho=-2.69$ |
| (2) | $X\text{-}C_6H_4\text{-}O^{\ominus}$ + EtI $\xrightarrow[25℃]{EtOH}$ $X\text{-}C_6H_4\text{-}OEt$ | $\lg\frac{k_X}{k_H}\sim\sigma$ | $\rho=-0.99$ |
| (3) | $X\text{-}C_6H_4\text{-}C(O)OH$ + MeOH $\xrightarrow[25℃]{H^{\oplus}}$ $X\text{-}C_6H_4\text{-}CO_2Me$ + $H_2O$ | $\lg\frac{k_X}{k_H}\sim\sigma$ | $\rho=-0.09$ |
| (4) | $X\text{-}C_6H_4\text{-}C(O)OMe$ $\xrightarrow[MeOH/H_2O,\ 25℃]{H^{\oplus}}$ $X\text{-}C_6H_4\text{-}CO_2H$ + MeOH | $\lg\frac{k_X}{k_H}\sim\sigma$ | $\rho=+0.03$ |
| (5) | $X\text{-}C_6H_4\text{-}CH_2C(O)OH$ + $H_2O$ $\xrightleftharpoons{25℃}$ $X\text{-}C_6H_4\text{-}CH_2C(O)O^{\ominus}$ + $H_3O^{\oplus}$ | $\lg\frac{k_X}{k_H}\sim\sigma$ | $\rho=+0.47$ |
| (6) | $X\text{-}C_6H_4\text{-}CH_2Cl$ + $I^{\ominus}$ $\xrightarrow[20℃]{Acetone}$ $X\text{-}C_6H_4\text{-}CH_2I$ + $Cl^{\ominus}$ | $\lg\frac{k_X}{k_H}\sim\sigma$ | $\rho=+0.79$ |
| (7) | $X\text{-}C_6H_4\text{-}CH_2C(O)OEt$ $\xrightarrow[HO^{\ominus},\ 30℃]{EtOH/H_2O}$ $X\text{-}C_6H_4\text{-}CH_2CO_2^{\ominus}$ + $H_3O^{\oplus}$ | $\lg\frac{k_X}{k_H}\sim\sigma$ | $\rho=+0.82$ |
| (8) | $X\text{-}C_6H_4\text{-}C(O)OH$ + $H_2O$ $\xrightleftharpoons{H_2O}$ $X\text{-}C_6H_4\text{-}CO_2^{\ominus}$ + $H_3O^{\oplus}$ | $\lg\frac{k_X}{k_H}\sim\sigma$ | $\rho=+1.0$ |
| (9) | $X\text{-}C_6H_4\text{-}OH$ $\xrightleftharpoons{H_2O}$ $X\text{-}C_6H_4\text{-}O^{\ominus}$ + $H_3O^{\oplus}$ | $\lg\frac{k_X}{k_H}\sim\sigma$ | $\rho=+2.01$ |
| (10) | $X\text{-}C_6H_4\text{-}C(O)OEt$ $\xrightarrow[HO^{\ominus},\ 25℃]{EtOH/H_2O}$ $X\text{-}C_6H_4\text{-}CO_2^{\ominus}$ + EtOH | $\lg\frac{k_X}{k_H}\sim\sigma$ | $\rho=+2.51$ |
| (11) | $X\text{-}C_6H_4\text{-}\overset{\oplus}{N}H_3$ $\xrightleftharpoons[25℃]{H_2O}$ $X\text{-}C_6H_4\text{-}NH_2$ + $H_3O^{\oplus}$ | $\lg\frac{k_X}{k_H}\sim\sigma$ | $\rho=+2.73$ |

**图 4-2　Hammett 反应常数示例**

**基于反应常数 ρ 值的机理分析实例**

先看图 4-2 中例(1)的反应，苯胺的酰化，反应常数 $\rho=-2.69$。

在决速步反应中心氮原子上产生正离子，故给电子基团，如 *p*-OMe，将会使得过渡态稳定，从而加速反应，所以 $\rho<0$。

再看例(10)的反应，苯甲酸乙酯在碱性条件下的水解，$\rho=+2.51$。

由于反应中心相邻的位置上产生负电荷，所以给电子基团使得反应减速，因此，$\rho>0$。所以，$\rho$ 的符号说明了反应中心的带电荷情况。$\rho>0$ 说明反应中心形成了负电荷(或者失去了正电荷)，$\rho<0$ 说明反应中心形成了正电荷(或者失去了负电荷)。对比例(7)的反应，在几乎相同的条件下苯乙酸乙酯在碱性条件下的水解，$\rho=+0.82$。

## 4.4 $\sigma^+$ 和 $\sigma^-$ 常数

### 1. $\sigma^-$ 常数

当反应位置和取代基直接发生共振效应时，取代基的 $\sigma_p$ 常数有时不能和平衡常数或速率常数线性相关（不能有好的线性关系）。例如图 4-3 所示的苯酚的电离反应：

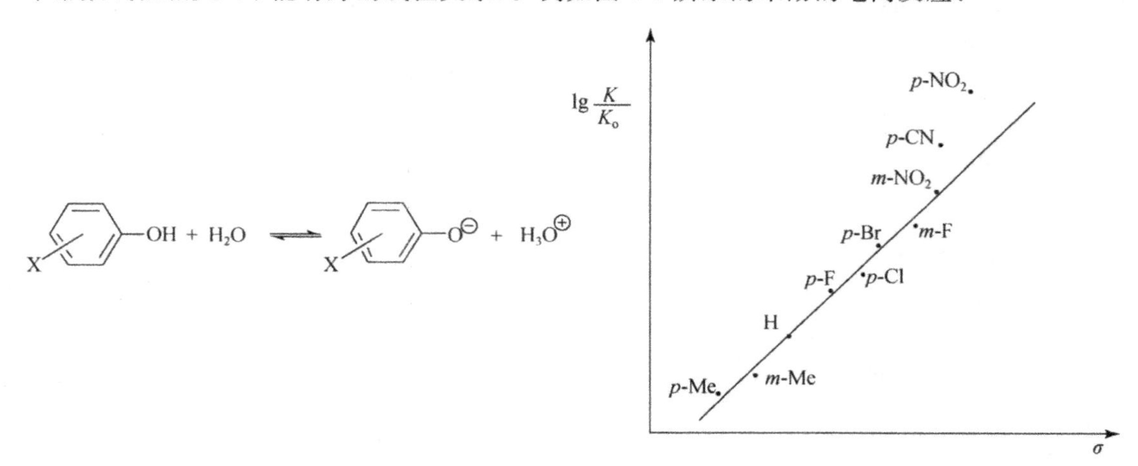


图 4-3 苯酚电离的 Hammett 相关图

对于大多数的取代基，均给出较好的线性关系。但是有两个取代基，*p*-CN 和 *p*-$NO_2$ 明显地偏离直线，显示 *p*-$NO_2$ 苯酚和 *p*-CN 苯酚的酸性比预想的要大。这个结果也不难理解，因为

$p$-CN 和 $p$-$NO_2$ 对于苯酚的电离，除了诱导效应之外还有通过苯环与反应中心直接的共振效应。这种直接的共振效应称为贯穿共轭(through conjugation)。而这种贯穿共轭所产生的额外的稳定化作用并没有包含在 $p$-$NO_2$ 取代基常数上。苯甲酸电离后产生的—$CO_2^-$ 不能直接和任何苯环上的取代基发生共轭作用，而取代基常数又是以苯甲酸电离平衡的数据建立起来的。

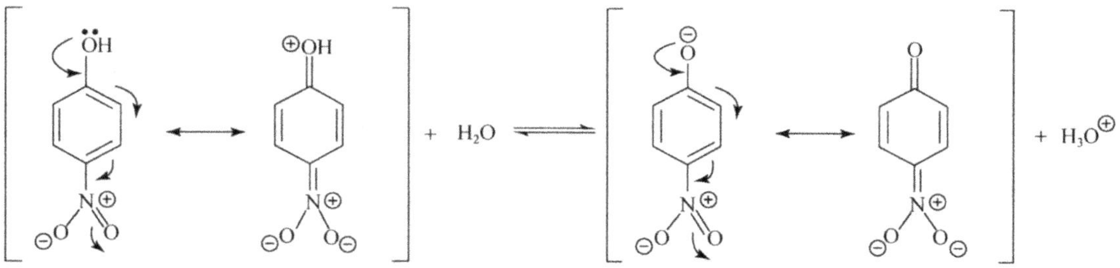

上例说明取代基常数中的一部分不适合于反应中心和取代基之间直接发生了贯穿共轭的情况，这意味着我们需要适当修正取代基常数来体现这种贯穿共轭作用。事实上，人们已用取代苯酚的电离作为标准反应建立了另一套取代基常数 $\sigma_p^-$(表 4-2)。新的常数可以用来研究那些能发生贯穿共轭的反应。反之，和 $\sigma_p^-$ 有更好的线性关系也说明在反应机理中反应中心产生了负电荷。

**表 4-2　$\sigma_p^-$-X 常数和 $\sigma_p$-X 常数的比较**

| 取代基 | $\sigma_p^-$-X | $\sigma_p$-X | 取代基 | $\sigma_p^-$-X | $\sigma_p$-X |
|---|---|---|---|---|---|
| $NO_2$ | +1.24 | +0.78 | $CO_2Et$ | +0.68 | +0.45 |
| CHO | +1.03 | +0.42 | F | −0.02 | +0.06 |
| CN | +0.90 | +0.66 | MeO | −0.2 | −0.27 |
| COMe | +0.87 | +0.50 | | | |

$\sigma_p^-$ 的建立过程是这样的：首先用间位取代的苯酚来确立反应的 $\rho$ 值(此时没有贯穿共轭)，然后用对位取代的数据根据以下方程来计算 $\sigma_p^-$。

$$\sigma_p^- = \frac{1}{\rho}\lg\frac{K}{K_0}$$

和 $\sigma_p^-$ 具有线性相关的反应实例如下：

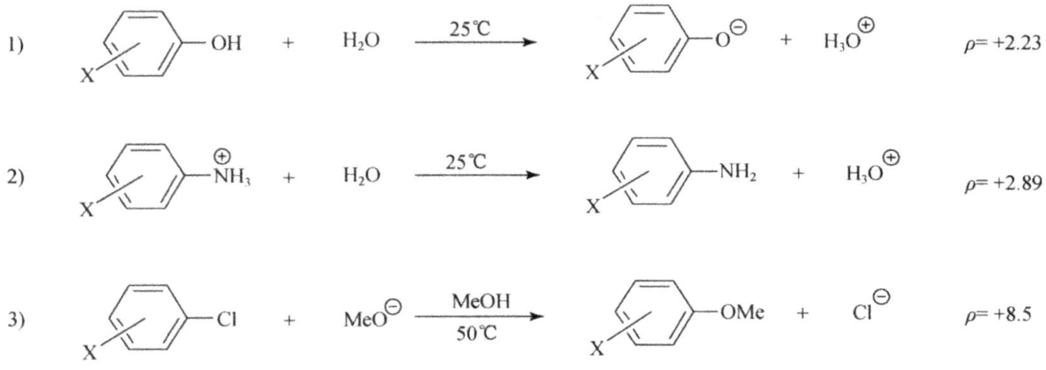

1) X-$C_6H_4$-OH + $H_2O$ $\xrightarrow{25℃}$ X-$C_6H_4$-$O^\ominus$ + $H_3O^\oplus$　　$\rho$= +2.23

2) X-$C_6H_4$-$\overset{\oplus}{N}H_3$ + $H_2O$ $\xrightarrow{25℃}$ X-$C_6H_4$-$NH_2$ + $H_3O^\oplus$　　$\rho$= +2.89

3) X-$C_6H_4$-Cl + $MeO^\ominus$ $\xrightarrow[50℃]{MeOH}$ X-$C_6H_4$-OMe + $Cl^\ominus$　　$\rho$= +8.5

### 2. $\sigma^+$ 常数

类似地，对于有正离子参与的反应也存在同样的问题。例如图 4-4 中的反应：

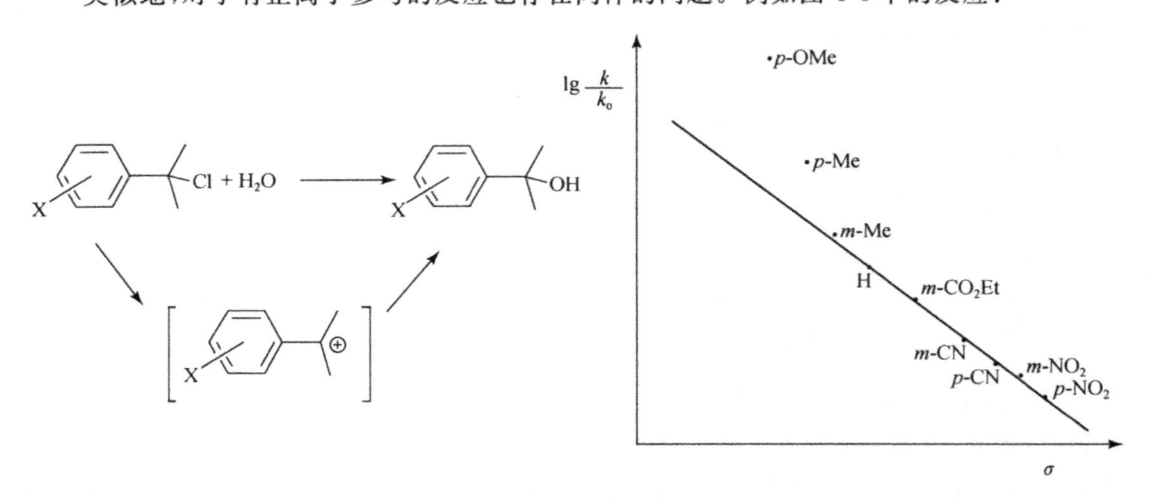


**图 4-4　异丙苯基氯水解的 Hammett 相关图**

和取代苯酚的电离类似，有几个点是偏离直线的。这时偏离直线的点是具有给电子共振效应的 *p*-OMe 和 *p*-Me 取代基，即 *p*-OMe 取代的和 *p*-Me 取代的底物比预想的速度要快。给电子基的贯穿共轭如下图所示：

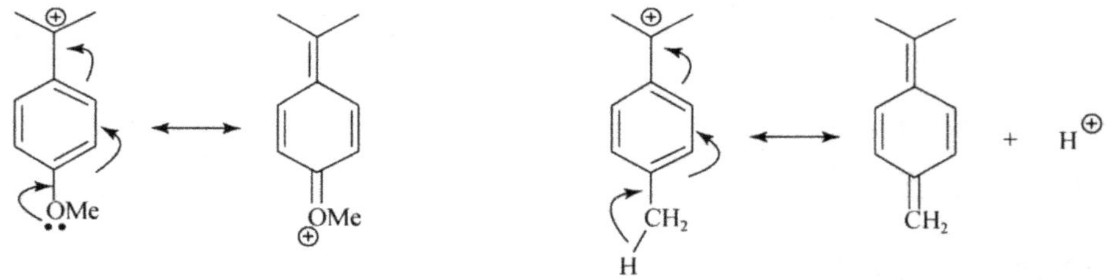

同样，用这个反应作为标准，人们确定了一组新的取代基常数 $\sigma_p^+$（表 4-3）。$\sigma_p^+$ 是由异丙苯基氯的水解反应来定义的。用间位取代的一系列化合物可以求得反应常数 $\rho=-4.45$（同样，认为间位取代基和反应中心不存在贯穿共轭），再由这个反应常数定义一系列对位取代基的取代基常数 $\sigma_p^+$（*J. Am. Chem. Soc.* **1958**, *80*, 4979）。

$$\sigma_p^+ = \frac{1}{\rho}\lg\frac{k}{k_0}$$

**表 4-3　$\sigma_p^+$-X 常数和 $\sigma_p$-X 常数的比较**

| 取代基 X | $\sigma_p^+$-X | $\sigma_p$-X | 取代基 X | $\sigma_p^+$-X | $\sigma_p$-X |
|---|---|---|---|---|---|
| $NMe_2$ | −1.70 | −0.83 | I | +0.13 | +0.18 |
| $NH_2$ | −1.30 | −0.66 | Br | +0.15 | +0.23 |
| MeO | −0.78 | −0.27 | $CO_2H$ | +0.42 | +0.45 |
| Me | −0.31 | −0.17 | $CO_2R$ | +0.48 | +0.45 |
| $C_6H_5$ | −0.18 | −0.01 | CN | +0.66 | +0.66 |
| F | −0.07 | 0.06 | $NO_2$ | +0.79 | +0.78 |
| Cl | +0.11 | +0.23 | | | |

从表 4-2 和表 4-3 中的数据可以清楚地看到，$\sigma_{p\text{-X}}^-$ 和 $\sigma_{p\text{-X}}^+$ 的绝对值均比相应的 $\sigma_{p\text{-X}}$ 大。这些增大的部分反映了贯穿共轭对取代基电子效应的额外贡献。

和 $\sigma_p^+$ 具有线性相关的反应实例如下：

1) X-C₆H₄-C(CH₃)₂Cl + $H_2O$ —25℃→ X-C₆H₄-C(CH₃)₂OH + $Cl^\ominus$　　$\rho=-4.45$

2) X-C₆H₄-$CO_2H$ + $H^\oplus$ —25℃→ X-C₆H₄-$\overset{\oplus}{C}(OH)_2$　　$\rho=-1.1$

3) X-C₆H₅ + $Br_2$ —$SO_2$(液)→ X-C₆H₄-Br　　$\rho=-9.05$

## 4.5　Yukawa-Tsuno 方程和自由基取代基常数

### 1. Yukawa-Tsuno 方程

人们用原始的 Hammett 取代基常数 $\sigma_m$ 和 $\sigma_p$ 以及修正后的取代基常数 $\sigma_p^-$ 或 $\sigma_p^+$ 对多个不同的反应进行分析，观察实验数据和哪一组取代基常数具有更好的线性关系。结果发现，$p$-$NO_2$ 并没有集中在 0.81($\sigma$)或 1.27($\sigma_p^-$)附近，而是较均匀地分布在这两个极限值之间。对于 $p$-OMe，也是同样地分布在－0.27($\sigma$)和－0.78($\sigma_p^+$)之间。这实际上并不奇怪，反应中心电荷形成的程度和标准反应不完全相同，因此发生贯穿共轭的程度也根据不同的反应而异。为了衡量这种不同反应所受贯穿共轭影响的不同，Yukawa 和 Tsuno 在Hammett 方程中引入了一个新的参数 $r$ 来体现这种差异。

$$\lg\frac{k}{k_0}=[\sigma+r(\sigma^+-\sigma)]\qquad r=0\sim1$$

上式称为 Yukawa-Tsuno 方程。如果反应中心形成了负电荷，则式中的 $\sigma^+$ 用 $\sigma^-$ 代替。参数 $r$ 因反应不同而异，它反映了附加的贯穿共轭作用的程度。大的 $r$ 值对应于一个具有较大共轭成分的反应；当 $r=0$ 时，方程和原始的 Hammett 方程相同。

例如以下碱催化下取代的苯氧三乙基硅烷的水解反应，实验测得反应的 $\rho=+3.52$，$r=0.50$。表明在决速步时，过渡态已有相当程度键的断裂，但是和标准反应(用于定义 $\sigma_p^+$ 的 2-芳基-2-氯丙烷的溶剂解反应，$\rho=-4.45$，$r=1$)相比仍有差距。在这里，$r$ 的大小反映了当反应处于过渡态时键断裂程度的大小。

$p$-X-C₆H₄-$OSiEt_3$ —$HO^\ominus$→ $p$-X-C₆H₄-$O^\ominus$ + $Et_3SiOH$　　$\rho=+3.52$，$r=0.50$

(过渡态：δ⊖OH⋯$SiEt_3$⋯O δ⊖ — C₆H₄ — $N^\oplus$(O)$O^\ominus$)

### 2. 自由基取代基常数

上面所讨论的反应均为极性反应，即反应中心会产生电荷的分离或部分分离。当自由基反应用 Hammett 线性自由能相关进行研究时，人们发现通常没有很好的线性相关性。但是也有一些例外的情况。例如图 4-5 给出烷氧自由基、溴自由基等的攫氢反应。这些反应的相对速率与 $\sigma^+$ 具有较好的 Hammett 线性相关。反应常数的负值说明反应中心产生了部分的正电荷，进而可以推断大多数这些反应中自由基的 SOMO 轨道与 C—H 键的 HOMO 相互作用，即这类自由基和 C—H 键作用时体现出亲电性(图 4-6)。

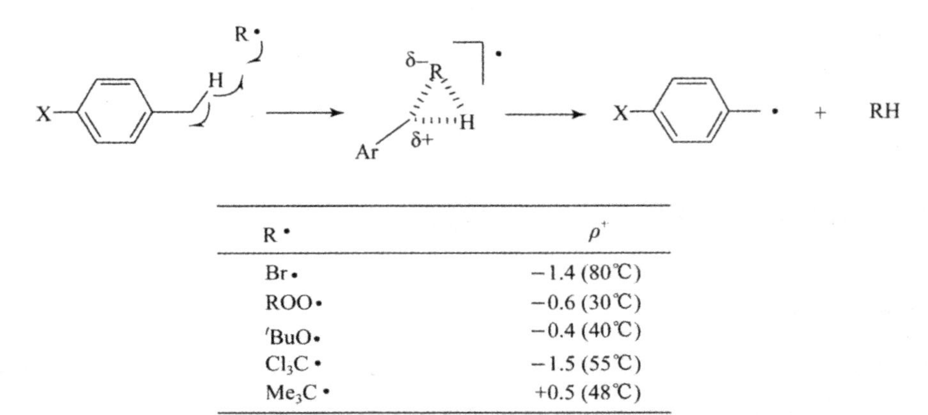


| R• | $\rho^+$ |
|---|---|
| Br• | −1.4 (80℃) |
| ROO• | −0.6 (30℃) |
| $^t$BuO• | −0.4 (40℃) |
| $Cl_3C$• | −1.5 (55℃) |
| $Me_3C$• | +0.5 (48℃) |

**图 4-5　自由基的亲电性攫氢反应的 Hammett 线性相关**

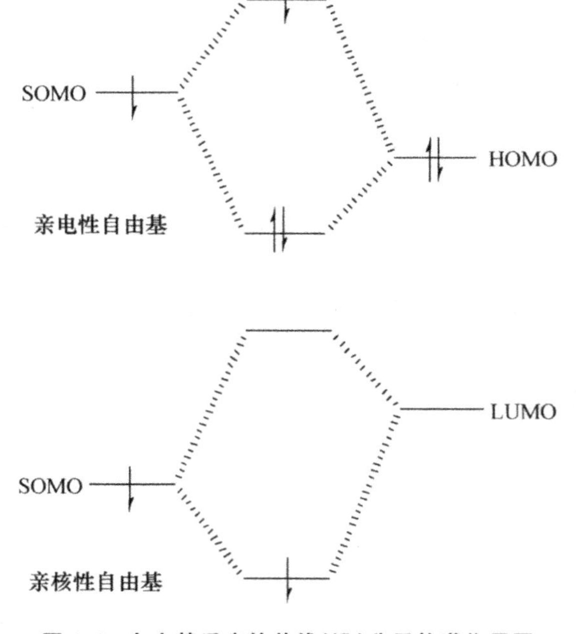


**图 4-6　自由基反应的前线(沿)分子轨道作用图**

对于大多数的自由基反应，应用由极性反应所建立的 Hammett 取代基常数将无法准确衡量其电子效应。因此，人们考虑类似于极性反应的取代基常数建立的方法，应用一些自由基反应作为标准建立相应的自由基取代基常数。例如，Packer 等应用以下的反应建立了 $\sigma^{\cdot}$ 常数。

$$(ArCH_2)_2Hg \longrightarrow 2ArCH_2\cdot + Hg$$

$$\lg(k_X/k_H) = \sigma^{\cdot}$$

而中科院上海有机化学研究所的蒋锡夔和计国桢应用以下的反应建立了 $\sigma_{JJ}^{\cdot}$ 常数，见表4-4。$\sigma_{JJ}^{\cdot}$ 常数进一步通过减少极性效应的干扰优化了自由基取代基常数(*J. Org. Chem.* **1992**, *57*, 6051)。

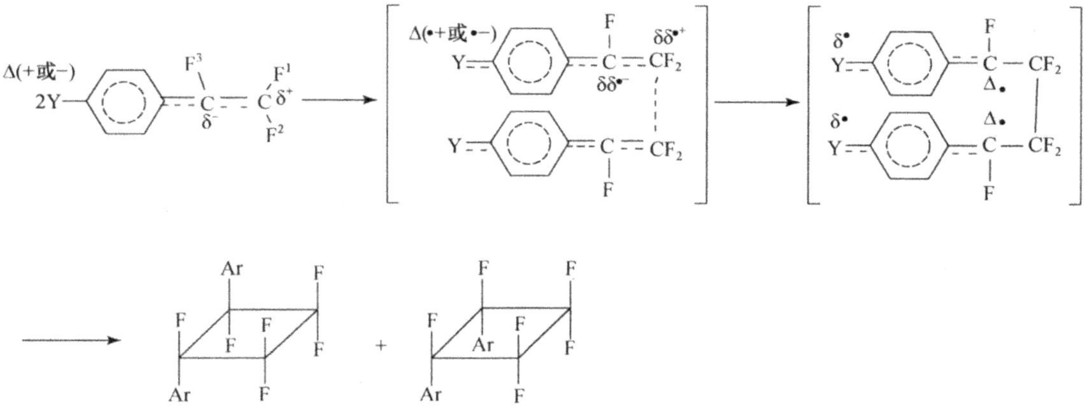

值得注意的是，所有的 $\sigma^{\cdot}$ 常数都是正值。这说明所有的取代基，无论是给电子还是吸电子，都能比氢更好地稳定自由基。

**表 4-4 自由基取代基常数 $\sigma^{\cdot}$ 和 $\sigma_{JJ}^{\cdot}$**

| 取代基 | $\sigma^{\cdot}$ | $\sigma_{JJ}^{\cdot}$ | 取代基 | $\sigma^{\cdot}$ | $\sigma_{JJ}^{\cdot}$ |
|---|---|---|---|---|---|
| H, *m*-F, *m*-OMe | 0 | 0 | *p*-OMe | 0.42 | +0.23 |
| *p*-F | 0.12 | −0.02 | *p*-Ph | 0.42 | +0.47 |
| *p*-Cl | 0.18 | +0.22 | *p*-CN | 0.71 | +0.42 |
| *p*-Me | 0.39 | +0.15 | *p*-$NMe_2$ | 0.61 | +1.00 |
| *p*-Br | 0.26 | +0.23 | *p*-$NO_2$ | 0.76 | +0.36 |
| *p*-I | 0.31 | — | | | |

## 4.6 非线性的 Hammett 自由能相关实例

根据 Hammett 线性自由能相关我们可以得到反应常数，从而对反应机理展开讨论。然而，某些反应的 Hammett 相关无法得到线性关系。对于非线性的 Hammett 相关进行细致的分析，同样可以获得有关反应机理的重要信息。以下将对一些典型的例子进行讨论。

**例一 向上弯曲的 Hammett 曲线**

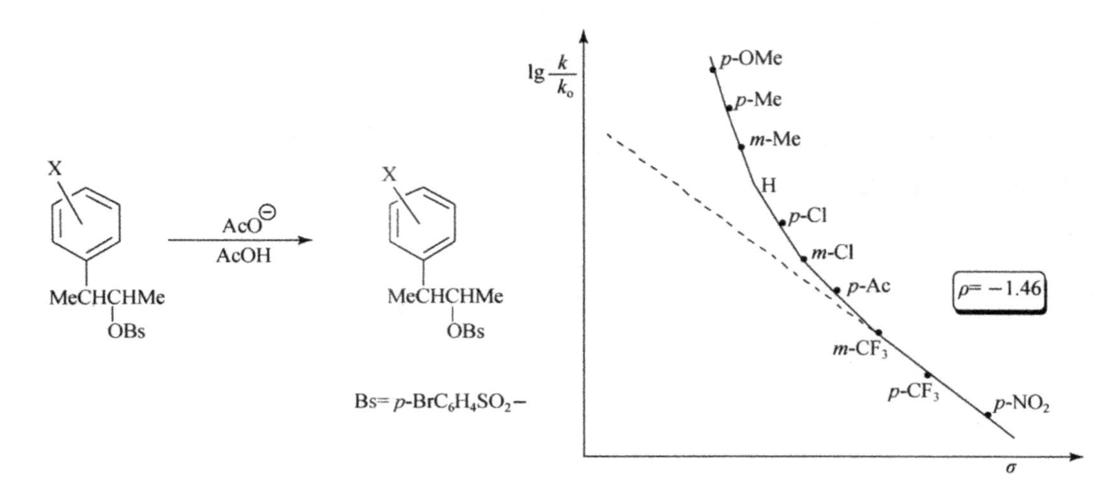


在这个例子中我们注意到，对于强有力的吸电子基团的部分（$m$-$CF_3$，$p$-$CF_3$，$p$-$NO_2$），Hammett 线性关系成立，这三个点可以得到一条直线（$\rho$=－1.46）。这个结果可以用下面的 $S_N2$ 机理来解释。

较小的负 $\rho$ 值说明在过渡态反应中心产生了一定的正电荷。因此，C—OBs 键的断裂应比 AcO—C 键的形成更早一些，使得在反应中心有部分的正电荷。虽然 C—OBs 键的断裂与 AcO—C 键的形成并非完全同步，但是这个反应机理和 $S_N1$ 机理是不一样的。如果反应按照 $S_N1$ 机理，那么 C—OBs 键将首先断裂形成碳正离子，然后 $AcO^-$ 再与碳正离子结合。在这种机理中将预料有绝对值比 1.46 更大的反应常数（负值）。

当取代基 X 变得更为给电子时，数据开始偏离直线，这说明反应机理发生了变化。一种合理的解释是，给电子基团增加了苯环的电子密度，使得苯环本身变得具有亲核性。结果苯环作为一个内部亲核试剂和 $AcO^-$ 竞争参与反应，即所谓的邻基参与的反应。这种反应途径的结果是当苯环上的取代基为给电子基团时，反应速率比单纯的 $S_N2$ 机理所预想的要大，即 Hammett 相关数据偏离直线，形成向上弯曲的曲线。

当然，这仅仅是一种合理的推测，要确证这种机理需要有进一步的实验证据。在这个设想的反应途径中，关键的中间体很显然是三元环的结构。这个三元环中间体的存在比较容易通过间接的实验来确证。例如可以通过同位素标记，也可以用立体化学来证明。如下图所示，如果用非对映异构体进行反应，单纯的 $S_N2$ 机理将会导致反应中心构型的翻转，而如果经过三元环中间体的机理，则反应中心将发生两次构型翻转而最终结果是构型保持。此外，对于大部分取代基更为合理的假设是 $S_N2$ 机理和邻基参与机理并存，并且随着取代基的改变，两种机理的权重发生相应渐变。这时我们预测会得到部分构型保持而部分构型翻转的产物，并且构型翻转和构型保持产物的比例随着取代基的变化而渐变。

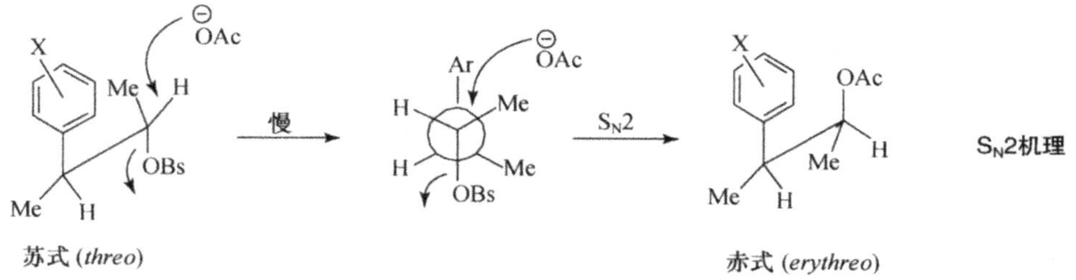

苏式 (*threo*)　慢　$S_N2$　赤式 (*erythreo*)　$S_N2$机理

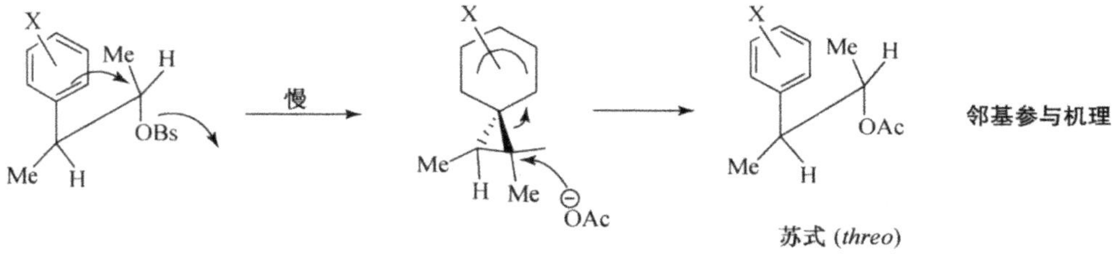

慢　苏式 (*threo*)　邻基参与机理

赤式和苏式两种化合物由于是非对映异构体，因此有可能用常规的柱色谱方法分开，或者可以用$^1$H NMR 光谱方法确定其比例。实验结果如下：

| 取代基 | 苏式产物的比例（即邻基参与机理的比例） | 取代基 | 苏式产物的比例（即邻基参与机理的比例） |
|---|---|---|---|
| *p*-MeO | 100 | *p*-Cl | 39 |
| *p*-Me | 88 | *m*-Cl | 12 |
| *m*-Me | 68 | *m*-$CF_3$ | 6 |
| H | 59 | *p*-$NO_2$ | 1 |

实验结果验证了反应机理随着取代基变化的推断。当取代基为 *p*-OMe 时，反应完全按照三元环中间体的机理，得到构型保持的产物；而当取代基为 *p*-$NO_2$ 时，反应几乎完全按照 $S_N2$ 机理进行。

### 例二　$ArCO_2R$ 在 99.9% $H_2SO_4$ 中的水解

$$ArCO_2R + H_2O \xrightarrow[(99.9\%)]{H_2SO_4} ArCO_2H + ROH \quad (R = Me, Et)$$

这是另一个两种反应机理并存的例子。苯甲酸甲酯和乙酯在浓硫酸(99.9%)中的水解表现出不同的机理。对于苯甲酸甲酯的水解,对所有的数据进行 Hammett 相关可以得到一条斜率为 $-3.25$ 的直线。$\rho=-3.25$ 说明反应不是 $A_{AC}2$(acid-catalyzed, acyl-oxygen cleavage, bimolecular)机理。因为以往的研究表明,$A_{AC}2$ 具有绝对值很小的反应常数。例如对于以下的质子酸催化水解,已知其为 $A_{AC}2$ 机理,反应常数为 $+0.03$。这与本实验中的反应常数截然不同,因此 99.9%浓硫酸中的水解一定是经过了其他的机理。

$$ArCO_2Me \xrightarrow[MeOH]{H^{\oplus}} ArCO_2H \qquad \rho=+0.03$$

$A_{AC}2$机理

苯甲酸甲酯水解实验中得到的绝对值较大的反应常数负值表明,在反应进程中的决速步,和苯环相连的碳产生了很大程度的正电荷。我们可以设想 $A_{AC}1$ 机理(acid-catalyzed acyl-oxygen cleavage, unimolecular),即决速步是酰-氧键的异裂,产生酰基正离子(类似于傅-克酰基化反应)。然后再发生水的进攻,完成水解。这个机理假设与目前得到的反应常数的数据是吻合的。

对苯甲酸乙酯的水解,我们也许会设想反应机理不会有变化,因为仅仅是甲酯换成了乙酯。然而,我们惊奇地发现,Hammett 线性相关的数据有很大的不同。对于给电子取代基,我们可以得到同样斜率的直线。但是从某处开始,随着取代基变得更为吸电子,曲线发生变化,最后变为另一条直线($\rho=+2.0$)。

一个正的 $\rho$ 值表明,在决速步反应中心产生负电荷,或者反应中心的正电荷在反应进程中减少。对于反应常数 $\rho=+2.0$ 部分的反应,我们设想以下的机理。在决速步乙氧基的 O—Et 键首先断开,直接形成水解产物和乙基碳正离子。在这个过程中和芳香环相连的反应中心的碳正离子逐步消失，和正的反应常数的数据相吻合。这样的机理称为 $A_{AL}1$ (acid-catalyzed alkyl-oxygen cleavage，unimolecular)。

底物从甲酯变为乙酯反应机理产生变化的原因可能是对于甲酯的水解，由于 $CH_3^+$ 比 $CH_3CH_2^+$ 较难以形成(碳正离子稳定性的微小差别)，使得 $A_{AC}1 \rightarrow A_{AL}1$ 的机理移动困难。

**例三　向下弯曲的 Hammett 曲线**

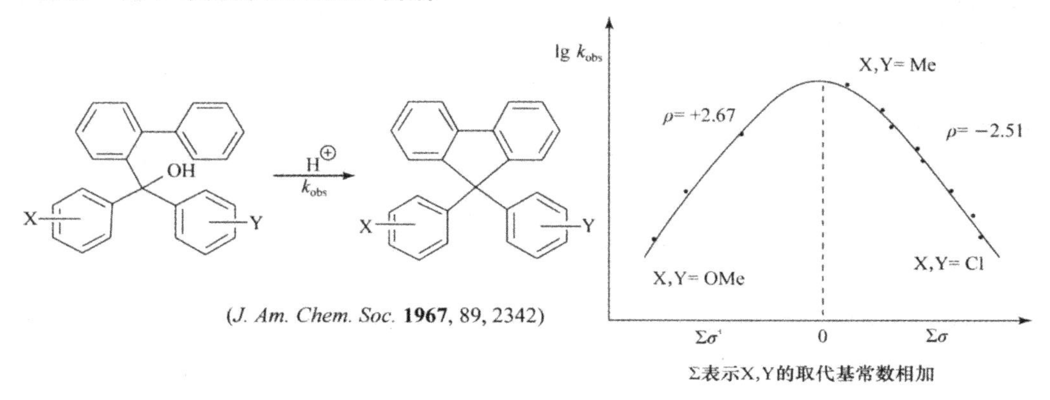


(*J. Am. Chem. Soc.* **1967**, 89, 2342)

根据傅-克烷基化反应的一般机理，对于上述反应我们可以提出以下的机理假设：

在这个机理假设中，哪一步反应是决速步是问题的关键。第 1，4 步是质子转移反应，通常是非常快速的过程，一般不能够成为决速步。第 2 步和第 3 步可以通过 Hammett 自由能相关来区分。在第 2 步中，反应中心的正电荷增加，因此反应常数应当为负值；而在第 3 步中，正电荷转移到无取代的苯环(即原反应中心的正电荷在减少)，反应常数具有正值。

在 Hammett 线性相关图中，我们可以看到，左边 $\rho = +2.67$，且对 $\sigma^+$ 具有更好的线性相关。这说明在过渡态反应中心的正电荷减少，因此它对应于第 3 步。Y＝MeO 时，取代基通过贯穿共轭作用稳定碳正离子中间体，这使得第 2 步反应的速率变快。相反，由于正电荷被分散，这使得其对苯环的亲电进攻变慢(即关环反应)，从而导致第 3 步成为反应的决速步。

正电荷减少 $\rho>0$

随着取代基给电子能力的降低，其通过离域作用稳定正电荷的能力逐步减小，从而使得反应中心更具有亲电性，导致第 3 步的反应速率加快。同时，由于取代基给电子能力的降低，碳正离子的形成更为困难，使得第 2 步变慢并最终成为决速步。当 X，Y＝Me 时，反应具有最大速率，第 2 步和第 3 步达到某种平衡。

上述有关反应决速步的推断可以从其他的实验证据得到旁证。Hammett 相关图右边那组的化合物的反应速度应当与酸度有关，而左边那组与酸度无关（只受间接影响）。所以当 $H_2SO_4$ 浓度由 4％增至 6％时，右边化合物（X，Y 均为 Cl）的速率有比较大的增加，而左边化合物（X＝H，Y＝OMe）基本没有变化。

速率变化：$2.53\times10^{-4}s^{-1} \longrightarrow 6.58\times10^{-4}s^{-1}$

速率变化：$14.7\times10^{-4}s^{-1} \longrightarrow 14.8\times10^{-4}s^{-1}$

另外，实验测得右边这组化合物的反应活化熵 $\Delta S^{\neq}$ 处于－1.0～＋4.4 e.u. 之间。水分子消除和碳原子从 $sp^3$ 杂化变成 $sp^2$ 杂化对 $\Delta S^{\neq}$ 没有很大影响。相反，第 3 步环化则要求在过渡态分子结构需要有较大程度的有序排列，所以实验测得左边这组化合物的反应活化熵 $\Delta S^{\neq}$ 在－4.9～－16.7 e.u. 之间。

**小结**

上述三个例子均是 Hammett 相关偏离直线的情况，对于实验数据的仔细分析可以得到有用的机理信息。这部分的要点可以归纳如下：

1）凹面向下的 Hammett 相关图往往是一种多步反应机理中决速步有变化时所表现的特征。对于以下两步反应机理的简单分析可以看到，无论形成的中间体的电性是正还是负，如果改变取代基使得决速步发生变化，结果均会产生凹面向下的 Hammett 相关图。

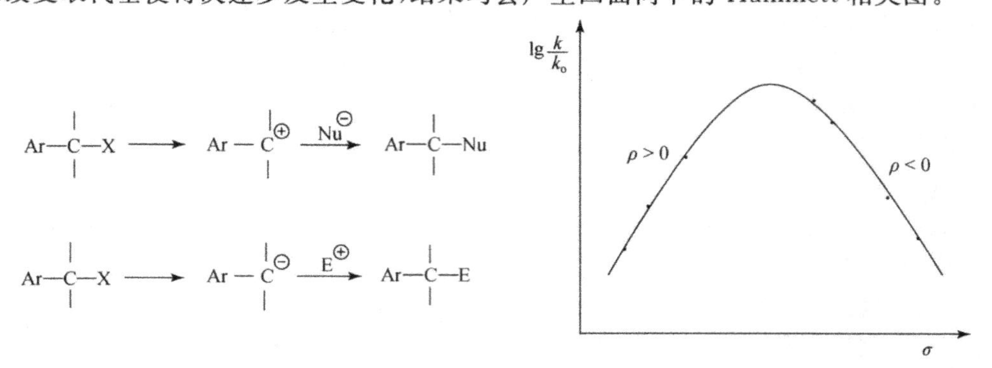


除了上面的例三之外，还可以通过下例进一步说明这一点。

$H^{\oplus}$　N=CHPh　X　$\xrightarrow{k_1}$　H－$\overset{\oplus}{N}$=CHPh　X　$\xrightarrow[H_2O]{k_2}$　$NH_2$　X　+　PhCHO

这个反应的 Hammett 线性相关研究得到凹面向下的相关图。当 X 为给电子基团时，使正离子中间体稳定，因此 $k_1$ 增大，而 $k_2$ 减小，此时第二步为决速步。而对第二步反应，反应由带正电荷中间体变成中性产物，是一个失去正电荷的过程（若从电子效应对其影响的角度考虑，等同于反应中心从中性变成带负电荷）。因此，电子效应的作用与苯甲酸电离同方向，即 $\rho>0$，这种情况对应于凹面向下 Hammett 相关图的左边。当 X 为吸电子取代基时，第一步反应变得困难而第二步变快，第一步成为决速步，即 $\rho<0$，这种情况对应于凹面向下 Hammett 相关图的右边。

2）同一个反应中若有两种不同机理的竞争，则往往产生凹面向上的 Hammett 相关图。对于某些化学反应，有时改变取代基会使反应机理发生变化。如果存在着两个活化能相近的途径，但各个途径有不同的电子要求，这时就会发生这样的现象，体现在 Hammett 相关图上就是斜率的突然改变。上面所举的例一和例二就属于这种情况。我们还可以看下面的例子（*Tetrahedron Lett*. **1981**，*22*，937），这个反应存在以下两种不同的机理。

Y　N－$CH_3$(NO)　+　$2H^{\oplus}$　⟶　Y　$\overset{H_2}{N}^{\oplus}$－$CH_3$　+　$NO^{\oplus}$

$\lg\frac{k}{k_0}$　①　②　$\sigma$

①　Y　N－$CH_3$(NO)　+　$H^{\oplus}$　$\underset{\rho_1<0}{\rightleftharpoons}$　Y　$\overset{H}{N}^{\oplus}$－$CH_3$(NO)　$\xrightarrow[\rho_2]{H^{\oplus}}$　Y　$H_2N^{\oplus}$－$CH_3$　+　$NO^{\oplus}$

$\rho=\rho_1+\rho_2$, $\rho<0$

②　Y　N－$CH_3$(NO)　$\xrightarrow[\rho>0]{\text{慢}}$　Y　$\overset{\ominus}{N}$－$CH_3$　+　$NO^{\oplus}$　$\xrightarrow{2H^{\oplus}}$　Y　$H_2N^{\oplus}$－$CH_3$

## 4.7 烷烃类化合物的极性取代基常数和立体取代基常数

### 1. Taft 极性和立体参数

Hammett 线性自由能相关在机理研究中获得了巨大的成功。Hammett 方法的特点在于通过改变苯环上的取代基来研究反应的电子效应，即研究的对象总是芳香类化合物。20

世纪 50 年代，Taft（塔夫特）提出将线性自由能相关扩展到烷烃类化合物。与芳香类化合物不同的是，对于烷烃类化合物，立体因素是不能够排除的。因此，需要有一套参数能够反映出立体因素对反应的影响，也就是说需要将电子效应和立体效应区分开来。以下介绍 Taft 解决这个问题的方法。

从下面在酸催化下苯甲酸酯的水解反应，我们可以看到取代基对反应仅有很小的影响，反应常数 $\rho$ 接近于 0。

$$X\text{-}C_6H_4\text{-}COOEt + H^{\oplus} \xrightarrow[100℃]{\text{Acetone (60\%)}} X\text{-}C_6H_4\text{-}COOH \qquad \rho = 0.106$$

由此，我们可以合理地类推，对于一般烃类酯在酸催化下的水解，取代基的电子性质也只有很小的影响。因此，由取代基引起的反应速率的变化将主要是由于立体因素的作用。根据这样的推断，Taft 用酸催化下的酯水解反应作为标准定义了立体取代常数 $E_s$，用于量化取代基的立体效应。

$$R\text{—}\overset{O}{\overset{\|}{C}}\text{—}OEt + H^{\oplus} \xrightarrow[100℃]{\text{Acetone (60\%)}} R\text{—}\overset{O}{\overset{\|}{C}}\text{—}OH$$

定义

$$E_s = \lg\left(\frac{k}{k_o}\right)_A$$

其中，$k$ 表示 $XCO_2R$ 的水解速率常数，$k_o$ 表示 $CH_3CO_2R$ 的水解速率常数，A 表示酸催化的水解反应。

Taft 进一步指出，一旦立体参数确立以后，就可以得到极性参数（这里的极性作用指的是除立体因素之外，一个非共轭的取代基对反应速率的影响）。我们可以比较酯在酸催化作用下和在碱催化下的水解反应，注意两种条件下的酯水解反应具有结构上十分类似的过渡态，区别仅仅是一个体积很小的质子。

$$\left[R\text{—}C(OH)(OMe)(\overset{\oplus}{O}H_2)\right]^{\neq} \qquad \left[R\text{—}C(O^{\ominus})(OMe)(OH)\right]^{\neq}$$

酸催化水解反应过渡态　　　　碱催化水解反应过渡态

因此，可以合理地认为 X 的立体效应对于这两种过渡态是近似等同的。但是，在碱催化下的反应中，取代基的电子影响将不可忽略。这一点可以从下式反应中较大的 $\rho$ 值看到：

$$X\text{-}C_6H_4\text{-}COOMe + {}^{\ominus}OH \xrightarrow[25℃]{\text{Acetone (60\%)}} X\text{-}C_6H_4\text{-}COO^{\ominus} \qquad \rho = +2.229$$

由此，Taft 定义极性取代基效应为

$$\sigma^* = \frac{\lg\left(\frac{k}{k_o}\right)_B - \lg\left(\frac{k}{k_o}\right)_A}{2.48}$$

其中，B 表示碱催化水解，除以 2.48 是为了使 $\sigma$ 和 $\sigma^*$ 具有大约相同大小的数值。对于一般的烷烃类化合物，可以写出和 Hammett 方程类似的关系式：

$$\lg\left(\frac{k}{k_0}\right)=\sigma^*\rho^*+\delta E_s$$

其中，$\delta$ 表示反应对于立体因素的敏感程度，$\sigma^*$ 表示反应对于极性因素的敏感程度（表 4-5）。上式被称为 Taft 方程。需要指出的是，Taft 相关仅在一些情况下具有较好的线性，且对于这种处理方法的合理性仍存在着争议。

**表 4-5　脂肪族体系中的立体和极性参数**

| 取代基 X | $E_s$ | $\sigma^*$ | 取代基 X | $E_s$ | $\sigma^*$ |
|---|---|---|---|---|---|
| H | +1.24 | +0.49 | $ClCH_2$ | −0.24 | +1.05 |
| $CH_3$ | 0.00 | 0.00 | $ICH_2$ | −0.37 | +0.85 |
| $CH_3CH_2$ | −0.07 | −0.10 | $Cl_2CH$ | −1.54 | +1.94 |
| $i$-$C_3H_7$ | −0.47 | −0.19 | $Cl_3C$ | −2.06 | +2.65 |
| $t$-$C_4H_9$ | −1.54 | −0.30 | $CH_3OCH_2$ | −0.19 | +0.52 |
| $n$-$C_3H_7$ | −0.36 | −0.115 | $C_6H_5CH_2$ | −0.38 | +0.215 |
| $n$-$C_4H_9$ | −0.39 | −0.13 | $C_6H_5CH_2CH_2$ | −0.38 | +0.08 |
| $i$-$C_4H_9$ | −0.93 | −0.125 | $CH_3CH{=}CH$ | −1.63 | +0.36 |
| $neo$-$C_5H_{11}$ | −1.74 | −0.165 | $C_6H_5$ | −2.55 | +0.60 |

### 2. 双参数取代基常数(dual parameter substituent constants)

虽然 $\sigma_{meta}$，$\sigma_{para}$，$\sigma^+$ 和 $\sigma^-$ 被很多人成功地用于分析许多反应的速率常数和平衡常数。但人们逐步认识到，用这些取代基常数并不足以使所有的平衡和速率常数线性相关。原因在于，总的取代基作用同时具有极性和共轭两部分，而两部分的相对贡献的大小和反应本身的性质相关。这样就产生了许多的取代基常数，其中有些适用于芳香化合物，而有些则适用于烷烃化合物。

如果能够用一种统一的取代基常数适用于所有类型的反应，这无疑对于反应机理的研究是十分有益的。Swain 和 Lupton 提出用下面的方法解决这个问题：引入双参数，使之适用于各种类型的反应（*J. Am. Chem. Soc.* **1968**，*90*，4328；**1983**，*105*，492）。定义取代基常数由下式组成：

$$\sigma=f\cdot\mathscr{F}+r\cdot\mathscr{R}$$

其中，$\mathscr{F}$ 和 $\mathscr{R}$ 分别代表极性和共轭常数，对每个取代基有相应的数值，这些数值对于所有反应是恒定的；$f$ 和 $r$ 分别代表极性和共轭贡献的大小（可以理解为是极性和共轭贡献的权重因子），它们和取代基无关，但和反应的类型有密切的关系。按照这个定义，对于不同的反应我们就会有相应的取代基常数。

这样线性自由能相关就变为

$$\lg\left(\frac{K}{K_0}\right)\text{或}\lg\left(\frac{k}{k_0}\right)=\rho\sigma=\rho(f\cdot\mathscr{F}+r\cdot\mathscr{R})$$

上式被称为 Swain-Lupton 方程。

接下来，我们看如何确定 $\mathscr{F}$ 和 $\mathscr{R}$ 值。为了得到 $\mathscr{F}$ 值，Swain 和 Lupton 研究了下面具有刚性结构的羧酸在 50% 乙醇/丙酮中的电离，根据电离平衡常数定义 $\sigma'$ 值。Swain-Lupton 假定在这个反应中取代基效应完全是极化效应，即 $r=0$，$f=1$，所以就有 $\sigma'=\mathscr{F}$。这样的假定显然是合理的，因为饱和的刚性结构使得 X 不可能和反应中心有共振效应。

定义：

$$\sigma' = \frac{K}{K_\circ}$$

其中 $K$ 为 X≠H 时的电离平衡常数，$K_\circ$ 为 X=H 时的电离平衡常数。

而为了确定 $\mathscr{R}$ 的数值，再应用苯甲酸的电离反应：

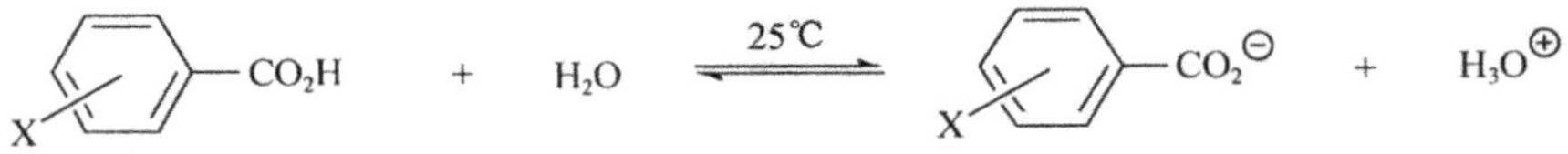

1) 对于对位取代的苯甲酸的电离，取 $r=1$，这样有

$$\sigma_{para} = f_{para} \cdot \mathscr{F} + \mathscr{R} \tag{4-6}$$

2) 进一步假定 $Me_3N^+$ 的 $\mathscr{R}=0$，因为 $Me_3N^+$ 上的 N 已经没有孤对电子，故不会和苯环发生共轭。这样

$$\sigma_{para}^{Me_3N^+} = f_{para} \cdot \mathscr{F}_{Me_3N^+} \tag{4-7}$$

因为 $\mathscr{F}_{Me_3N^+}$ 已经从刚性结构羧酸的电离平衡中确定，因此从实验中测量出 $\sigma_{para}^{Me_3N^+}$ 就可以得到 $f$ 值。

3) 将 $f_{para}$ 值代入到式(4-6)，就可以求得每个取代基的 $\mathscr{R}$ 值(表 4-6)。

**表 4-6 常见取代基的 $\mathscr{F}$ 参数和 $\mathscr{R}$ 参数**

| 取代基 | $\mathscr{F}$ | $\mathscr{R}$ | 取代基 | $\mathscr{F}$ | $\mathscr{R}$ |
|---|---|---|---|---|---|
| $NH_2$ | 0.38 | −2.52 | Cl | 0.72 | −0.24 |
| $CH_3$ | 0.01 | −0.41 | $COCH_3$ | 0.50 | 0.90 |
| $C_6H_5$ | 0.25 | −0.37 | Br | 0.72 | — |
| OH | 0.46 | −1.89 | $CO_2R$ | 0.47 | 0.67 |
| $OCH_3$ | 0.54 | −1.68 | $CF_3$ | 0.64 | 0.76 |
| F | 0.74 | −0.60 | CN | 0.90 | 0.71 |
| I | 0.65 | −0.12 | $NO_2$ | 1.00 | 1.00 |
| $CO_2H$ | 0.44 | 0.66 | | | |

## 4.8 准动力学温度以及准平衡温度

线性自由能相关可以写成 $\Delta\Delta G'=\rho(\Delta\Delta G^\ominus)$(其中 $\Delta\Delta G'$ 表示任一反应的取代的底物相对于没有取代的底物的自由能之差；而 $\Delta\Delta G^\ominus$ 表示相应的苯甲酸电离平衡的自由能之差)。据热力学关系，我们有 $\Delta\Delta G=\Delta\Delta H-T\Delta\Delta S$。将此式代入上式，可以得到：$\Delta\Delta H'-T\Delta\Delta S'=\rho(\Delta\Delta G^\ominus)$。值得注意的是，在上式中，$\Delta\Delta H'$ 和 $\Delta\Delta S'$ 均为变数，所以要使上式的线性关系成立，只可能有以下三种情况：

1) $\Delta\Delta H'=0$，即引入取代基不使平衡的 $\Delta H$ 变化；

2) $\Delta\Delta S'=0$，即引入取代基不使平衡的 $\Delta S$ 变化；

3) $\Delta\Delta H'$ 和 $\Delta\Delta S'$ 有线性关系。

如果以上均不成立，则 $\Delta\Delta G'=\rho(\Delta\Delta G^\ominus)$ 将不可能成立。实际上人们发现，在大多数情

况下 $\Delta\Delta H'$ 和 $\Delta\Delta S'$（或者 $\Delta\Delta H^{\neq}$ 和 $\Delta\Delta S^{\neq}$）是相互成比例的。只有这样的平衡常数或速率常数才可以用 Hammett 方程线性相关。

由于 $\Delta\Delta S'$ 和 $\Delta\Delta H'$ 成比例关系，我们可以写出：$\Delta\Delta H' = \Delta\Delta H_{\circ}' + \beta\Delta\Delta S'$，其中 $\Delta\Delta H_{\circ}'$ 是假设 $\Delta\Delta S'=0$ 时的 $\Delta\Delta H'$。将其代入上式，则有

$$\Delta\Delta G' = \Delta\Delta H_{\circ}' + \beta\Delta\Delta S' - T\Delta\Delta S' = \Delta\Delta H_{\circ}' - (T-\beta)\Delta\Delta S'$$

当 $T=\beta$ 时，$\Delta\Delta G' = \Delta\Delta H_{\circ}'$。此时无论何种取代基，所有平衡常数（或者速率常数）的变化将是相同的，此时 $\beta$ 被称为准平衡温度（isoequilibrium temperature）。如果 Hammett 方程中用的是反应速率常数，则 $\beta$ 称为准动力学温度（isokinetic temperature）。

另外，根据定义，我们有

$$\Delta\Delta S' = (\Delta\Delta H' - \Delta\Delta H_{\circ}')/\beta$$

将其代入 Hammett 方程并整理，可得到

$$\Delta\Delta H'(1 - T/\beta) + T/\beta(\Delta\Delta H_{\circ}') = \rho(\Delta\Delta G^{\ominus})$$

可以合理地假定 $\Delta\Delta H_{\circ}' \approx 0$。也就是说，当 $\Delta\Delta S'=0$ 时，$\Delta\Delta H_{\circ}'$ 也接近于零。这时当 $\beta=T$ 时，$\rho=0$；如果 $T<\beta$，则 $\rho$ 的符号与 $T>\beta$ 时相反。因此，如果仅在一个温度下测量速率或平衡常数得到 $\rho=0$，则有可能反应刚好接近于准平衡温度或准动力学温度，此时 $\rho=0$ 的意义并不明确，不能说明反应的电子效应。但是，如果实验得到反应常数的数值 $\rho>1$ 或 $\rho<-1$，则可以有把握地说明反应历程中电荷的分离情况。

实验证据表明，大多数有机化学反应的准动力学温度大大高于室温，而大多数 Hammett 线性相关图是以室温测得的速率常数来建立的。因此，本章所讨论的对 $\rho$ 的解释在大多数情况下是正确的。但是，对于在较高温度下进行的 Hammett 线性相关研究需要特别慎重。例如，对于以下反应：

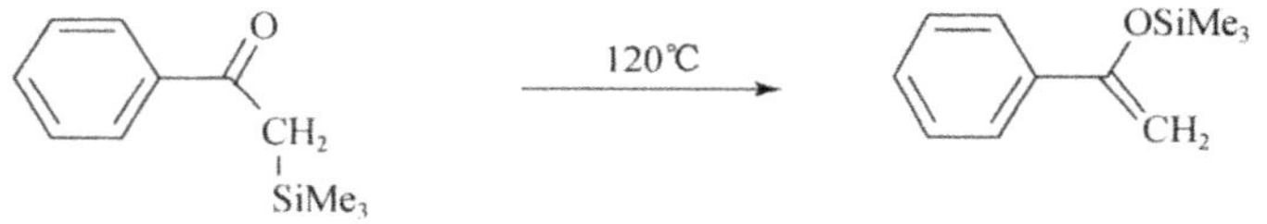

$$PhC(=O)CH_2SiMe_3 \xrightarrow{120℃} PhC(OSiMe_3)=CH_2$$

实验表明：① 同位素标记实验表明反应是分子内的；② 反应过程中硅的构型保持。

为了解释以上的实验，人们提出一个有五配位硅的两性中间体：

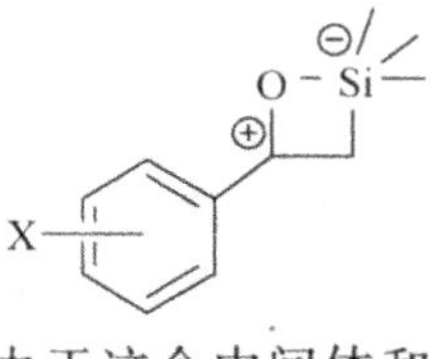

$$X\text{-}C_6H_4\text{-}\overset{\oplus}{C}(CH_2)\text{-}O\text{-}\overset{\ominus}{Si}$$

如果反应的确通过这个中间体，那么由于这个中间体和苯环相邻的碳上有正电荷，因此预测 Hammett 线性相关实验将会得到绝对值较大的负值的反应常数。然而，实际实验测得的反应常数 $\rho$ 值只有 $-0.78$，这似乎和两性离子机理不符。后来通过不同温度下的 Hammett 线性相关实验确定了准动力学温度 $\beta$ 值，发现它为 $(380\pm2)$ K，这和反应温度 393 K 比较接近。因此，绝对值较小的反应常数 $\rho$ 值并不能够否定两性离子中间体的机理。进一步的溶剂效应研究也表明，在极性介质中反应速率大大增加，说明在决速步的确有电荷分离的发生（*J. Am. Chem. Soc.* **1977**, *99*, 614）。

## 练习题

**4-1** 对于下列各反应，试推测与反应机理相对应的反应常数 $\rho$ 值。

$\rho$ 值：+0.24；+0.56；+1.05；+3.19；-1.31；-4.48。

a) $ArC(Me)_2Cl + H_2O \longrightarrow ArC(Me)_2OH + HCl$

b) $ArNH_3^{\oplus} + H_2O \rightleftharpoons ArNH_2 + H_3O^{\oplus}$

c) $ArCH_2NH_3^{\oplus} + H_2O \rightleftharpoons ArCH_2NH_2 + H_3O^{\oplus}$

d) $ArCH_2Cl + H_2O \longrightarrow ArCH_2OH + HCl$

e) $ArCH_2CO_2H + H_2O \rightleftharpoons ArCH_2CO_2^{\ominus} + H_3O^{\oplus}$

f) $ArCH_2CH_2CO_2H + H_2O \rightleftharpoons ArCH_2CH_2CO_2^{\ominus} + H_3O^{\oplus}$

**4-2** 对于一系列取代的苄基二甲基铵离子，根据所测得的 $pK_a$ 数据，应用 $\sigma$ 和 $\sigma^-$ 数据分别进行 Hammett 线性自由能相关，确定反应常数和哪一组取代基常数有更好的线性关系。根据这个结果讨论反应常数的数值大小以及符号。

X-C₆H₄-$CH_2\overset{\oplus}{N}H(CH_3)_2$ ⇌ X-C₆H₄-$CH_2N(CH_3)_2$ + $H^{\oplus}$

| X | $pK_a$ | X | $pK_a$ |
|---|---|---|---|
| *p*-OMe | 9.32 | *m*-$NO_2$ | 8.19 |
| *m*-OMe | 9.04 | *p*-$NO_2$ | 8.14 |
| *p*-Me | 9.22 | *p*-Cl | 8.83 |
| *p*-F | 8.94 | *m*-Cl | 8.67 |
| H | 9.03 | | |

**4-3** 氯化氢与苯基丙二烯在醋酸中发生亲电加成生成肉桂基氯，速率常数与 $\sigma^+$ 关联得到直线的 Hammett 图，反应常数 $\rho = -4.2$。

X-C₆H₄-CH=C=$CH_2$ $\xrightarrow[\text{AcOH}]{\text{HCl}}$ X-C₆H₄-CH=CH$CH_2$Cl

a) 讨论正离子中间体的结构。已知二甲基苄基氯 $ArC(Me)_2Cl$ 和甲基苄基氯 ArCHMeCl 溶剂解的 $\rho$ 值均大约为 -4。

b) 比较以下两反应，说明 1,3-二烯反应时 $\rho$ 值较小的原因。（提示：根据丙二烯的结构来考虑。双键的质子化为决速步。）

X-C₆H₄-CH=C=C(H)Me —— HCl/AcOH, $\rho(\sigma^+) = -4.2$ ——→ X-C₆H₄-CH=CHCH(Me)Cl

X-C₆H₄-CH=CH-CH=$CH_2$ —— HCl/AcOH, $\rho(\sigma^+) = -2.98$ ——→ X-C₆H₄-CH=CHCH(Me)Cl

**4-4** 对于下面两组电离平衡，试分别推测 $\lg(K/K_0)$ 与哪一组取代基常数（$\sigma, \sigma^+, \sigma^-$）具有更好的线性关系，并解释原因。

a) X-(2,6-二甲基苯基)-$\overset{\oplus}{N}H_2Me$ ⇌ X-(2,6-二甲基苯基)-NHMe + $H^{\oplus}$

b) X-苯基-$\overset{\oplus}{N}H_2Me$ ⇌ X-苯基-NHMe + $H^{\oplus}$

**4-5**　1,2-二苯乙烯与溴反应，可以有两种机理：A. 溴离子最初加在双键的一端形成开环的正离子；B. 溴离子最初加在双键的中间形成溴鎓离子。

A. ArCH=CHAr' $\xrightarrow{Br_2}$ Ar$\overset{\oplus}{C}$H-CH(Br)Ar' + ArCH(Br)-$\overset{\oplus}{C}$HAr'

B. ArCH=CHAr' $\xrightarrow{Br_2}$ ArCH—CHAr'（以 $Br^{\oplus}$ 桥连）

Ar= X-取代苯基　　Ar'= Y-取代苯基

a）机理 A 的 Hammett 方程的形式是什么样的？

b）机理 B 的 Hammett 方程的形式是什么样的？（假定取代基效应是可以加和的）

c）在 MeOH 中，简单的 Hammett 图（lg$k$ 对 $\sigma$ 常数之和作图）是弯曲的；在 $CCl_4$ 中是直线的。在这两种溶剂中，关于机理可以得出什么结论？

**4-6**　苯甲醛与氨基脲反应生成缩氨基脲，其机理是亲核加成之后进行消除：

$$\text{Ar-C(=O)-H} + \ddot{N}H_2NHC(=O)NH_2 \underset{k_{-1}}{\overset{k_1}{\rightleftharpoons}} \text{Ar-CH(OH)-N(H)-NHC(=O)NH}_2 \xrightarrow[H^+]{k_2} \text{Ar-CH=N-NHC(=O)NH}_2 + H_2O$$

所得 Hammett 图与溶液的 pH 有关。

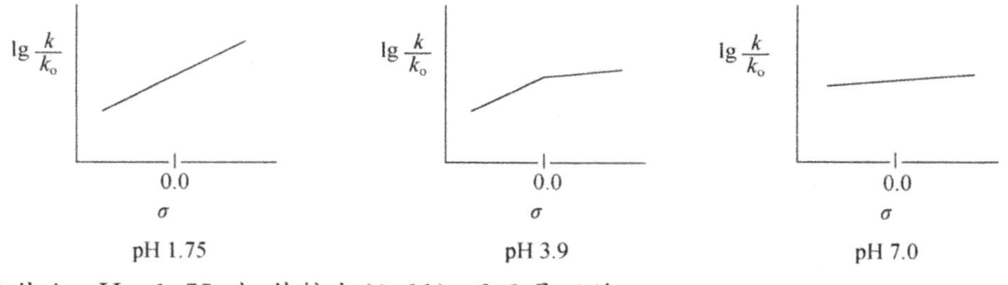


a）为什么 pH=1.75 时，值较大(0.91)，而且是正的？

b）为什么 pH=7.0 时，值几乎是零(0.07)？

c）为什么 pH=3.9 时，曲线有一折点？

**4-7**　对于$^t$BuO·和$^t$BuOO·的攫氢反应，有以下的实验数据：

$$X-C_6H_4-CH_3 + RO\cdot \longrightarrow X-C_6H_4-\dot{C}H_2 + ROH$$

R= $^t$Bu, $\rho$= −0.4
R= $^t$BuO, $\rho$= −0.6

试判断哪种自由基的攫氢反应更快，请说明理由。

**4-8** 下面 4 种 Hammett 反应常数分属于下列 4 个反应，试指明它们的归属。

$\rho$=＋2.45，＋0.75，−2.39，−7.29

a) $ArH \xrightarrow[H_2SO_4]{HNO_3} ArNO_2$

b) $ArSH + H_2O \longrightarrow ArS^{\ominus} + H_3O^{\oplus}$

c) $ArNMe_2 + MeI \longrightarrow Ar\overset{\oplus}{N}Me_3 I^{\ominus}$

d) $ArP(O)(OH)_2 + H_2O \longrightarrow ArP(O)(OH)O^{\ominus} + H_3O^{\oplus}$

**4-9** 取代的苯乙醇对甲苯磺酸酯在 115℃醋酸解，其 $\rho$ 值为 −2.4，且与 $\sigma^+$ 有良好的线性关系。试提出合理的反应机理，并设计一个实验来证实所提出的机理。

$$X-C_6H_4-CH_2CH_2OTs \xrightarrow[HOAc]{115℃} X-C_6H_4-CH_2CH_2OAc$$

**4-10** 苯甲醛的氰羟化反应有如下所示的实验数据，提出反应机理，指出决速步，并作简要说明。

$$PhCH^{*}{=}O \xrightarrow[CN^{\ominus}]{H^{\oplus}} PhC(^{*}H)(OH)CN$$

$\rho$= +2.3; $k_H/k_D$= 0.73

**4-11** 苯胺和氯甲酸乙酯的反应包括两步。Hammett 图上有两个明显的直线区域：对于给电子的取代基，$\rho$=−5.5；而对于吸电子的取代基，$\rho$=−1.6。试给出合理的解释。

$$X-C_6H_4-NH_2 + ClCO_2Et \rightleftharpoons X-C_6H_4-NHC(OH)(Cl)OEt \longrightarrow X-C_6H_4-NHCO_2Et + HCl$$

**4-12** 3-芳基-(2,2-二甲基)亚甲基环丙烷在加热条件下的重排反应的速率随芳环上取代基的变化列于下表。请将实验数据分别用 $\sigma$、$\sigma^+$ 和 $\sigma^-$ 常数进行 Hammett 线性自由能相关，它们和哪一组取代基常数有更好的线性关系？试根据线性自由能相关的结果对反应机理进行讨论。

(X-C₆H₄)-环丙烷(H)(=CH₂)(CH₃)(CH₃) ⟶ (X-C₆H₄)-环丙烷(H)(=C(CH₃)₂)(H)(H)

| X | $k(10^{-4}s^{-1})$ | X | $k(10^{-4}s^{-1})$ |
|---|---|---|---|
| H | 3.58 | *m*-MeO | 3.40 |
| *m*-Me | 3.82 | *m*-Cl | 3.30 |
| *m*-$Me_3Si$ | 3.87 | *m*-F | 3.17 |
| *p*-Me | 4.65 | *m*-$CF_3$ | 3.08 |
| *p*-$CF_3$ | 4.25 | *p*-F | 2.98 |
| *p*-Cl | 4.75 | *m*-$NO_2$ | 2.76 |
| *p*-$Me_3C$ | 4.78 | *m*-CN | 2.69 |
| *p*-Br | 4.88 | *p*-$NO_2$ | 13.5 |
| *p*-$Me_3Si$ | 5.24 | *p*-CN | 10.28 |
| *p*-MeO | 6.16 | *p*-Ph | 10.3 |
| *p*-$CO_2Me$ | 8.09 | *p*-$Me_2N$ | 28.2 |

**4-13**　对于不同Rh(Ⅱ)络合物催化下的卡宾对苄位C—H键的插入反应,应用分子内竞争的手段,测得一系列的相对速率常数。试根据这些数据分别用$\sigma$和$\sigma^+$常数进行Hammett线性自由能相关,并进一步讨论该反应的机理(*J. Org. Chem.* **1998**, *63*, 1853)。

Rh(Ⅱ)　$CH_2Cl_2$　Rh(Ⅱ)卡宾　$k_X$　$k_H$　A　B

X= $NO_2$, Cl, NHAc, Ph, H, OMe, OH

| 取代基 | $Rh_2(OAc)_4$ | $Rh_2(O_2CCF_3)_4$ | $Rh_2(acam)_4$ |
|---|---|---|---|
| | **A∶B** | **A∶B** | **A∶B** |
| $NO_2$ | 96∶4 | 91∶9 | 94∶6 |
| Cl | 74∶26 | 77∶23 | 62∶38 |
| NHAc | 67∶33 | 68∶32 | 44∶56 |
| H | 69∶31 | 74∶26 | 47∶53 |
| Ph | 66∶34 | 73∶27 | 47∶53 |
| OMe | 46∶54 | 67∶33 | 33∶67 |
| OH | 47∶53 | 63∶37 | 28∶72 |

**4-14**　对于以下的反应,根据所提供的数据,应用$\sigma$和$\sigma^-$数据分别进行Hammett线性自由能相关。确定反应常数和哪一组取代基常数有更好的线性关系,并根据这个结果讨论反应机理。

X　$SO_2$　+　$^{\ominus}OH$　⟶　X　$CH_2SO_3^{\ominus}$　OH

| X | $k$(L/mol·s) |
|---|---|
| H | 37.4 |
| MeO | 21.3 |
| Me | 24.0 |
| Br | 95.1 |
| $NO_2$ | 1430 |

**4-15** 25℃,3.5 mol/L $HClO_4$ 溶液中一系列取代苯乙烯水合反应的速率常数数据如下所示。试应用$\sigma$和$\sigma^+$数据分别进行 Hammett 线性自由能相关。确定反应常数和哪一组取代基常数有更好的线性关系,并根据这个结果讨论反应机理。

$$X-C_6H_4-CH=CH_2 \xrightarrow[25℃]{3.5\ mol/L\ HClO_4} X-C_6H_4-CH(OH)CH_3$$

| X | $k$ ($10^{-8}s^{-1}$) |
|---|---|
| $p$-OMe | $4.88\times10^5$ |
| $p$-Me | $1.64\times10^4$ |
| H | 811 |
| $p$-Cl | 318 |
| $p$-$NO_2$ | 1.44 |

# 第5章 有机化合物的酸碱理论

# (Acid and Base Theory of Organic Compounds)

## 5.1 质子酸的基本概念

### 1. Brønsted(布朗斯台德)酸碱定义

Brønsted 在 1923 年给酸碱作了如下的定义：

酸是质子的给体： $HA \rightleftharpoons H^+ + A^-$

碱是质子的受体： $B + H^+ \rightleftharpoons HB^+$

上面两个式子实际上是过于简单化的。一个质子在溶液中是不能够自由存在的，它总是和溶剂发生溶剂化作用。例如在水中我们写成 $H_3O^+$，在氨中为 $NH_4^+$，在醇中为 $RO^+H_2$ 等。一般来说，在溶剂 S 中，我们写成 $S^+H$。但是即使这种写法也是非常简单化的，因为 $S^+H$ 一旦形成，本身可以进一步被溶剂化。这种溶剂化结合的数目和强度取决于溶剂和溶质的性质。

再看下式的酸碱反应中的共轭酸碱关系：

$$\underset{\substack{\text{酸}\\(\text{acid})}}{CH_3\overset{O}{\overset{\|}{C}}OH} + \underset{\substack{\text{碱}\\(\text{base})}}{H_2O} \rightleftharpoons \underset{\substack{\text{共轭酸}\\(\text{conjugated acid})}}{H_3O^{\oplus}} + \underset{\substack{\text{共轭碱}\\(\text{conjugated base})}}{CH_3\overset{O}{\overset{\|}{C}}O^{\ominus}}$$

我们可以称 $CH_3CO_2H$ 为 $CH_3CO_2^-$ 的共轭酸，而 $H_3O^+$ 为 $H_2O$ 的共轭酸。可以看到，如果一个酸的强度大于另一个酸，则其共轭碱将弱于另一个酸的共轭碱。一般的酸碱反应可以写为

$$HA^{m+} + B^{n+} \rightleftharpoons A^{(m-1)+} + HB^{(n+1)+}$$

另一方面，我们应当注意，许多我们通常认为既不是酸也不是碱的有机化合物实际上既可以是碱，也有可能是酸，或者常常两者都是。例如，丙酮既可以是酸也可以是碱。

丙酮作为碱：

$$CH_3\overset{O}{\overset{\|}{C}}CH_3 + H_2SO_4 \rightleftharpoons CH_3\overset{\oplus OH}{\overset{\|}{C}}CH_3 + HSO_4^{\ominus}$$

丙酮作为酸：

$$CH_3\overset{O}{\overset{\|}{C}}CH_3 + CH_3O^{\ominus} \rightleftharpoons CH_3\overset{O}{\overset{\|}{C}}CH_2^{\ominus} + CH_3OH$$

我们可以进一步说，醋酸也可以是一个碱，而苯胺也可以是一个酸。

$$CH_3\overset{O}{\overset{\|}{C}}OH + H_2SO_4 \rightleftharpoons CH_3\overset{\oplus OH}{\overset{\|}{C}}OH + HSO_4^{\ominus}$$

$$\text{C}_6\text{H}_5\text{NH}_2 + \text{BuLi} \rightleftharpoons \text{C}_6\text{H}_5\overset{\ominus}{\text{N}}\text{H}\,\overset{\oplus}{\text{Li}} + \text{BuH}$$

因此，可以这样认为，**任何含有氢的分子可以是潜在的 Brønsted 酸，而任何分子可以是潜在的 Brønsted 碱。**

**2. 酸碱强度的表达方式**

对于在水溶液中的酸，我们用以下离解的平衡常数 $K_a$ 的大小来衡量酸的强度。

$$HA^{m+} + pH_2O \rightleftharpoons A^{(m-1)+} + H^+(H_2O)_p$$

$$K_a = \frac{a_{A^{(m-1)+}} \cdot a_{H^+(H_2O)_p}}{a_{HA^{m+}} \cdot (a_{H_2O})^p}$$

其中 $a$ 表示活度(activity)，$a_{H_2O}$是常数；$m$ 表示电荷的数目。

对于更一般的有机酸，我们将研究它们在不同溶剂中酸的解离，同时 $H^+$ 溶剂化的程度也无法精确知道。因此，在这里 $H^+$ 仅仅是简化的形式，实际上 $H^+$ 代表的是一种处于溶剂化状态的质子。

$$K_a = \frac{a_{A^{(m-1)+}} \cdot a_{H^+}}{a_{HA^{m+}}} = \frac{[A^{(m-1)+}] \cdot [H^+]}{[HA^{m+}]} \cdot \frac{\gamma_{A^{(m-1)+}} \cdot \gamma_{H^+}}{\gamma_{HA^{m+}}}$$

其中 $\gamma$ 为活度系数(activity coefficient)。对于一些情况(例如在高度稀释的情况下)，我们可以认为活度系数等于 1，这时上式简化为

$$K_a = \frac{[A^{(m-1)+}] \cdot [H^+]}{[HA^{m+}]}$$

由于我们将要讨论的大多数有机酸，其酸性通常较低，这时用平衡常数表示酸性会比较麻烦。为方便起见，表示酸度最为常用的方法是用 $-\lg K_a$，定义为 $pK_a$。由定义可以知道，$pK_a$ 值越大，则 $K_a$ 越小，酸的强度就越弱。

同理，我们用以下离解的平衡常数 $K_b$ 的大小来衡量碱的强度。

$$B^{m+} + pH_2O \rightleftharpoons HB^{(m+1)+} + HO^-(H_2O)_{p-1}$$

$$K_b = \frac{a_{HB^{(m+1)+}} \cdot a_{HO^-(H_2O)_{p-1}}}{a_{B^{m+}} \cdot (a_{H_2O})^p} = \frac{a_{HB^{(m+1)+}} \cdot a_{HO^-}}{a_{B^{m+}}}$$

但是，更为方便的是考虑 $B^{m+}$ 的共轭酸 $HB^{(m+1)+}$ 的 $K_a$，以及 $pK_a$。根据 $pK_a$ 的定义以及共轭酸碱的关系，可以知道 $pK_a$ 越大，表明 $HB^{(m+1)+}$ 的酸性越弱，$B^{m+}$ 的碱性越强。

$$HB^{(m+1)+} + pH_2O \rightleftharpoons B^{m+} + H^+(H_2O)_p$$

$$K_a = \frac{a_{B^{m+}} \cdot a_{H^+(H_2O)_p}}{a_{HB^{(m+1)+}} \cdot (a_{H_2O})^p}$$

**3. 拉平效应(leveling effect)**

测量酸度的通常方法是用玻璃电极(pH 计)测量氢离子的活度。但对于很强或者很弱的酸碱，这种测 pH 的方法将是不适用的。这一点我们可以通过下例来理解(在下面的粗略估算中，以浓度代替活度)。

假设有两种酸，浓度均为 0.1 mol/L。酸(1)的 $pK_a = -2$，酸(2)的 $pK_a = -3$。

$$HA \rightleftharpoons H^+ + A^-$$

酸(1)　$[H^+][A^-]/[HA] = 10^2$　得　$[H^+] = 0.0999$ mol/L，pH = 1.0004345；

酸(2)　$[H^+][A^-]/[HA]=10^3$　得　$[H^+]=0.09999$ mol/L，pH $=1.00004345$；两种酸相差仅仅 0.0004 pH(万分之四)，这样微小的差别是很难测量出来的。

假如有另外两种酸，浓度也为 0.1 mol/L。但是，酸(3)的 $pK_a=4$，酸(4)的 $pK_a=5$。可以算得：

酸(3)　$[H^+]=0.00316$ mol/L，　pH $=2.5$；

酸(4)　$[H^+]=0.001$ mol/L，　pH $=3$；

两种酸相差 0.5 个 pH 单位，这是比较容易测量的。

前两种酸的强度大于水合质子的酸度($pK_a=-1.74$)，它们在水溶液中几乎完全电离，将它们的质子几乎全部转到 $H_2O$ 上，形成 $H_3O^+$。因此，它们的酸性相对强弱将无法用电极测量 pH 的方法区分。

同样，对于一个非常弱的酸(例如醇或者甲烷)，其通过酸的电离产生的质子少于水的电离所产生的质子，这时酸的强度也是无法测量的。作为一个粗略的规则，可以这样认为，即在水溶液中只有比水酸性强而比水合质子弱的酸的强度才可以测定；同样，对于碱，只有比水碱性强而比 $HO^-$ 弱的碱的强度才可以测定。以上的情况对于非水溶剂也是适用的。上述现象称为拉平效应(leveling effect)，可以进一步简述如下：

**在溶液中，没有一种比溶剂的共轭酸更强的酸能够以可以被检测到的浓度存在。或者说，如果酸的相对强度大于溶剂的共轭酸，那么这个酸的强度将不能在该溶剂中被测定。**即在下式中如果 HA 的酸性比 $HS^+$ 的酸性强很多的话，平衡将大大移向右边，使得 HA 的浓度无法测定，也就无法得到这个电离的平衡常数。

$$\underset{\text{强酸}}{HA} + S \rightleftharpoons HS^+ + A^-$$

**在溶液中，没有一种比溶剂的共轭碱更强的碱能够以可以被检测到的浓度存在。或者说，如果碱的相对强度大于溶剂的共轭碱，那么这个碱的强度将不能在该溶剂中被测定。**同理，在下式中如果 B 的碱性比 $S^-$ 要大得多的话，平衡将大大移向右边，使得 B 的浓度无法测定，同样无法得到这个电离的平衡常数。

$$\underset{\text{强碱}}{B} + HS \rightleftharpoons HB^+ + S^-$$

然而，我们研究的对象，包括大部分的有机化合物，其酸度范围在大约 60 个 $pK_a$ 的范围内。从最强的酸，比如 HI、$HClO_4$，到最弱的酸，比如甲烷、环己烷。因此，没有一个单独的溶剂适合于所有的化合物，必须由数种不同的溶剂采用不同的方法来分别测量酸度，然后将它们关联起来。

水是建立酸度标尺的最为常用的溶剂，除了方便、便宜之外，它还具有很高的介电常数(相对介电常数：水 79，乙醇 24)，以及有效地使离子溶剂化的能力。这些性质使得正负离子可以被很容易地分开，不至于形成离子对或者更大的聚集体。如果酸的强度太大，以至于出现拉平效应的情况，那么就无法在水中测量这个酸的酸度。这时可以用酸性更强的介质，比如像通常用的醋酸、硫酸水溶液或者高氯酸水溶液等进行酸度测量。而对于很弱的酸，则可以用液氨、二甲亚砜和环己胺等具有很弱酸性 C—H 键的化合物作为溶剂。

## 5.2 Hammett 酸度函数

### 1. 强酸(弱碱)酸度的测定

如前所述,对于浓的强酸溶液,用玻璃电极测定的 pH 无法用来准确衡量其酸度。例如,20%和 80%的硫酸的 pH 相差仅仅约 1 个 pH 单位,溶液中存在大量未离解的 $H_2SO_4$ 和部分离解的 $HSO_4^-$。因此,在浓酸中,溶液的酸度不能够用一般水溶液中测 pH 的方法进行测定。为了解决这个问题,Hammett 在 1932 年提出采用弱碱作为指示剂的方法来测量浓硫酸的酸度(*J. Am. Chem. Soc.* **1932**, *54*, 2721)。其核心思想是,用一系列较弱的碱,通过使得这些弱碱质子化的程度来衡量强酸的酸度。这一系列弱碱也因此被称为酸度指示剂。

为了使得弱碱指示剂能够用来衡量强酸的酸度,首先必须选择一系列弱碱,并且要测量它们的强度。Hammett 选择一系列取代的苯胺作为碱,通过增加芳环上的吸电子基团使得碱的强度逐步减弱。接下来测量这些弱碱的强度,即它们的共轭酸的酸度。一个简便的方法是,在无机酸-水的混合物中使得这些碱质子化,然后测量平衡时各组分的浓度。如果用酸性很强的溶液,则弱碱可能会被完全质子化,这时将无法测量出弱碱与其共轭酸平衡时的浓度。但是我们可以选择适当比例的 $H_2SO_4$-$H_2O$ 混合物,其酸性刚好合适可以使得弱碱与其共轭酸能够共同存在。

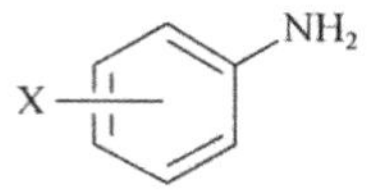

这时考虑下面的电离平衡:

$$HB^+ \rightleftharpoons B + H^+$$

$$K_a = \frac{a_B \cdot a_{H^+}}{a_{HB^+}} \quad 或 \quad K_a = \frac{[B]\gamma_B \cdot a_{H^+}}{[HB^+]\gamma_{HB^+}}$$

$HB^+$ 代表了一个被质子化的弱碱,即 Hammett 所选定的取代苯胺。在后面的讨论中我们会看到,人们也用其他的有机化合物作为弱碱指示剂。可以被质子化的有机化合物均可以用类似的方法处理。例如,有机化合物中具有孤对电子或者双键的部位可以被强酸质子化。

需要注意的是,我们没有在上述平衡常数的表达式中表示溶剂的作用。在混合溶剂中由于存在多种物质,因此 S 和 $HS^+$ 的性质并不容易确定。然而,$HS^+$ 的供质子作用和 S 的接受质子作用将共同决定在这个特定的溶剂中使得碱 B 质子化的有效性,而我们要测量的正是这种质子化的有效性。

Hammett 研究工作的第一步是通过改变苯胺衍生物苯环上的取代基的电性得到一系列的碱 $B_1, B_2, B_3, \cdots, B_n$,使得每个碱要比前一个弱。同时,还要求这些化合物在可见光或者紫外光区域具有吸收,因为这样我们可以比较方便地用可见-紫外分光光度的方法来确定溶液中各组分的浓度。近年来,核磁共振法确定浓度也被广泛地用于这方面的研究。

接下来选择第一个碱，其碱性具有足够的强度，即使在纯水中其共轭酸的解离常数也可以测定。可以测得 $HB_1^+$ 的解离常数 $K_{a,HB_1^+}$。

$$HB_1^+ \rightleftharpoons B_1 + H^+$$

然后将溶剂改为含有少量酸的溶液，比如 10% $H_2SO_4$。在这个溶剂中，$B_1$ 给出足够浓度的 $HB_1^+$ 和 $B_1$，同时对于较弱的碱 $B_2$ 在该溶剂中其 $HB_2^+$ 和 $B_2$ 也可以测定。而在纯水中，由于 $B_2$ 较弱，使得 $HB_2^+$ 的浓度太低以致无法测量。

这样，在新的酸性较强的溶剂中 $B_1$ 和 $B_2$ 的解离常数均可以测量。

$$K_{a,HB_1^+} = \frac{[B_1]\gamma_{B_1} \cdot a_{H^+}}{[HB_1^+]\gamma_{HB_1^+}}, \qquad K_{a,HB_2^+} = \frac{[B_2]\gamma_{B_2} \cdot a_{H^+}}{[HB_2^+]\gamma_{HB_2^+}}$$

将两式相除，可以得到

$$\frac{K_{a,HB_1^+}}{K_{a,HB_2^+}} = \frac{[B_1][HB_2^+] \cdot \gamma_{B_1}\gamma_{HB_2^+}}{[HB_1^+][B_2] \cdot \gamma_{HB_1^+}\gamma_{B_2}}$$

注意，$K_{a,HB_1^+}$ 可以从稀水溶液中得到。我们已定义 $K_a$ 是一个完全的平衡常数，即它与介质的酸性是无关的，任何由溶剂的变化引起的非理想行为均被包含在活度中。由于$[B_1]$，$[HB_1^+]$，$[B_2]$以及$[HB_2^+]$可以直接测量，因此上式中除了 $K_{a,HB_2^+}$ 以及活度系数的比例之外均为已知的。因此，如果我们能够设法得到活度系数，那么由上式便可以求得 $K_{a,HB_2^+}$。接下来，我们对这里的活度系数问题进行一个简单的讨论。

**2. 活度系数**

在电解质溶液中，离子之间相互作用的存在使得离子不能完全发挥其作用，我们把电解质溶液中离子实际发挥作用的浓度称为有效浓度，或者称为活度。

当电解质溶液通电时，由于离子与它的离子氛之间的相互作用，使得离子不能百分之百地发挥输送电荷的作用(图 5-1)。离子的浓度越大，离子所带电荷数目越多，则离子与它的离子氛之间的作用就越强。离子强度的概念可以用来衡量溶液中离子与它的离子氛之间相互作用的强弱。

$$I = \frac{1}{2}\sum m_i Z_i^2$$

其中 $I$ 表示溶液的离子强度，$Z_i$ 表示第 $i$ 种离子的电荷数，$m_i$ 表示第 $i$ 种离子的质量摩尔浓度。

图 5-1 离子及周围的离子氛示意图

在稀水溶液中，由 Debye-Hückel 理论可以计算离子强度，再由离子强度可以估算活度系数。然而，即使离子强度只有 0.01，估算的活度系数与实际情况仍有很大的差距。而我们这里讨论的强酸水溶液体系中，$H^+(H_2O)$，$HSO_4^-$ 的浓度很高。因此，即使 $HB_2^+$ 和 B 的浓度很小，Debye-Hückel 理论仍然没有太大的帮助。但是我们可以有以下的合理假设：活度系数偏离 1 显然是由于体系中所包含的物质的非理想行为所引起，而偏离理想行为与组分的结构有关，特别是与电荷有关（电荷的大小，以及分散集中的情况）。如果 $B_1$ 和 $B_2$（相应地 $HB_1^+$ 和 $HB_2^+$）在结构上十分相似，那么可以假定在某一溶液中 $\gamma_{B_1}/\gamma_{HB_1^+}$ 和 $\gamma_{B_2}/\gamma_{HB_2^+}$ 大致相等。

基于这样的考虑，对于结构相似的化合物（例如，这里所选用的一系列苯胺衍生物），Hammett 假定：

$$\frac{\gamma_{B_1} \cdot \gamma_{HB_2^+}}{\gamma_{HB_1^+} \cdot \gamma_{B_2}} = 1$$

如果这种假设成立的话，那么就有

$$\frac{K_{a,HB_1^+}}{K_{a,HB_2^+}} = \frac{[B_1][HB_2^+]}{[HB_1^+][B_2]}$$

由此就可以求得 $K_{a,HB_2^+}$。

Hammett 有关活度系数的假定，使得人们可以避开这个棘手的问题。对于这个关键的假设，可以从实验上给予间接验证。我们可以在一定范围内改变 $H_2SO_4$-$H_2O$ 的组成，但使得 $B_1$，$B_2$，$HB_1^+$，$HB_2^+$ 四组分均可以存在（或者说，它们的浓度都可以被测量出来）。因为按定义 $K_{a,HB_1^+}/K_{a,HB_2^+}$ 为常数，那么如果得到一个不变的 $[B_1][HB_2^+]/[B_2][HB_1^+]$，则说明在该溶剂范围内有关 $\gamma$ 的比例为常数的假定是成立的。实验结果表明，对于取代的苯胺，这个验证是十分成功的。

以此类推，我们可以得到所有这一系列碱的平衡常数，$K_{a,HB_1^+}$，$K_{a,HB_2^+}$，$K_{a,HB_3^+}$，$K_{a,HB_4^+}$ …。得到了这一系列碱的平衡常数以后，我们就可以用它们反过来确定任何比例的 $H_2SO_4$-$H_2O$ 或者其他强酸性介质的给质子能力（即酸度）。

对于一般的酸碱电离平衡：$HB^+ \rightleftharpoons B + H^+$，我们有

$$K_a = \frac{[B]\gamma_B \cdot a_{H^+}}{[HB^+]\gamma_{HB^+}}$$

将可测量的浓度项移到左边，可以得到

$$K_a \frac{[HB^+]}{[B]} = \frac{\gamma_B \cdot a_{H^+}}{\gamma_{HB^+}}$$

接下来再定义

$$h_o = K_a \frac{[HB^+]}{[B]} = \frac{\gamma_B \cdot a_{H^+}}{\gamma_{HB^+}} \quad 以及 \quad H_o = -\lg h_o$$

结合上式可以得到

$$H_o = -\lg h_o = -\lg\left(K_a \frac{[HB^+]}{[B]}\right) = -\lg \frac{\gamma_B \cdot a_{H^+}}{\gamma_{HB^+}} \quad 或 \quad H_o = pK_a - \lg \frac{[HB^+]}{[B]}$$

$H_o$ 称为 Hammett 酸度函数，用以确立这个酸度函数的一系列苯胺称为 Hammett 指示剂。对于一个碱 B，其共轭酸的 $pK_a$ 在一定的条件下是一个确定的值。因此，酸度函数与指示剂碱在酸性介质中被质子化的程度有关，即 $H_o$ 代表了介质给出质子的能力。从酸度函数的表达式可以看到，$H_o$ 值越负，则表示 $pK_a$ 越小（即指示剂碱的碱性越弱），而 $[HB^+]/[B]$ 的数值越大（指示剂碱被质子化的程度越大），说明这个酸性介质给出质子的能力越强，见图 5-2。例如，浓硫酸有以下的酸度函数数值：0.1 mol/L（$H_o$ = 0.83）；5.0 mol/L（$H_o$ = −2.28）；10.0 mol/L（$H_o$ = −4.89）。

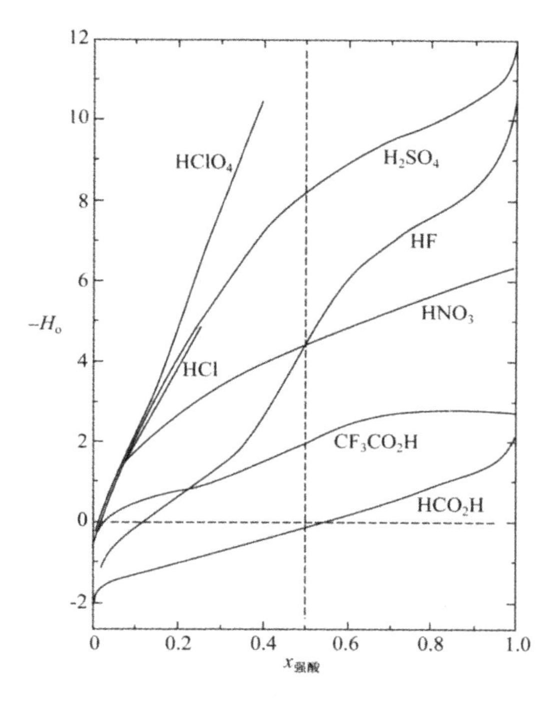


**图 5-2　若干强酸的酸度函数曲线，横坐标为强酸水溶液的摩尔分数**

(*Can. J. Chem.* **1983**, *61*, 2225)

$H_o$ 是一个比 pH 适用范围更为广泛的衡量酸强弱的函数，一些极浓和极弱的酸也可以通过这种方法确定酸度。当 $H_2SO_4$-$H_2O$ 混合物的浓度变得很稀时，由于离子强度很低，因此活度系数可认为等于 1。这时酸度函数的数值近似等于 pH。

$$H_o = -\lg h_o = -\lg \frac{\gamma_B \cdot a_{H^+}}{\gamma_{HB^+}} \approx -\lg a_{H^+} \equiv \text{pH}$$

有了一系列强酸介质的酸度函数以后，就可以用这些数据来测量其他弱碱的 pH。然而，值得特别注意的是，Hammett 酸度函数 $H_o$ 是建立在取代的苯胺的基础之上的。因此，在应用酸度函数时，重要的一点是，被测量弱碱的结构必须和指示剂的结构很相似，以使得下式能够成立：

$$\frac{\gamma_{B_1} \cdot \gamma_{HB_2^+}}{\gamma_{HB_1^+} \cdot \gamma_{B_2}} = 1$$

如果在强酸介质中研究其他的弱碱，实验结果表明，当这些弱碱的结构与取代苯胺有比较大的差别时，上述的条件将不能够满足。因此，Hammett 酸度函数 $H_o$ 只能应用于和 Hammett 指示剂结构相似的弱碱，这也是 Hammett 酸度函数应用上的很大限制。

为了能够将酸度函数的方法应用到更宽的范围，人们考虑用其他结构的指示剂来建立适合不同结构化合物的酸度函数。例如，Hinman 用右图结构的一系列化合物作为指示剂建立了酸度函数 $H_1$，它在数值上和 $H_o$ 有较大的不同(*J. Am. Chem. Soc.* **1964**, *86*, 3796)。

R, R', N, R'' ⟹ $H_1$

而 Yates, Stevens 和 Katritzky 用一系列的酰胺作为指示剂建立了 $H_A$ 酸度函数(*Can. J. Chem.* **1964**, *42*, 1957)。

$$\mathrm{RC(=O)NHR'} \Longrightarrow H_A$$

另外，Deno 等人用下式的反应建立了 $H_R$ 酸度函数(*J. Am. Chem. Soc.* **1955**, *77*, 3044; **1959**, *81*, 2344)。

$$\mathrm{Ph_3C{-}OH} + \mathrm{H^{\oplus}} \rightleftharpoons \mathrm{Ph_3C^{\oplus}} + \mathrm{H_2O} \Longrightarrow H_R$$

图 5-3 为 $H_2SO_4$ 以不同的酸度指示剂测量得到的酸度函数曲线。可以看到，相同浓度的 $H_2SO_4$ 以不同结构指示剂的酸度函数测得的数值有很大的区别。其中 $-\lg c_A$ 即 pH 从 $H_2SO_4$ 的浓度达到 20% 以后仅有很小的变化。

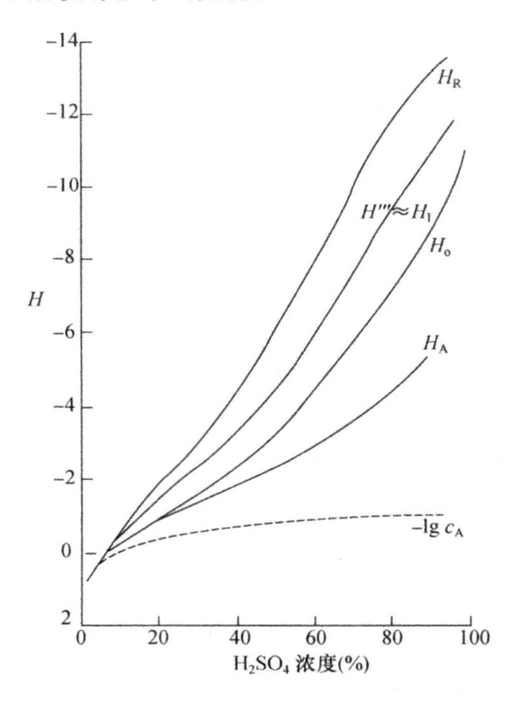


**图 5-3 $H_2SO_4$ 以不同的酸度指示剂测量得到的酸度函数曲线**

显然，如此多的酸度函数使用起来是十分不便的。为此，Burnett 和 Olsen 建立了一个方法，可以使得一个酸度函数被用于所有的碱，但是对于每一个碱需要一个修正参数 $\Phi$ (*Can. J. Chem.* **1966**, *44*, 1899, 1917)。

$$\lg \frac{\gamma_Z \cdot a_{H^+}}{\gamma_{HZ^+}} = (1-\Phi) \cdot \lg \frac{\gamma_B \cdot a_{H^+}}{\gamma_{HB^+}}$$

其中 Z 表示任何一个碱，B 为 Hammett 指示剂。

### 3. 弱碱强度的测定

建立酸度函数的原理还可用于一般弱碱强度的测定。方法简介如下：

在同一酸性溶液中，加入不带电荷的弱碱 B 和 B′，在溶液中存在着如下的离解平衡：

$$\mathrm{BH^+} \rightleftharpoons \mathrm{B} + \mathrm{H^+} \qquad \mathrm{B'H^+} \rightleftharpoons \mathrm{B'} + \mathrm{H^+}$$

$$\mathrm{p}K_a = \lg \frac{a_{BH^+}}{a_B} - \lg a_{H^+} \qquad \mathrm{p}K'_a = \lg \frac{a_{B'H^+}}{a_{B'}} - \lg a_{H^+}$$

两式相减得

$$pK_a - pK'_a = \lg\frac{a_{BH^+}}{a_B} - \lg\frac{a_{B'H^+}}{a_{B'}} = \lg\frac{[BH^+]}{[B]} - \lg\frac{[B'H^+]}{[B']} + \lg\frac{\gamma_{BH^+}\gamma_{B'}}{\gamma_{B'H^+}\gamma_B}$$

在同一溶液中，对于电荷相同、结构很相近的两个碱，借鉴 Hammett 的处理方法，假设

$$\gamma_{BH^+}/\gamma_B \approx \gamma_{B'H^+}/\gamma_{B'} \quad 即 \quad \frac{\gamma_{BH^+}\gamma_{B'}}{\gamma_{B'H^+}\gamma_B} \approx 1$$

浓度项可以由实验测得，故只要知道一个碱的 $pK_a$，则可以求得另一碱的 $pK'_a$。一般选择在稀酸水溶液中可直接测定的对氨基偶氮苯（$pK_a = 2.77$）作为“重叠交错法”的第一个参照碱 B，这样就可测定另一个较弱的碱 B′ 的 $pK_a$。再以 B′ 作为参照，可以测量更弱碱 B″的 $pK_a$。

一些弱碱在 $H_2SO_4$-$H_2O$ 中的 $pK_a$ 值如下：

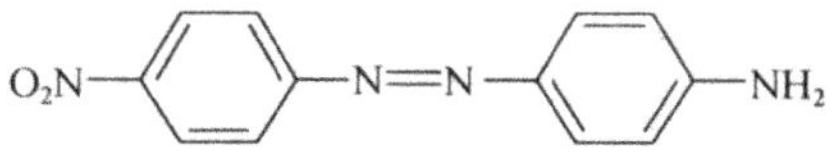

$O_2N$—⟨苯环⟩—N=N—⟨苯环⟩—$NH_2$

$pK_a = 2.77$

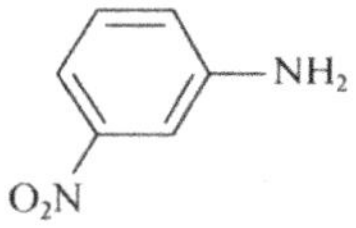

| 间硝基苯胺 ($O_2N$, $NH_2$) | 对硝基苯胺 ($O_2N$, $NH_2$) | 苯胺 ($NH_2$) | 邻硝基苯胺 ($NH_2$, $NO_2$) |
|---|---|---|---|
| $pK_a = 2.50$ | $pK_a = 0.99$ | $pK_a = 4.62$ | $pK_a = -0.29$ |

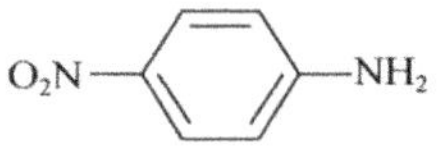

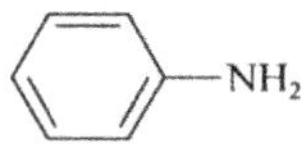

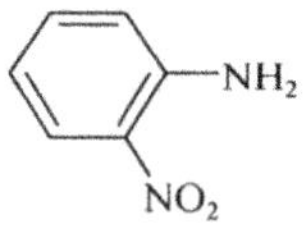

## 5.3　弱碳氢酸强度的测定：*H*_酸度函数

对于非常弱的有机酸（如有机化合物中的 C—H 等），必须在强碱介质中才能使其电离。

$$-\overset{|}{\underset{|}{C}}-H + B^{\ominus} \rightleftharpoons BH + -\overset{|}{\underset{|}{C}}^{\ominus}$$

因此，常用的测定一般弱酸的方法对于它们不适用。对于这种弱酸，一般用酸度函数 $H_-$ 来衡量强碱介质的酸度。$H_-$ 是对应于 $H_0$ 的一种酸度函数，它仅限于电中性的酸和负一价共轭碱的平衡（而 $H_0$ 仅限于带电荷的共轭酸的酸碱平衡）。

$$HA \rightleftharpoons H^+ + A^-$$

$$H_- = -\lg h_o = -\lg\left(K_a\frac{[HA]}{[A^-]}\right) = -\lg\frac{\gamma_{A^-}\cdot a_{H^+}}{\gamma_{HA}}$$

或者

$$H_- = pK_a + \lg\frac{[A^-]}{[HA]}$$

$H_-$ 标志着介质夺取质子的能力（图 5-4 和表 5-1），其值越大，则表示 $pK_a$ 值越小（即指示剂酸的酸性越弱），而$[A^-]/[HA]$的数值越大（指示剂酸被去质子的程度越大），因此表明介质夺取质子的能力越强。弱酸强度的测定，也可以用“重叠交错法”。对于稀水溶液，$H_-$ 也等于溶液的 pH。

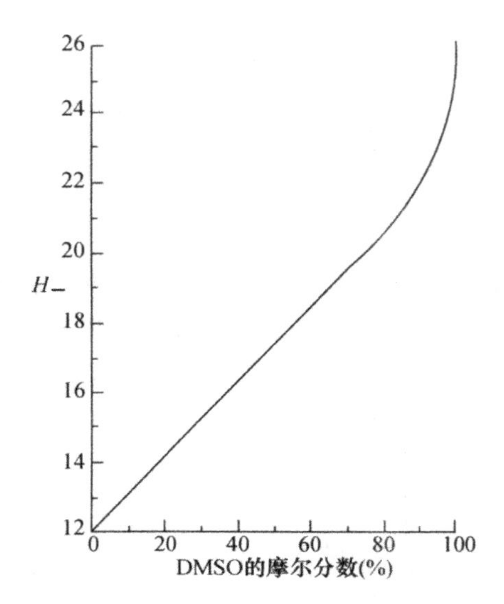


**图 5-4　$Me_4NOH$ (0.011mol/L) 的 $H_$函数曲线**

(*J. Am. Chem. Soc.* **1976**, *98*, 488)

**表 5-1　一些强碱溶液的 $H_$值**

| 溶　液 | $H\_$ |
|---|---|
| 5 mol/L KOH(水溶液) | 15.5 |
| 10 mol/L KOH(水溶液) | 17.0 |
| 15 mol/L KOH(水溶液) | 18.5 |
| 0.01 mol/L NaOMe(1∶1 DMSO-MeOH) | 15.0 |
| 0.01 mol/L NaOMe(10∶1 DMSO-MeOH) | 18.0 |
| 0.01 mol/L NaOEt(20∶1 DMSO-EtOH) | 21.0 |

## 5.4　弱碳氢酸酸度的测定

应用前述的平衡重叠交错法，以 9-苯基芴的 $pK_a$值(18.5)作为参比点可以测定弱碳氢酸的 $pK_a$ 值。这类以建立热力学平衡的方法获得的酸度称为热力学酸度(thermodynamic acidity)，这类方法只适合于弱碳氢酸中酸性相对较强的化合物。一般来说，当 $pK_a>33$ 时，平衡方法将不再适用，这时需要采用动力学方法以及电化学等方法。

### 1. 几种典型的平衡法酸度测量体系

1) McEwen 以一个有机钠(或钾)化合物与一种烃 RH 相混合，使其达到平衡：

$$RH + R'^{\ominus}M^{\oplus} \rightleftharpoons R^{\ominus}M^{\oplus} + R'H \qquad (M=Na\text{或者}K)$$

其中 RH 的 $pK_a$ 是已知的，而 R′H 则是一个 $pK_a$ 未知的较弱的酸。当达到平衡时：

$$pK_{RH}-pK_{R'H}=-\lg\frac{[R^-]}{[RH]}+\lg\frac{[R'^-]}{[R'H]}$$

通过分光光度法容易测得上式中四种物质的浓度，因而未知的 $pK_{R'H}$可以求得。用这种方法可以测得包括 $pK_a=18\sim30$ 的许多酸的 $pK_a$ 值。这个 $pK_a$ 范围内的碳氢酸通常是邻位带有吸电子基团的 C—H 键，例如丙酮的 α 位的质子 $pK_a\approx20$，这些部位的去质子在有机合成中是十分重要的(*J. Am. Chem. Soc.* **1936**, *58*, 1124)。

2) Streitwiser 等人则研究了如下的平衡：

$$RH + C_6H_{11}NH^{\ominus}M^{\oplus} \rightleftharpoons R^{\ominus}M^{\oplus} + C_6H_{11}NH_2 \qquad (M=Li, Cs)$$

他们用环己胺($pK_a=42$)作溶剂，以环己胺铯或锂作为碱，与 RH 进行交换反应，利用分光光度法测定平衡位置，得到了许多芳香烃的相对 $pK_a$ 值，然后再与 9-苯基芴的 $pK_a$ 值作参比(*J. Am. Chem. Soc.* **1965**, *87*, 384; **1967**, *98*, 59; **1971**, *93*, 1794)。

3) Appleguist 等研究了下面的平衡：

$$RLi + R'I \rightleftharpoons RI + R'Li$$

较稳定的烷基负离子将选择与 $Li^{\oplus}$ 结合，而不与碘结合；而碳负离子的稳定性直接与其共轭酸的强度有关。酸愈强，相应的碳负离子愈稳定，愈易与 $Li^{\oplus}$ 相结合（*J. Am. Chem. Soc.* **1963**，*85*，743）。

4) Dessy 等研究的平衡体系是烃基镁与烃基汞的交换反应：

$$R_2Mg \quad + \quad R_2'Hg \quad \rightleftharpoons \quad R_2Hg \quad + \quad R_2'Mg$$

反应在 THF 中进行。较稳定的碳负离子将倾向于与镁结合，因为有机镁比有机汞的离子性更为明显。通过测定反应的平衡位置可求得弱酸的 $pK_a$ 值（*J. Am. Chem. Soc.* **1966**，*88*，460）

以上均为平衡方法，因此所测得的酸度均为热力学酸度。尽管不同的测量工作所选用的反应体系不同，但是基本原理都是一样的，即都采用平衡重叠交错法。此外，Bordwell 等以 DMSO 为溶剂研究了一系列有机化合物的酸度，建立了 DMSO 中的酸度标尺（*Acc. Chem. Res.* **1988**，*21*，456；463）。DMSO 具有较大的介电常数（$\varepsilon=47$），因此离子成对（ion pairing，详细说明请参考第 6 章）的问题可以很大程度避免。DMSO 的 $pK_a=35.1$，因此在 DMSO 中能够测量的碳氢酸最弱到 $pK_a=33$。当水相中测得的 $pK_a$ 值和 DMSO 中测得的相应数值相比较时，人们发现那些共轭碱的负电荷定域的化合物的酸性在水相中更强（水能更有效地溶剂化定域的负离子），而那些共轭碱的负电荷离域的化合物的酸性在两种溶剂中相近。

### 2. 动力学酸度(kinetic acidity)

前面所讨论的各种酸、碱强度的测量方法都是通过某一反应的平衡常数来确定的，即为热力学酸度。热力学酸度的测量受到溶剂-碱体系的一定限制。例如在 DMSO 中测量时（Bordwell 酸度标尺），如果化合物的酸度小于 DMSO 的（$pK_a=35.1$），这个化合物的酸度就不能在该体系中用平衡常数法测定。因为此时下列平衡移向左边，使得 $R^-$ 的浓度难以测量。

$pK_a$= 35.1

$$RH \; + \; CH_3S(O)CH_2^{\ominus} \; \rightleftharpoons \; R^{\ominus} \; + \; CH_3S(O)CH_3$$

所以，平衡常数法测得的 $pK_a$ 值通常小于 35。酸度在这个范围内的有机化合物的共同特征是，在结构上能使形成的负离子通过电子离域而稳定。如果要测量更弱的酸，则需采用其他方法。一种测定酸度的方法是通过测定反应的速率，即碱夺取酸中某一质子的速率，从而确定这个 C—H 键的酸度。通过种方法测得的酸度称为动力学酸度。动力学酸度的测量是基于 Brønsted 催化定律（Brønsted catalysis law），即通过实验总结的规律将速率常数和平衡常数相关联。在介绍这种动力学方法之前，我们简单回顾一下 Brønsted 催化定律。

对某一特定的 $B^-$，如果用一系列不同的酸 HA 与之反应，根据经验我们可以合理地认为，$B^-$ 将从一个较强的酸中更快地夺取质子。也就是说，反应的动力学和热力学之间存在着联系，可以通过第 2 章中介绍的 Hammond 假说以及 Marcus 理论来理解这种联系。实验证明，情况的确如此。酸-碱反应的速率常数和平衡常数之间的关系在许多情况下被发现服从下面的公式：

$$AH \quad + \quad B^{\ominus} \quad \underset{k'}{\overset{k}{\rightleftharpoons}} \quad A^{\ominus} \quad + \quad BH$$

$$K=\frac{k}{k'}$$

$$k=CK^{\alpha}$$

$$\lg k=\alpha\lg K+\lg C \quad 或 \quad \Delta G^{\neq}=\alpha\Delta G^{\ominus}+C'$$

其中，$k$，$k'$为速率常数；$K$为平衡常数；$C$和$C'$为常数。

我们可以从自由能的角度来进一步理解上述的平衡常数和速率常数之间的关系。对于一系列酸与碱$B^-$的反应，可以画出如图5-5所示的能级图。

$$HA_n \quad + \quad B^{\ominus} \quad \xrightleftharpoons{K_a} \quad A_n^{\ominus} \quad + \quad BH$$

$HA_1$，$HA_2$，$HA_3$…的不同$pK_a$值反映出反应中$\Delta G_1$，$\Delta G_2$，$\Delta G_3$…的不同，而这种不同又归因于$HA_1$，$HA_2$，$HA_3$…结构上的差异以及$A_1^-$，$A_2^-$，$A_3^-$…结构上的差异。如果我们假定影响反应自由能的因素也影响过渡态的能量，那么作为一种近似，可以合理地认为质子转移的活化自由能（$\Delta G_n^{\neq}$）和反应的自由能（$\Delta G_n^{\ominus}$）具有线性关系。如果进一步人为地设定$HA_1$作为一系列化合物的参照点，则有

$$\Delta G_1^{\neq}-\Delta G_n^{\neq}=\alpha(\Delta G_1^{\ominus}-\Delta G_n^{\ominus})$$

又因为

$$k=k^{\neq}K^{\neq}=\frac{k_BT}{h}K^{\neq}=\frac{k_BT}{h}e^{-\frac{\Delta G^{\neq}}{RT}}, \qquad K=e^{-\frac{\Delta G^{\ominus}}{RT}}$$

代入上式有

$$\lg k_n-\lg k_1=\alpha(\lg K_n-\lg K_1)$$

$$\lg k_n=\alpha\lg K_n-\alpha\lg K_1+\lg k_1$$

即

$$\lg k_n=\alpha\lg K_n+C \qquad (C=-\alpha\lg K_1+\lg k_1)$$

其中$k_1$，$k_n$和$K_1$，$K_n$分别表示速率常数和平衡常数。

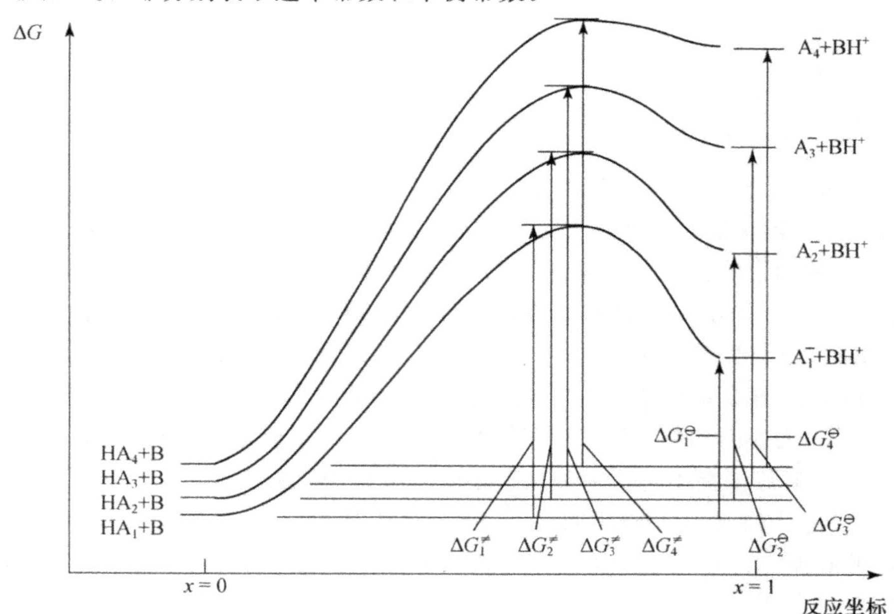


图5-5　四种结构相似的酸和碱反应时的能级示意图

由此可以看出，Brønsted催化定律也是一种线性的自由能关系，类似于Hammett线性自由能相关。需要强调的是，这种关系不是从热力学的平衡定律推导出来的，而完全是一种经验的关系式，所以对某一特定的反应必须通过实验来验证它是否成立。我们在描绘能级图时假定了过渡态沿着反应坐标的位置不变。但是，如果我们处理的反应是从生成物到反应物的自由能变化较大的一系列反应，那么考虑Hammond假说，我们可以看到这种处理是不可能合理的。因为根据Hammond假说，过渡态在反应坐标上的位置会随着反应前后的自由能改变而变化。所以，对于酸度范围较宽的一系列酸，式 $\lg k = \alpha \lg K + C'$ 中的 $\alpha$ 将不是一个常数。对于高度吸热的反应，$\alpha$ 趋近于1.0(因为此时过渡态和产物的结构相似，所以 $\Delta G^{\ominus}$ 的差别完全反映在 $\Delta G^{\neq}$ 中)；而对于高度放热的反应，$\alpha$ 将趋近于0(此时过渡态和起始物相似，所以 $\Delta G^{\ominus}$ 的差别不会体现在 $\Delta G^{\neq}$ 的差别里)。对于结构近似的碳氢酸，$\alpha$ 值随平衡常数的不同而变化的幅度相对较小；而生成的负离子定域的情况和离域的情况的 $\alpha$ 值会有很大的不同。总之，在应用Brønsted的酸碱催化定律时应当十分小心，特别是对于平衡常数变化范围较大的一系列酸碱反应更如此。

应用Brønsted的酸碱催化定律，我们现在可以用动力学方法测定酸度。首先要选定一个合适的碱，它必须具有足够的强度，可以从弱酸上以可测得的速率夺取质子。在实验中为了检测夺取质子的速率，可以以氘代替弱酸中的氢，然后在碱中测定碱催化下氢同位素交换的速率。通常用溶剂(如环己胺，$pK_a = 42$)的共轭碱作为强碱。以下是质子转移的过程：

$$\mathrm{RD} + \mathrm{Sol}^{\ominus}\mathrm{M}^{\oplus} \underset{k_{-1}}{\overset{k_1}{\rightleftharpoons}} \mathrm{R}^{\ominus}\mathrm{M}^{\oplus}\cdots\cdots\mathrm{SolD}$$

$$\mathrm{R}^{\ominus}\mathrm{M}^{\oplus}\cdots\cdots\mathrm{SolD} + \mathrm{SolH} \xrightarrow{k_2} \mathrm{R}^{\ominus}\mathrm{M}^{\oplus}\cdots\cdots\mathrm{SolH} + \mathrm{SolD}$$

$$\mathrm{R}^{\ominus}\mathrm{M}^{\oplus}\cdots\cdots\mathrm{SolH} \xrightarrow{k_3} \mathrm{RH} + \mathrm{Sol}^{\ominus}\mathrm{M}^{\oplus} \quad (\mathrm{Sol}:溶剂)$$

因为反应通常在介电常数较小的溶剂中，因此离子主要以成对的形式存在。对于这个过程进行动力学处理可以得到

$$k_{\mathrm{obs}} = \frac{k_1 k_2[\mathrm{SolH}]}{k_{-1} + k_2[\mathrm{SolH}]} \quad 或 \quad k_{\mathrm{obs}} = \frac{k_1 k'_2}{k_{-1} + k'_2} \quad (k'_2 = k_2[\mathrm{SolH}])$$

我们需要测量的是 $k_1$，即去质子的速率常数。如果 $k'_2 \gg k_{-1}$，则 $k_{\mathrm{obs}} \approx k_1$，去氘是决速步，将会观测到一级同位素效应；如果 $k_{-1} \gg k_2$，则 $k_{\mathrm{obs}} \approx k_1 \cdot k_2/k_{-1}$，同位素效应对 $k_1$ 和 $k_{-1}$ 大致相同，而 $k_2$ 的同位素效应可以忽略，这种情况下总的同位素效应将会较小。此时第一步去氘的逆过程的速率很大，这种现象称为内部质子回返(internal return)。这时同位素交换的表观速率常数不代表去质子的速率常数，因此速率常数数据将不能用于计算平衡常数。Streitwiser用 $k_D/k_H$ 和 $k_T/k_H$ 比例来确定是否有内部质子回返。结果发现，在环己胺中，对于大多数化合物内部质子回返并不严重；但是，在甲醇中，对于某些化合物内部质子回返可能会变得很显著(*J. Am. Chem. Soc.* **1971**, *93*, 5096)。

如果内部质子回返可以忽略，即 $k_{\mathrm{obs}} \approx k_1$，接着的工作是对一系列可用平衡法测量其 $pK_a$ 的弱酸确定其去质子的速率，然后用 $\lg k$ 对 $pK_a$ 作图确定 $\alpha$。有了 $\alpha$ 值以后，就可以通过Brønsted催化定律由去质子速率求得更弱酸的 $pK_a$ 值。

比如Streitwiser对含有苄位氢的碳氢化合物，如二苯基甲烷、三苯基甲烷等用上述方法

求得斜率 $\alpha=0.31$。然后用这个斜率，以及甲苯、异丙基苯等的质子交换速率求得它们的 $pK_a$ 值(*J. Am. Chem. Soc.* **1973**, *95*, 4257)。

$\alpha=0.31$

$pK_a$ 33.1 31.5 41

(用平衡法测得)

### 3. 电化学方法

Breslow 提出了用一种电化学的方法来测量极弱的碳氢酸的 $pK_a$。这个测量方法是通过图 5-6 的热力学循环来实现的。

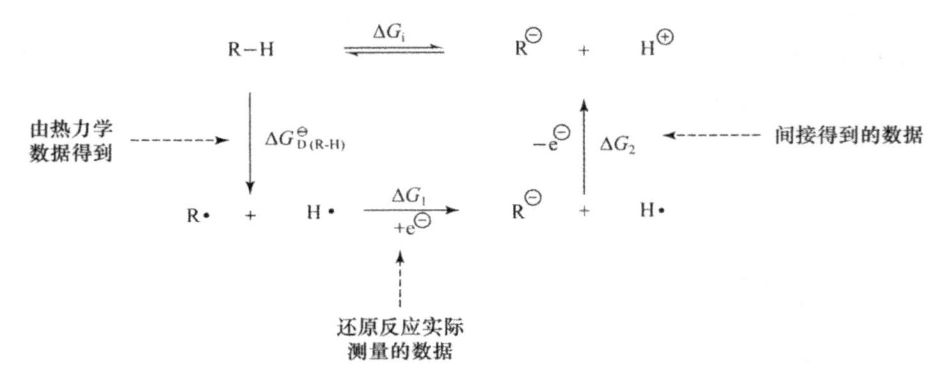


**图 5-6 Breslow 的电化学方法测极弱酸的 $pK_a$**

Breslow 的方法是通过测量碳氢酸电离的自由能改变 $\Delta G_i$ 来间接地测量 $pK_a$ 值，而 $\Delta G_i$ 也不是直接测量，而是通过图 5-6 所示的热力学循环间接获得。R—H 的离解能 $\Delta G^{\ominus}_{(R-H)}$ 可以从已知的热力学数据来估计，$\Delta G_1$ 是实际上通过实验测量的数据。RBr 或 RI 用电化学的方法首先被还原成自由基 R·，R·立刻在电极上被进一步还原成 $R^-$。$\Delta G_2$ 不是直接测定的，而是先通过三苯基甲基自由基的还原，测得 $\Delta G_1$；又因为三苯基甲烷的 $pK_a$ 值可由平衡的方法测得为 31.5 (即 $Ph_3C$—H 的 $\Delta G_i$ 是已知的)。这样对于 $Ph_3C$—H 而言，上述热力学循环中的 $\Delta G^{\ominus}_{(R-H)}$、$\Delta G_i$ 以及 $\Delta G_1$ 均是已知的了，这样就可以求得 $\Delta G_2$。因为 $\Delta G_2$ 只涉及氢原子转化为质子的过程，所以对所有的烷烃是共同的。这样对于一个碳氢酸，通过 $\Delta G_{D(R-H)}$ 和 $\Delta G_1$ 即可求得 $\Delta G_i$。使用电化学方法测得甲烷的 $pK_a \approx 58$(*J. Am. Chem. Soc.* **1980**, *102*, 5741)，而异丁烷的 $pK_a = 71$(*J. Am. Chem. Soc.* **1976**, *98*, 6076)。

## 5.5 碳氢酸的酸度标尺

1965 年 Cram 在当时已有数据的基础上建立了一个弱碳氢酸的酸度标尺(the scale of carbon acidity)，以后这个标尺又不断被新的数据进一步完善，见表 5-2 和表 5-3。需注意的是，酸度标尺上的数据是用数种不同的方法在不同的溶剂里测量出来的。溶剂的作用，特别是离子成对，可以使 p$K_a$ 值变化几个单位。因此，在相同的溶剂中用相同的方法测得的数据是可以比较的，但在不同溶剂中用不同的方法得到的 p$K_a$ 值的比较需要十分慎重。

**表 5-2　一些弱碳氢酸的 p$K_a$ 值**

| 化合物 | 结构（酸性质子已标出） | p$K_a$ | 测量方法 |
| --- | --- | --- | --- |
| 环戊二烯 | 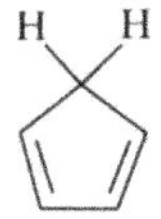 | 16.0<br>18.1 | $H_$酸度函数，平衡法<br>DMSO 为溶剂，平衡法 |
| 9-苯基芴 | 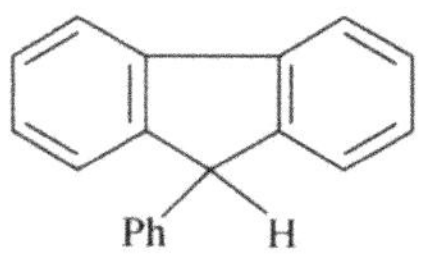 | 18.5<br>17.9 | $H_$酸度函数，平衡法<br>DMSO 为溶剂，平衡法 |
| 茚 | 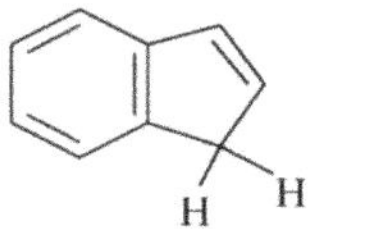 | 19.9<br>21.0 | $H_$酸度函数，平衡法<br>DMSO 为溶剂，平衡法 |
| 苯基乙炔 | Ph—C≡C—H | 23.2<br>28.8 | 平衡法<br>DMSO 为溶剂，平衡法 |
| 芴 | 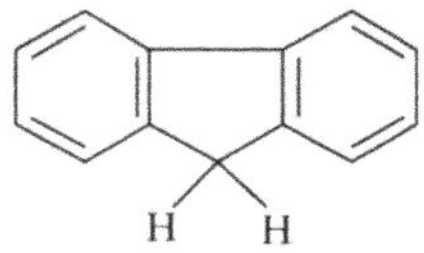 | 23.0<br>22.6 | $H_$酸度函数，平衡法<br>DMSO 为溶剂，平衡法 |
| 乙炔 | H—C≡C—H | 24 | 平衡法 |
| 三苯基甲烷 | $Ph_3CH$ | 31.5<br>30.8 | 平衡法，H-D 交换，$H\_$<br>DMSO 为溶剂，平衡法 |
| 二苯基甲烷 | $Ph_2CH_2$ | 33.4<br>32.2 | 平衡法，H-D 交换<br>$H_$酸度函数，平衡法 |
| 环庚三烯 | 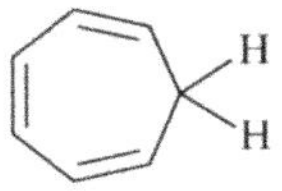 | 38.8 | 电化学方法 |
| 甲苯 | Ph—$CH_3$ | 41.2 | H-D 交换或 H-T 交换法 |
| 苯 | Ph—H | 43 | H-D 交换或 H-T 交换法 |
| 乙烯 | $H_2C=CH_2$ | 44 | H-D 交换或 H-T 交换法 |
| 三蝶烯 | 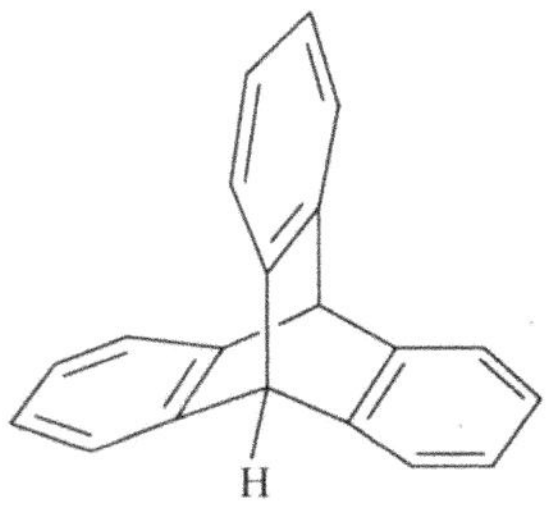 | 44 | H-D 交换或 H-T 交换法 |

续表

| 化合物 | 结构（酸性质子已标出） | p$K_a$ | 测量方法 |
| --- | --- | --- | --- |
| 环己烯 | 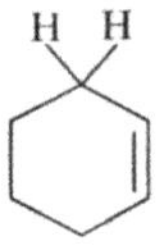 H H | 46 | H-D交换或H-T交换法 |
| 环丙烷 |  | 46 | H-D交换或H-T交换法 |
| 甲烷 | $CH_4$ | 48<br>≈58 | H-D交换或H-T交换法<br>电化学方法 |
| 三苯基环丙烯 | 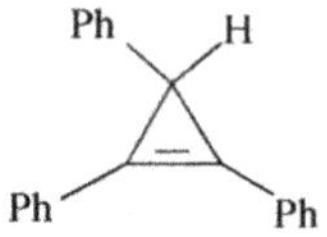 Ph H Ph Ph | 50 | 电化学方法 |
| 丙烯 | 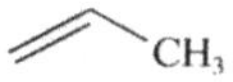 $CH_3$ | 43<br>47～48 | H-D交换或H-T交换法<br>电化学方法 |
| 环丙烯 |  | 61 | 电化学方法 |
| 异丁烷 | $(CH_3)_3CH$ | 71 | 电化学方法 |
| 环丁烷 | | 50 | H-D交换或H-T交换法 |
| 环戊烷 | 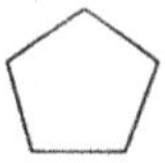 | 51 | H-D交换或H-T交换法 |
| 环己烷 | 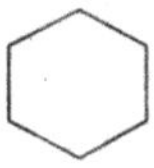 | 52 | H-D交换或H-T交换法 |

**表 5-3 溶液中典型化合物的 p$K_a$**

| 共轭酸 | 共轭碱 | p$K_a$ |
| --- | --- | --- |
| $RNO_2H^+$ | $RNO_2$ | −12 |
| $RC{\equiv}NH^+$ | $RC{\equiv}N$ | −12 |
| $PH_4^+$ | $PH_3$ | −12～−14 |
| $Ar{-}C({=}OH^+){-}Cl$ | $Ar{-}C({=}O){-}Cl$ | −11 |
| HI | $I^-$ | −8.5～−9.5 |
| HBr | $Br^-$ | −8～−9 |
| HCl | $Cl^-$ | −6～−7 |
| $RC({=}OH^+)G$ | $RC({=}O)G$<br>(G = H,R,Ar,OR,OH) | −2～−8 |
| $ArOH_2^+$ | ArOH | −7 |

续表

| 共轭酸 | 共轭碱 | $pK_a$ |
|---|---|---|
| $R\overset{+}{S}H_2$ | RSH | −7 |
| $Ar\overset{+}{O}(H)R$ | ArOR | −6～−8 |
| $ArC(=\overset{+}{O}H)Ar$ | $ArC(=O)Ar$ | −3～−5 |
| $R\overset{+}{O}(H)R$ | ROR | −2～−5 |
| $R\overset{+}{O}H_2$ | ROH | −2～−5 |
| $H_3O^+$ | $H_2O$ | −1.74 |
| $CH_3S(=\overset{+}{O}H)CH_3$ | $CH_3S(=O)CH_3$ | −1.5 |
| $R—C(=\overset{+}{O}H)—NH_2$ | $R—C(=O)—NH_2$ | 0～−4 |
| $Ar\overset{+}{N}H_3$ | $ArNH_2$ | −10～+5 |
| HF | $F^-$ | 3.18 |
| RCOOH | $RCOO^-$ | 4～5 (11, DMSO) |
| $H_2S$ | $HS^-$ | 7.0 |
| ArSH | $ArS^-$ | 8 (10, DMSO) |
| HCN | $CN^-$ | 9.21 |
| $NH_4^+$ | $NH_3$ | 9.25 |
| $R\overset{+}{N}H_3$ | $RNH_2$ | 10～12 |
| ArOH | $ArO^-$ | 9～11 (18, DMSO) |
| $R—C(=O)—CH_2—C(=O)—R$ | $R—C(=O)—\overset{-}{C}H—C(=O)—R$ | 9 (13, DMSO) |
| $RCH_2NO_2$ | $R\overset{-}{C}HNO_2$ | 10 (17, DMSO) |
| RSH | $RS^-$ | 12 (17, DMSO) |
| $H_2O$ | $OH^-$ | 15.7 (31.4, DMSO) |
| ROH | $RO^-$ | 17～20 |
| 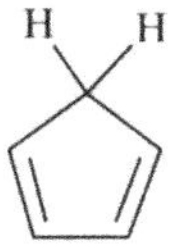 $C_5H_6$（环戊二烯，$CH_2$ 上标 H H） | 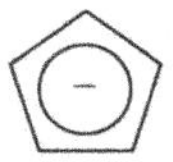 $C_5H_5^-$（环戊二烯负离子） | 16 (18.1, DMSO) |
| $ArNH_2$ | $ArNH^-$ | 18～28 |
| $RO—C(=O)—CH_2—R$ | $RO—C(=O)—\overset{-}{C}H—R$ | 24 |
| $PH_3$ | $PH_2^-$ | 29 |

续表

| 共轭酸 | 共轭碱 | $pK_a$ |
|---|---|---|
| $CH_3SO_2CH_3$ | $CH_3SO_2CH_2^-$ | 31 (DMSO) |
| $CH_3CN$ | $^-CH_2CN$ | 31.3 (DMSO) |
| $Ph_3CH$ | $Ph_3C^-$ | 31 |
| $NH_3$ | $NH_2^-$ | 32.5 (−33°C) |
| $CH_3SOCH_3$ | $CH_3SOCH_2^-$ | 35 |
| $H_2$ | $H^-$ | 35 |
| $PhCH_3$ | $PhCH_2^-$ | 41 |
| 环己基-$NH_2$ | 环己基-$\bar{N}H$ | 42 |
| PhH | $Ph^-$ | 43 |
| $CH_4$ | $CH_3^-$ | ≈50 |

注：小于 3 和大于 10 的 $pK_a$ 是近似的数据；在酸度标尺中处于极端的数据仅有定性的意义。

表 5-3 按常规碱的强度由其共轭酸给出。这里需记住的是，碱愈弱，其共轭酸就愈强。因此，表的开头是最强的酸和最弱的碱(具有负的 $pK_a$ 值)，而在表的未端则是最弱的酸和最强的碱。另一点需注意的是，虽然一个碱的强度和其共轭酸的强度之间具有确定的关系，但是一种物质既可以成为酸也可以成为碱时，那么这两种强度之间并没有任何定量的联系。例如，ROH 既是弱酸也是弱碱：

$$R\overset{\oplus}{O}H_2 \rightleftharpoons ROH + H^{\oplus} \qquad pK_a = -2 \sim -5 \quad \text{ROH 为弱碱}$$

$$ROH \longrightarrow R^{\ominus} + H^{\oplus} \qquad pK_a = 17 \sim 20 \quad \text{ROH 为弱酸}$$

取代基对 Brønsted 酸和碱强度的影响很早以前就被用来考察取代基的电子效应。但是需要注意的是，在表 5-2 和表 5-3 中归纳的数据是由不同的方法在不同的溶剂中测得的。由于测量方法的原因，这些 $pK_a$ 数据可能有很大程度的不确定性。其中 $pK_a$ 值在 2～10 之间的数据是有相当可靠性的，因为它们是在稀水溶液中精确测量得来的。对于此范围之外的数据，必须持一定怀疑的态度，特别是对于极强和极弱的酸，通常它们只具有定性的意义。

### 1. 溶剂对于 $pK_a$ 的影响

相同的化合物在不同的溶剂中有差别很大的 $pK_a$ 值。显然，溶剂对于溶液中的酸度具有很大的影响。虽然人们一直在用 $pK_a$ 数据研究取代基效应，但近年来虽还是为数不多的气相酸度的热力学数据已说明了应用溶剂 $pK_a$ 数据在这些工作中可能会引起问题。

### 2. 气相酸度

气相酸度已用以下的各种技术测量：高压质谱、离子回旋共振，以及流动余辉技术(flowing afterglow method)等。通过这些技术在中等程度的真空中产生负离子，然后用质谱或者其他手段检测离子和中性分子之间的质子转移。对于一组特定类型的化合物，气相酸度和 DMSO 中的酸度是平行的。然而，气相酸度和水相中的酸度却往往有很不相同的顺序。尽管水是十分重要的溶剂，特别是对于研究酸、碱而言，但是水和溶质分子间独特的相互作用往往会妨碍我们对于溶质本身性质的了解。而在气相中，由于不存在溶剂的影响，分子的酸性更体现出该化合物本身的性质，这对于研究取代基的诱导、共振以及立体化学效应具有十分意要的意义。

表 5-4 和表 5-5 中水和醇的酸度说明了这一点。首先看表 5-4 的数据，我们注意到，在水和二甲亚砜(DMSO)中酸度数据具有较大的差异。在 DMSO 中的 $pK_a$ 值比在水中的 $pK_a$ 值均大 10 个单位以上，即醇在 DMSO 中比在水中弱得多。这是由于 DMSO 的溶剂化特性，即 DMSO 的结构不利于稳定去质子以后产生的负离子，导致水和醇在 DMSO 中解离以后溶剂化更为困难(参见第 6 章溶剂效应)。这种现象具有普遍性，即共轭碱具有高度定域电荷的酸的酸度在 DMSO 中要比在水中弱得多。但是，酸性的顺序在两种溶剂中都是相同的，即随着取代基的增加而醇的酸性减弱。因此，在溶液中 $(CH_3)_3CO^-$ 是比 $HO^-$ 更强的碱，这一点可以从烷基的给电子作用来解释，即烷基取代基使得氧上的负电荷更不稳定。这种解释通过醇的酸度和 Taft 的 $\sigma^*$ 诱导极性参数的相关可以得到验证 (*J. Am. Chem. Soc.* **1960**, *82*, 795; **1977**, *99*, 808)。

**表 5-4　溶液中水和醇的 $pK_a$ 值**

| 化合物 | $pK_a$(在水中) | $pK_a$(在 DMSO 中) |
|---|---|---|
| $H_2O$ | 15.7 | 27.5 |
| $CH_3OH$ | 16 | 27.9 |
| $CH_3CH_2OH$ | 18 | 28.2 |
| $(CH_3)_2CHOH$ | 18 | 29.3 |
| $(CH_3)_3COH$ | 19 | 29.4 |

**表 5-5　气相中水和醇电离的反应热**

| 化合物 | $ROH \longrightarrow RO^- + H^+$<br>反应热 $\Delta H$ (kcal/mol) |
|---|---|
| $H_2O$ | 390.8 |
| $CH_3OH$ | 379.2 |
| $CH_3CH_2OH$ | 376.1 |
| $(CH_3)_2CHOH$ | 374.1 |
| $(CH_3)_3COH$ | 373.3 |

但是，表 5-5 给出的气相数据表明，在没有溶剂的情况下，水具有最大的离子化吸热，也就是说是最弱的酸，而叔丁醇则是最强的酸(通常我们可以假定在气相，$T\Delta S$ 对于不同的化合物是大致相同的，因而 $\Delta H$ 和 $\Delta G$ 可以共用)。在气相中，溶剂化效应消失，其酸性完全反映出分子本身的性质，而在溶剂中观察到的酸度顺序可能完全是由于溶剂化作用的结果。合理的解释是，由于 $(CH_3)_3CO^-$ 在结构上的复杂性，使其相对于 $HO^-$ 被溶剂化的程度小得多。因此，$HO^-$ 自身碱性被溶剂化减少的程度比 $(CH_3)_3CO_2^-$ 要大得多，结果是这种差异足以使碱性的顺序反转。我们大概可以得到这样的结论，即水所具有的很强的使离子或极性分子溶剂化的能力，特别是通过氢键，影响了它的酸-碱特征，这种影响如此之大，以致掩没了溶质分子本身的特征。通过这里的分析我们可以看到，在用分子结构来解释溶液中的酸性时，需特别注意溶剂化作用的影响。

### 3. 理论计算方法估算的 p$K_a$

如前所述，实验方法测量 p$K_a$ 值存在各种限制。特别是对于分子内带有活性官能团的弱酸，在强碱性条件下去质子会遇到困难。此外，实验方法也无法对于分子内不同位置的酸性质子同时进行测量。理论计算的方法可以弥补这些局限，对各类有机化合物气相以及溶液酸度进行预测。近年来计算化学的进步使得这种预测达到了较高的精度。例如，中国科学技术大学郭庆祥等对一系列杂环芳香化合物的 p$K_a$ 值进行了理论计算，精度可以达到 1.1 p$K_a$ 单位（*Tetrahedron* **2007**, *63*, 1568）。图 5-7 列出了若干杂环芳香化合物 p$K_a$ 的理论估算值和实验值的比较。图 5-8 则给出根据理论估算获得的杂环芳香化合物不同位置 C—H键的 p$K_a$。

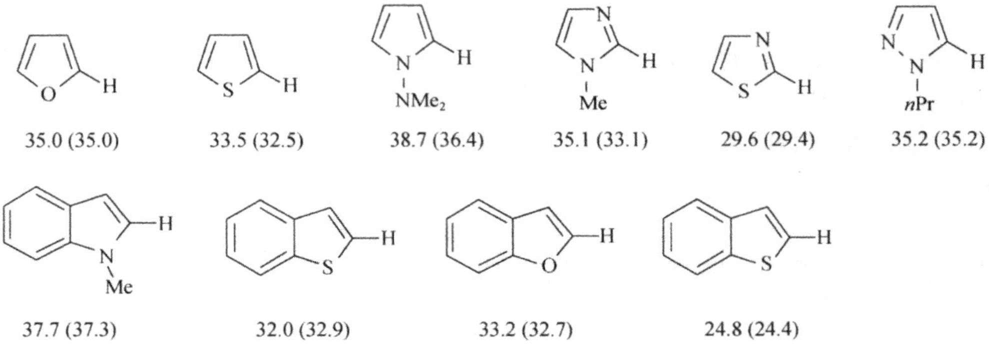

图 5-7　杂环芳香化合物 p$K_a$(DMSO)理论估算值和实验值的比较（括号中为实验值）

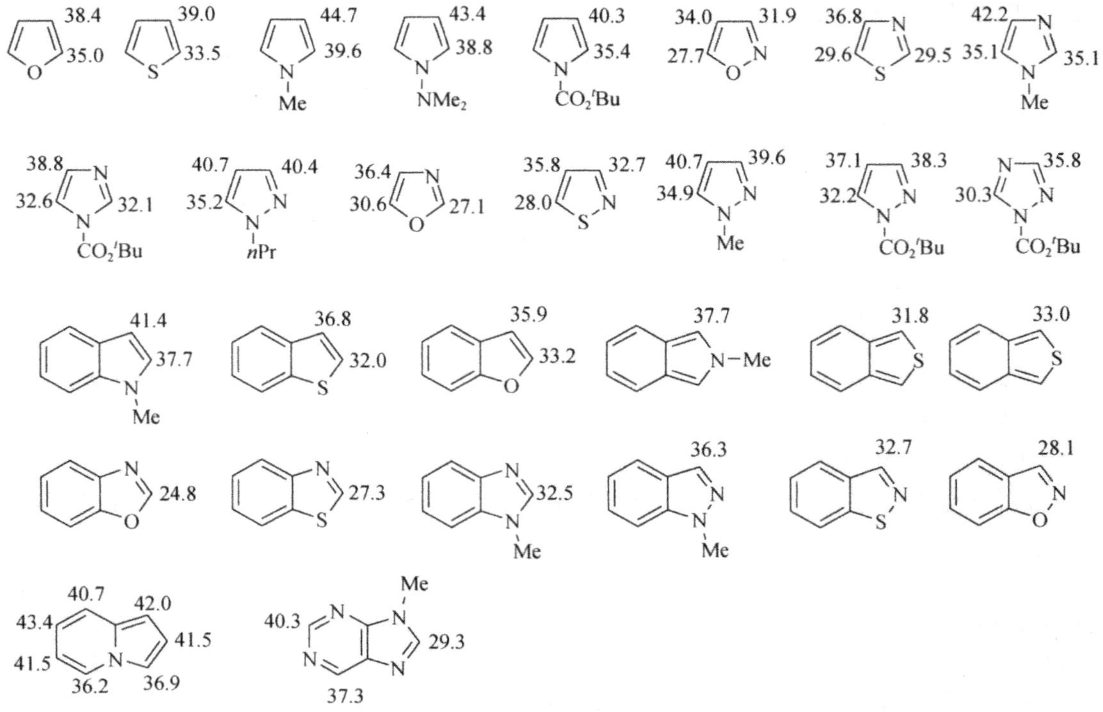

图 5-8　若干杂环芳香化合物的 p$K_a$(DMSO)理论估算值

## 5.6　有机化合物酸性与结构的关系

对于一个有机酸 A—H，有以下几个因素决定它的酸性：

1) A—H 键的强度；

2) A 的电负性；

3) 与 HA 相比较，使 $A^-$ 稳定化的因素；

4) 溶剂的性质。

比较以下的数据，我们对上述的各种因素进行简单的分析：

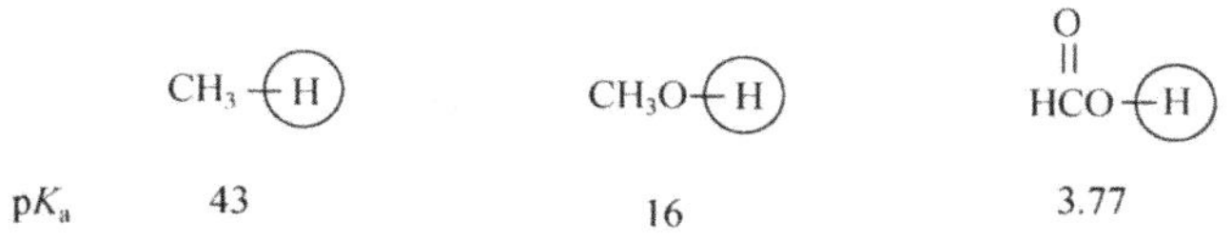

| | $CH_3$—H | $CH_3O$—H | HCO(=O)—H |
|---|---|---|---|
| $pK_a$ | 43 | 16 | 3.77 |

其中因素 1)通常不是决定性的，比较各种类型 A—H 键的异裂能就可以发现，它们与该化合物的酸性之间并无很好的相关性。而因素 2)对于化合物的酸性具有比较大的影响，例如比较甲醇和甲烷的 $pK_a$ 值可以清楚地看到这一点(注意，虽然这两种 $pK_a$ 值是在不同溶剂中用不同方法测量的，但它们的数值相差非常大。因此，这种比较仍然具有十分可靠的定性意义)。如果因素 2)和因素 3)同时存在，那么因素 3)往往会起主导作用。例如，甲酸的酸性远强于甲醇，一部分是由于氧上基团的电负性，而更主要的原因是甲酸解离以后的负离子具有更大的共振稳定化作用(酸的共振结构有电荷分离，稳定化作用小，而酸根负离子的共振结构无电荷的分离，因此共振稳定化作用大)。而对于 $RO^-$，相对于 ROH 没有能够使之稳定化的因素，因此醇的酸性比酸弱得多。

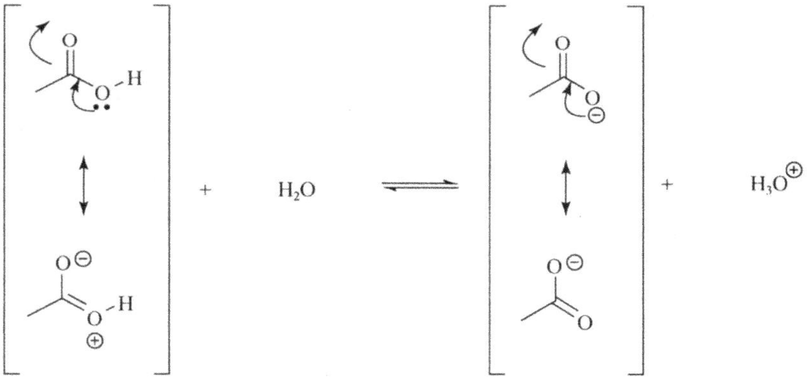

$$[\text{RCOOH 共振式}] + H_2O \rightleftharpoons [\text{RCOO}^- \text{共振式}] + H_3O^+$$

如果羟基上的质子离去以后的负离子能够通过离域稳定，那么其酸性将会大大增加。这就是为什么苯酚($pK_a$ = 9.95)比一般醇($pK_a$ = 17～20)的酸性强得多的原因。但是它比羧酸的酸性仍然要弱。这是因为：① 酸根负离子中的电子离域只包括能量相同的结构，而在苯酚的负离子中，共振结构中有负电荷在碳上，其能量将比在氧上时为高。因此，酸根负离子的共振稳定化作用更大。② 在酸中，有两个高度电负性的氧原子，而在苯酚中只有一个氧原子。

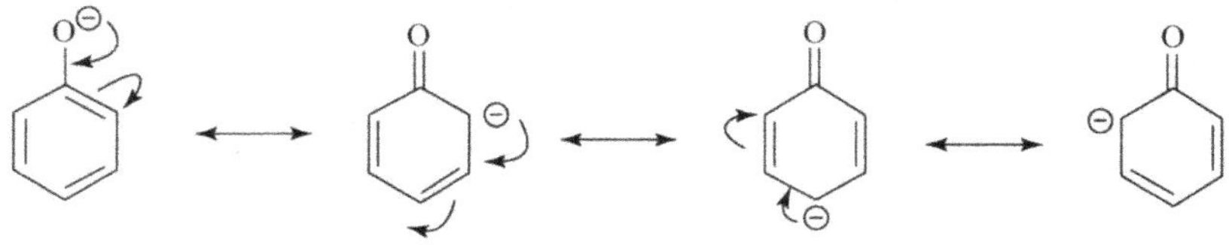

以下我们将对各类酸碱的强弱和结构之间的关系进行讨论。

**1. 简单脂肪酸**

脂肪羧酸的 p$K_a$ 值通常在 4～5 之间。

$$CH_3COOH + H_2O \rightleftharpoons CH_3COO^{\ominus} + H_3O^{\oplus} \quad pK_a = 4.76$$

$$HCOOH + H_2O \rightleftharpoons HCOO^{\ominus} + H_3O^{\oplus} \quad pK_a = 3.77$$

对于这些羧酸酸度的差异，人们常用取代基的电负性来解释。然而，对于这种解释的正确性人们仍存在着疑问。很可能酸性的差异是由于溶剂化作用的结果，而不是取代基的电负性。而分子被溶剂化的作用程度又受分子的不同形状，以及电荷分布的影响。表 5-6 中的实验数据支持上述看法。

表 5-6 甲酸和乙酸电离平衡的热力学数据(25℃)

| 羧 酸 | $K_a$ | $\Delta G^{\ominus}$(kcal/mol) | $\Delta H^{\ominus}$(kcal/mol) | $T\Delta S^{\ominus}$(kcal/mol) |
|---|---|---|---|---|
| $CH_3CO_2H$ | $1.79\times10^{-5}$ | 6.5 | −0.13 | −6.6 |
| $HCO_2H$ | $17.6\times10^{-5}$ | 5.1 | −0.07 | −5.17 |

$$CH_3CO_2H + H_2O \rightleftharpoons CH_3CO_2^{\ominus} + H_3O^{\oplus}$$
$$HCO_2H + H_2O \rightleftharpoons HCO_2^{\ominus} + H_3O^{\oplus}$$

很小的自由焓 $\Delta H^{\ominus}$可以认为是由于离解 O—H 所需的能量被所生成离子的溶剂化作用而产生的能量所抵消的结果。显然，两种酸 $\Delta G^{\ominus}$的差别是由于 $\Delta S^{\ominus}$的差别所造成的。两种酸解离后分别产生两对正负离子，因此电离过程的平动自由度变化是近似的。但是，我们注意到以上两个反应一边是中性，而另一边则是离子对，因此对 $\Delta S^{\ominus}$的贡献主要来自于溶剂化过程，即 $RCO_2^-$ 和 $H_3O^+$ 周围水分子的有序排列。而不同的 R 基团会影响这种溶剂化作用，从而导致 $\Delta S^{\ominus}$的差别。

乙酸进一步用烷基取代对于酸性的影响要小得多，并且酸的强度也并不总是规则的。

$CH_3COOH$ p$K_a$= 4.76　　$CH_3CH_2COOH$ p$K_a$= 4.88　　$(CH_3)_2CHCOOH$ p$K_a$= 4.86

$CH_3(CH_2)_3COOH$ p$K_a$= 4.86　　$CH_3(CH_2)_2COOH$ p$K_a$= 4.82　　$(CH_3)_3CCOOH$ p$K_a$= 5.05

如果羧酸羧基的邻位有双键或者叁键，则取代基的电负性会对酸性产生较大的影响，sp 杂化轨道中 s 成分增加使得电子离核近，因而电负性更强，例如：

$CH_2=CHCOOH$ p$K_a$= 4.25　　$HC\equiv CCOOH$ p$K_a$= 1.84

## 2. 取代的脂肪酸

在简单的脂肪酸中引入吸电子取代基的影响是十分明显的，例如以下 α-卤代羧酸：

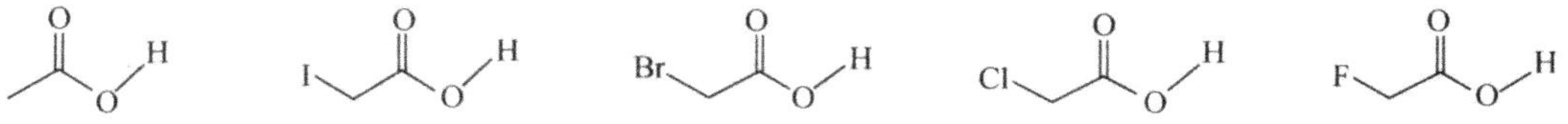

p$K_a$= 4.76　　p$K_a$= 3.16　　p$K_a$= 2.90　　p$K_a$= 2.86　　p$K_a$= 2.66

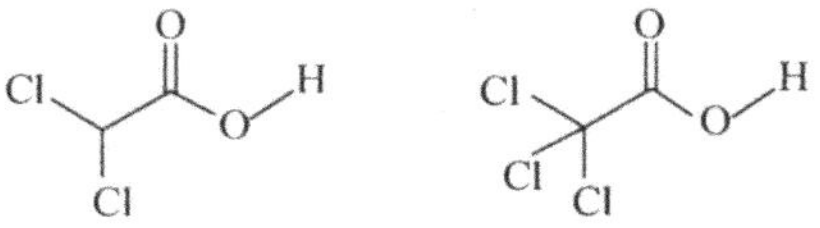

p$K_a$= 1.29　　p$K_a$= 0.65

同样，对于用卤素取代的乙酸的电离平衡，发现各个化合物的 $\Delta H^{\ominus}$ 值变化并不大。因此，和简单的乙酸、甲酸的情况相似，$\Delta G^{\ominus}$ 的不同主要是由于 $\Delta S^{\ominus}$ 所引起的。而这种作用又是由于取代的卤素影响了整个负离子的离域，使得负离子的电荷分布改变，进而影响其在溶液中的溶剂化。与电荷高度集中的情况相比，离子离域以后对其周围水的限制将较小（对水的有序度的要求降低）。因此，卤素取代羧酸在电离以后熵的变化较小。例如，三氟乙酸和乙酸的 p$K_a$ 值分别为 0.3 和 4.76，但是，它们电离反应的 $\Delta H^{\ominus}$ 却只有很小的差别，p$K_a$（或者 $\Delta G^{\ominus}$）的差异是由于 $\Delta S^{\ominus}$ 的不同所引起的。

在比邻位更远的位置引入卤素所具有的作用要小得多，从以下的数据可以很清楚地看到这一点。

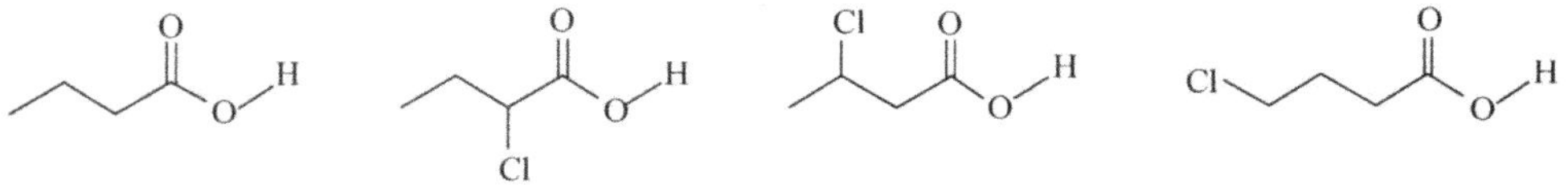

p$K_a$= 4.82　　p$K_a$= 2.84　　p$K_a$= 4.06　　p$K_a$= 4.82

其他的吸电子基团对于羧酸酸度的影响和卤素相似。

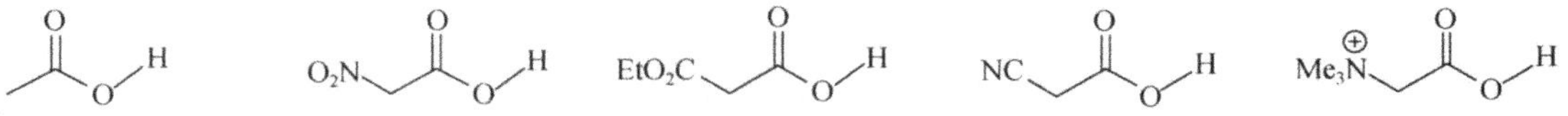

p$K_a$= 4.76　　p$K_a$= 1.68　　p$K_a$= 3.35　　p$K_a$= 2.47　　p$K_a$= 1.83

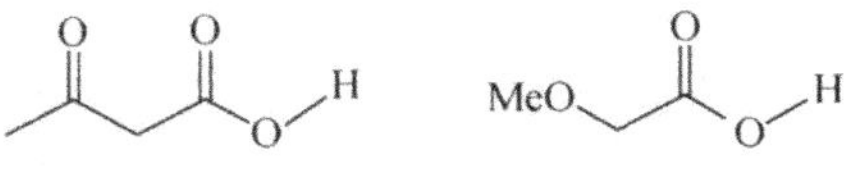

p$K_a$= 3.58　　p$K_a$= 3.53

## 3. 芳香羧酸

比较环己烷羧酸以及苯甲酸衍生物的 p$K_a$ 数据，说明苯基和双键一样，相对于饱和碳具有较小的吸电子作用(比较 $sp^2$ 和 $sp^3$)。这里 $pK_a$ 值的差别也很可能是由于电荷分布对于溶剂化作用的影响,即 $T\Delta S^{\ominus}$ 的不同所引起的。

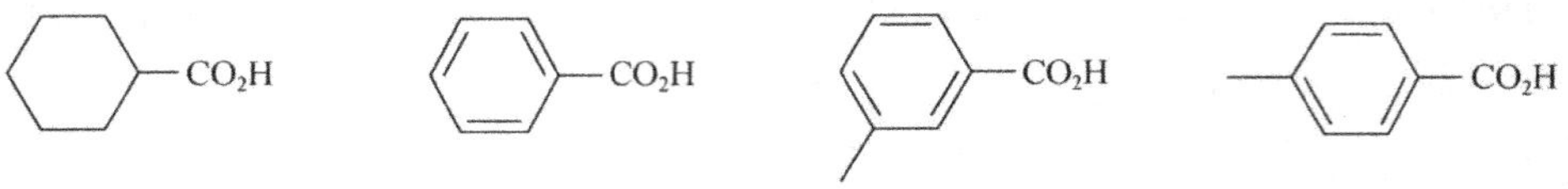

$CO_2H$ $CO_2H$ $CO_2H$ $CO_2H$

$pK_a$= 4.87 $pK_a$= 4.20 $pK_a$= 4.24 $pK_a$= 4.34

苯环上烷基取代对 $pK_a$ 影响不大,但是吸电子基团使增强 $pK_a$ 降低,其作用同苯酚的情况类似,当取代基在邻位和对位时作用最为显著。

| 酸 | $pK_a$ | 酸 | $pK_a$ |
|---|---|---|---|
| $C_6H_5CO_2H$ | 4.20 | $p$-$O_2NC_6H_4CO_2H$ | 3.43 |
| $o$-$O_2NC_6H_4CO_2H$ | 2.17 | 3,5-$(O_2N)_2C_6H_3CO_2H$ | 2.83 |
| $m$-$O_2NC_6H_4CO_2H$ | 3.45 | | |

$o$-$NO_2$ 取代的酸有些特殊,其酸度远高于对位和间位取代的硝基苯甲酸。这一方面是由于短距离时的诱导效应,但也不排除更为直接的相互作用。

对于 OH、OMe 或卤素,虽然具有吸电子诱导效应,但是给电子的共振效应可能使对位取代的苯甲酸比间位取代,有时甚至比无取代的酸要弱。例如 $XC_6H_4CO_2H$ 的 $pK_a$ 值如下:

| | H | Cl | Br | OMe | OH |
|---|---|---|---|---|---|
| $o$- | 4.20 | 2.94 | 2.85 | 4.09 | 2.98 |
| $m$- | 4.20 | 3.83 | 3.81 | 4.09 | 4.08 |
| $p$- | 4.20 | 3.99 | 4.00 | 4.47 | 4.58 |

这里邻位羟基取代的酸和邻硝基苯甲酸常常有一些"不正常"的现象,酸性大大强于期待的值。这是由于邻位羟基和羧酸根负离子通过氢键的连接,起到了稳定负离子的作用。2,6-二羟基苯甲酸的 $pK_a$ 值显示它已是一个相当强的酸。

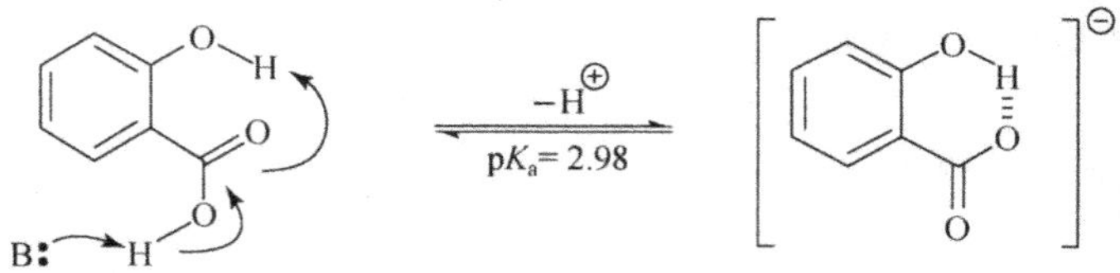

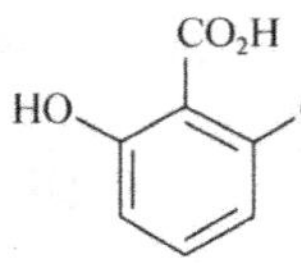

O H O O B: H $-H^+$ $pK_a$= 2.98 O H O O $\ominus$ $CO_2H$ HO OH $pK_a$= 1.30

**4. 二元羧酸**

二元羧酸中的两个羧基当距离较近时将会有显著的相互影响。羧基作为强吸电子基团的作用很大,它会增加另一个羧基的酸性,但是这种作用随着距离的增加而迅速减弱。二元羧酸的第二 $pK_a$ 值通常远小于相应的第一 $pK_a$ 值,这是因为从一个已带负电荷的分子中移走一个 $H^+$ 比从中性分子移走一个 $H^+$ 要困难得多。

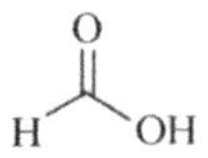

$pK_a = 3.77$

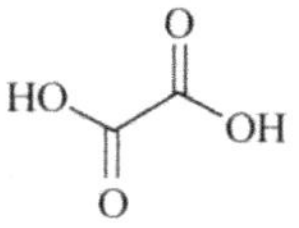

$pK_{a_1} = 1.27$
$pK_{a_2} = 4.27$

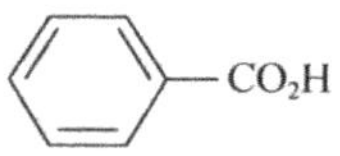

$pK_a = 4.20$

$pK_{a_1} = 3.54$
$pK_{a_2} = 4.46$

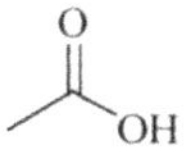

$pK_a = 4.76$

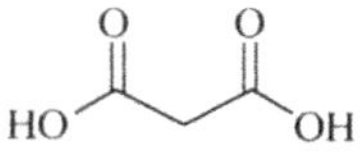

$pK_{a_1} = 2.86$
$pK_{a_2} = 5.70$

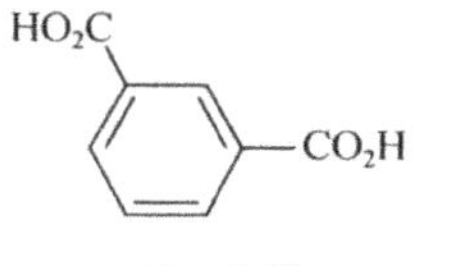

$pK_{a_1} = 3.62$
$pK_{a_2} = 4.60$

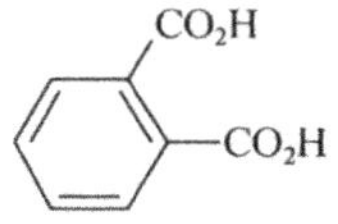

$pK_{a_1} = 2.95$
$pK_{a_2} = 5.41$

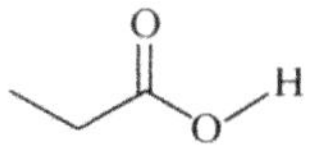

$pK_a = 4.88$

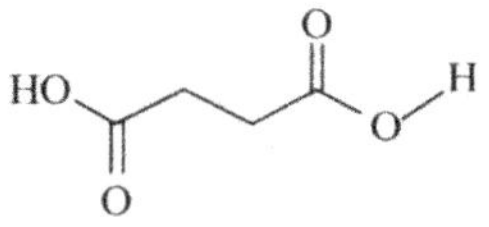

$pK_{a_1} = 4.21$
$pK_{a_2} = 5.64$

顺、反富马酸的第一、第二 $pK_a$ 值的变化提供了一个说明分子的几何结构影响酸度的例子。顺式富马酸的第二 $pK_a$ 值要远高于反式富马酸的第二 $pK_a$ 值。这是因为顺式富马酸电离以后形成具有分子内氢键的环状结构，而从一个带负电的环状结构中再除去一个质子更加困难。

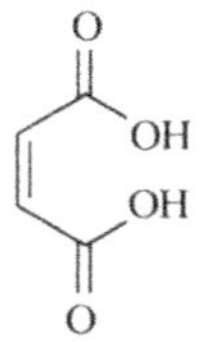

$pK_{a_1} = 1.92$
$pK_{a_2} = 6.23$

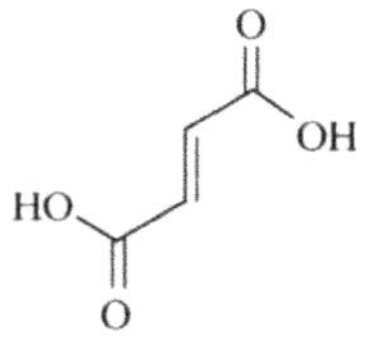

$pK_{a_1} = 3.02$
$pK_{a_2} = 4.38$

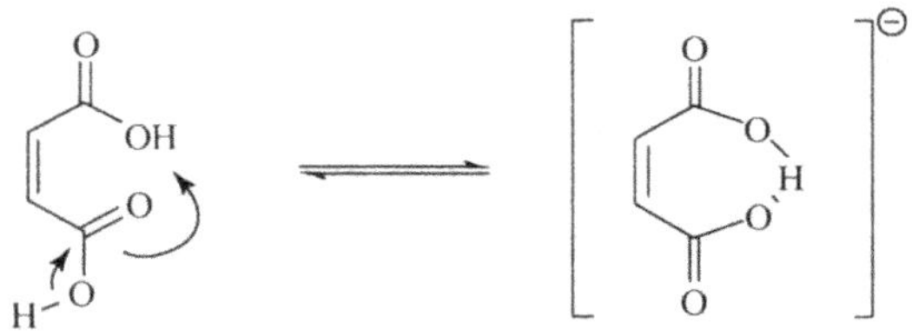

## 5. 苯酚

苯酚的羟基具有较强的酸性，并且芳环上的取代基对于苯酚的酸性具有较大的影响。

| 苯 酚 | $pK_a$ | 苯 酚 | $pK_a$ |
|---|---|---|---|
| $C_6H_5OH$ | 9.9 | $p$-$O_2NC_6H_4OH$ | 7.14 |
| $o$-$O_2NC_6H_4OH$ | 7.2 | 2,4-$(O_2N)_2C_6H_3OH$ | 4.01 |
| $m$-$O_2NC_6H_4OH$ | 8.35 | 2,4,6-$(O_2N)_3C_6H_2OH$ | 1.02 |

同样，研究表明对于这一系列的化合物，电离反应的 $\Delta H^{\ominus}$ 变化均很小，所以 $\Delta G^{\ominus}$（即 $pK_a$）的差别也是由于 $T\Delta S^{\ominus}$ 的不同所引起的。前面的类似解释也可以用在这里，即负电荷

分布形式的不同引起溶剂化作用的不同，这是导致取代基影响酸性的原因。

芳环上的硝基主要通过吸电子的共振效应影响苯酚的酸性，而共振效应需要硝基和苯环共平面。当由于位阻效应使得共平面性被破坏时，硝基的吸电子作用就会被大大削弱，表现出相应的硝基取代苯酚酸性的降低。例如，在对硝基苯酚分子中，当硝基的邻位引入甲基时，共平面性被破坏使其酸性比两个甲基处于酚羟基邻位的分子弱。

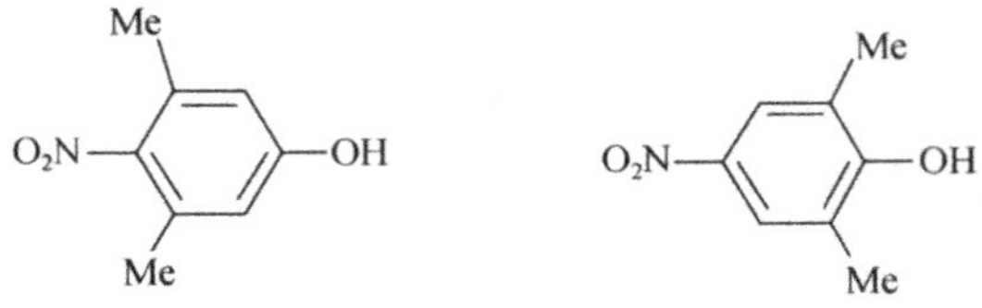

$pK_a = 8.2$ $pK_a = 7.2$

芳环上引入给电子基团时，苯酚酸性将会相应减少，但是变化的程度要小于吸电子基团，并且不是十分规则。

| 苯 酚 | $pK_a$ | 苯 酚 | $pK_a$ |
|---|---|---|---|
| $C_6H_5OH$ | 9.9 | $m$-$MeC_6H_4OH$ | 10.1 |
| $o$-$MeC_6H_4OH$ | 10.3 | $p$-$MeC_6H_4OH$ | 10.2 |

### 6. 碳氢酸的酸度

相对于前面讨论的羧酸，碳氢酸的酸性要小得多。很显然，这是由于在碳氢酸中酸性质子是和电负性相对较低的碳原子相连的缘故。然而碳氢酸的酸性受结构的影响很大，这方面的研究对于结构理论以及有机合成均有重要的意义。

影响碳氢酸的酸度有以下几个方面的因素：

1）烷基取代基的影响。随着碳上烷基取代基的增加，酸的强度减弱。注意，这和醇在气相中的情况是相反的。由于这些极弱的碳氢酸的酸度是在溶液中测定的，有许多不确定的因素，$pK_a$ 值仅有定性的意义。因此，在这里不能简单地用分子本身的特性来解释 $pK_a$ 值的差别。

$$Me_3CH \quad pK_a = 71, \quad CH_4 \quad pK_a \approx 58$$

2）第二个因素是C—H 键的碳上轨道杂化的变化。碳杂化轨道 s 成分增加使得电子更加靠近核，使得电离后产生的碳负离子能够更大程度地稳定。端炔具有较强的酸性，这个特性使得端炔在有机合成上具有重要的意义。而相对应的烯基的 C—H 键的酸性则要弱很多。以下为典型的 sp，$sp^2$ 以及 $sp^3$ 杂化 C—H 键的 $pK_a$ 值。尽管这些酸性数据也是在溶液中测定的，但是它们在定性的意义上来说是比较可靠的，因为酸度的差距较大。

$pK_a = 23$ > $pK_a = 44$ > $pK_a = 52$

3）第三个因素是碳负离子中心上连接的苯基等的共振稳定化作用。共振效应使得碳氢酸电离以后产生的碳负离子通过电子离域而得到稳定。

比较

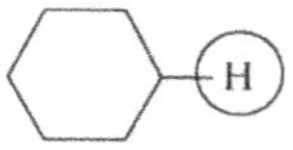

$pK_a = 52$

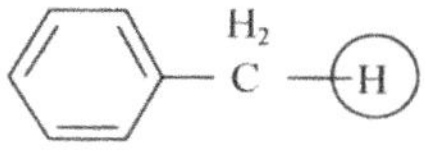

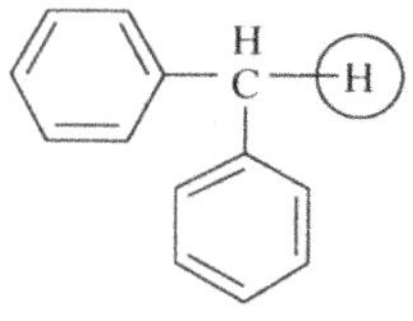

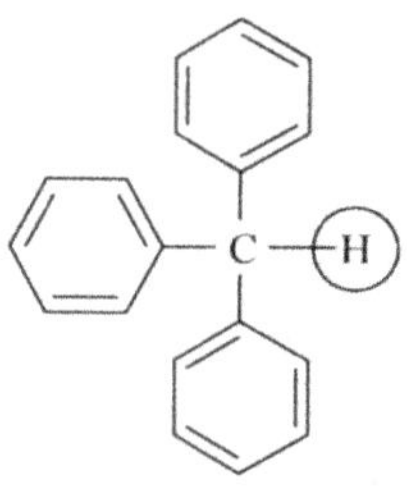

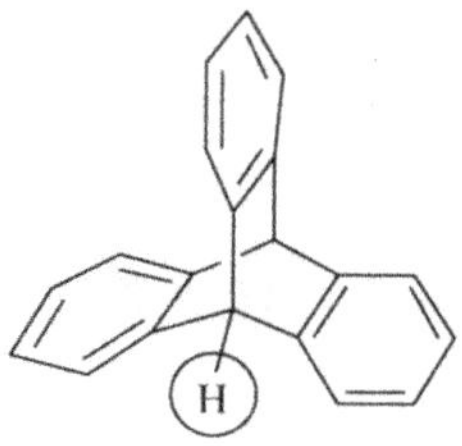

$pK_a = 41$　　$pK_a = 33$　　$pK_a = 31$　　$pK_a = 44$

和环己烷($pK_a = 52$)相比,三蝶烯(triptycene,$pK_a = 44$)的酸度增加是由于苯环的吸电子诱导作用(*J. Am. Chem. Soc.* **1969**,*91*,529)。而和三苯基甲烷相比,三蝶烯的酸性减小则是由于几何结构的原因,即对于三蝶烯的共轭碱碳负离子,$sp^3$ 轨道处于和苯环 p 轨道相互垂直的状态,轨道无法有效重叠,使得碳负离子的共振稳定化作用很小。

此外,从以上的数据我们还可以看到一种饱和效应:第一个苯基使得 $pK_a$ 值变化 11 个单位,第二个 8 个单位,第三个仅变化 2 个单位。显然,苯基的稳定化作用对于一个定域化的离子最为有效,而对于一个已经通过部分离域作用被稳定化的离子则效果较小。另外,要使得电子最大限度地离域,苯环上的 p 轨道必须与碳负离子的轨道平行。而苯环邻位上的取代基(包括氢)有空间上的排斥作用,影响相邻苯环的共平面。例如,我们可以分别比较以下两组化合物的 $pK_a$ 值。可以看到,通过结构上的限制使得碳负离子的轨道和苯环 π 体系的 p 轨道最大程度平行时,碳氢酸酸性将显著增加(*J. Org. Chem.* **1978**,*43*,598)。

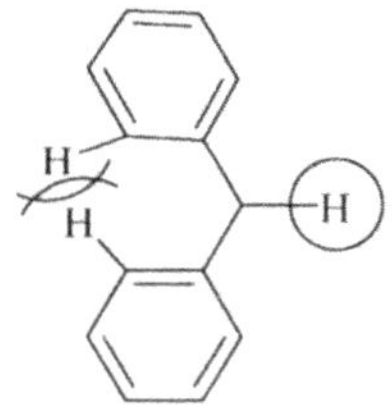

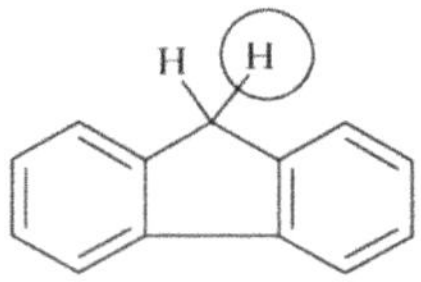

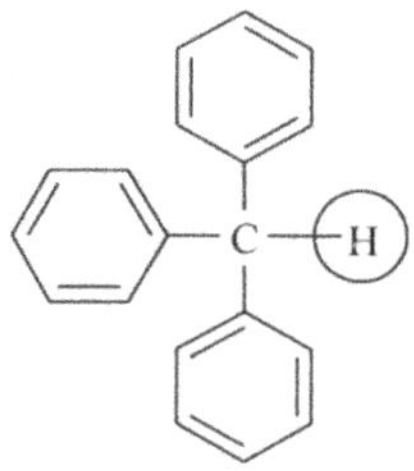

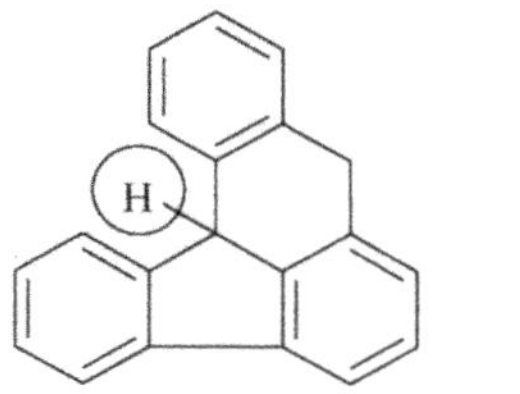

$pK_a = 33$　　$pK_a = 22.6$　　$pK_a = 31$　　$pK_a = 15$

4) 最后一个因素是碳负离子中心带有的吸电子基团。这类化合物在有机合成中是十分重要的,原因是它们具有较强的酸性,易于去质子化形成碳负离子。它们相对较强的酸性显然是由于形成的共轭碱碳负离子电子离域的结果。特别是当负电荷处于电负性较大的原子(例如氧)上时,相应的共振结构具有较大的稳定性。

(更加稳定的共振结构)

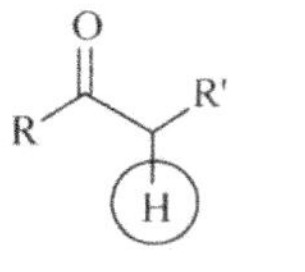

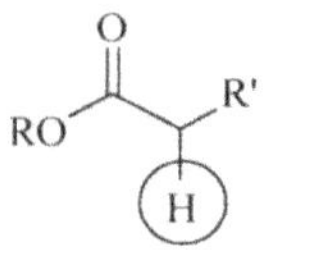

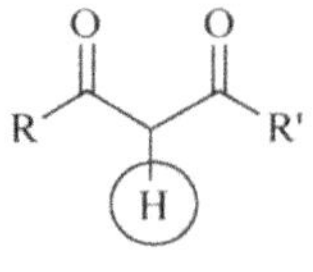

$pK_a = 19 \sim 20$　　$pK_a = 24$　　$pK_a = 9$　　$RCH_2NO_2$ $pK_a = 10$

当有几个吸电子基团连接在一个碳负离子中心上时，我们也可以观察到类似的饱和效应。

| | $CH_3—H$ | $H—CH_2NO_2$ | $O_2NCH_2NO_2$ |
|---|---|---|---|
| $pK_a$ | 50 | 10 | 3.6 |

## 5.7 有机碱的强度

如前所述，在水中碱 $B^{m+}$ 的强度可以由下式确定：

$$B^{m+} + pH_2O \rightleftharpoons HB^{(m+1)+} + HO^-(H_2O)_{p-1}$$

$$K_b = \frac{a_{HB^{(m+1)+}} \cdot a_{HO^-(H_2O)_{p-1}}}{a_{B^{m+}} \cdot (a_{H_2O})^p} = \frac{a_{HB^{(m+1)+}} \cdot a_{HO^-}}{a_{B^{m+}}}$$

但用碱的共轭酸的 $K_a$ 来衡量该碱的强度更为有用，因为这样可以建立一个统一的，既可以用于酸也可以用于碱的标尺。因此，在实际研究工作中采用下面的平衡反应：

$$HB^{(m+1)+} + pH_2O \rightleftharpoons B^{m+} + H^+(H_2O)_p$$

$$K_a = \frac{a_{B^{m+}} \cdot a_{H^+(H_2O)_p}}{a_{HB^{(m+1)+}} \cdot (a_{H_2O})^p}$$

需要注意的是，$pK_a$ 值愈大，说明相应的共轭酸的酸性愈弱，即这个碱的碱性愈强；反之亦然。

与有机酸的电离不同的是，碱电离反应的 $\Delta G^\ominus$ 主要是受 $\Delta H^\ominus$ 的控制。原因在于平衡的两边均有离子存在，溶剂化作用对电离平衡两边是相似的。因此，碱的电离反应有较小的 $\Delta S^\ominus$。而 $\Delta H^\ominus$ 则有较大的数值，即不同碱 $\Delta G^\ominus$ 的差别是由于 $\Delta H^\ominus$ 的差别引起的。

$$NH_4^+ + H_2O \rightleftharpoons NH_3 + H_3O^+$$

$$\Delta G^\ominus = 12.6\ \text{kcal/mol}$$

$$\Delta H^\ominus = 12.4\ \text{kcal/mol}$$

$$\Delta S^\ominus = -0.7\ \text{cal/K}$$

$$T\Delta S^\ominus = -0.2\ \text{kcal/mol}$$

以下将分别讨论各类碱的碱性和结构之间的关系。

**1. 脂肪碱**

$NH_3$ $pK_a$= 9.25

$MeNH_2$ $pK_a$= 10.64

$Me_2NH$ $pK_a$= 10.77

$Me_3N$ $pK_a$= 9.80

$EtNH_2$ $pK_a$= 10.67

$Et_2NH$ $pK_a$= 10.93

$Et_3N$ $pK_a$= 10.88

从上面的数据，我们可以观察到一个有意思的 $pK_a$ 值的变化。从 $NH_3$ 起，随着烷基取代基的增加，$pK_a$ 值增加。当增加到第三个烷基时，碱性却反而下降。在这里影响碱性的因素除了取代基的电子效应之外，氢键也起到重要作用。首先，按照 $NH_3 \rightarrow RNH_2 \rightarrow R_2NH \rightarrow R_3N$ 的顺序，诱导效应增加，这将会增加氮原子的碱性。但是另一方面，质子化后的正离子会由于 R 取代基的增加而逐步减少与水形成的氢键，而这种与溶剂之间形成的氢键作用能够增加正离子的稳定性。从这个方面看，R 基团的增加会减少氢键的形成，R 的给电子诱导效应和氢键作用是相互抵消的。因此，我们可以看到烷基取代基的增加最初是增加胺的碱性，但是随后又使得碱性降低。

$$R_2\overset{\oplus}{N}(H\cdots OH_2)_2 \quad > \quad R_3\overset{\oplus}{N}—H\cdots OH_2$$

如果这种解释正确，那么在不能形成氢键的介质中测量酸度，碱性将主要由取代基的诱导效应控制。实验的确发现，在氯苯中胺的碱性有如下的顺序：$BuNH_2 < Bu_2NH < Bu_3N$。而在水中，这些胺的 $pK_a$ 值分别为 10.61，11.28，9.87。

当氮原子上有强吸电子基团时，碱性降低。例如，三(三氟甲基)胺几乎没有碱性。而我们熟悉的酰胺，不仅有 C═O 基团的吸电子诱导作用，而且还有氮原子上孤对电子向 C═O 基团的电子离域。因此，酰胺的碱性很弱。例如，乙酰胺的 $pK_a$ 为 −0.5(水中)。如果存在两个 C═O，则酰胺在一般条件下将不再是碱，而是一个酸。例如邻苯二酰胺，氮上的质子很容易被去掉，这个性质在有机合成中是非常有用的(Gabriel 合成法，应用氮的负离子进行亲核反应)。

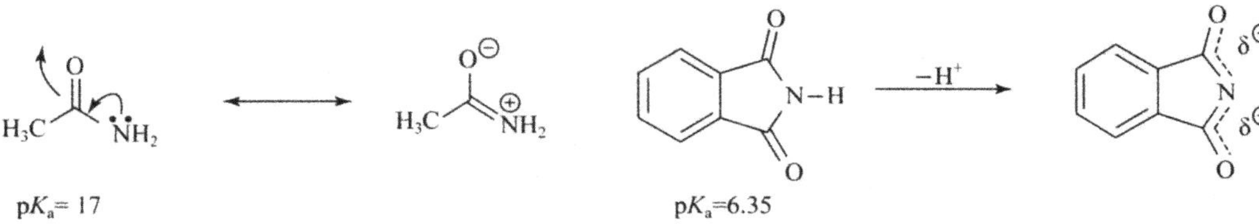

$pK_a$= 17　　　　$pK_a$=6.35　　$-H^+$

上面的情况是由于氮上孤对电子的离域使得氨基的碱性被削弱的例子。也有相反的例子，即通过电子离域使得氨基的碱性得到增强的情况。例如，胍(guanidine，$pK_a$ = 13.6)的碱性是含氮有机碱中最强的之一。这是由于氨基的电子离域作用，使得亚胺氮原子的电子密度增加，因此在胍分子中质子化会发生在亚胺的氮原子上。同时，亚胺氮原子被质子化以后正离子的共振结构是完全对称的，无电荷分离的状况，因此其稳定化作用更强。再如，脒(amidine，$pK_a \approx 12.4$)也有类似的情况。

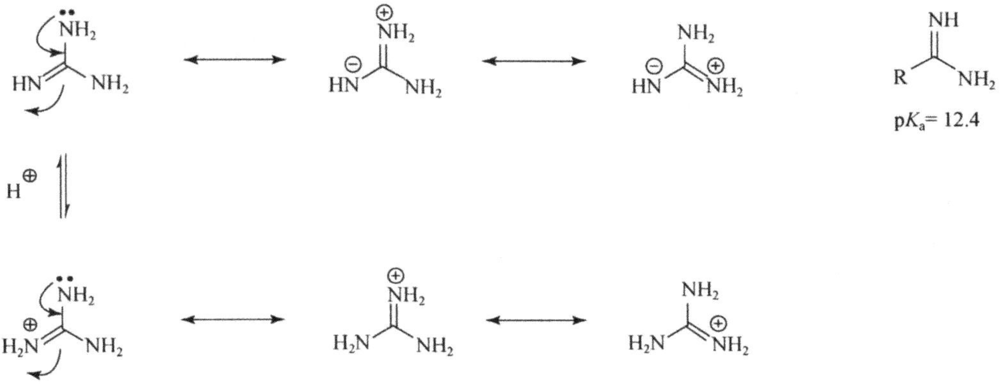

$pK_a$= 12.4

$H^{\oplus}$

### 2. 芳香碱

由于苯胺中氨基氮上孤对电子和苯环的芳香体系的 π 电子共轭，使得氨基氮上的电子流向苯环，因此其碱性大为降低。氮上苯基的数目增加时，氨基的碱性进一步下降，例如 $Ph_2NH$ 是一个很弱的碱（$pK_a = 0.8$），而 $Ph_3N$ 已经不被认为是一个碱。

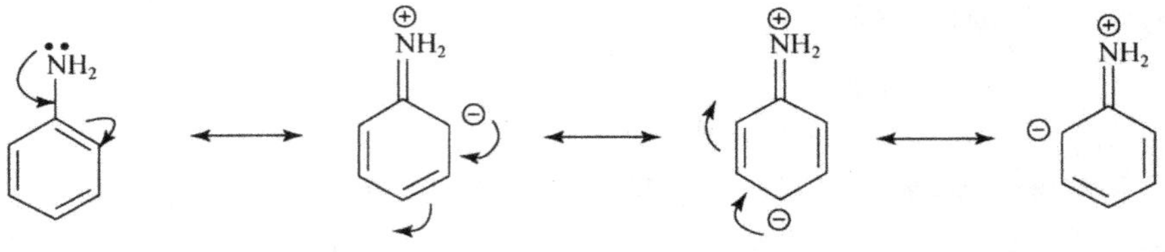

$pK_a = 4.62$

质子化以后则没有这样的稳定化作用，因为氮上没有孤对电子。

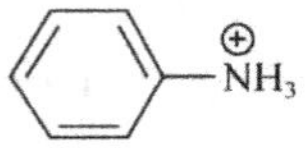

在苯胺的苯环上引入吸电子取代基，会进一步降低其碱性。

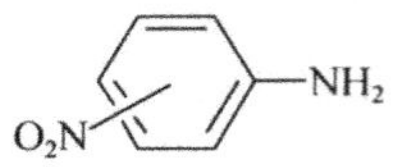

| | $pK_a$ |
|---|---|
| *o*- | −0.28 |
| *m*- | 2.45 |
| *p*- | 0.98 |

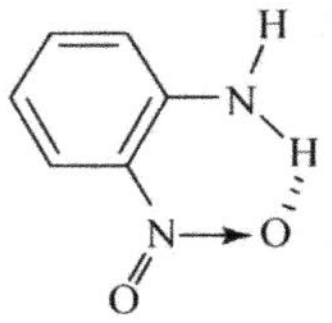

苯胺衍生物的碱性显著地受到氨基孤对电子离域作用的影响，而这种电子的离域作用的本质是轨道的平行重叠，因此碱性也与立体因素密切相关。比较以下两个取代苯胺的 $pK_a$ 值，我们可以看到立体因素对于碱性的影响。

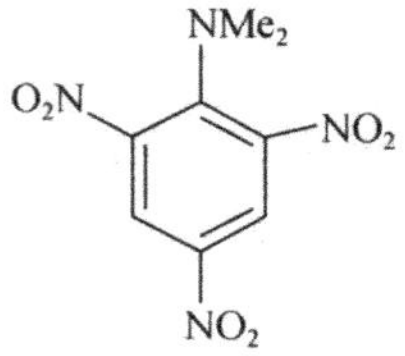

的碱性比 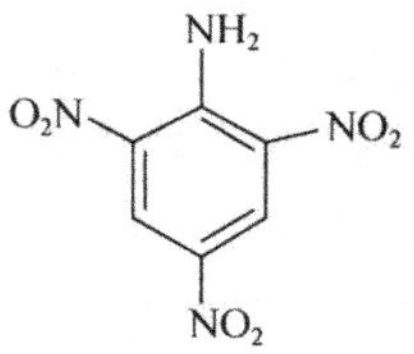　　强 40 000 倍

*N*,*N*-二甲基取代的三硝基苯胺比相应的三硝基苯胺强 40 000 倍（$pK_a$ 值相差 4.6），而 *N*,*N*-二甲基苯胺的碱性与苯胺却差不多。合理的解释是，因为 $NMe_2$ 上的甲基和邻位硝基之间的立体效应使得氮的 p 轨道不能与苯环上的 p 轨道平行，因而硝基的作用仅限于诱导效应。

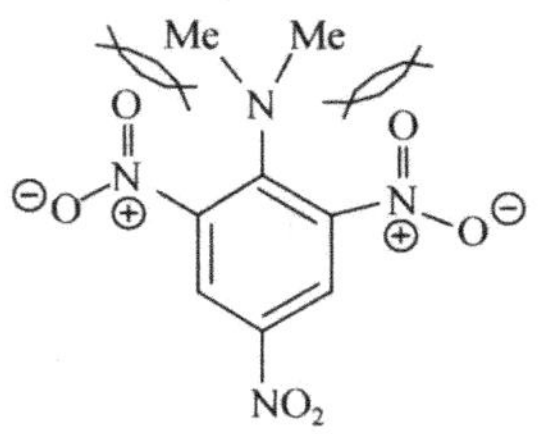

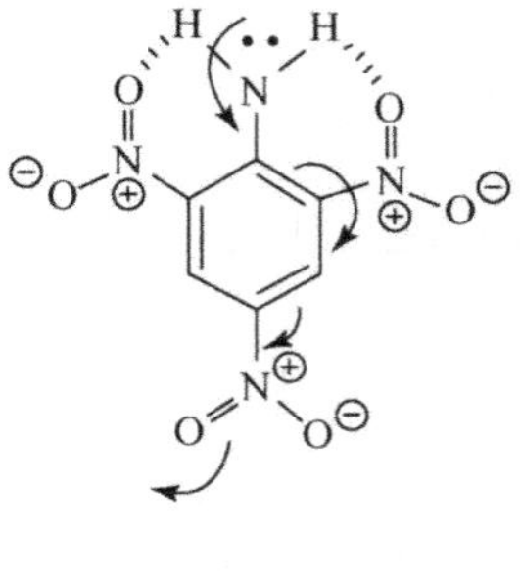

### 3. 杂环碱

杂环碱最具有代表性的是吡啶。吡啶氮原子上的孤对电子的 $sp^2$ 轨道是在环的平面内,因此孤对电子不参与芳香体系的共轭。它可以与质子共享,即表现出碱性。

$pK_a = 5.04$

孤对电子在 $sp^2$ 杂化轨道上

因为孤对电子是在 $sp^2$ 轨道上,所以 s 成分增加,使电子更为接近核,具有较弱的碱性。通过比较胺、亚胺以及腈的碱性,可以比较清楚地理解这种杂化轨道结构对于碱性的影响。

—N:　　=N　　≡N:　　R—C≡N:

$sp^3$　　$sp^2$　　sp　　$pK_a = -12$

吡咯具有一定的芳香性,氮上的孤对电子需要用于和环共轭构成 $6\pi$ 电子的芳香体系。结果,氮上的孤对电子流向环内(偶极矩的负端指向环内,和吡啶的情况相反),使氮极化带部分正电荷。吡咯氮上的这对电子将无法再拿出来和质子共享,否则芳香性将被破坏。因此,吡咯的氮原子不具有碱性。如果在强酸性的条件下使得吡咯质子化,那么质子化将发生在碳上,而不是在氮上。吡咯是一个很弱的碱,它实际上常常作为酸,在强碱的作用下去质子子。

1.81 D

$pK_a = -0.27$

$NH_2^{\ominus}$

我们可以比较饱和的五元环胺四氢化吡咯($pK_a = 11.27$),可以发现其碱性与乙二胺相似。由此可见电子结构对化合物性质的影响。

$pK_a = 11.27$　　$pK_a = 10.93$

1,3-唑类化合物的 $pK_a$ 值的不同反映出氧、氮以及硫原子的给电子能力的差异。在这里氮具有最强的给电子能力,并且质子化以后形成的正离子具有相同的共振结构,使得咪唑在 1,3-唑中具有最强的碱性。咪唑结构的强碱性在生物化学以及有机合成中具有重要意义。

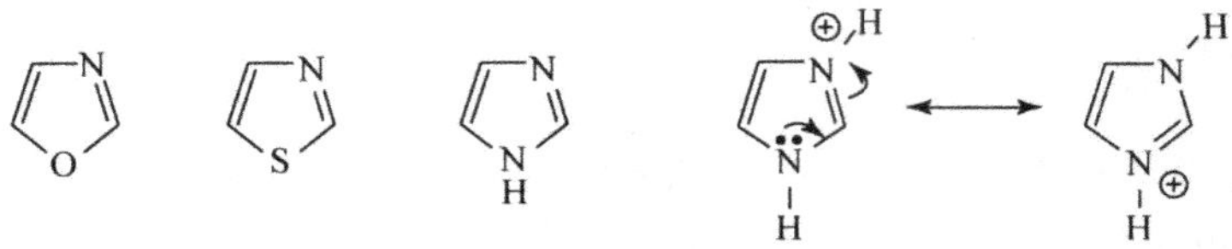

| | (oxazole) | (thiazole) | (imidazole) |
|---|---|---|---|
| p$K_a$ | 1.3 | 2.4 | 7.0 |

## 5.8 Lewis 酸和碱

1923 年 Lewis 提出了一个和 Brønsted 不同的酸碱的定义：**酸是电子对的接受体；碱是电子对的给予体。**

因此，Lewis 酸是缺电子的分子或者离子，例如 $BF_3$ 或者碳正离子；而 Lewis 碱则是含有可提供电子的分子或者离子，例如胺、醚、$RO^-$ 等。一个 Lewis 酸碱反应从广义上说是 Lewis 酸和碱结合、分解或者交换的反应。因此，大多数异裂反应中遇到的中间体或者活性物质均可以看成 Lewis 酸或者碱；且大多数异裂反应可以在 Lewis 酸碱定义下进行分类。质子是 Lewis 酸的一种，因此，Brønsted 酸-碱反应可以归入 Lewis 反应中的酸碱置换反应一类（下图中打 * 号的反应）。很显然，Lewis 酸碱的定义比 Brønsted 的酸碱定义更为广泛。

Lewis 酸碱反应的分类：

| | | | 分类 |
|---|---|---|---|
| $A + B \rightleftharpoons AB$ | | | 酸碱结合反应 |
| $A + A'B \rightleftharpoons AB + A'$ | | | 酸碱置换反应 |
| $B + AB' \rightleftharpoons AB + B'$ | | | 酸碱置换反应* |
| $AB + A'B' \rightleftharpoons AB' + A'B$ | | | 酸碱交换反应 |

Lewis 酸碱反应的实例：

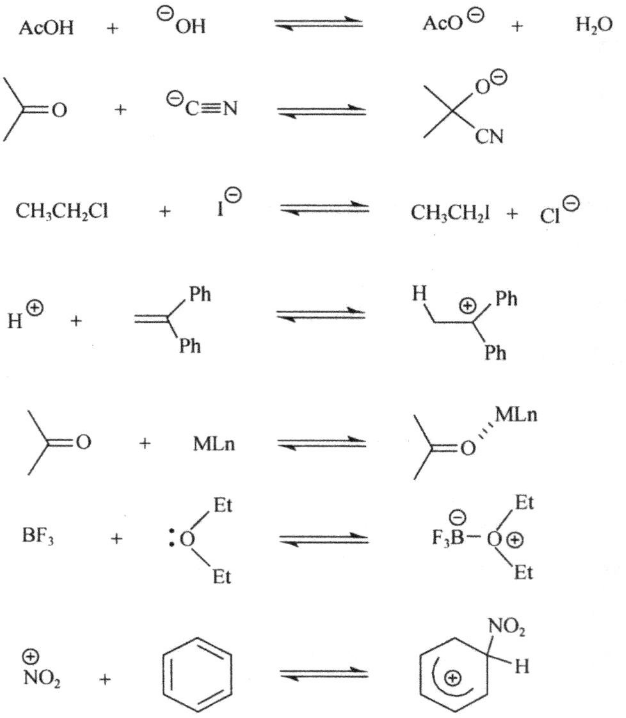

$$AcOH + {}^{\ominus}OH \rightleftharpoons AcO^{\ominus} + H_2O$$

$$(CH_3)_2C{=}O + {}^{\ominus}C{\equiv}N \rightleftharpoons (CH_3)_2C(O^{\ominus})CN$$

$$CH_3CH_2Cl + I^{\ominus} \rightleftharpoons CH_3CH_2I + Cl^{\ominus}$$

$$H^{\oplus} + CH_2{=}CPh_2 \rightleftharpoons H{-}CH_2{-}C^{\oplus}Ph_2$$

$$(CH_3)_2C{=}O + MLn \rightleftharpoons (CH_3)_2C{=}O\cdots MLn$$

$$BF_3 + :OEt_2 \rightleftharpoons F_3B^{\ominus}{-}O^{\oplus}Et_2$$

$$NO_2^{\oplus} + C_6H_6 \rightleftharpoons [C_6H_6NO_2]^{\oplus}$$

**1. Lewis 酸碱的强度**

对于 Brønsted 酸碱，因为总有质子转移的存在，所以有共同的比较标准。如前所述，我们可以建立统一的质子酸的酸度标尺，尽管这些酸度的测量是基于不同的方法和溶剂。而 Lewis 酸则有不同类型的反应，并没有共同的特征，因此，强度的概念没有明确的意义。对于 Lewis 酸碱的反应，尽管很多情况下得不到定量的数据，但是我们仍然可以比较反应活性的顺序。例如，我们可以用以下两个反应的平衡常数比较 Lewis 碱胺和膦($PR_3$)的强度。

$$A + :NR_3 \overset{K}{\rightleftharpoons} \overset{\ominus}{A} - \overset{\oplus}{N}R_3$$

$$A + :PR_3 \overset{K'}{\rightleftharpoons} \overset{\ominus}{A} - \overset{\oplus}{P}R_3$$

如果我们用 $BF_3$ 作为 Lewis 酸(即 $A=BF_3$)，结果发现胺具有更大的络合能力。用质子酸作为酸($A=H^+$)时，我们也可以得到相同的结果。但是如果用一价银离子作为酸($A=Ag^+$)，则会得到相反的结果，即膦具有更大的配位能力。另一个典型的例子是用卤素负离子 $X^-$ 作为碱的反应。如果 Lewis 酸是质子酸，那么 $X^-$ 的强度顺序为 $F^- > Cl^- > Br^- > I^-$；如果 Lewis 酸为 $Ag^+$，那么 $X^-$ 的强度顺序为 $F^- < Cl^- < Br^- < I^-$。由此可见，Lewis 酸碱的强度顺序和作用的对象有关，无法建立像质子酸那样统一的酸度标尺。

**2. 软硬酸碱原理(principle of hard and soft acids and bases, HSAB principle)**

尽管 Lewis 酸碱的强弱无法用统一的标准衡量，但是借助软硬酸碱原理我们可以较好地理解 Lewis 酸碱的相互作用以及强弱变化的规律。1950 年 Bjerrum 指出，金属离子在水溶液中形成络合物的趋势可以分为两类：① 类 $H^+$ 离子，其络合物的稳定性和其离子的电荷/离子半径大小之比($Z/r$)有平行关系；② 类 $Hg^{2+}$ 离子，其络合物的稳定性与电负性有关。1956 年 Schwarzenbach 进一步发展了这一分类，指出类 $H^+$ 离子与负离子结合的稳定性的顺序是 $F^- > I^-$；而类 $Hg^{2+}$ 离子，其络合物的稳定性顺序是 $I^- > F^-$。

1958 年 Ahrland，Chatt 和 Davies 同样把金属离子分成两类，这两类离子与不同配体所形成的络合物的稳定性顺序如下：

| 受体：a)类离子 | 受体：b)类离子 |
|---|---|
| 配体：N≫P>As>Sb>Bi | 配体：N≪P<As<Sb<Bi |
| O≫S>Se>Te | O≪S≈Se≈Te |
| F≫Cl>Br>I | F<Cl<Br≪I |

20 世纪 60 年代，Pearson 提出用软硬的概念对 Lewis 酸、碱进行分类(表 5-7 和表 5-8)。他提议 Lewis 酸和碱可以用两个参数来定义，一个是强度而另一个则是软硬度。这样，一个酸碱反应的平衡常数将由四个参数来确定(*J. Am. Chem. Soc.* **1963**, *85*, 3533; **1967**, *89*, 1827)。

1) 从表 5-7 和表 5-8 中的数据可以归纳出以下软硬酸碱的特点(表 5-9)：

硬酸的特点：具有较小的受体原子，外层电子不易被激发，具有相当大程度的正电荷。硬酸的 LUMO 能级较高。酸的 LUMO 能级愈高，则愈硬。

软酸的特点：受体原子具有较小、较低的正电荷，外层电子易于激发。软酸的 LUMO 能级较低。酸的 LUMO 能级愈低，则愈软。

硬碱的特点：具有电负性较大的给体原子，具有较低的可极化率，通常难以被氧化，无低能量的空轨道。硬碱的 HOMO 能级较低。同样，碱的 HOMO 能级愈低，则愈硬。

软碱的特点：软碱是可极化的，具有较小电负性的给体原子，具有低能量的空轨道；电子易于被氧化剂移去。软碱的 HOMO 能级较高。同样，碱的 HOMO 能级愈高，则愈软。

**表 5-7 Lewis 碱的分类**

| 硬碱<br>（硬亲核试剂） | 交界碱<br>（交界亲核试剂） | 软碱<br>（软亲核试剂） |
|---|---|---|
| $H_2O$，$OH^-$，$F^-$<br>$CH_3COO^-$，$PO_4^{3-}$，$SO_4^{2-}$<br>$Cl^-$，$CO_3^{2-}$，$ClO_4^-$，$NO_3^-$<br>ROH，$RO^-$，$R_2O$<br>$NH_3$，$RNH_2$ | $C_6H_5NH_2$，$C_5H_5N$<br>$N_3^-$，$Br^-$，$NO_2^-$<br>$SO_3^{2-}$<br>$N_2$ | $R_2S$，RSH，$RS^-$<br>$I^-$，$SCN^-$，$S_2O_3^-$<br>$R_3P$，$(RO)_3P$<br>$CN^-$，RNC，CO<br>$C_2H_4$，$C_6H_6$<br>$H^-$，$R^-$ |

**表 5-8 Lewis 酸的分类**

| 硬酸<br>（硬亲电试剂） | 交界酸<br>（交界亲电试剂） | 软酸<br>（软亲电试剂） |
|---|---|---|
| $H^+$，$Li^+$，$Na^+$，$K^+$<br>$Be^{2+}$，$Mg^{2+}$，$Ca^{2+}$，$Sr^{2+}$，$Mn^{2+}$<br>$Al^{3+}$，$Cr^{3+}$，$Co^{3+}$，$Fe^{3+}$<br>$BF_3$，$B(OR)_3$<br>$Al(CH_3)_3$，$AlCl_3$，$AlH_3$<br>$RPO_2^+$，$ROPO_2^+$<br>$RSO_2^+$，$ROSO_2^+$，$SO_3$<br>$RCO^+$，$CO_2$，$NC^+$<br>HX（可形成氢键的分子） | $Fe^{2+}$，$Co^{2+}$，$Ni^{2+}$<br>$Cu^{2+}$，$Zn^{2+}$<br>$Pb^{2+}$，$Sn^{2+}$<br>$B(CH_3)_3$，$SO_2$<br>$NO^+$，$R_3C^+$<br>$C_6H_5^+$ | $Cu^+$，$Ag^+$，$Hg^+$<br>$Hg^{2+}$<br>$BH_3$，$RS^+$，$I^+$<br>$Br^+$，$HO^+$，$RO^+$<br>$I_2$，$Br_2$<br>三硝基苯，等<br>Chloranil，quinones，等<br>四氰基乙烯，等<br>：$CH_2$，卡宾 |

**表 5-9 软、硬酸碱的特点归纳**

| | | 原子或<br>离子半径 | 电荷、氧化态 | 电负性<br>或电正性 | 可极化度 | 结合后<br>的键型 |
|---|---|---|---|---|---|---|
| 硬 | 酸 | 小 | 高正电荷、难还原 | 高电正性 | 低 | 离子型 |
| | 碱 | | 高负电荷、难氧化 | 高电负性 | | |
| 软 | 酸 | 大 | 低正电荷、易还原 | 低电正性 | 高 | 共价型 |
| | 碱 | | 低负电荷、易氧化 | 低电负性 | | |

2）软硬酸碱原理如下：**硬酸优先与硬碱结合，软酸优先与软碱结合**。硬酸与硬碱可以形成强的化学键或络合物，大部分无机反应属于此类，此时酸碱倾向于以离子键的方式结合；软酸与软碱可以形成共价键或稳定的络合物，大部分有机反应属于这一类。利用 HSAB 原理可以判断或预测化学反应的难易程度和方向性、反应中心的选择性以及反应产物的相对稳定性等。

用 HSAB 原理可以很容易地解释前面有关 Lewis 碱胺和膦（$PR_3$）强度的数据。$Ag^+$ 是软酸，因此易与软碱 $I^-$ 结合；而 $H^+$ 是硬酸，易与硬碱 $F^-$ 结合。同理，$BF_3$ 是较硬的酸，与较硬的碱胺结合；而 $Ag^+$ 更易与较软的碱 $PR_3$ 结合。

应用 HSAB 原理还可以解释溶剂化作用。小的硬正离子（如 $Li^+$）可以更为有效地被硬溶剂(含给体原子氧)溶剂化,而软的正离子(如 $Cs^+$)则被溶剂化程度较小。在质子性极性溶剂中,$I^-$ 是比 $F^-$ 更好的亲核试剂,这是因为 $F^-$(硬)被硬酸 ROH 强有力地溶剂化;而在非质子性极性溶剂中则顺序相反,即 $F^-$ 的亲核性更强,这是因为 DMSO 的软酸性以及立体效应不能很好地使 $F^-$ 溶剂化,因而使其更具有亲核能力。

### 3. 软硬酸碱原理在有机化学中的应用

有机反应中的极性反应,一般是亲电试剂和亲核试剂之间的反应,这些反应可以看作一般的 Lewis 酸-碱反应的特殊情况,因此也可以应用软硬酸碱原理进行解释。根据软硬酸碱原理,硬亲核试剂和硬亲电试剂的反应较快;软亲电试剂和软亲核试剂的反应较快。例如,羧酸甲酯很容易用碘化锂水解,这是因为 $I^-$ 是软碱,它优先进攻酯基中的甲基(软酸),形成软-软结合产物;而硬的正离子 $Li^+$ 和羧酸根结合生成硬-硬结合产物。

$$\underset{\text{HB SA}}{RCOOCH_3} + \underset{\text{HA SB}}{LiI} \rightleftharpoons \underset{\text{HB HA}}{RCOOLi} + \underset{\text{SA SB}}{CH_3I}$$

HB: Hard Base, 硬碱;　HA: Hard Acid, 硬酸
SB: Soft Base, 软碱;　SA: Soft Acid, 软酸

酯类化合物的反应中心较多,它与不同试剂作用时,反应可以发生在不同位置。如水解、氨解(胺解)及酯交换等都是发生在酰基碳上的反应,即所谓酰化反应。强酸酯或内酯与强亲核试剂(软碱)作用时,则发生烷基化反应。例如三氟或三氯乙酸酯,在室温下易被氨水所氨解。这是由于氨是硬碱,故进攻硬酰基碳原子,得酰化产物;但与 $R'S^-$(软碱)作用时,则得硫上烷基化产物(软-软结合)。

$$\underset{\text{HA SA}}{Cl_3C\text{-}CO\text{-}OCH_2R} \xrightarrow[\text{HB}]{NH_3} \underset{\text{HA HB}}{Cl_3C\text{-}CO\text{-}NH_2} + HOCH_2R$$

$$\underset{\text{HA SA}}{Cl_3C\text{-}CO\text{-}OCH_2R} \xrightarrow[\text{SB}]{R'S^{\ominus}} Cl_3C\text{-}CO\text{-}O^{\ominus} + \underset{\text{SB SA}}{R'SCH_2R}$$

β-丙内酯与不同的亲核试剂作用,形成不同的产物,其主产物的结构也可以用软硬酸碱原理进行预测。在 β-丙内酯分子中有两个可以发生亲核反应的位点,羰基碳的硬度较大,看作硬酸(HA)。当硬碱(HB)$RO^-$ 反应时,它就选择性地进攻羰基碳。而酯基碳是软酸(SA),它选择性地被软碱(SB)$RS^-$ 进攻。

$$\text{β-丙内酯 (SA, HA)} \xrightarrow{\text{HB } RO^-} {}^{\ominus}OCH_2CH_2COOR$$

$$\text{β-丙内酯 (SA, HA)} \xrightarrow{\text{SB } RS^-} RSCH_2CH_2COO^{\ominus}$$

### 4. Lewis 酸碱作用的理论解释

Klopman 应用前线分子轨道理论对基于经验的 HSAB 原理进行了细致的讨论(*J. Am. Chem. Soc.* **1968**, *90*, 223)。如图 5-9 所示,硬碱和硬酸具有较大的 HOMO-LUMO

能级分离，同时酸性中心具有较高密度的正电荷。由于在(a)中，硬酸具有较高的LUMO，因此碱难以将电子由其HOMO转移到它的LUMO，故难以形成共价键。如果这时碱也具有高的电荷密度，那么这时就会形成有效的静电相互作用，结果形成相对稳定的硬-硬络合物，即形成离子键。但是如果碱很软，没有电荷，这时相互作用就较弱，形成的络合物将会很不稳定。另一方面，一个较软的酸具有低能量的LUMO，酸的LUMO和碱的HOMO的能级相似，这时就会有强的共价作用，电子密度将会从碱转到酸，即形成共价键。这时高电荷密度是不需要的，软-软络合物的稳定性是由于共价作用(图5-8中(b)的情况)。图5-8中(c)和(d)的情况是类似的硬碱和软碱与一个酸的作用。

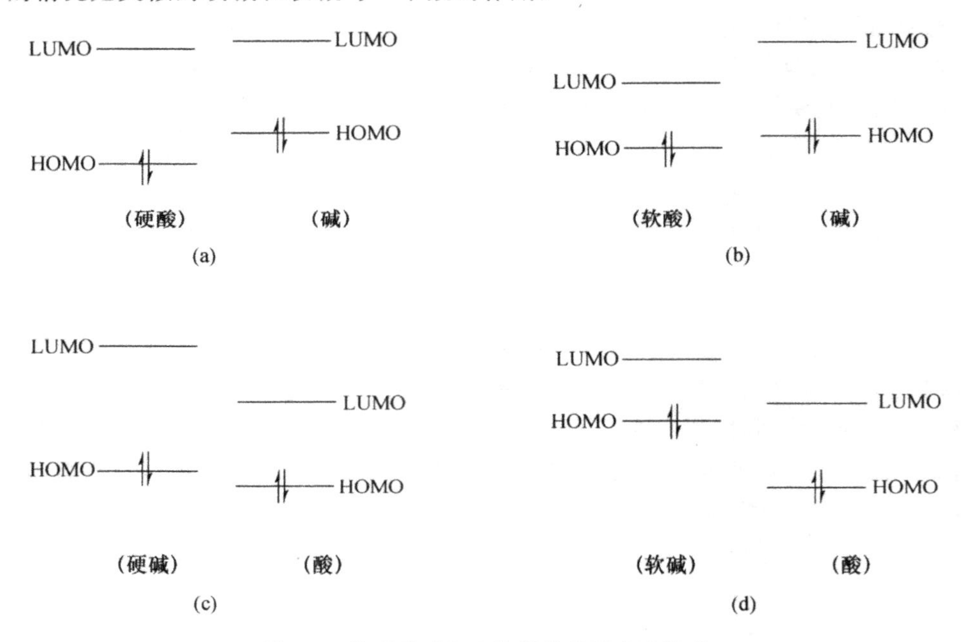


**图5-9 软硬酸碱相互作用的前线分子轨道**

Klopman进一步导出了Lewis酸碱相互作用的能量。这个作用的能量包含两个部分：静电相互作用以及通过微扰理论导出的轨道相互作用。

$$E = \frac{-q_a \cdot q_b}{R_{ab}\varepsilon} + 2\sum_{m}^{空}\sum_{n}^{占}\frac{(c_a^m \cdot c_b^n \cdot \beta_{\alpha\beta})^2}{E_m - E_n}$$

其中，A是酸，有轨道m，受体中心a，以及电荷$q_a$；B是碱，有轨道n，碱性中心b，以及电荷$q_b$；$c$是碱性和酸性中心的分子轨道系数；$\beta_{ab}$是相互作用积分；$R_{ab}$是酸碱中心的距离；$\varepsilon$是溶剂的介电常数。

上式给出给体(碱，B)和受体(酸，A)相互作用的能量。第一项是酸碱电荷之间的静电作用，它大致对应于硬-硬相互作用的贡献(离子键)。第二项是微扰能量，它代表软-软相互作用(共价键)，它取决于轨道重叠和能级分离。第二项包括所有给体(碱，B)被占轨道和所有受体(酸，A)未占有轨道之间的相互作用，但是前线分子轨道的能级差为最小($E_m - E_n$的值为最大)，因此其相互作用对$E$的影响最大。如果忽略其他所有轨道之间的相互作用，则第二项将只包含碱的HOMO和酸的LUMO。显然，当碱的HOMO和酸的LUMO之间的能级差$E_{LUMO} - E_{HOMO}$变得很大时，第二项的值将会很小，这时第一项中酸碱电荷之间的静电作用将起主导，酸碱作用为离子键；反之，当$E_{LUMO} - E_{HOMO}$很小时，前线轨道相互作用起主导,这时酸碱作用为共价键。

## 练习题

**5-1** 将下列两组化合物分别按酸性减小的顺序排列。

第一组

a) $Cl_3CCO_2H$　b) $Cl_2CHCO_2H$　c) $ClCH_2CO_2H$　d) $CH_3CO_2H$　e) $CF_3CO_2H$

第二组

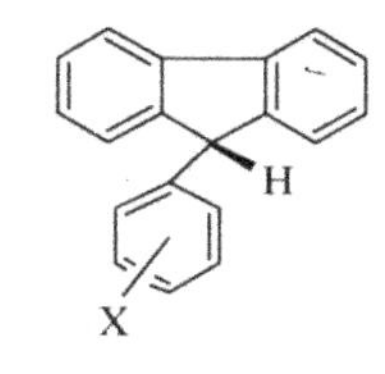


a) X = *m*-Me　b) X = *p*-OMe　c) X = H

d) X = *m*-OMe　e) X = *p*-Me　f) X = *m*-$NO_2$

g) X = *p*-$NO_2$

**5-2** 已知下列两组 p$K_a$ 数值分别属于两组化合物,分别找出与各 p$K_a$ 值相对应的化合物。

第一组

p$K_a$= 38.8, 51.0, 46.0, 16.0, 61.0

a) 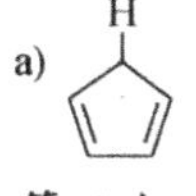

b) H　c) H　d) H　e) H

第二组

p$K_a$= 52.0, 35.0, 19.5, 9.9, 41.0, 3.6

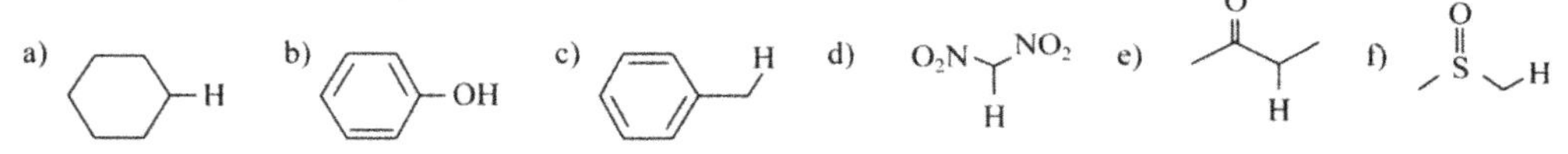


**5-3** 根据结构解释为什么亚胺的碱性比胺要弱得多,而脒的碱性要比胺强。

RCH═N—R'　　R—C(═NH)—$NH_2$

亚胺　　脒

**5-4** 将下列各组化合物分别按酸性减小的顺序排列。

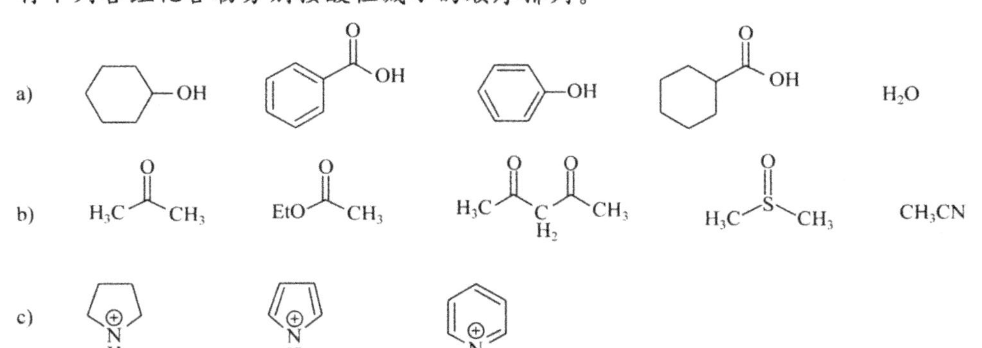


**5-5** DBU 和 DBN 是有机合成中常用的试剂,它们的碱性比一般的胺(例如 *N*-甲基环己胺

或 *N*-甲基环戊胺)要强得多,为什么?预测在酸性介质中 DBU 或者 DBN 分子中最容易被质子化的部位,并简要说明原因。试对 DMAP 也进行类似的讨论。

DBU (1,8-Diazabicyclo[5.4.0]undec-7-ene)　　DBN (1,8-Diazabicyclo[4,3,0]non-7-ene)

$Me_2N$—　DMAP [4-(Dimethylamino)pyridine]

**5-6** 对于以下反应,分别预测当 X = F 和 X = I 时 **A** 和 **B** 哪个产物可能占主导。

$$\text{X-C}_6\text{H}_3\text{-2,4-(NO}_2)_2 \xrightarrow{NO_2^{\ominus}} \text{ONO-C}_6\text{H}_3\text{-2,4-(NO}_2)_2\ (\mathbf{A}) + \text{C}_6\text{H}_3(\text{NO}_2)_3\ (\mathbf{B}) + X^{\ominus}$$

**5-7** 试解释以下两组在 DMSO 中 $\Delta pK_a$ 数值大小的差别。

$PhCH_2CN$ 相对于 $Ph_2CHCN$　　$\Delta pK_a = 4.7$

$PhCH_2SO_2Ph$ 相对于 $Ph_2CHSO_2Ph$　　$\Delta pK_a = 1.4$

**5-8** 对于以下三个胺,解释其共轭酸 $pK_a$ 数值的差异。

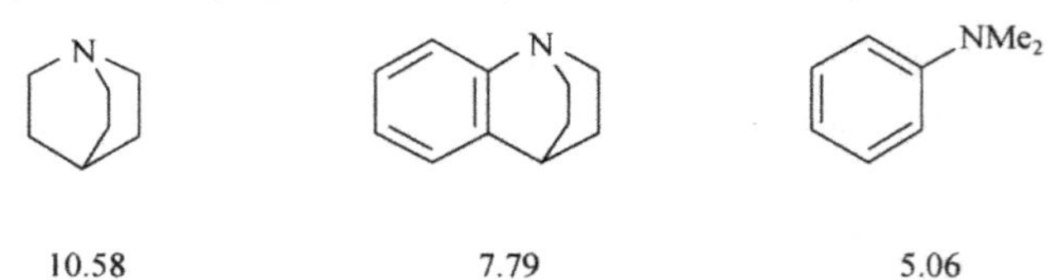


$pK_a(BH^{\oplus})$　　10.58　　7.79　　5.06

**5-9** 说明以下化合物的羰基氧具有很强碱性的原因。

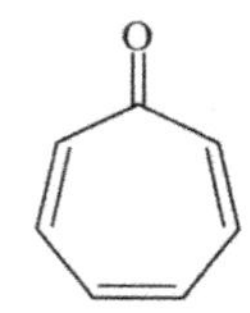


**5-10** 下面 **A** 和 **B** 哪一个化合物具有较强的酸性?为什么?

**5-11** 比较化合物 **A** 和 **B** 中的氮原子,哪一个更容易被质子化?简单解释原因。

**5-12** 4-取代吡啶的电离平衡的平衡常数($pK_a$)以及 $\Delta H$(25℃)均已被测量出来。对于每一个

电离平衡计算相应的 $\Delta S$。对每一个电离平衡比较 $\Delta H$ 和 $\Delta S$ 对电离自由能的贡献。试对数据进行 Hammett 线性自由能相关处理，线性是由 $\Delta H$ 和 $\Delta S$ 中的哪一项决定的？

$$\text{X-C}_5\text{H}_4\text{N}^{\oplus}\text{-H} \rightleftharpoons \text{X-C}_5\text{H}_4\text{N} + \text{H}^{\oplus}$$

| X | $pK_a$ | $\Delta H$(kcal/mol) | X | $pK_a$ | $\Delta H$(kcal/mol) |
|---|---|---|---|---|---|
| H | 5.21 | 4.8 | Cl | 3.83 | 3.6 |
| $NH_2$ | 9.12 | 11.3 | Br | 3.75 | 3.5 |
| MeO | 6.58 | 6.8 | CN | 1.86 | 1.3 |
| Me | 6.03 | 6.1 | | | |

**5-13**　比较一系列取代苯甲酸的气相酸度和水溶液中的 $pK_a$，发现以下现象：

a) 相对于取代基气相中酸度的变化趋势和溶液中的相应趋势是一样的，但是气相中的取代基效应更加显著（对所有取代基，气相中的 $\Delta G$ 比溶液中的大 10 倍左右）。

b) 尽管在水中乙酸的酸度和苯甲酸相近，但是在气相中苯甲酸的酸性要强得多（水相中，$pK_a$ 分别为 4.75 和 4.19；而在气相中乙酸的 $\Delta G$ 比苯甲酸高 8.6 kcal/mol）。

c) 在气相中，取代基效应基本上取决于焓效应，但是在溶液中，取代基效应主要取决于 $\Delta S$ 的变化。

试根据以上实验观察，讨论气相和水相酸度之间的区别。

**5-14**　下表给出了一系列碳氢化合物的 $pK_a$ 值以及在甲醇/NaOMe 中质子交换的速率。试问动力学酸度和热力学酸度之间是否有相关性？

| 化合物 | $k_{exchange}$ ($10^4$ mol/L·s) | $pK_a$ |
|---|---|---|
| 9-phenylfluorene | 173 | 18.5 |
| indene | 50 | 19.9 |
| 3,4-benzofluorene | 90.3 | 19.75 |
| 1,2-benzofluorene | 31.9 | 20.3 |

续表

| 化合物 | $k_{exchange}$ ($10^4$ mol/L·s) | $pK_a$ |
|---|---|---|
| 2,3-benzofluorene | 2.15 | 23.5 |
| fluorene | 3.95 | 22.7 |

**5-15** 一系列取代的苯乙酮在 DMSO 中的酸度数据如下表所示。应用 $\sigma$,$\sigma^+$ 和 $\sigma^-$ 常数分别进行 Hammett 线性自由能相关,确定酸度数据和哪一组取代基常数有更好的线性关系。并根据这个结果讨论反应常数的数值大小以及符号。

| X | $pK_a$ | X | $pK_a$ | X | $pK_a$ |
|---|---|---|---|---|---|
| *p*-$Me_2N$ | 27.48 | H | 24.70 | *m*-Cl | 23.18 |
| *p*-MeO | 25.70 | *p*-F | 24.45 | *m*-Br | 23.19 |
| *m*-$Me_2N$ | 25.32 | *m*-MeO | 24.52 | *m*-$CF_3$ | 22.76 |
| *p*-Me | 25.19 | *p*-Br | 23.81 | *p*-$CF_3$ | 22.69 |
| *m*-Me | 24.95 | *p*-Cl | 23.78 | *p*-CN | 22.04 |
| *p*-Ph | 24.51 | *m*-F | 23.45 | | |

# 第6章 溶剂效应
## (Solvent Effect)

大多数有机反应是在均相溶剂中进行的，溶剂虽然不进入反应的化学计量，但对一个反应是一个重要的因素，甚至可能成为决定性的因素。例如，在有机化合物的酸碱部分，我们已经了解到溶剂对于酸碱平衡的重要影响。

溶剂作为介质，一方面是一个凝聚态，同时也具有很高的流动性。它可以通过溶解作用破坏溶质晶格的限制力，也可以有效地将那些需要碰撞活化能的反应物带到一起。此外，同样重要的是溶剂和被溶解分子之间的复杂相互作用。这种作用可以使溶质分子的反应活性、自由能等发生变化。很多反应，特别是那些包含有化学键发生异裂的反应，在气相中很难发生，而在溶液中反应速率又受到溶剂的很大影响。例如，烷基碘化物和胺生成盐的反应，在反应过程中将逐渐产生电荷分离，因此，有利于稳定电荷的极性溶剂将大大加速反应的进行。

$$\mathrm{R{-}I + NMe_3 \longrightarrow R{-}\overset{\oplus}{N}Me_3\ \overset{\ominus}{I}}$$

$$k(\mathrm{MeCN})/k(\mathrm{CS_2}) = 440$$

又如以下的质子转移反应，在 DMSO 中比在甲醇中快 109 倍。这种显著的溶剂效应可以解释为在 DMSO 中负离子不容易被溶剂化，这使得 $MeO^-$ 在 DMSO 中具有更高的活性。

$$\mathrm{Ph\underset{\displaystyle Me}{\underset{|}{C}}HC{\equiv}N + MeO^{\ominus} \longrightarrow Ph\underset{\displaystyle Me}{\underset{|}{\overset{\ominus}{C}}}C{\equiv}N + MeOH}$$

$$k(\mathrm{DMSO})/k(\mathrm{MeOH}) = 109$$

以上两个例子表明，溶剂对反应速率有非常大的影响。显然，对于溶剂效应的了解能够帮助我们更有效地选择最佳的反应条件。溶剂效应的研究也是物理有机化学探讨反应机理的重要手段。一方面，它能帮助我们更深入地理解反应机理；另一方面，通过改变反应的溶剂可以探测验证反应机理，确定各种反应中间体的存在。

## 6.1 有关溶液的基本概念

### 1. 液体的结构

为了探讨反应的溶剂效应，首先我们需要对于液体的结构有所了解。和物质的气态以及结晶状态相比，液态其实是最难以理解的。因为气体分子可以应用统计热力学，固体可以用 X 射线晶体结构或者粉末衍射进行研究。而液体中分子一方面快速运动变换位置，同时分子间又保持相当的粘结性(cohesiveness)。无规则、迅速变化的液体结构需要用统计的方法才能研究，并且只有对非常简单的液体才可能得到较为满意的结果（例如，当液体分子可以形成氢键时情况就很复杂）。水是被研究得较为详细的液体，对它的结构了解得也较多。醇的结构也具有一些类似的规律，但对于绝大多数的有机液体，对其结构的了解甚少。

分子通过各种作用力的共同作用被粘连在一起形成液体。液体分子间的相互作用包括静电作用（electrostatic interaction）、氢键（hydrogen bonding），以及电荷转移（charge transfer；或者称为供体-受体相互作用，donor-acceptor interaction）。这些作用通过负的焓变使得体系的自由能减小而得以稳定。同时，由于分子可以自由运动，多数溶液的熵值较大并且保持正值。液体的标准熵和它们的缔合程度密切相关。表 6-1 给出了一些液体的标准熵值。水具有最小的熵值，表明液体水具有最高的有序度。水的强分子间作用力是由于羟基的高电荷极化所引起的，这种极化作用导致了较大的偶极-偶极吸引以及非常强的氢键作用。相反，低极性的二硫化碳液体的分子间作用力较弱，分子具有较大的自由度。

**表 6-1　一些液体的标准熵**

| 液　体 | 标准熵 (cal/mol·K) | 液　体 | 标准熵 (cal/mol·K) |
|---|---|---|---|
| $H_2O$ | 16.71 | $MeNO_2$ | 40.9 |
| EtOH | 38.2 | $ClCH_2CH_2Cl$ | 49.7 |
| MeCN | 34.4 | $BrCH_2CH_2Br$ | 53.3 |
| AcOH | 38.2 | $CS_2$ | 56.6 |

液体具有介于晶体和气体之间的结构特征。晶体是完全有序的，而气体则是完全无序的。在晶体中，分子间的距离确定并且具有重复性，故称晶体具有长程有序（long range order）结构。这种结构的重复性是 X 射线衍射分析单晶结构的基础。在液体中，类似的高度有序结构并不存在。在一个溶剂分子的周围，距离最近的一层溶剂分子的排列有一定的有序度，但这种有序也是处于动态的，即溶剂分子在不断地交换位置。到距离溶质分子的第二、第三以及更多层时，溶剂分子将变得无序，即结构重复性持续降低。因此，液体具有短程有序（short range order）结构。固体在升温后熔化为液体，表明体系从长程有序变为短程有序。这时热能足以破坏保持固体分子在一起的作用力。如果继续升温，则保持液体分子在一起的作用力也最终不足以与热能竞争，体系将变为完全无序的气态。

### 2. 溶液

溶剂（solvent）和溶质（solute）通过混合形成的均质的液体称为溶液（solution）。如果溶解的过程是自发地发生的，那么它必然伴随着体系 Gibbs 自由能的减少，即 $\Delta G_{sol}<0$。为了更好地理解溶解的过程，我们可以设想把整个溶解过程分解成几步，并分析每一步的自由能变化。

如图 6-1 所示，a，b 两项需要吸收能量，以分别克服溶剂-溶剂以及溶质-溶质之间的相互作用，这将使得自由能的变化为正值。它们和溶剂、溶质各自的气化热和内聚能有关。此外，a，b 两项也是熵减的过程。c 项产生溶剂-溶质之间的相互作用，将释放出能量，使得体系的自由能的变化为负值。溶质和溶剂的混合使得体系熵增加（d 项）。要使得溶解过程能

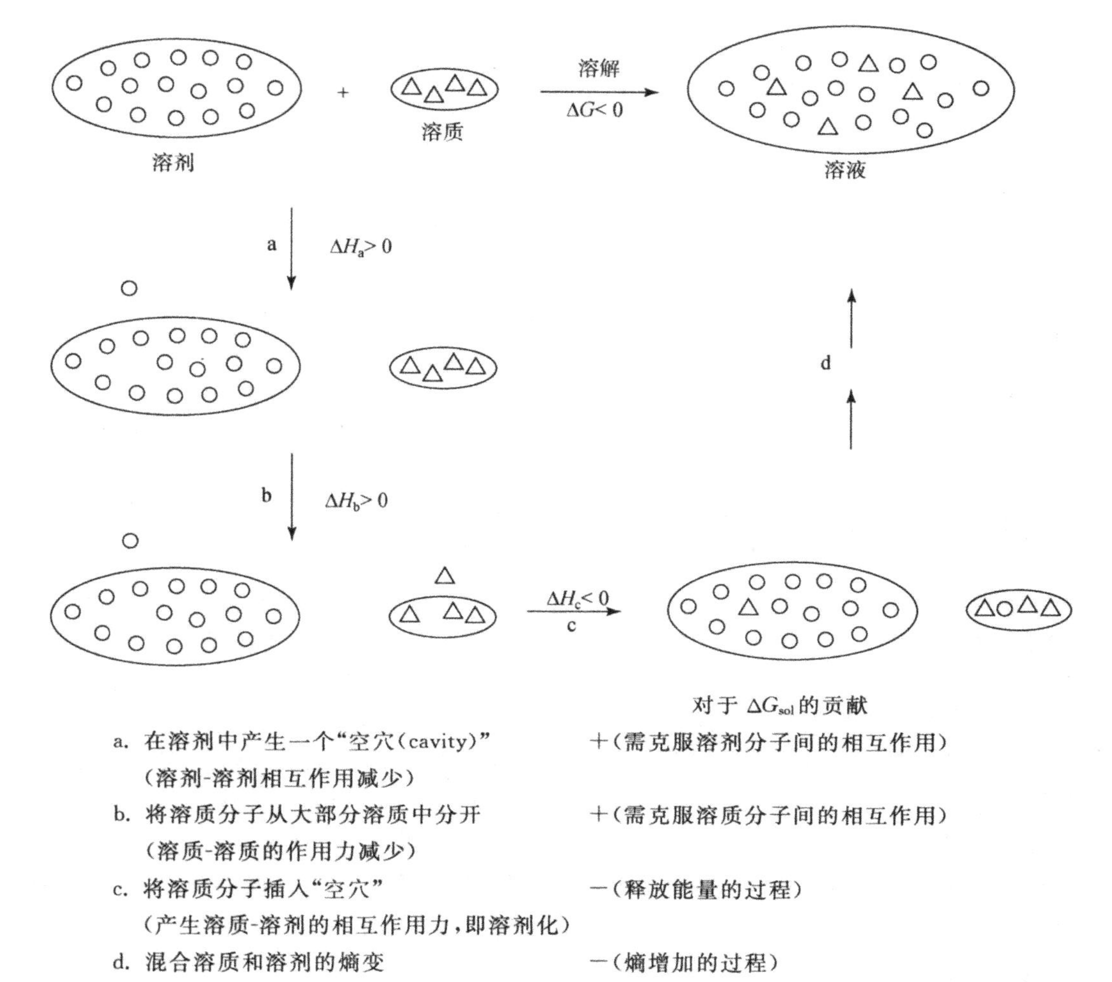


**图 6-1　溶解过程分解示意图**

够发生，a，b 两项必须被 c 项平衡。如果溶剂和溶质化学性质类似，即 a，b 项的作用力大小与 c 项相当，并且溶剂和溶质分子间的作用力较强，那么溶解度就大。这就是所谓的“相似相溶 (like dissolves like)”。

溶剂-溶质总的相互作用称为溶剂化(solvation)，它是理解溶剂效应的关键。上述整个溶解过程自由能的变化称为溶剂化能(solvation energy)。虽然很多溶质的溶剂化能已经被测定，但是人们更多的是用转移自由能(free energy of transfer，$\Delta G_{tr}$)来衡量溶解过程。转移自由能测定的是将稀释的溶质从一种溶剂转移到另一种溶剂时自由能的变化。可以看到，转移自由能测量的是两种溶剂间的溶剂化差异，而不是绝对的溶剂化能。表 6-2 列出了 *t*-BuCl 和 $Et_4N^+I^-$ 盐在几种溶剂中相对于甲醇中的转移自由能数据。数据表明，水比甲醇更容易溶解 $Et_4N^+I^-$ 盐($\Delta G_{tr}=-1.79$)，而比甲醇更难溶解 *t*-BuCl ($\Delta G_{tr}=5.26$)。而在这些溶剂中低极性的苯最难溶解 $Et_4N^+I^-$ 盐($\Delta G_{tr}=26.0$)，最容易溶解 *t*-BuCl ($\Delta G_{tr}=-1.22$)。这些数据可帮助我们定量地理解“相似相溶”现象。

表 6-2 一些溶剂相对于甲醇的转移自由能 $\Delta G_{tr}$ (kcal/mol)

| 溶　剂 | $\Delta G_{tr}$ (*t*-BuCl) | $\Delta G_{tr}$ ($Et_4N^+I^-$) |
| --- | --- | --- |
| 水 | 5.26 | −1.79 |
| 乙醇 | −0.29 | 2.51 |
| 异丙醇 | −0.34 | 5.0 |
| 叔丁醇 | −0.53 | 8.29 |
| *N*,*N*-二甲基甲酰胺 | −0.62 | 0.69 |
| 二甲亚砜 | −0.12 | 0.19 |
| 乙腈 | −0.45 | 0.59 |
| 丙酮 | −0.95 | 3.49 |
| 乙醚 | −0.95 | 20.1 |
| 苯 | −1.22 | 26.0 |

## 6.2 影响液体性质的主要因素以及溶剂分类

溶质和它周围的溶剂分子之间应当有一个净的相互吸引，否则就不会有溶解。溶剂分子在溶质周围的聚集即为溶剂化。溶质分子的存在将会对其最附近的环境产生影响，受到这种影响的区域称为“群聚区域(cybotactic region)”。这种影响会超出溶剂作用的内层，群聚区域的大小与溶剂的介电常数和溶质的性质有关。可以想象，当有一带电荷(或有很强的偶极)的溶质时，周围最内层的溶剂将会高度有序地排列，而这一层之外的溶剂排列的有序度将有所减小，以此类推。同时，热运动将使分子或多或少地自由旋转和快速地交换。在高介电性溶剂中，从最内层开始结构的有序性会随着距离的增加而迅速地降低，因为高介电性溶剂可以更为有效地弱化溶质的电场。相反，在低介电性溶剂中，电荷或极性溶质周围的群聚区域可以延伸到更远的距离。

### 1. 影响液体性质的因素

一个溶质分子的自由能可以被以下几个因素所改变：

1) 极性(polarity)

在这里表示非定向(non-specific)的吸引和排斥力，具有静电作用的性质，发生在离子的或者极性的溶质和溶剂之间。能够产生这种相互作用的溶剂称为极性溶剂，溶剂能够溶剂化和稳定电荷的能力称为该溶剂的极性。

偶极和偶极之间会产生静电作用，导致分子在空间上按照尽可能使能量最低的方式排布。这要使得一个偶极的一端能与另一偶极的带相反电荷的一端作用。这种偶极之间的吸引作用会使得溶剂的沸点升高。

一个溶剂的极性和这个分子的偶极矩有关，但是偶极矩并不能完全表示它的极化能力，因为溶剂化作用还和溶剂以及溶质分子的形状、大小密切相关。例如，典型的非质子性极性溶剂 DMSO 可以有效地使正离子溶剂化，但是由于立体效应它溶剂化负离子的能力很弱，从而导致 DMSO 中的负离子具有很高的活性。

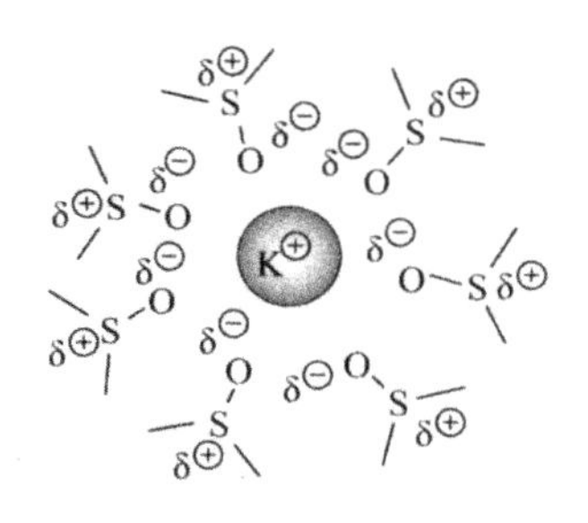


较好的溶剂化作用

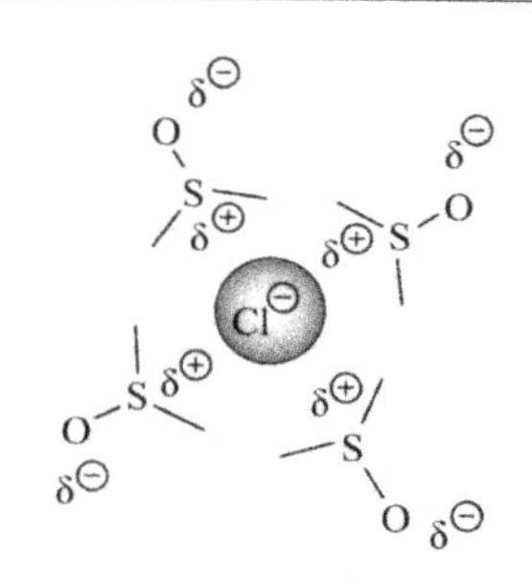


较差的溶剂化作用

又如，偶极矩与分子长轴平行的分子能很好地溶解离子，因为可以有数个溶剂分子同时接近离子；而当偶极矩沿着短轴时，溶剂化作用就不是十分有效，因为难以使几个溶剂分子同时接近离子。

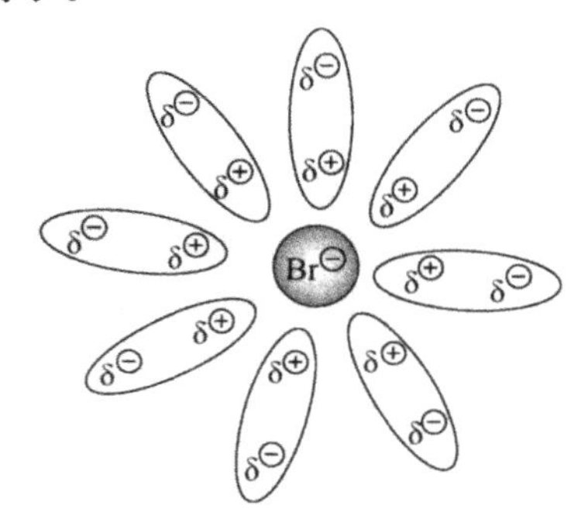


较好的溶剂化作用

较差的溶剂化作用

2）可极化性(polarizability)

溶质和溶剂分子接近以后会通过各自的电场相互诱导形成诱导偶极矩，这种形成诱导偶极矩的难易称为可极化性。一种溶剂的可极化性可以用可极化率来衡量(见下文)。诱导偶极矩的作用可以分为：偶极-诱导偶极作用以及诱导偶极-诱导偶极作用。偶极-诱导偶极作用是指一个具有永久偶极矩的极性分子和一个非极性的但是可极化的分子之间的相互作用。诱导偶极-诱导偶极作用是由于一个分子瞬间形成一个偶极矩，和另一个也瞬间形成偶极矩的分子之间的相互吸引作用。这种作用通常是十分微弱的，但是它对于非极性分子来说却是十分重要的。

3）氢键(hydrogen bonding)

氢键对于极性质子性溶剂具有很大的影响，具有好的氢键供体和/或受体性质的溶剂，通常能够很好地溶解能形成氢键的溶质。有关氢键将在后面详细讨论。

4）供体-受体相互作用(donor-acceptor interaction)

这种相互作用也会很大程度影响溶剂化过程，将在后面详细讨论。

**2. 有机反应溶剂的分类**

1）非极性非质子性溶剂(nonpolar aprotic solvent)。这类溶剂只有微弱的偶极矩，没有酸性质子或供体/受体的性质。因此，它们只有很弱的分子间相互作用。例如，以下典型的非极性非质子性溶剂：

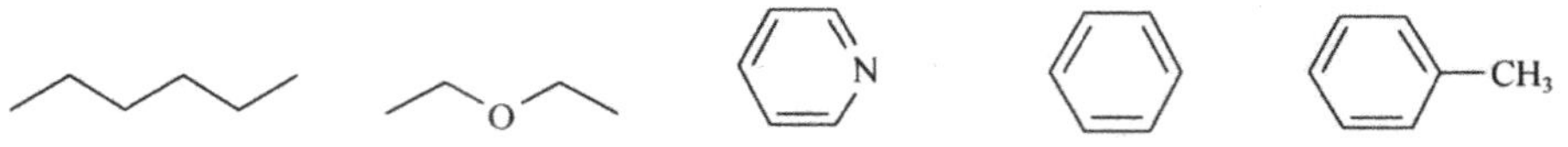

n-hexane　ethyl ether　pyridine　bnenzene　toluene

2）非极性质子性溶剂(nonpolar protic solvent)。这类溶剂具有酸性质子，但是分子本身具有较小的极性，主要是高级醇类，典型的是叔丁醇。

3）极性非质子性溶剂(dipolar aprotic solvent)。这类溶剂具有较大的偶极矩和供体/受体性质，但没有像—OH 或者—NH 那样的强酸性质子。由于它们溶剂化作用的特点，这类溶剂在有机合成中十分重要，通常可以显著地增强亲核试剂的活性。以下是一些典型的极性非质子性溶剂：

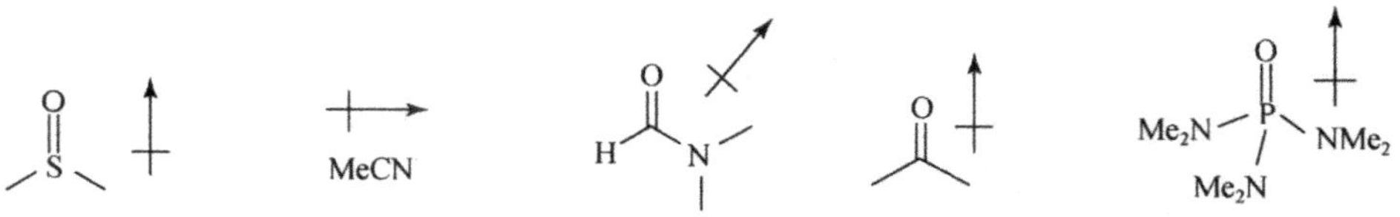

DMSO　acetonitrile (MeCN)　DMF　acetone　HMPA

4）极性质子性溶剂(polar protic solvent)。指具有提供质子能力的那些溶剂，含有—OH或者—NH，如醇、胺、羧酸以及水。这类溶剂具有大的偶极矩，同时也具有形成氢键的能力。

## 6.3 有关溶液性质的参数以及溶液中的相互作用

### 1. 介电常数(dielectric constant)

一种介质在外加电场时会产生感应电荷而削弱外加的电场，这种使外加电场削弱的能力可以用介电常数来衡量。通过测定溶剂对带相反电荷电极板间的电场的影响(即电极板的电容量)，可得到该溶剂的介电常数，它和真空介电常数的比值即为我们常用的相对介电常数(relative permittivity)$\varepsilon$，或简称介电常数。

介电常数是一个宏观的参数，它反映出溶剂屏蔽静电作用的能力。介电常数大，说明这个溶剂能够有效地屏蔽离子和偶极子两端的吸引和排斥作用，相反电荷的离子就越易于电离。具有大的分子偶极矩、大的分子可极化性，以及氢键供体/受体性质的溶剂具有大的介电常数。在表 6-3 中甲酰胺具有最高的介电常数，其次是水。甲酰胺有大的偶极矩，能形成氢键，并且可极化性也比水高。这些因素综合使得甲酰胺具有比水还高的介电常数。甲醇的介电常数和水相比要小得多，这说明简单的甲基取代即可非常显著地降低水分子的极性。

但是，介电常数只给出有关溶剂很粗略的性质，它的定义以及测量方法假定了相关的物质是连续的，没有微观结构。因此，介电常数与溶剂对反应速率的影响往往没有很好的相关性。这是因为溶剂化是一种相互作用，它和溶剂、溶质的形状有很大关系。而介电常数很难体现出这种“形状”对溶剂化作用的影响。然而，我们可以用介电常数将溶剂粗略地分为极性的和非极性的。通常非极性溶剂的介电常数 $\varepsilon<15$，这时离子性物质在其中很难发生电离，它们的溶解度很小。当有形成氢键的可能时情况较为例外。例如 AcOH 的介电常数为 6.15，但它却是一种具有较强极性的溶剂。

表 6-3 一些溶剂的可极化率、偶极矩和介电常数

| 溶剂 | 可极化率 ($10^{24}$ cm$^3$) | 偶极矩 $\mu$ (D) | 介电常数 $\varepsilon$ |
|---|---|---|---|
| **非极性非质子性溶剂** | | | |
| 正己烷 | 11.87 | 0.085 | 1.88 |
| 正戊烷 | 9.99 | 0 | 1.84 |
| 苯 | 10.39 | 0 | 2.28 |
| 甲苯 | 11.8 | 0.36 | 2.38 |
| 乙醚 | 8.92 | 1.15 | 4.34 |
| 吡啶 | 9.55 | 2.37 | 12.4 |
| 四氯化碳 | 10.49 | 0 | 2.24 |
| 1,4-二氧六环 | 8.60 | 0.45 | 2.21 |
| 三氯甲烷 | 8.23 | 1.04 | 4.8 |
| **非极性质子性溶剂** | | | |
| 叔丁醇 | 8.82 | 1.66 | 12.47 |
| 环己醇 | 11.33 | 1.86 | 15.0 |
| 苯酚 | 11.11 | 1.45 | 9.78 |
| **极性非质子性溶剂** | | | |
| 四氢呋喃 (THF) | 7.92 | 1.75 | 7.58 |
| 二氯甲烷 | 6.48 | 1.60 | 8.9 |
| 丙酮 | 6.41 | 2.69 | 20.70 |
| 乙酸乙酯 | 9.7 | 1.78 | 6.02 |
| *N*,*N*-二甲基甲酰胺(DMF) | 7.90 | 3.86 | 36.70 |
| 二甲亚砜 (DMSO) | 7.99 | 3.9 | 46.68 |
| 乙腈 | 4.41 | 3.44 | 37.5 |
| 六甲基磷酰三胺(HMPA) | 18.90 | 5.54 | 30 |
| **极性质子性溶剂** | | | |
| 水 | 1.48 | 1.84 | 78.5 |
| 甲醇 | 3.26 | 2.87 | 32.7 |
| 乙醇 | 5.13 | 1.66 | 24.55 |
| 乙酸 | 5.16 | 1.68 | 6.15 |
| 甲酸 | 3.39 | 1.82 | 58.5 |
| 甲酰胺 | 4.22 | 3.37 | 111 |

### 2. 偶极矩(dipole moment)和可极化性(polarizability)

为了更好地理解溶液现象，有必要从分子水平评价溶剂的性质。在这里最重要的参数是分子的偶极矩和分子可极化性。分子的偶极矩表示的是分子内部电荷的分离情况，它是正、负电荷中心间的距离 $r$ 和电荷中心所带电量 $q$ 的乘积，$\mu = r \times q$(单位是德拜 D，1 D=$3.35\times10^{-30}$C·m)。偶极矩是一个矢量，方向规定为从正电荷中心指向负电荷中心。

偶极矩对于评价溶剂分子如何聚集在本身带有电荷或者偶极矩的溶质分子周围时很重要。溶剂分子和溶质分子间相互作用的强度取决于分子的形状和大小，以及溶剂和溶质分

子偶极矩的大小。有序排列在溶质分子周围的内层最为明显，随着离开溶质的距离增大，溶剂分子的排列变得越来越无规则。形成溶剂化层将伴随着发热（$\Delta H<0$），但是有序程度增加（$\Delta S<0$），见图 6-2。

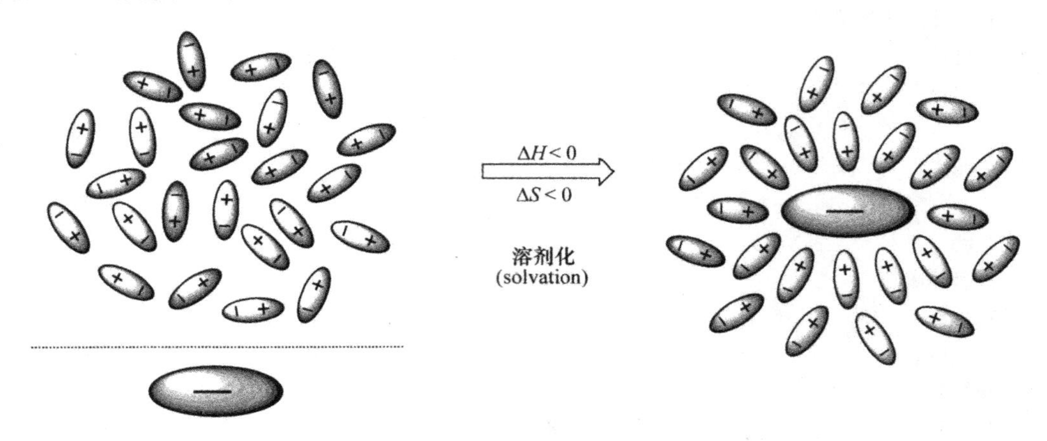


**图 6-2　负离子在偶极溶剂中的溶剂化过程示意图**

分子在外界电场（试剂、溶剂等）的影响下，键的极性可能发生一些改变，这种现象叫可极化性。可极化性可衡量一个分子其分子内的电子云分布在外界电场作用下的变化，它用于评价非专一性的相互作用（London dispersion forces）（伦敦力，色散力）。这种作用是分子相互接近时诱导产生的偶极矩相互吸引。可极化性对于溶剂化作用的影响较弱，只有在非极性溶剂中当其他的溶剂化力较小时才会变得重要。

**3. 离子成对（ion pairing）**

在极性较低的溶剂中，由于溶剂分离电荷的能力较弱，离子在很大程度上缔合成对。因为离子的反应活性受其附近带相反电荷离子的影响很大，所以离子成对现象对于理解许多有机反应是十分重要的。在大多数情况下离子成对会减弱一个离子的反应活性，因此，增加离子反应活性的一个办法是设法削弱离子成对。

对于离子成对，我们可以考虑两种情况：一种是所谓紧密离子对，另一种是在离子对之间隔一个溶剂分子。

$$\overset{\oplus}{M}\ \overset{\ominus}{X} \qquad\qquad \overset{\oplus}{M}\ \|\ \overset{\ominus}{X}$$

紧密离子对　　　　溶剂分子

这两种形式的离子对均可以用光谱的方法检测（可见-紫外光谱，也可用核磁 $^{13}C$，$^{7}Li^{+}$，$^{23}Na^{+}$，$^{39}K^{+}$，$^{87}Rb^{+}$，$^{133}Cs^{+}$），进一步可以求得其平衡常数。例如，以下 9-芴基的钠盐和锂盐在醚类溶剂中离子成对的情况：

$$\overset{\oplus}{M}\ \overset{\ominus}{X} + \| \xrightleftharpoons{K} \overset{\oplus}{M}\ \|\ \overset{\ominus}{X} \qquad \overset{\ominus}{X} = \text{(9-芴基负离子)}$$

紧密离子对　　溶剂分子

| 溶 剂 | K | |
|---|---|---|
| | $Li^+$ | $Na^+$ |
| $H_3CO(CH_2CH_2O)_2CH_3$ | 3.1 | 1.2 |
| $H_3CO(CH_2CH_2O)_3CH_3$ | 130 | 9.0 |
| $H_3CO(CH_2CH_2O)_4CH_3$ | 240 | 170 |

通过在离子对之间插入一个溶剂分子，或者其他的添加化合物，可以使得相应的抗衡离子的活性得到提高。基于这样的原理人们开发了一系列正负离子络合剂，其中最典型的是冠醚类化合物，它们可以有效地络合金属正离子(*Acc. Chem. Res.* **1978**, *11*, 49; *Chem. Rev.* **1974**, *74*, 351)。例如，在亲核反应中加入冠醚可以提高亲核试剂的反应活性(图6-3)。这是因为冠醚可以有效地络合金属离子，从而削弱紧密离子对的形成，使得 $M^+$ 抗衡阴离子(即亲核试剂 $Nu^-$)的活性得到提高(*Angew. Chem. Int. Ed. Engl.* **1972**, *11*, 16)。

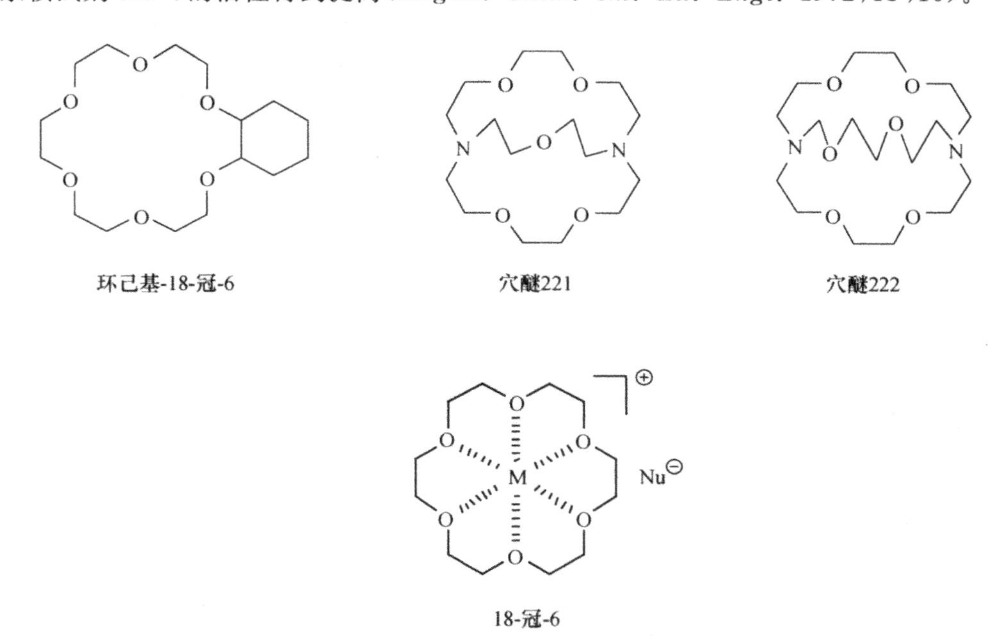


**图 6-3 冠醚的结构及其和金属盐的作用**

#### 4. 相转移催化(phase transfer catalysis)

随着对于溶剂化作用以及离子成对对离子性质影响的理解，人们发展了一种称为相转移催化的十分有效的方法。用这种方法可以使有机分子和离子之间迅速并且高效地发生反应。

在一个由有机相和水相组成的两相体系中，根据相似相溶原理，有机化合物将溶解在非极性有机溶剂中，而负离子作为亲核试剂将溶在水相。由于反应物和亲核试剂处于不同的溶液中，它们之间的反应将会非常缓慢。这时，我们可以在这个体系中加入相转移催化剂，它们通常含有烷基等疏水基团的正离子，最常见的是季铵盐，如 $n\text{-}Bu_4N^+Br^-$ 等，其相转移催化原理见图 6-4。在水相中 $n\text{-}Bu_4N^+$ 和 $Nu^-$ 形成离子对 $n\text{-}Bu_4N^+Nu^-$。这个离子对由于带有疏水性的正丁基侧链，使得整个分子变得疏水，因而可以移动到有机相。而在有机相里，$Nu^-$是和一个被四个正丁基隔开的正电荷成对，并且其溶剂化的程度很小，因而$Nu^-$具有很高的亲核反应活性。而作为相转移催化剂的正离子$n$-$Bu_4N^+$，可以在水相和有机相之间来回运送更多的$Nu^-$，使得这个两相反应能够高效进行。

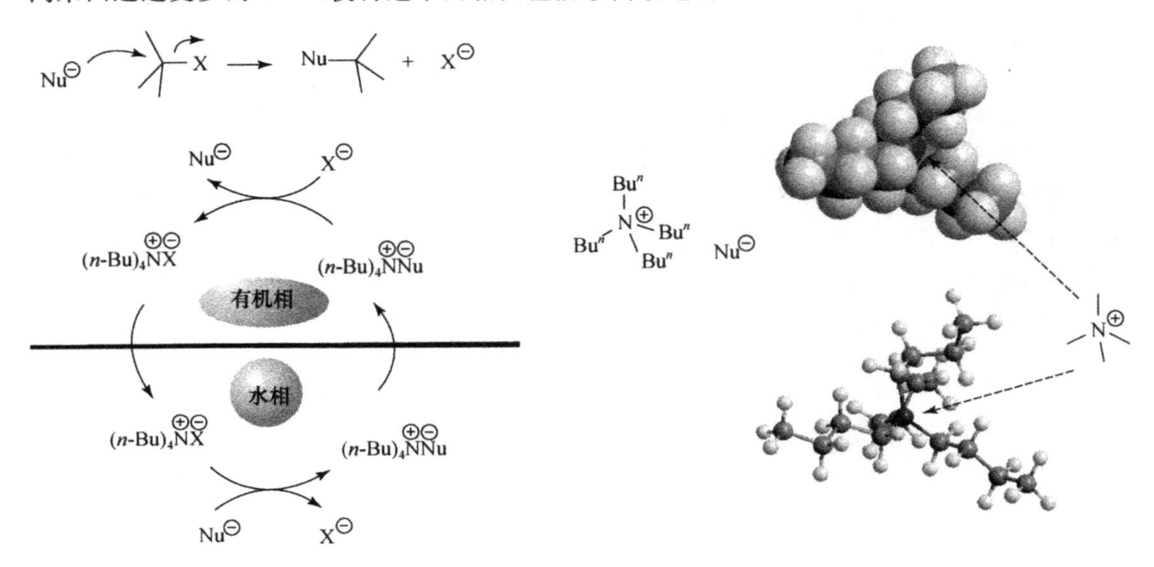


图 6-4　季铵盐的结构以及相转移催化剂的作用原理

### 5. 溶质的流动性

溶液中的反应必然要求反应物之间遭遇或接触。遭遇的速率取决于溶质流动性，而溶质流动性又和溶剂化作用相关。由于溶剂化作用的影响，具有电荷和偶极的分子在极性溶剂中扩散较慢，这是因为溶质分子和极性溶剂之间的强相互作用增加了扩散过程的摩擦力。

### 6. 气化热

溶剂的气化热(heat of vaporization)是指在沸点时每克或者每摩尔溶剂气化所需要的能量。溶剂的气化热衡量的是溶剂分子克服相邻分子间吸引力的难易程度。表 6-4 的数据显示水具有最大的气化热，说明水具有最强的分子间相互吸引力。相反，苯、氯仿等非极性溶剂的气化热则很低，说明分子间的作用力弱。癸烷的高气化热值是由于分子表面积较大，使得分子间作用力变大。

表 6-4　一些常用溶剂的气化热(101.325 kPa 下)

| 溶 剂 | 水 | 甲醇 | 乙醇 | 丙酮 | 苯 | 氯仿 | 甲烷 | 癸烷 |
|---|---|---|---|---|---|---|---|---|
| 气化热(cal/g) | 540 | 263 | 204 | 125 | 94 | 59 | 122 | 575 |

### 7. 供体-受体相互作用

当相互接触的溶剂和溶质分子一个具有较高的占有 MO，而另一个具有较低的空轨道，并且它们具有合适的取向时，就会发生 HOMO-LUMO 的相互作用(也称为电荷转移，charge transfer)。

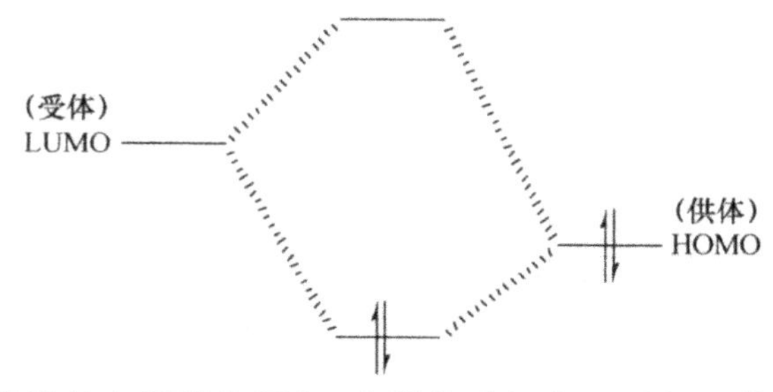


这种作用常常伴随着产生很强的颜色，表明分子间发生了相互作用，虽然并未发生化学反应。例如，四氰基乙烯和六甲基苯均为无色，当它们混合以后则产生很强的紫色。这两种化合物可以完全分离回收，因此并没有发生通常的化学反应。但是两种分子间的确有相互作用。缺电子的四氰基乙烯具有较低的 LUMO 轨道，而负电子的六甲基苯则具有较高的 HOMO 轨道。两者接触以后发生 HOMO-LUMO 相互作用，形成新的轨道。这时 HOMO 轨道上的电子进入能量较低的轨道。由于两个新产生的轨道的能级差很小，使得电子可以吸收较长波长的光，即可跃迁到高能量的轨道，从而使得混合物呈现出颜色。



又如，$I_2$ 在气相或四氯甲烷中为紫色，而在含有氮原子的供体溶剂（例如吡啶）中则变为棕色。和上例相同，这种 HOMO-LUMO 相互作用并不代表化学键的形成。这些混合物的蒸气压等综合性质并不表明有络合物的形式。因此，这种相互作用的能量很弱，复合物的寿命很短，也许只在化学键振动频率的区域范围（约 $10^{-11}$ s）。然而，在这样的时间尺度里电子跃迁能够发生数千次（电子跃迁的时间尺度为 $10^{-15}$ s）。但复合物的短寿命并不足以使溶液的性质发生变化，这种复合物可以看成是两种物质发生了“粘碰撞（sticky collision）”。

**8. 氢键(hydrogen bonding)**

1920 年，Latimer 和 Rodebush 首先提出了氢键的存在，随后氢键被证明具有普遍的重要意义（*J. Am. Chem. Soc.* **1920**，*42*，1419）。

氢键对于溶液的性质具有重要的影响。首先，氢键使得液体的沸点大为增加。例如，我们可以比较以下同一族的化合物沸点的变化，同一族的化合物的沸点之间很大差别是由于形成氢键的能力不同所致。此外，氢键通常也使溶液的粘度增大。

| | | | |
|---|---|---|---|
| HF 20℃ | $H_2O$ 100℃ | MeOH 60℃ | $NH_3$ −33℃ |
| HCl −85℃ | $H_2S$ −61℃ | MeSH −78℃ | $PH_3$ −87℃ |

氢键的热力学可以通过测量形成氢键的过程中热的变化来研究，焓变 $\Delta H$ 通常在 −2～−16 kcal/mol。这样的数值要远远小于形成共价键的 $\Delta H$（通常在几十到一百多 kcal/mol）。另外，生成熵是负值，因为在形成氢键过程中将失去平动自由度（translational freedom)。所以，形成氢键的自由能通常和室温下的热能(0.6 kcal/mol)相当，即氢键很容易被打断。流体中的氢键是不断变化的，很快地形成和断裂。表 6-5 列出了一些典型的非共价键相互作用的强弱(*Chem. Rev.* **2005**，*105*，1491)。

表 6-5 一些非共价键作用的强度

| 相互作用的类型 | 强度(kcal/mol) | 相互作用的类型 | 强度(kcal/mol) |
|---|---|---|---|
| 共价键 | 24～97 | 正离子-π | 1～19 |
| 库仑力 | 60 | π-π | 0～12 |
| 氢键 | 2～16 | 范德华力 | <1.2 |
| 离子-偶极 | 12～48 | 疏水作用 | 难以评估 |
| 偶极-偶极 | 1～12 | 金属-配体 | 0～96 |

用价键理论无法解释分子氢键的形成。以水的二聚体 $H_2O\cdots H—O—H$ 作为模型进行的计算表明，氢键的作用主要是由于静电的引力。这和氢的特殊性质有关，因为它是最小的原子，其核缺少外层电子的屏蔽，容易和其他原子的电子之间产生静电吸引。

氢键的强弱与空间效应以及电子效应均有关系。在空间效应方面，当 $X—H\cdots X'$ 为直线时最强。例如，对于以下结构，通过红外光谱中 O—H 键伸缩振动频率的变化，可以了解分子内氢键和几何形状的关系。

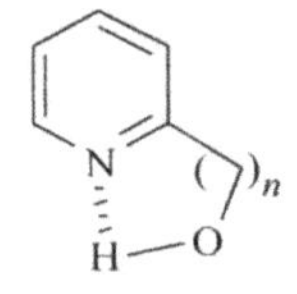


| | $n=1$ | $n=2$ | $n=3$ |
|---|---|---|---|
| O—H 伸缩振动频率的变化($cm^{-1}$) | 192 | 203 | 357 |
| O—H⋯N 角度(°) | 125 | 145 | 180 |
| O---N 距离(Å) | 2.60 | 2.20 | 1.60 |

在电子效应方面，当 X，X′的电负性大时，氢键的作用力强。$X—H\cdots X'$体系中 X，X′对氢键强弱的影响顺序如下：F > O > N > Cl，Br，S ≫ C，P。

氢键还会对分子的结构产生重要的影响。分子内氢键通常可以使分子稳定，例如，羰基化合物的烯醇式通常是不稳定的(比相应的酮式能量高约 12 kcal/mol)，因为 C═O 的键能(145 kcal/mol)比 C═C 的键能(173 kcal/mol)大得多。但是，分子内氢键可以使 1，3-二羰基化合物大部分以烯醇的形式存在，此时通过分子内氢键形成较为稳定的六元环结构。

### 9. 氢键的检测

对于晶体，氢键可以直接通过单晶结构来检测。一般的情况，氢键可以通过红外光谱和核磁共振光谱来间接观察。

1) 红外光谱

振动频率与质量有关，且振动频率大约和键连基团质量的平方根成反比。形成氢键以后相当于氢原子的有效质量增加，因此会导致键的振动吸收频率降低。例如，游离的 O—H(在非极性稀溶液中)的伸缩振动是 3610～3640 $cm^{-1}$的尖锐吸收，较强；而形成分子间氢键以后的 O—H 则为出现在 3200～3400 $cm^{-1}$的宽峰，很强。吸收增强是由于键的强度增加。

同时，因为样品有各种不同程度的成键，即形成了程度不同的聚合结构，因此吸收峰将会变得较宽。

2）核磁共振

形成氢键的质子将移向低场，说明电子被屏蔽，即电子密度减少。这是因为在 X—H…X′体系中，氢键受体 X′的电子对于 X—H 键 $\sigma$ 电子的排斥作用，即 $\sigma$ 电子被推向 X，使得 H 周围的电子密度降低。

由于形成氢键的程度受浓度、温度以及溶剂等的影响很大，因此，X—H 中质子的化学位移通常也不是固定的。例如，纯的 EtOH 的羟基质子出现在 $\delta$ 5.35；5%～20%的非极性溶剂（$CCl_4$ 或者 $CDCl_3$）中该质子将出现在 $\delta$ 2～4；而在非常稀的溶液中它出现在 $\delta$ 0.5。

## 6.4　衡量溶剂效应的各种参数

### 1. 温斯坦-格伦瓦尔德方程(Grunwald-Winstein equation)

由前面的讨论我们知道，溶剂化作用是一种十分复杂的相互作用，因此，很难用溶剂的某一种性质的参数，如偶极矩、可极化性等来进行衡量。例如，对于以下反应：

$$ArCO_2H + H_2O \rightleftharpoons ArCO_2^{\ominus} + H_3O^{\oplus}$$

| | |
|---|---|
| $H_2O$ | $\rho$=1.00（定义） |
| 50%乙醇-水 | $\rho$=1.60 |
| 乙醇 | $\rho$=1.96 |

$$ArCO_2Et + {}^{\ominus}OH \rightleftharpoons ArCO_2^{\ominus} + EtOH$$

| | |
|---|---|
| 70%二氧六环-水 | $\rho$=1.83 |
| 85%乙醇-水 | $\rho$=2.54 |

考虑介电常数：水，$\varepsilon$=79；EtOH，$\varepsilon$=24。因此，负电荷在醇中被溶剂化的程度较小，故中间体受取代基的影响增大，即反应常数 $\rho$ 值增加。然而，介电常数并不能够解释所有的反应，因而有人考虑用类似于 Hammett 研究电子效应的方法，即用一些标准的化学反应来衡量溶剂的性质。其中，Grunwald 和 Winstein 最早用卤化物的溶剂解反应作为标准反应建立了溶剂参数 $Y$，并进一步用和 Hammett 线性相关类似的方法研究其他的反应。和 Hammett方程类似，这里得到反映溶剂效应的 Grunwald-Winstein 方程（*J. Am. Chem. Soc.* **1948**，*70*，846）。Grunwald-Winstein 对溶剂效应的具体研究过程如下。

首先，以叔丁基氯的 $S_N1$ 溶剂解反应作为标准反应：

$$Me_3C—Cl \xrightarrow[\text{慢}]{S_N1} Me_3C^{\oplus} + Cl^{\ominus} \xrightarrow[\text{快}]{S} Me_3C—S$$

（S=溶剂）

然后建立下面的方程：

$$\lg k_A - \lg k_O = Y_A \quad \text{或} \quad \lg\frac{k_A}{k_O} = Y_A$$

其中，$Y_A$ 称为溶剂效应参数；O 为标准溶剂 80%EtOH/20%$H_2O$，A 为其他溶剂；$k$ 为在不同溶剂中的速率常数，其中 $k_O$ 为在标准溶剂中的速率常数，$k_A$ 为在溶剂 A 中的速率常数。

类似于取代基常数，得到表 6-6 中的数据。

表 6-6 不同溶剂的溶剂化参数 $Y_A$

| 溶剂 A | $Y_A$ | 溶剂 A | $Y_A$ |
|---|---|---|---|
| $H_2O$ | +3.49 | $Me_2CO$（含 20%水） | −0.67 |
| MeOH（含 50%水） | +1.97 | MeOH | −1.09 |
| $HCONH_2$ | +0.60 | EtOH | −2.03 |
| EtOH（含 30%水） | +0.59 | $Me_2CHOH$ | −2.73 |
| EtOH（含 20%水） | 0（定义） | $Me_3COH$ | −3.26 |

对于一般卤化物的水解，类似于 Hammett 线性自由能相关，可以对相对反应速率进行线性相关处理，即可用下面的方程表示线性相关性：

$$\lg\frac{k_A}{k_O}=mY_A$$

其中，$Y_A$ 代表溶剂 A 的离子化力(ionizing power)；$m$ 类似于 Hammett 方程中的反应常数，但是在这里它代表的是某个卤化物的溶剂解反应对于 $Y_A$ 的敏感程度。$m$ 也反映出反应决速步的过渡态离子对形成的程度，$m$ 数值愈大，表明离子对形成的程度愈大(表 6-7)。上式称为 Grunwald-Winstein 方程。

表 6-7 不同反应的 $m$ 常数

难形成正离子中间体的趋势（↓）

| 卤化物 | $m$ |
|---|---|
| PhCH(Me)Br | 1.20 |
| $Me_3CCl$ | 1.00 |
| $Me_3CBr$ | 0.94 |
| $EtMe_2CBr$ | 0.90 |
| $CH_2{=}CHCH(Me)Cl$ | 0.89 |
| EtBr | 0.34 |
| $Me(CH_2)_3Br$ | 0.33 |

需要指出的是，由于溶剂作用的复杂性，Grunwald-Winstein 方程只能用于下式的一般反应：

$$A{-}B \xrightarrow[\text{慢，决速步}]{k} A^{\oplus}+B^{\ominus}$$

## 2. $\phi$ 参数和 $\alpha$ 参数

Grunwald-Winstein 研究溶剂效应的基本思路是，选用某一个化学反应，用各种溶剂对这个化学反应的影响来建立一套参数。基于相同的想法，可以设想我们也可以选用其他的化学反应，来建立不同的溶剂效应参数。人们的确在这方面进行了尝试。例如，用以下简单的三级胺和碘甲烷的反应，人们建立了 $\phi$ 参数(*J. Am. Chem. Soc.* **1975**, *97*, 7433)，见表6-8。

$$n\text{-}Pr_3N+MeI \longrightarrow [n\text{-}Pr_3\overset{\delta\oplus}{N}\cdots Me\cdots\overset{\delta\ominus}{I}] \longrightarrow n\text{-}Pr_3\overset{\oplus}{N}Me\overset{\ominus}{I} \quad \lg k=\phi$$

**表 6-8　常用溶剂的 $\phi$ 参数**

| 溶　剂 | 参数 $\phi$ | 溶　剂 | 参数 $\phi$ |
|---|---|---|---|
| 甲醇 | −1.89 | 二氯甲烷 | −0.553 |
| 乙醇 | −2.02 | 氯仿 | −0.886 |
| 乙腈 | −0.328 | 四氯化碳 | −2.85 |
| 丙酮 | −0.828 | 苯 | −1.74 |
| 乙酸乙酯 | −1.66 | 环己烷 | −4.15 |
| 乙醚 | −2.92 | 正己烷 | −5 |

另外，有人用四甲基锡的溴化反应建立了 $\alpha$ 参数（*J. Organomet. Chem.* **1967**, *7*, 273; **1963**, *1*, 173）。

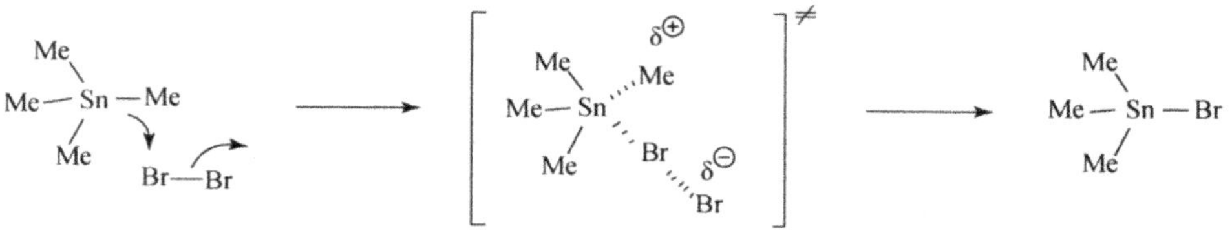

### 3. 基于光谱方法的溶剂效应参数：$E_T$ 参数和 $Z$ 参数

以上的溶剂效应参数都是用某一有机化学反应来衡量溶剂的性质，这些被选定的反应均对溶剂效应十分敏感。这种方法的限制在于，有机化学反应往往不能在所有的有机溶剂中都发生，这样用一种反应只能衡量一定范围内的溶剂。为克服这样的困难，人们发展了其他不需要用有机反应的方法。一种方法是用某些有机化合物在溶液中的光谱性质来衡量溶剂效应，即所谓的基于光谱的溶剂效应标尺（scales based on spectroscopic properties）。这种方法的原理是基于溶剂化显色或溶致变色（solvatochromism）现象（图 6-5）。

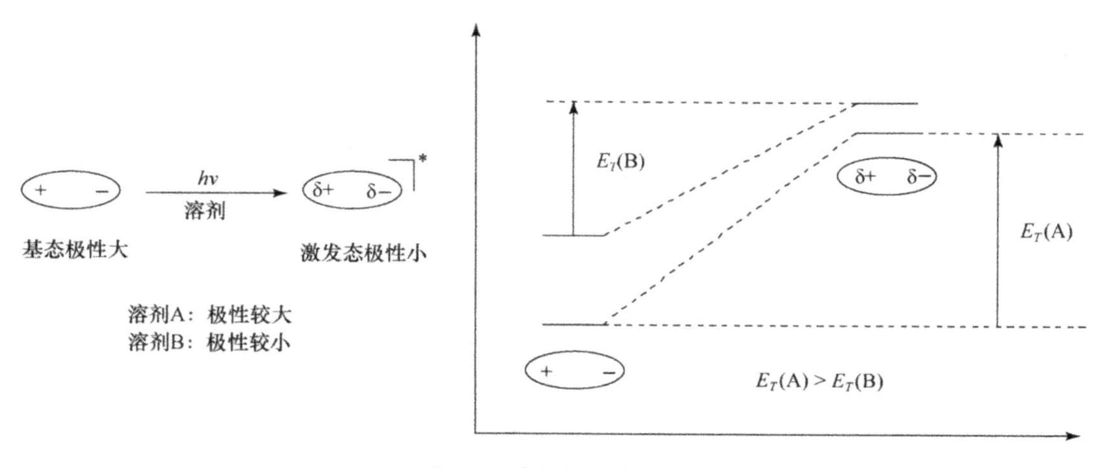


**图 6-5　溶剂化显色现象**

一些化合物的跃迁能（transition energies，具有最大吸收的光的能量），对介质十分敏感，即随溶剂的改变吸收波长会发生变化，这种现象称为溶剂化显色。溶剂化显色是由于基态和激发态电子结构和电荷分布的改变所引起的。如图 6-5 所示，如果分子在激发态变得更为极化，则相对于基态该分子在极性溶剂中被更好地溶剂化，因而其能量就会降低。这样随着溶剂极性的增加，吸收的光波长就会变长，就会出现所谓红移(red-shift)的现象。相反，如果该分子的基态的极性大于其激发态，则随着介质极性的增大，基态能量降低，分子变得更难跃迁(需更大的能量)，这时最大吸收就会出现在较短的波长(称为蓝移，blue-shift)。

利用这种性质，可以用某种化合物跃迁能在不同溶剂中的变化定量地研究溶剂的性质。这种方法的优点是，只需溶质分子具有一定的溶解度，而不需要有化学反应，因而可以用于研究几乎所有的溶剂。Kosower 用吡啶-碘盐在光作用下进行电荷转移，即电子由碘转移给吡啶盐(*J. Am. Chem. Soc.* **1958**, *80*, 3253)。吡啶-碘盐在基态 **A** 有较大的极性(13.9 D)，而激发态 **A**$^*$ 的极性较小(8.6 D)。跃迁能可以用波长或者频率表示：$E=h\nu=hc/\lambda$，溶剂效应用 $Z$ 参数表示。

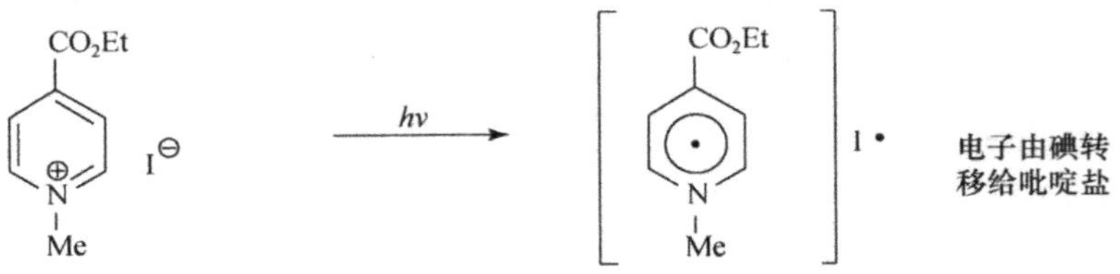

$CO_2Et$ ... $I^{\ominus}$ —$h\nu$→ [...] $I^{\bullet}$ 电子由碘转移给吡啶盐

**A** **A***

$$Z(\text{kcal/mol})=\frac{2.859\times10^4}{\lambda_{max}(\text{nm})}$$

更具有溶剂化显色现象的染料分子是吡啶内盐化合物 **B**。这个分子在可见光区域的跃迁产生极性相对较小的激发态 **B**$^*$。基于这个分子的溶剂参数 $E_T$，和 $Z$ 参数的定义是一样的(表 6-9)。化合物 **B** 的优点在于，它的溶剂化显色现象十分显著，从极性溶剂水中的绿色(450 nm)到非极性溶剂烷烃中的远紫外(220 nm)。其限制在于，它在酸性溶剂中无法使用，因为 **B** 中的酚负离子将会被质子化，从而阻止 **B** 的电子跃迁。

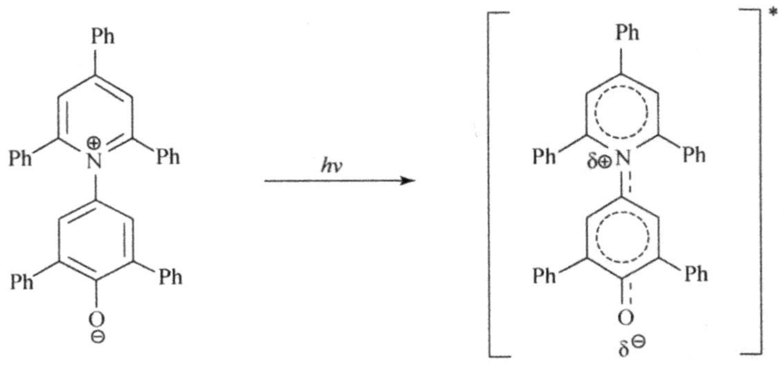

**B** —$h\nu$→ **B***

**表 6-9　常用溶剂的 $E_T$ 参数和 $Z$ 参数**

| 溶　剂 | $E_T$ | $Z$ | 溶　剂 | $E_T$ | $Z$ |
|---|---|---|---|---|---|
| 乙酸 | 51.2 | 79.2 | 四氢呋喃 | 37.4 | 58.8 |
| 水 | 63.1 | 94.6 | 二氧六环 | 36.0 | |
| 甲醇 | 55.5 | 83.6 | 乙醚 | 34.6 | |
| 乙醇 | 51.9 | 79.0 | 二氯甲烷 | 41.1 | 64.7 |
| DMF | 43.8 | 68.4 | 1,2-二氯乙烷 | 41.9 | 63.4 |
| 乙腈 | 46.0 | 71.3 | 氯仿 | 39.1 | 63.2 |
| 硝基甲烷 | 46.3 | 71.2 | 氯苯 | 37.5 | 58.0 |
| HMPA | 40.9 | 62.8 | 四氯化碳 | 32.5 | |
| 二甲亚砜 | 45.0 | 71.1 | 苯 | 34.5 | 54 |
| 丙酮 | 42.2 | 65.5 | 甲苯 | 33.9 | |
| 乙酸乙酯 | 38.1 | 59.4 | 环己烷 | 31.1 | |
| 吡啶 | 40.2 | 64.0 | 正己烷 | 30.9 | |
| 三乙胺 | 33.3 | | 二硫化碳 | 32.6 | |

**4. 溶剂的供体参数和受体参数**

除了上述应用化学反应或者光谱性质研究溶剂效应之外，还可以简单地应用 Lewis 酸碱的供体/受体性质。可以用一个标准的电子接受体(例如，三氯化锑 $SbCl_3$，Lewis 酸)来衡量溶剂给予电子的能力。这个 Lewis 酸碱相互作用的强弱可以通过作用过程释放的热量来进行衡量，称为 DN(donor number)参数，单位是 kcal/mol。从测得的数据可以清楚地看到，胺类溶剂具有最强的供体性质(表 6-10)。

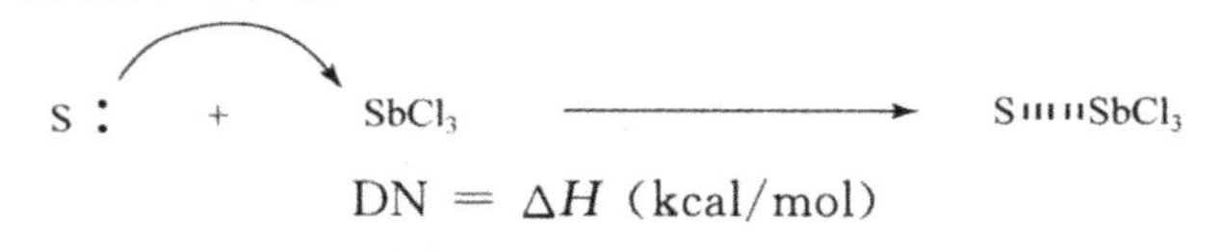


$$\text{DN} = \Delta H\ (\text{kcal/mol})$$

**表 6-10　常用溶剂的 DN 参数**

| 溶　剂 | DN | 溶　剂 | DN |
|---|---|---|---|
| 水 | 18 | 乙腈 | 14.1 |
| 甲醇 | 19.0 | 丙酮 | 17.0 |
| 乙醇 | 31.5 | EtOAc | 17.1 |
| 吡啶 | 33.1 | 四氢呋喃 | 20.0 |
| 乙胺 | 55.5 | 二氧六环 | 14.8 |
| 三乙胺 | 61.0 | DMF | 26.6 |
| 乙醚 | 19.2 | 1,2-二氯乙烷 | 0 |

另一方面，溶剂的受体性质也可以类似地用某一个 Lewis 碱来进行衡量。例如，可以用氧化三乙膦作为标准的电子供体，用来衡量溶剂接受电子的能力。用这个 Lewis 碱的好处在于，它和溶剂间的相互作用可以比较简单地用 $^{31}$P NMR 的化学位移的变化来进行衡量。这里的溶剂参数用 AN(accepter number)表示，见表 6-11。

$$Et_3P{=}O\colon \quad S \longrightarrow Et_3P{=}O\cdots S$$

$$\text{AN} = 100 \times \delta/\delta_o = 2.348\,\delta$$

其中，$\delta_o$ 为 $SbCl_3$ 的化学位移，作为参照点；$\delta$ 为被检测溶剂的化学位移。

**表 6-11 常用溶剂的 AN 参数**

| 溶 剂 | AN | 溶 剂 | AN |
|---|---|---|---|
| 三氟乙酸 | 105 | 苯 | 8.3 |
| $Et_3P{=}O \cdot SbCl_5$ | 100（参考点） | 乙醚 | 3.9 |
| 水 | 54.8 | 四氢呋喃 | 8.0 |
| 甲醇 | 41.3 | *N*,*N*-二甲基甲酰胺 | 16.0 |
| 乙醇 | 37.1 | 乙酸 | 52.9 |
| 二甲亚砜 | 19.3 | 乙腈 | 18.9 |
| 苯腈 | 15.5 | 二氧六环 | 10.8 |
| 正己烷 | 0.0 | | |

## 6.5 溶剂效应在机理研究中的应用

从上面的讨论我们可以看到，溶剂和溶质分子的相互作用是十分复杂的。尽管如此，溶剂对于有机化学反应的影响仍然可以进行粗略的归纳，并且这样的信息除了可以帮助我们在考虑有机合成反应时选择适当的溶剂外，也可以应用于有机反应的机理研究。表 6-12 粗略地归纳了各类有机化学反应受溶剂影响的情况。

**表 6-12 各种类型有机化学反应典型的溶剂效应**

| 反应 | 溶剂效应 |
|---|---|
| (1) $A^- + B^+ \longrightarrow [A^{\delta-} \cdots B^{\delta+}]^{\neq} \longrightarrow A{-}B$ | 非极性溶剂有利 |
| (2) $A{-}B \longrightarrow [A^{\delta-} \cdots B^{\delta+}]^{\neq} \longrightarrow A^- + B^+$ | 极性溶剂有利 |
| (3) $A + B \longrightarrow [A \cdots B]^{\neq} \longrightarrow A{-}B$ | 对溶剂的极性不敏感 |
| (4) $A{-}B^+ \longrightarrow [A^{\delta+} \cdots B^{\delta+}]^{\neq} \longrightarrow A + B^+$ | 极性溶剂略为有利 |
| (5) $A^+ + B \longrightarrow [A^{\delta+} \cdots B^{\delta+}]^{\neq} \longrightarrow A{-}B^+$ | 非极性溶剂略为有利 |

对于第(1)种类型的反应，它是从带有电荷的反应物生成中性的分子。显然，极性溶剂能够更好地稳定离子型的反应物，而对中性的产物以及过渡态(电荷在逐步中和)是不利的。非极性溶剂的作用刚好相反，因此，非极性溶剂对反应具有加速作用。例如，下例中的羟基负离子对季铵盐的亲核取代反应，实验测得反应在极性相对于水较小的乙醇中更快。这个结果和协同的 $S_N2$ 机理相符。

$$HO^{\ominus} + \text{R'}{-}\overset{\oplus}{N}R_3 \longrightarrow \left[\overset{\delta\ominus}{HO}\cdots C \cdots \overset{\delta\oplus}{NR_3}\right]^{\neq} \longrightarrow HO{-}C + R_3N$$

$k(H_2O)/k(EtOH) = 0.001$

第(2)种类型的反应和第(1)种类型的情况刚好相反，反应从中性分子异裂成为带有相反电荷的离子型产物。此时，极性溶剂对于稳定反应过渡态以及产物均是有利的。这类反应的一个例子就是三级卤代烃的 $S_N1$ 反应。此时，反应在极性更大的水中明显加速。

$$R_3C{-}Br \longrightarrow \left[\overset{\delta\oplus}{R_3C}\cdots\overset{\delta\ominus}{Br}\right]^{\neq} \longrightarrow R_3C^{\oplus} + Br^{\ominus}$$

$k(H_2O)/k(EtOH) = 1500$

第(3)种类型的反应在反应前后以及过渡态均没有显著的电荷分离,因此,溶剂的极性对反应基本没有影响。这种类型的反应一般是协同的前线分子轨道控制的反应,或者自由基反应。例如,Diels-Alder 反应在极性较大的 MeCN 中和在低极性的正己烷中速率基本相同。因此,该反应可以排除两性离子中间体或者过渡态的可能。但是,溶剂效应并不能够区分反应是经过协同的过程还是经过双自由基中间体的分步机理,因为这两种机理预计会体现出类似的溶剂效应。

$k(\mathrm{MeCN})/k(\mathrm{C_6H_{12}}) = 1.5$

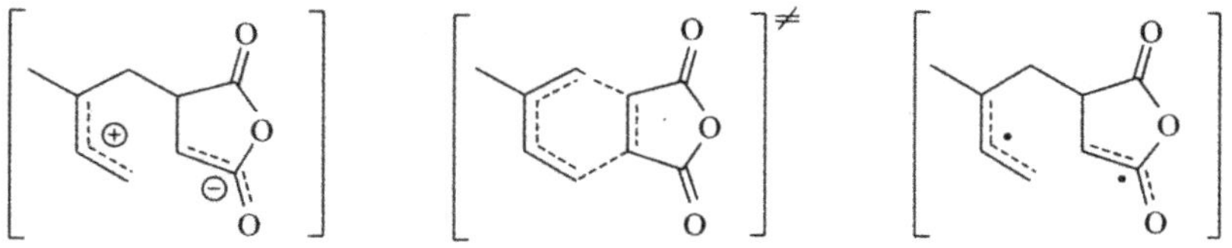

溶剂效应排除
两性离子中间体

溶剂效应无法区分
协同机理和双自由基机理

对于下面烯醇丁醚和四氰基乙烯的[2+2]环化反应,人们发现有非常大的溶剂效应。因此,可以断定这个反应一定是经历了和 Diels-Alder 反应不同的反应历程。可能的机理是,反应按照分步的方式进行,中间经历了电荷分离的中间体,且极性溶剂可以有效地稳定这个中间体。

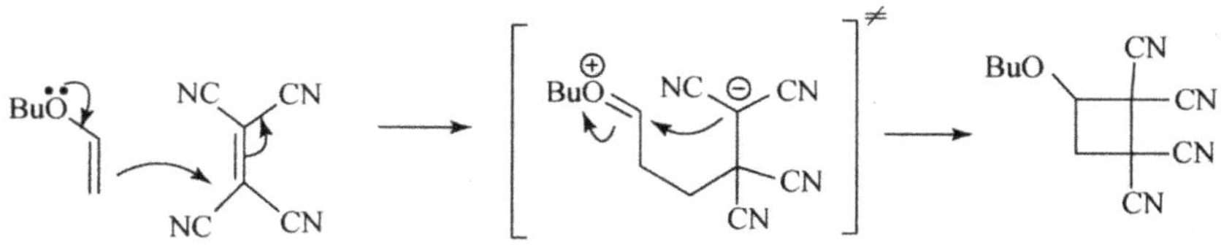

$k(\mathrm{MeCN})/k(\mathrm{C_6H_{12}}) = 10\,800$

而同样的烯醇丁醚在和烯酮发生[2+2]反应时,则只表现出小很多的溶剂效应。那么,这个反应的机理应该既不同于 Diels-Alder 反应,也不同于烯醇丁醚和四氰基乙烯的[2+2]环化反应。一种可能的情况就是,反应经过协同的过程,但是在过渡态有微小的电荷分离。

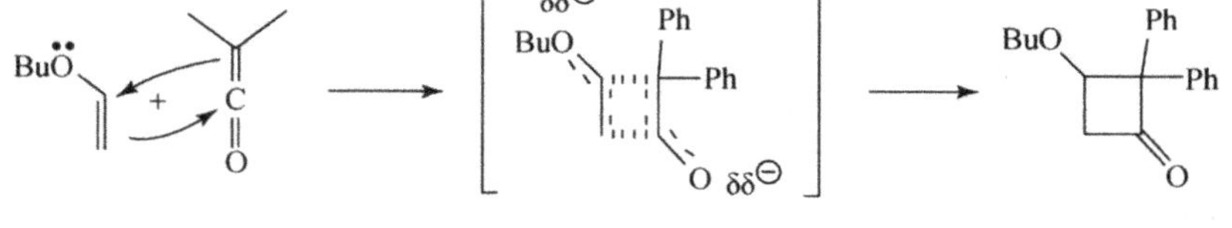

$k(\mathrm{MeCN})/k(\mathrm{C_6H_{12}}) = 163$

第(4)种和第(5)种类型的反应是由带电荷的起始物出发,反应经历有微小电荷分散或者集中的过渡态。此时溶剂的影响较小,但是非极性溶剂有利于电荷分散的过程,而极性溶剂则会对电荷集中的过程有利。羟基负离子对于烷基溴化物的 $S_N2$ 反应就是属于第(5)种类型的反应，反应在极性较小的乙醇中略微有利。

$HO^{\ominus}$ + Br ⟶ [ $\delta^{\ominus}$ HO⋯⋯Br $\delta^{\ominus}$ ]$^{\neq}$ ⟶ HO + $Br^{\ominus}$

$k(H_2O)/k(EtOH)=0.2$

最后一个例子是关于手性亚砜分子内重排消旋的反应。反应从极性较大的亚砜出发，经过极性较小的硫烷中间体，然后再重排生成亚砜。实验显示，非极性溶剂加速消旋的过程。

O, S ⇌ [ O, S ]$^{\neq}$ ⇌ O, S

中间体极性较小

| 溶　剂 | 环己烷 | 苯 | 二氧六环 | 乙腈 | 丙腈 |
|---|---|---|---|---|---|
| 相对速率常数 $k_{rel}$ | 30 | 11 | 7 | 2.1 | 1 |

## 练习题

**6-1** 预测当溶剂变得极性更大时下列反应的速率变化：

a) $Et_3\overset{\oplus\ominus}{S}Br \longrightarrow Et_2S + EtBr$

b) $nPr_3N + MeI \longrightarrow nPr_3\overset{\oplus}{N}Me\overset{\ominus}{I}$

c) $Me_3N + Me_3S^{\oplus} \longrightarrow Me_4N^{\oplus} + Me_2S$

d) $HO^{\ominus} + Et_4\overset{\oplus}{N} \longrightarrow H_2O + CH_2{=}CH_2 + Et_3N$

e) $CH_2{=}CH_2 + ArSCl \longrightarrow ArSCH_2CH_2Cl$

f) $Me_3N + Et_4N^{\oplus} \longrightarrow Me_3\overset{\oplus}{N}H + CH_2{=}CH_2 + Et_3N$

**6-2** 试简要解释以下的实验数据：

| $\Delta pK_a = pK_a(H_2O) - pK_a(MeOH)$ | |
|---|---|
| $HCO_2H$ | −5.7 |
| $PhNH_3^+$ | −0.4 |

其中 $pK_a(H_2O)$ 及 $pK_a(MeOH)$ 分别表示在水中及 MeOH 中的 $pK_a$ 值。

**6-3** 以下的1,3-二羰基化合物的互变异构体平衡受到溶剂的很大影响，试讨论影响平衡变化的因素。

O O R ⇌($K$) O H O R

| 溶剂 | R=OEt | | R = Me | |
|---|---|---|---|---|
| | $K$ | 烯醇结构(%) | $K$ | 烯醇结构(%) |
| 气相 | 0.74 | 42.6 | 11.7 | 92.1 |
| 正己烷 | 0.64 | 39 | 19 | 95 |
| 四氯化碳 | 0.39 | 28 | 24 | 96 |
| 乙醚 | 0.29 | 22 | 19 | 95 |
| 苯 | 0.19 | 16 | 8.1 | 89 |
| 甲醇 | 0.062 | 5.8 | 2.8 | 74 |
| 乙腈 | 0.052 | 4.9 | 1.6 | 62 |
| 二甲亚砜 | 0.023 | 2.2 | 1.6 | 62 |
| 乙酸 | 0.019 | 1.9 | 2.0 | 67 |

**6-4** 2-羟基吡啶(**A**)和2-吡啶酮(**B**)的平衡受到溶剂的影响，试解释以下的数据：

N OH ⇌($K$) N H O

**A** **B**

| 溶剂 | $K$ | **B**(%) |
|---|---|---|
| 气相 | 0.4 | 28 |
| 环己烷 | 1.7 | 63 |
| 氯仿 | 6.0 | 86 |
| 乙腈 | 148 | 99 |
| 水 | 910 | 99.9 |

**6-5** 叠氮化钠和4-氟硝基苯发生如下的亲核取代反应：

F, $NO_2$ + $N_3^{\ominus}$ ⇌ F $N_3$, ⊖, $NO_2$ ⇌ $N_3$, $NO_2$ + $F^{\ominus}$

a) 反应在含水的DMF中进行。当水的比例增加时，反应的速率显著下降，为什么？

b) 在纯的DMF中，反应和两种底物均为一级动力学，没有NaF沉淀产生。如果向反应体系加入5%的水，则NaF沉淀会迅速产生。试解释这个实验现象。

**6-6** 烯醇负离子在发生烷基化反应时可能发生$O$-烷基化或者$C$-烷基化。溶剂对这两种烷基化会产生影响。试解释以下的实验数据：

⊖O ⊕K O, OEt + $(EtO)_2SO_2$ ⟶ OEt O, OEt + O O, OEt, Et

| | | |
|---|---|---|
| HMPA | 83% | 15% |
| $^t$BuOH | 0% | 94% |
| THF | 0% | 94% |

**6-7** Hammett用一系列取代的苯甲酸$ArCO_2H$在水中的电离平衡为标准反应，建立了$\sigma$常数，即人为定义$ArCO_2H$在水中的电离平衡的反应常数$\rho$值为1。而在乙醇中，发现

$ArCO_2H$ 电离平衡的反应常数 $\rho$ 值为 1.96。试给予合理的解释。

**6-8** 比较以下两组反应在不同条件下溶剂解反应的相对速率的差别：

$$PhCH_2CH_2OTs \xrightarrow[k_A]{HS} PhCH_2CH_2S \qquad CH_3CH_2OTs \xrightarrow[k_B]{HS} CH_3CH_2S$$

| 溶剂 HS | $k_A/k_B$ |
|---|---|
| $EtOH\text{-}H_2O(1:1)$ | 0.2 |
| $CF_3CO_2H$ | 1770 |

**6-9** 试回答以下问题：

a) 9-甲酰基芴和其烯醇结构之间的平衡常数是 17，试解释为什么烯醇结构占有优势。

$K_{enol} = 17$

b) 以下的化合物在固相以及二氯甲烷中以一种烯醇的结构存在，试解释原因。

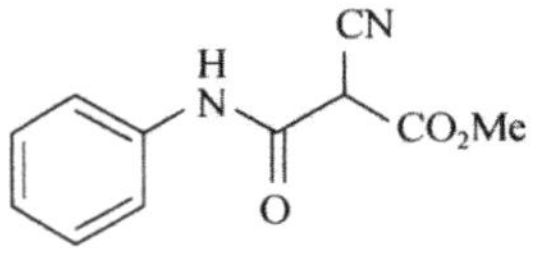

# 第 7 章　反应中间体：自由基和卡宾
# (Reaction Intermediates: Radical and Carbene)

## 自　由　基

1900 年，Gomberg 首次报道了三苯甲基，这是一个相对稳定的自由基(*J. Am. Chem. Soc.* **1900**, *22*, 757)。然而，稳定自由基的存在是和当时人们的认识相悖的，因此，Gomberg 提出的三苯甲基自由基受到许多质疑。人们认为，Gomberg 提出的三苯甲基自由基是一个二聚体，即六苯乙烷，只是它刚好有一些特殊的性质。实际上，Gomberg 最初也试图利用下面的常规反应合成六苯乙烷：

$$2Ph_3CBr + 2Ag \longrightarrow \underset{\text{六苯乙烷}}{Ph_3C—CPh_3} + 2AgBr\downarrow$$

然而，Gomberg 断定得到的白色固体产物不是六苯乙烷，因为碳和氢的元素分析给出的结果明显偏低。在无氧条件下重复上述实验，则可以避免白色固体的生成，而是生成黄色的溶液。当这个溶液暴露在空气中时，它可转化生成最初的白色固体产物。为了说明这些实验现象，Gomberg 假设这个黄色溶液中含有的是三苯甲基自由基。当暴露在空气中时，三苯甲基自由基和氧气反应生成过氧化物，即白色固体产物。

$$\underset{\text{(黄色)}}{2Ph_3C\cdot} + O_2 \longrightarrow \underset{\text{(白色固体)}}{Ph_3C—O—O—CPh_3}$$

为证明黄色分子是 $Ph_3C\cdot$ 而不是二聚体，Gomberg 用冰点降低法进行了分子量的测定。但是，所得到的结果表明，分子量更接近于二聚体，而不是单体。为说明这个事实，Gomberg 进一步假定单体和二聚体之间存在以下平衡：

$$Ph_3C—CPh_3 \rightleftharpoons 2Ph_3C\cdot$$

这种平衡假设能够说明以上的所有实验事实。而且，以下的实验事实也进一步验证了这一平衡假设：自由基所呈现的黄色随着温度升高而加深，表示分解增加；黄色不服从 Beer 定律，也就是说，颜色深度与冲稀不是成比例地减小。此外还发现，如果把少量氧通入黄色溶液中，颜色迅速消失但不久颜色又会重现。Gomberg 所假设的平衡是正确的，但是二聚体的结构不是六苯乙烷。二聚体的真实结构是在近 70 年后才被 NMR 证实为下图所示的结构(*Tetrahedron Lett.* **1968**, *9*, 249)：

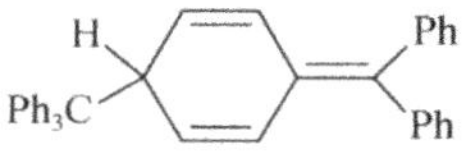

H　Ph

$Ph_3C$　Ph

随着时间的推移，人们逐渐接受了自由基的概念，并开始研究更为活泼的自由基中间体。1929 年，人们应用铅镜研究了甲基自由基。甲基自由基产生以后由惰性气体的气流带入一个内壁为铅镜的管道，通过测量铅镜被甲基"攻击"的距离以及气流的速度，可以得到甲基自由基的寿命，发现其半衰期是 $8\times10^{-3}$ s(*Chem. Ber.* **1929**, *62*, 1335)，见图 7-1。

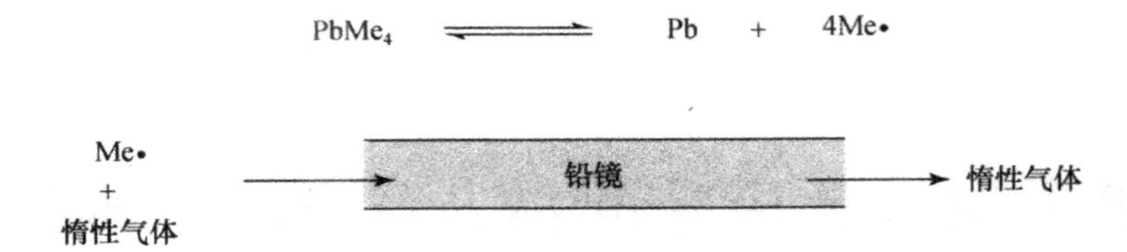


图 7-1　甲基自由基的寿命测定

（$PbEt_4$ 作为汽油防爆剂，是因为通过反应 $PbEt_4 \longrightarrow Pb + Et\cdot$ 可以生成大量的 Et·，Et·可以和过快燃烧的汽油反应而阻止自由基链反应。）

## 7.1　自由基的一般性质

自由基现在被定义为有一个未成对电子的分子或原子。绝大多数的分子是由全部成对的偶数电子组成的；但是，有奇数个电子的分子，如 NO·，$Ph_3C\cdot$ 必然为自由基。有些分子，如氧分子，具有偶数电子，但根据分子轨道理论，它应当是双自由基，并且稳定的状态为三线态。我们知道，氧气的确表现出自由基的化学性质。

$$\uparrow\cdot O{-}O\cdot\uparrow$$

均裂反应的基本特征是自由基中间体的存在：$A{-}B \longrightarrow A\cdot + \cdot B$；形成的自由基可以发生各种反应，例如，取代、加成重排、消除以及断裂等（图 7-2）。与异裂形成的碳正离子或者碳负离子的反应不同的是，自由基反应很少产生稳定的中间体。新生成的自由基同样是活泼的中间体，将进一步发生类似的反应，所以自由基反应很多是链式反应。自由基中间体和一个电子成对的底物分子反应必然要生成一个新的自由基，一系列的反应只有当两个自由基相遇才会结束。大多数自由基高度活泼，因此自由基与自由基结合的反应的活化能很低，反应速率一般是扩散控制的。大多数自由基在溶液中的浓度很低，所以，自由基中间体之间碰撞的机会将远小于自由基和底物分子碰撞的机会。

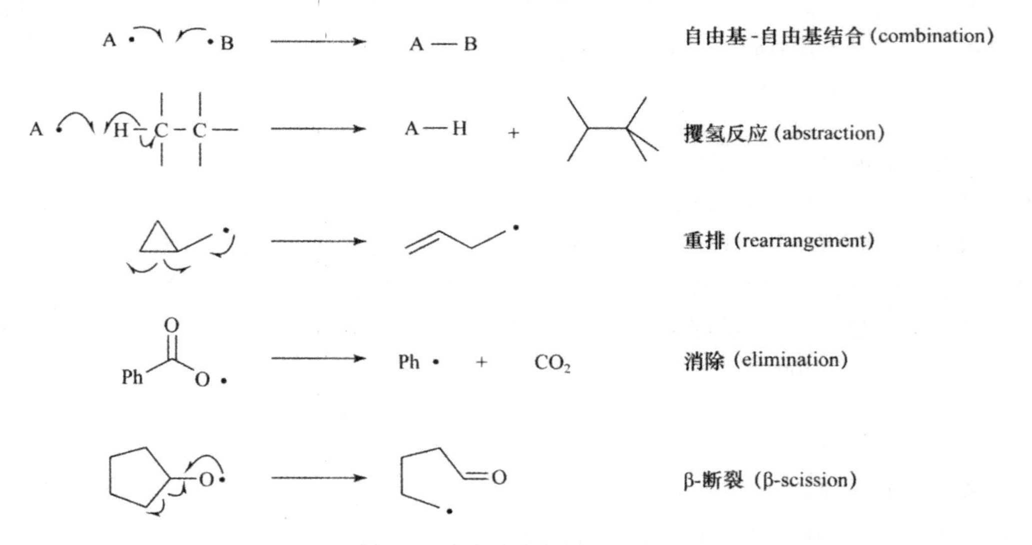


图 7-2　自由基的基本反应类型

自由基的特征反应是所谓的链式反应。自由基的链式反应经历引发、增长和链终止三个阶段。例如，图 7-3 所示的饱和烷烃的溴化反应。

| 反应 | | 阶段 |
|---|---|---|
| $Br—Br \xrightarrow{h\nu} 2Br\cdot$ | | 引发 (initiation) |
| $R—H + Br\cdot \longrightarrow R\cdot + H—Br$ | | 增长 (propagation) |
| $R\cdot + Br—Br \longrightarrow RBr + Br\cdot$ | | 增长 (propagation) |
| $R\cdot + R\cdot \longrightarrow R—R$ | | 终止 (termination) |
| $R\cdot + Br\cdot \longrightarrow R—Br$ | | 终止 (termination) |

**图 7-3　自由基链式反应**

## 7.2　自由基的结构及稳定性

有关自由基结构的一个基本问题是未成对电子是在 p 轨道上还是 $sp^3$ 轨道上，或者说自由基碳是 $sp^2$ 杂化还是 $sp^3$ 杂化。

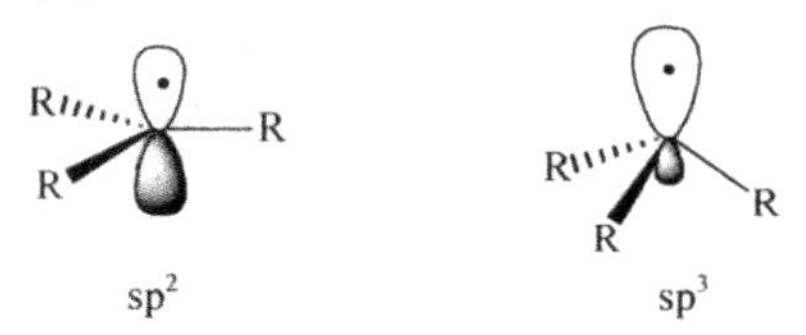


通过研究$\cdot CH_3$ 的 ESR 谱，以及分析未成对电子和$^{13}C$ 核的作用，结果发现$\cdot CH_3$基本上是平面的，也就是说，甲基自由基中的碳采用 $sp^2$ 杂化。然而，和碳正离子不同的是，自由基碳的杂化状态受取代基的影响很大，可以在 $sp^2$ 杂化和 $sp^3$ 杂化之间变化。例如，下面的系列中碳的杂化轨道的 s 成分是逐步增加的：

$$\cdot CH_3 < \cdot CFH_2 < \cdot CF_2H < \cdot CF_3$$
$$sp^2 \longrightarrow sp^3$$

$\cdot CF_3$ 基本上是 $sp^3$ 杂化，$\cdot CH_2OH$ 和 $\cdot CMe_2OH$ 也是"弯曲"的。虽然碳自由基倾向于采用平面结构，但空间上受限制时也可以采取 $sp^3$ 杂化的锥形结构。一个直接的实验事实是，自由基可以在刚性结构的桥头产生，而产生相应的碳正离子则非常困难。

自由基的稳定性受电子效应和空间效应的综合影响。自由基与碳正离子或者碳负离子不同的另一个方面是，自由基中心无论是吸电子取代基还是给电子取代基，均可以使之稳定。

$$稳定性：\cdot CH_3 < \cdot CH_2R < \cdot CHR_2 < \cdot CR_3$$

这一方面是由于超共轭效应，另一方面也是由于中心碳从 $sp^3 \rightarrow sp^2$ 的变化过程中立体张力的减小(当 R 较大时)。但是，这种稳定化程度的差别和碳正离子的情况相比要小得多。

$EtOC(=O)CH_2\cdot$　和　$MeOCH_2\cdot$　**均比甲基自由基稳定**

电子离域作用可以使得自由基的稳定性显著提高。烯丙位和苄位自由基是典型的例子，这些位置的自由基卤化等反应可以容易地进行，这在有机合成中具有十分重要的意义。

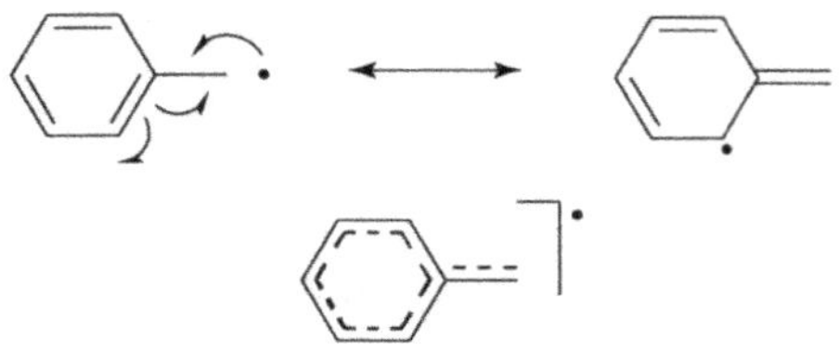

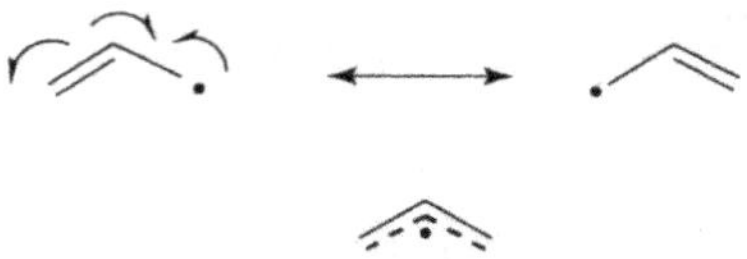

三苯甲基自由基的苯环如果均在同一平面，则有最大程度的稳定性，但 X 射线衍射表明，苯环和共同的平面之间有大约 30°的角度。

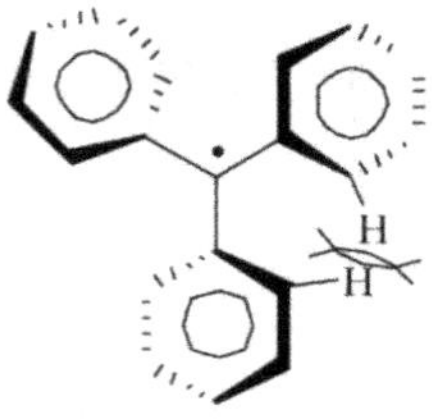

由于邻位氢的立体作用，使得苯环共平面变得困难。如果 α 位上用体积大于氢的基团取代，则发现苯环的二面角扩大到 50°或者更多。相应的离域作用将会进一步减小，但是自由基的稳定性反而增加。这是由于邻位取代基和自由基中心离得较近，具有空间上的屏蔽作用，阻止自由基形成二聚体。从这里可以看到，除了电子效应之外，立体因素也对自由基的稳定性起很大作用。

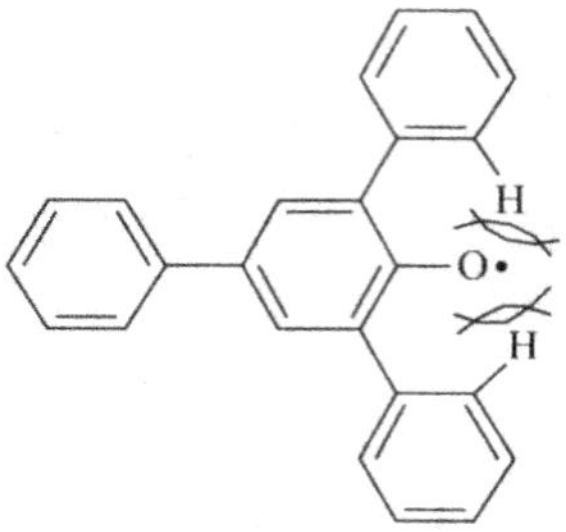

二面角 46°

此自由基具有
很好的稳定性

### 1. 由于 α-效应而稳定化的自由基

当自由基的邻位有 O,N,S 等杂原子存在时，自由基具有特别的热力学稳定性(图7-4)。这是由于自由基电子的占有轨道 SOMO 和杂原子上孤对电子的占有轨道 HOMO 之间的相互作用。

有些稳定的自由基可以作为化学试剂用于各种研究工作，比如，1,1-diphenyl-2-picryl hydrazyl(DPPH)自由基。这个自由基具有足够的稳定性，可以被重结晶。它和中性分子的反应活性较小，但较容易和其他自由基反应，因此该自由基被用作自由基的捕获剂(radical trapping agent)。另外，TEMPO 也是一个十分重要并且常用的自由基捕获剂。

### 2. 自由基反应的 Hammett 线性自由能相关

自由基反应用 Hammett 线性自由能相关进行研究时，发现通常没有很好的线性相关性。但是，也有一些例外的情况。例如表 7-1 给出了烷氧自由基、溴自由基等的攫氢反应的反应常数，这些反应的相对速率与 $\sigma^+$ 具有较好的 Hammett 线性相关。反应常数的负值说明，反应中心产生了部分的正电荷，进而可以推断大多数这些反应中自由基的 SOMO 与

C—H 键的 HOMO 相互作用，即这些自由基是亲电性的（图 7-5）。

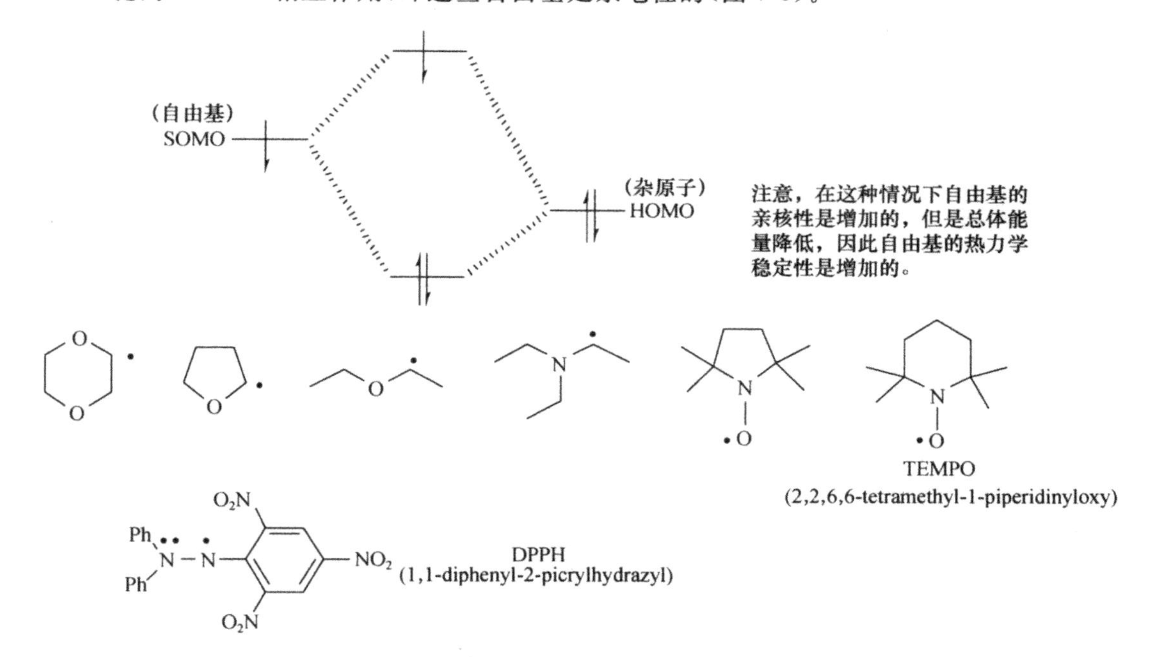


图 7-4 α-效应而稳定化的自由基

表 7-1 若干自由基攫氢反应的 Hammett 相关常数

| 反 应 | $T$(℃) | $\sigma^+$ |
|---|---|---|
| $ArCH_3 + R\cdot \longrightarrow ArCH_2\cdot + RH$ | | |
| R=Br | 80 | −1.4 |
| R=ROO | 30 | −0.6 |
| R=*t*BuO | 40 | −0.4 |
| $R=CCl_3$ | 55 | −1.5 |
| $R=Me_3C$ | 48 | +0.50 |
| $RH + Br\cdot \longrightarrow R\cdot + H\text{-}Br$ | | |
| $RH=Ar_2C\underline{H}_2$ * | 75 | −0.1 |
| $RH=ArC\underline{H}Me$ | 70 | −0.7 |
| $RH=ArC\underline{H}Me_2$ | 70 | −0.4 |
| $RH=(ArC\underline{H}_2)_2O$ | | −0.1 |
| $RH=Ar_2C\underline{H}OMe$ | | 0 |
| $ArI + Ph\cdot \longrightarrow Ar\cdot + PhI$ | | +0.57 |

* 表中标下划线的氢是被攫取的。

$$Ar-CH_3 + \cdot Br \longrightarrow \left[ Ar\cdots H(\delta+)\cdots Br(\delta-) \right]^{\cdot} \longrightarrow ArCH_2\cdot + H-Br$$

图 7-5 攫氢反应的过渡态

图 7-6 显示了亲电性自由基以及亲核性自由基发生反应时的前线分子轨道相互作用。亲电性自由基的 SOMO 能级和与其反应的分子的 HOMO 能级接近，因此它们之间的相互作用起主导；而亲核性自由基和与其反应的分子的 LUMO 能级接近，它们之间的相互作用起主导。

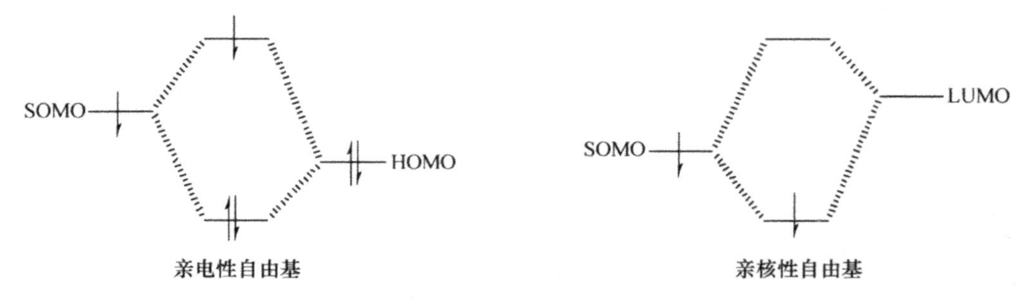


图 7-6 亲电性自由基和亲核性自由基的前线分子轨道相互作用

类似于极性反应的 Hammett 常数，人们应用一些自由基反应作为标准反应建立了自由基取代基常数（表 7-2）。应用这些自由基取代基常数，可以对自由基反应进行 Hammett 线性相关研究（见第 4 章）。

表 7-2 自由基取代基的 $\sigma^{\cdot}$ 常数和 $\sigma_{JJ}^{\cdot}$ 常数

| 取代基 | $\sigma^{\cdot}$ | $\sigma_{JJ}^{\cdot}$ | 取代基 | $\sigma^{\cdot}$ | $\sigma_{JJ}^{\cdot}$ |
|---|---|---|---|---|---|
| H，*m*-F，*m*-OMe | 0 | 0 | *p*-OMe | 0.42 | +0.23 |
| *p*-F | 0.12 | −0.02 | *p*-Ph | 0.42 | +0.47 |
| *p*-Cl | 0.18 | +0.22 | *p*-CN | 0.71 | +0.42 |
| *p*-Me | 0.39 | +0.15 | *p*-$NMe_2$ | 0.61 | +1.00 |
| *p*-Br | 0.26 | +0.23 | *p*-$NO_2$ | 0.76 | +0.36 |
| *p*-I | 0.31 | — | | | |

## 7.3 自由基的形成

### 1. 光解 (photolysis)

通过光解反应实现化学键在较为温和条件下的选择性切断，是产生自由基中间体的一个有效手段。图 7-7 是一些光解产生自由基中间体的典型例子。

光分解反应的优点：① 可以切断在一般温度下难以切断的化学键；② 只有一定能级的能量被分子吸收，因此反应更具有选择性。

激光闪光光解（laser flash photolysis，LFP）是研究自由基反应动力学的有力手段。它用强辐射脉冲在很短的时间内产生高浓度的自由基，然后用光谱来跟踪中间体的变化。

### 2. 热解 (thermolysis)

较弱的化学键，比如键的均裂能（bond dissociation energy，BDE）小于 40 kcal/mol 的

$$\mathrm{MeC(O)Me} \xrightarrow[320\ \mathrm{nm}]{h\nu} \mathrm{Me\cdot} + \mathrm{\cdot C(O)Me} \longrightarrow \mathrm{CO} + \mathrm{2Me\cdot}$$

Norrish类型 1 反应

$$\mathrm{RO{-}Cl} \xrightarrow{h\nu} \mathrm{RO\cdot} + \mathrm{Cl\cdot}$$

$$\mathrm{Cl{-}Cl} \xrightarrow{h\nu} \mathrm{Cl\cdot} + \mathrm{Cl\cdot}$$

$$\mathrm{R{-}C(O){-}O{-}O{-}C(O){-}R} \xrightarrow{h\nu} \mathrm{2\ RC(O){-}O\cdot} \longrightarrow \mathrm{2R\cdot} + \mathrm{CO_2}$$

$$\mathrm{R{-}N{=}N{-}R} \xrightarrow{h\nu} \mathrm{2R\cdot} + \mathrm{N_2}$$

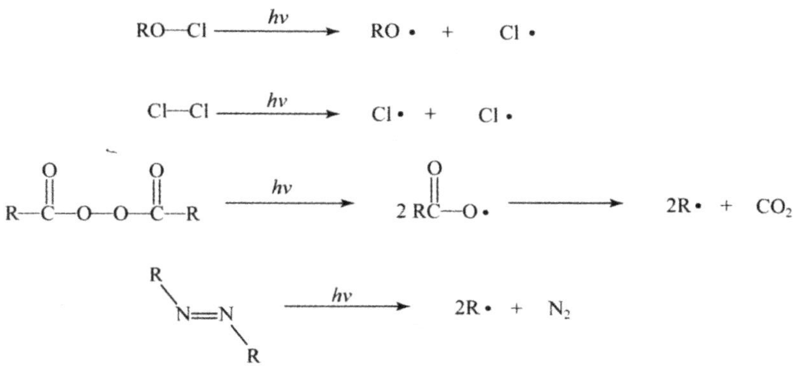

**图 7-7　光解产生自由基中间体**

化学键，可以较为容易地用热解的方法使之发生均裂。这些键通常是有杂原子参与形成的化学键，例如 O—O，C—N 等。如果形成的自由基没有合适的取代基使之稳定，则热解通常需要较为剧烈的条件；反之，则可以在较低温度下分解产生自由基。例如，可以比较图 7-8 中两组化合物热解所需的温度。一些常用的自由基引发剂（radical initiator）就具有这样的结构，如 BPO（benzoyl peroxide）和 AIBN（2，2′-azobisisobutyronitrile）等，它们在高分子聚合以及有机合成方面均有很多应用。

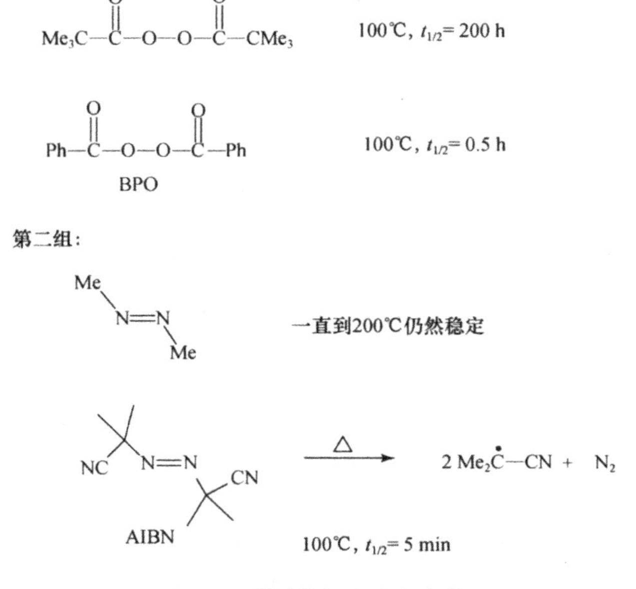


**图 7-8　通过热解产生自由基**

### 3. 氧化还原反应:单电子转移反应(redox reaction:single electron transfer reaction)

这些反应均包括单电子转移过程,通常有金属离子参与此类反应,最常见的有 $Cu^{+}$/$Cu^{2+}$、$Fe^{2+}$/$Fe^{3+}$ 等。例如,以下的反应是产生 $ArCO_2$· 自由基的一个有用的方法。在热分解的方法中,$ArCO_2$· 会进一步分解脱 $CO_2$ 生成芳基自由基 Ar·,而氧化还原反应的温度较低,$ArCO_2$· 自由基的脱 $CO_2$ 可以得到控制。

$$\text{Ar—C(=O)—O—O—C(=O)—Ar} + Cu^{+} \longrightarrow \text{ArC(=O)—O}\cdot + \text{ArC(=O)—O}^{\ominus} + Cu^{2+}$$

通过氧化还原产生自由基中间体还有以下一些常见的反应:

1) Sandmeyer 反应

$$ArN_2^{+} + Cu^{+} \longrightarrow Ar\cdot + N_2 + Cu^{2+}$$

2) 生成 Fenton 试剂的反应

$$H_2O_2 + Fe^{2+} \longrightarrow \underbrace{HO\cdot + HO^{-} + Fe^{3+}}_{\text{Fenton试剂}}$$

3) 苯甲醛的氧化

$$\text{PhC(=O)—H} + Fe^{3+} \longrightarrow \text{PhC(=O)}\cdot + H^{+} + Fe^{2+}$$

4) Kolbe 反应(阳极氧化)

$$2\text{RC(=O)O}^{-} \xrightarrow[\text{阳极}]{-e} 2\text{RC(=O)O}\cdot \xrightarrow{-2CO_2} 2R\cdot \longrightarrow R\text{—}R$$

## 7.4 自由基的检测

由于自由基是很多有机化学反应的中间体,因此检测其存在对于机理研究是十分重要的。然而,大多数情况下自由基浓度很低,又十分活泼,使得直接检测十分困难。有些自由基是带有颜色的,例如 Gomberg 发现的三苯甲基自由基。这是因为将自由基的一个未成对电子激发到较高的能级比将已成对的一个电子激发所需能量要低,故自由基吸收较长波长的光。运用自由基通常有明显的颜色这种性质,可以在一些情况下很容易地检测自由基。例如,实验室里用金属钠处理乙醚或四氢呋喃时,我们应用二苯甲酮作为指示剂来检测是否达到无水无氧状态,就是运用了二苯甲酮自由基负离子强烈的蓝色。这个自由基负离子和水或氧会迅速反应,变成无色的产物。

$$\text{Ph}_2\text{C=O} \xrightarrow{Na\cdot} \underset{\text{蓝色}}{\text{Ph}_2\text{C—O}^{\cdot -}} + Na^{+}$$

自由基和自由基反应以后的产物常常为无色,利用这个特点可以用比色分析法对一些反应进行跟踪。例如,前面提到的自由基捕获剂 DPPH 自由基,它与一般分子的反应比较慢,但是它与自由基可以迅速地发生反应,颜色退去。在反应体系中加入这个自由基,如果反应体系的颜色退去,则可以作为自由基反应的一个支持性证据。

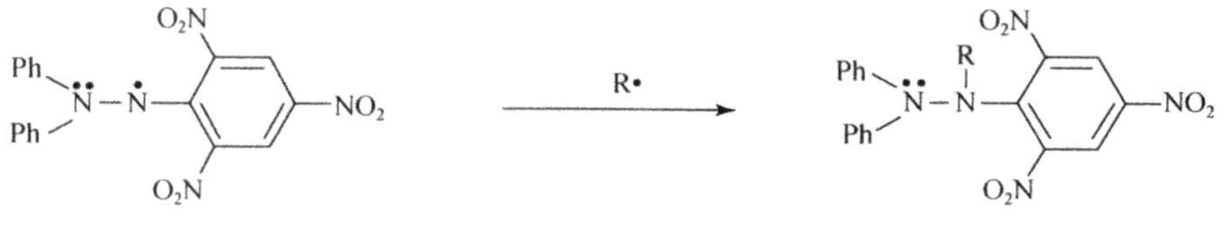

DPPH

自由基也可以运用高分子的聚合反应来检测。将苯乙烯和甲基丙烯酸甲酯 1∶1 混合，这个混合物如果是由自由基引发聚合，则生成 1∶1 的共聚物；如果是正离子引发聚合，则生成聚苯乙烯；如果是负离子引发的聚合，则生成聚甲基丙烯酸甲酯。因此，应用这个混合物，通过分析生成的产物就可以推测反应中生成的中间体。

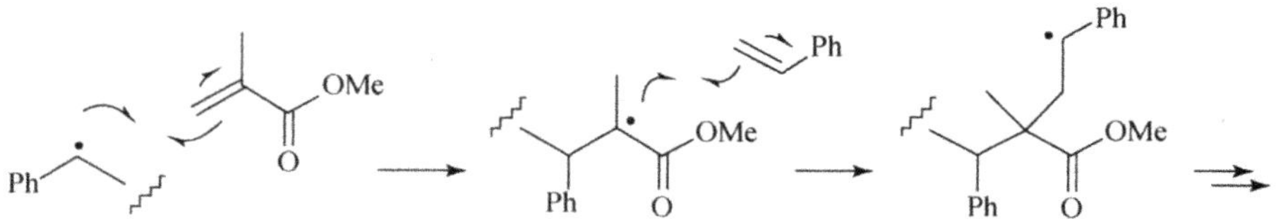

这里自由基反应的选择性可以用前线分子轨道理论进行解释。如图 7-6 所示，SOMO 能级高的自由基和 LUMO 能级低的分子之间的反应快；SOMO 能级低的自由基和 HOMO 能级高的分子之间的反应快。以上自由基 **A** 的 SOMO 能级和甲基丙烯酸甲酯的 LUMO 能级比较接近，因此 **A** 和甲基丙烯酸甲酯优先发生反应，生成自由基 **B**；而 **B** 的自由基在吸电子基团—$CO_2Me$ 的邻位，所以具有较低的 SOMO 轨道，**B** 的 SOMO 和苯乙烯的 HOMO 能级接近，因此两者优先发生反应。

此外，应用自由基的一些特征性重排或者关环反应，也可以间接地检测自由基中间体的存在。比如，环丙烷基甲基自由基的快速开环重排反应常被用来作为自由基探针，这样的实验可以提供自由基存在的间接证据(图 7-9)。

X= Y = H, $k$= 9.4×10$^7$ s$^{-1}$(25℃)
X= H, Y= Ph, $k$= 3×10$^{11}$ s$^{-1}$(25℃)
X= Ph, Y= Ph, $k$= 5×10$^{11}$ s$^{-1}$(25℃)

**图 7-9　环丙烷基甲基自由基的重排反应速率**

例如，Jacobson 不对称环氧化反应被认为经历了自由基过程，然而这些自由基中间体的直接观测十分困难，也不可能捕捉(*J. Am. Chem. Soc.* **1994**, *116*, 9333)，见图 7-10。为了证明自由基中间体的存在，在双键的邻位引入了环丙烷基，通过自由基的特征性开环重排反应来间接判断是否有自由基中间体产生。结果发现，在环氧化的过程中三元环发生了开环，从而为自由基中间体的存在提供了支持性的证据(*Angew. Chem. Int. Ed. Engl.* **1997**, *36*, 1723)，见图 7-11。

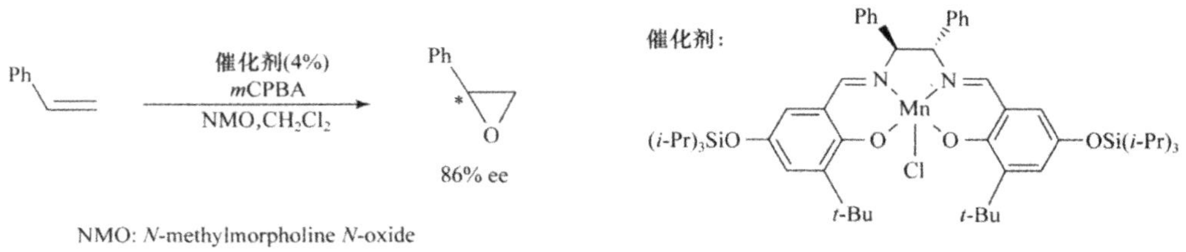

催化剂(4%)
$m$CPBA
NMO, $CH_2Cl_2$

86% ee

催化剂：

NMO: $N$-methylmorpholine $N$-oxide

**图 7-10　Jacobson 不对称环氧化反应**

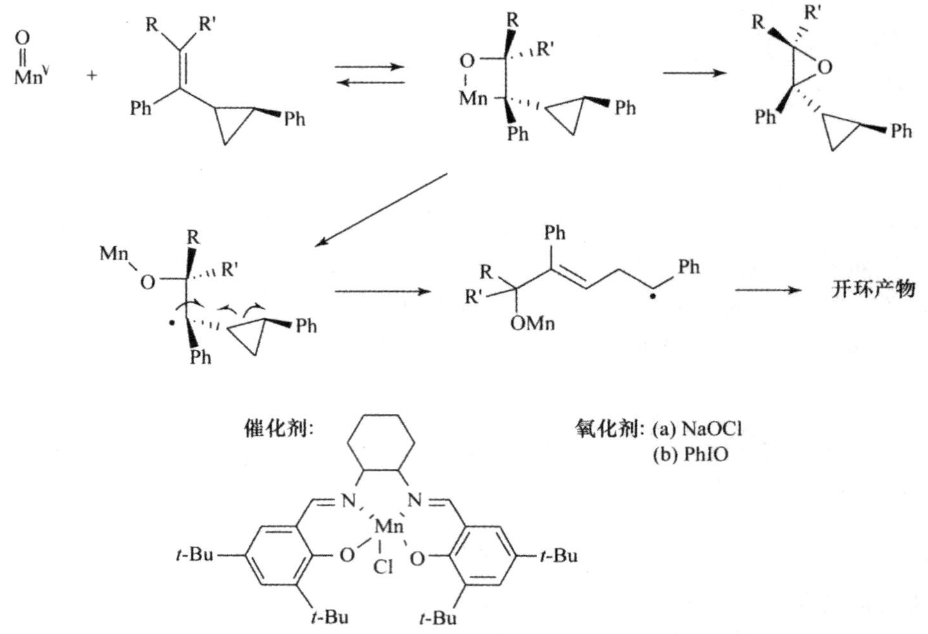

开环产物

催化剂:

氧化剂: (a) NaOCl
(b) PhIO

图 7-11 Jacobson 不对称环氧化反应的机理研究

近年来，许多自由基重排反应的速率常数被准确地测量，这些数据为机理研究以及自由基反应的合成应用研究奠定了基础(*Acc. Chem. Res.* **1980**, *13*, 317)。图 7-12 列出了一些代表性的自由基关环和开环反应的速率常数。

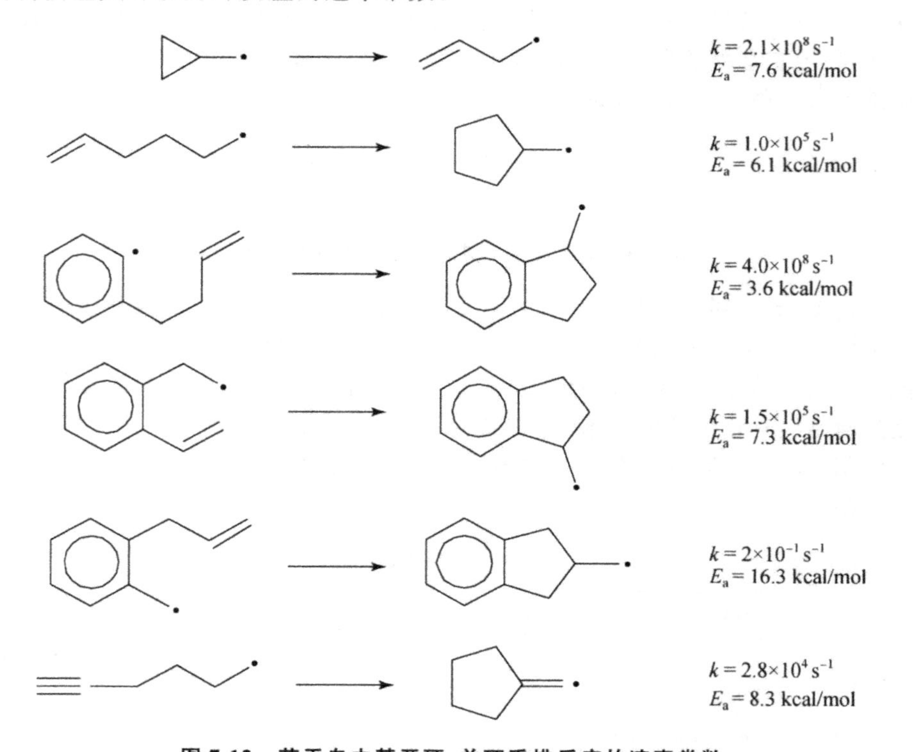


图 7-12 若干自由基开环、关环重排反应的速率常数

## 7.5　电子自旋共振(ESR)

研究自由基最为有效的物理方法是电子自旋共振(electron spin resonance spectroscopy, ESR)，或称为电子顺磁共振(EPR)。自由基是顺磁性的(paramagnetic)，而只含有成对电子的物质则是反磁性的(diamagnetic)。类似于核磁共振，电子自旋可以取$+1/2$和$-1/2$，在外加的磁场下即代表两个不同的能级。电子在这两个能级之间的跃迁给出一个有特征的、可以检测到的 ESR 吸收光谱，类似于 NMR 谱。

电子自旋共振吸收能量为

$$\Delta E = h\nu = g\beta H$$

其中，$g$ 是磁旋比(相当于核磁共振中的化学位移)，$\beta$ 是 Bohr 磁子(恒量)，$H$ 是外加磁场强度。典型的 ESR 实验，应用磁场的强度为数千高斯(Gauss，G)，共振吸收在 9000 MHz 处发生，即在微波区。而典型的 NMR 实验是使用大约 94 000 G 的强磁场，但是使用 400 MHz 的较低能量的辐射频率。

在 ESR 谱图中，未成对电子和邻位的核，特别是氢核作用形成复杂裂分的吸收峰。分析这些吸收峰，可以提供有关自由基形状和结构的详细情况。例如，环庚三烯自由基的 ESR 谱图是 8 条相同的线，说明自由基和 7 个氢核同等地作用(图 7-13)。这说明自由基是完全离域的，自由基电子均衡地分布在 7 个碳上。

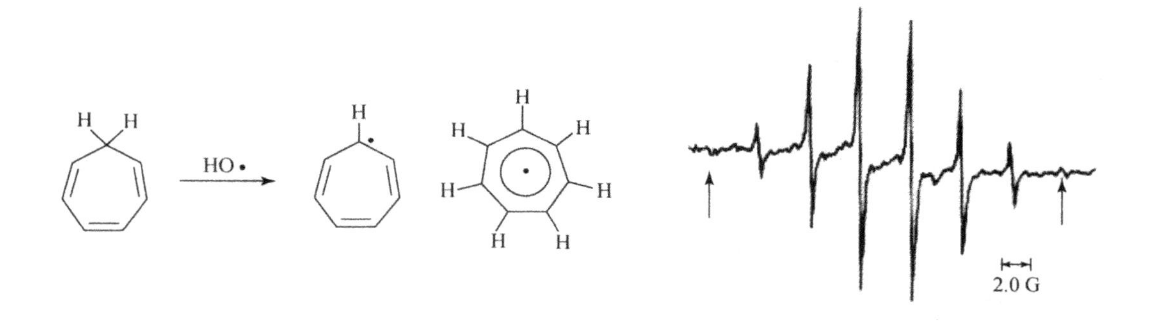


**图 7-13　环庚三烯自由基的 ESR 谱**

成对电子的自旋相互抵消，因此电子完全成对的分子在 ESR 谱中将没有吸收峰，称之为“透明”的，而只有含有未成对电子的分子才有 ESR 信号。这为用 ESR 探测混合物中的自由基信号提供了极大的方便。ESR 吸收的位置可用磁旋比 $g$ 来度量，相当于核磁共振中的化学位移 $\delta$。对一个理想的自由电子，$g=2.0023$；但对大多数有机自由基，$g$ 值在 2.002～2.006之间。$g$ 值可以提供一些关于未成对电子环境的信息，但是 $g$ 值的范围很窄，使这种信息的用途大大地小于 NMR 的化学位移。不过 ESR 吸收峰的分裂图样完全和 NMR 一样有用。所谓 ESR 吸收的精细裂分，是由于电子磁矩与其相邻近磁矩，通常是氢核的磁矩，相互作用(耦合)引起的。我们在 NMR 谱中所熟悉的 $n+1$ 规则对 ESR 谱同样适用，即与 $n$ 个等同质子耦合产生 $n+1$ 条线的分裂图。例如，甲基自由基的 ESR 谱图为强度比为 1∶3∶3∶1 的四重峰(图 7-14)。图 7-15～图 7-18 列举了一些常见自由基的 ESR 谱图。

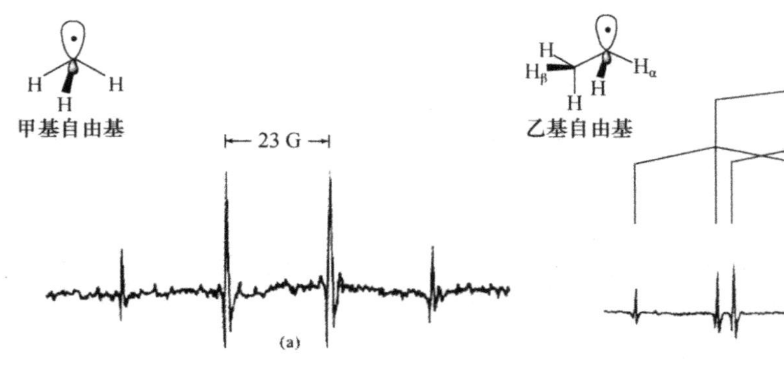


图 7-14 甲基自由基的 ESR 谱图

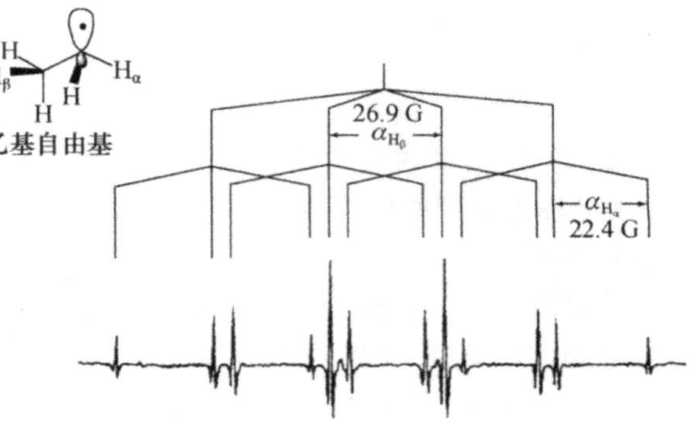


图 7-15 乙基自由基的 ESR 谱图

自由基和 β 位氢的耦合常数要大于和 α 位氢的耦合常数

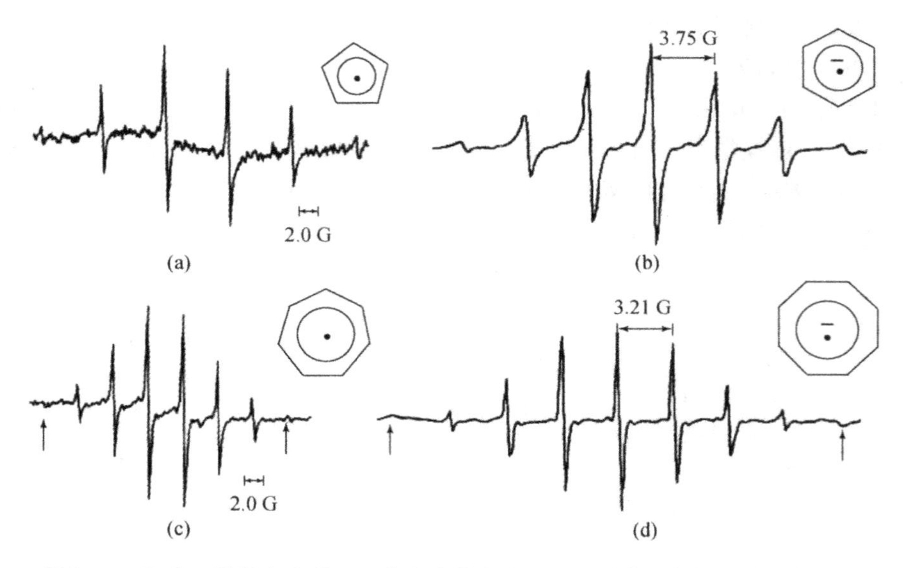


图 7-16 环戊二烯基自由基(a)、苯自由基负离子(b)、环庚三烯基自由基(c),以及环辛四烯基自由基(d)的 ESR 谱图

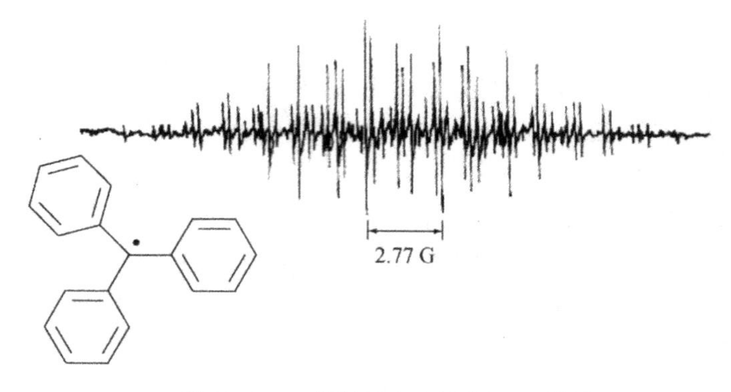


图 7-17 三苯甲基自由基的 ESR 谱图

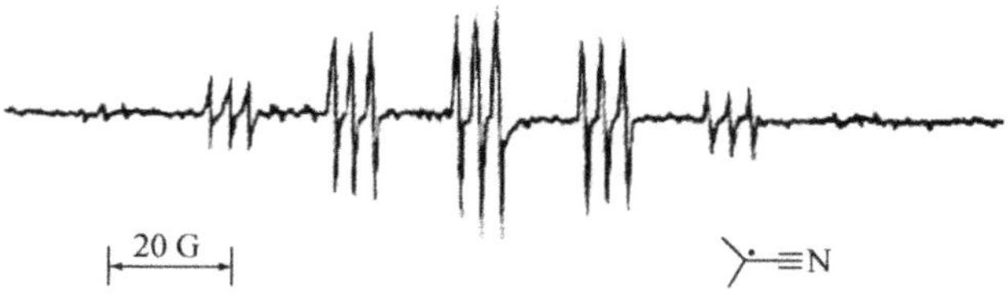

**图 7-18　异丁腈基自由基的 ESR 谱图**

ESR 中最为重要的耦合是未成对电子与 α-H 和 β-H 的耦合。超精细裂分常数以 $\alpha_H$ 表示。通常自由基电子和比 β-H 更远的质子之间的耦合程度很小，不会导致吸收峰的裂分。除氢原子核外，核自旋数不为零的其他元素，比如 D，$^{13}C$，$^{14}N$ 等，也将裂分 ESR 吸收峰。例如，图 7-18 中异丁腈基自由基被 6 个等同的 β-H 裂分为 7 条线（$\alpha_{H_\beta}=20$ G），而每条线又进一步被 $^{14}N$ 核裂分为等同的 3 条线。

乙基自由基的 ESR 谱表明，$\alpha_{H_\alpha}=22.4$ G，而 $\alpha_{H_\beta}=26.9$ G，即自由基和 β-氢的耦合比和 α-氢的耦合还大。这实际上是自由基 ESR 谱的一般现象（β 质子的耦合常数一般为 25～30 G）。这似乎有点不容易理解，因为定域的电子显然不可能向 β 位离域。但是 β-质子和 β-碳形成的 σ 键可以不在自由基所占据轨道的节面上，因而导致 C—H 键的 σ 轨道和自由基的 p 或者 $sp^3$ 轨道处于平行时有轨道之间较强的相互作用。要注意的是，很小的电子离域作用可以引起相当大的耦合。这种电子的离域作用也就是我们通常所说的超共轭效应（hyperconjugation effect），它对自由基的稳定性起到很重要的作用。

这种超共轭效应的强弱显然与 C—H 键 σ 轨道和自由基占有轨道（p 或者 $sp^3$ 轨道）之间的二面角有关。当这个二面角为 0°时，即 C—H 键 σ 轨道和自由基占有轨道平行时，超共轭效应为最强，此时 ESR 谱中对应的吸收峰的耦合常数也最大。因此，ESR 谱中自由基和 β 质子的耦合常数的大小与这个二面角具有相关性。而二面角的平均值又和分子的构象有关，因此我们又可能反过来通过测量自由基的耦合常数，来间接研究分子的构象。

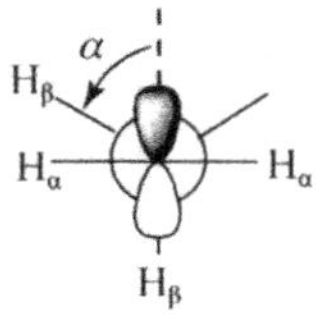

研究表明，耦合常数 $\alpha_{H_\beta}$ 和二面角 $\alpha$ 之间的关系为

$$\alpha_{H_\beta}=A+C\cdot\cos^2\alpha$$

其中 $A$ 和 $C$ 为常数，其数值分别在 0～5 G 和 40～45 G 之间。当中间的 C—C 键可以自由旋转时，$\alpha=45°$ 或者 $\cos^2\alpha=1/2$，即平均数。从这个关系可以间接得到有关自由基构象的信息（*J. Am. Chem. Soc.* **1974**，*96*，6715；*Adv. Free Radical Chem.* **1975**，*5*，189）。

自由基和 $^{13}C$ 核的耦合常数给出有关自由基结构更为有用的信息。理论上认为，这个参数和碳的杂化状态密切相关，因为增加 s 成分使得未成对电子离核更近，更加有利于耦合。

ESR 也可以用来研究双自由基分子，在磁场中三线态双自由基将会有三个电子自旋能级，这些能级之间的跃迁将可以从 ESR 谱图上观测到。很多电子自旋共振的工作是基于对从芳香环上加入或者移去一个电子而产生的自由基离子的研究。通过许多体系的分子轨道计算，McConnell 归纳出耦合常数和自由基电子密度之间的关系式：

$$\alpha_H = Q\rho$$

其中 $\alpha_H$ 为自由基电子和芳香环上的质子之间的耦合常数；$\rho$ 为未成对电子的电子密度；$Q$ 为常数，为+23 G (*J. Chem. Phy.* **1956**, *24*, 764)。表 7-3 给出了一些自由基的电子密度和磁旋比 $g$。

**表 7-3 一些自由基的电子密度和磁旋比**

| 自由基 | | $\rho$/e | 自由基 | $g$ |
|---|---|---|---|---|
| $Me\dot{C}HMe$ | | 0.844 | 自由电子 | 2.002 322 |
| $Me\dot{C}HEt$ | | 0.837 | 碳中心的 | 2.002~2.009 |
| $Me\dot{C}HOOH$ | | 0.854 | 氮中心的 | 2.003 5 |
| $Me\dot{C}HCN$ | | 0.786 | 氧中心的 | 2.015 |
| $Me\dot{C}HON$ | | 0.759 | 硫中心的 | 2.006 |
| $\dot{C}H(COOH)_2$ | | 0.74 | $CH_3\cdot$ | 2.002 55 |
| $F\dot{C}HCONH_2$ | | 0.907 | $CF_3\cdot$ | 2.003 1 |
| $CH_2\overset{\beta}{=}\dot{C}H\overset{\alpha}{-}CH_2$ | α | 0.45 | $CCl_3\cdot$ | 2.009 1 |
| | β | 0.5 | $\dot{C}H_2OH$ | 2.003 34 |
| | | | $CH_2=\dot{C}H$ | 2.002 20 |
| 苯甲基自由基 (α, o, m, p) | α | 0.57 | $Ph\cdot$ | 2.002 34 |
| | o | 0.14 | $Me\dot{C}=O$ | 2.000 7 |
| | p | 0.14 | | |
| 萘负离子自由基 (α, β) | α | 0.181 | | |
| | β | 0.069 | | |

对于大多数非共轭的自由基，其耦合常数为 22～23 G。从表 7-3 的数据可以看出，这种情况下可以得到电子密度 $\rho \approx 1$，说明自由基是定域的，并且具有平面结构，因为上式是从芳香 $\pi$ 自由基离子得到的结论。从表中也可以看到一些离域的自由基的电子密度分布。

$\pi$ 自由基：在 $\pi$ 自由基中的电子将会在整个分子中离域，因此 $\pi$ 体系的每个碳原子上都将会有部分的电子密度。这是与 NMR 大不相同的。尽管和 NMR 一样，耦合本身只能延伸较短的距离，但是电子可以在整个分子内自由运动，而核却不能。如果每一个核均是等价的，那么 ESR 谱将会是比较简单的(例如图 7-16 中的自由基)，否则谱线将会是较复杂的。

ESR 光谱的特殊价值在于它的选择性和灵敏度，因为它只检出未配对电子。ESR 光谱极为灵敏，它可以检测出浓度 $10^{-9}$ mol/L 的自由基。但是一般来说，自由基的浓度需要大于 $5\times10^{-7}$ mol/L。稳定的自由基可以较容易地被观测到，比如三苯甲基自由基 $Ph_3C\cdot$，而 $Ph\cdot$、$PhCH_2\cdot$、$C_2H_5\cdot$ 等则比较困难。大多数自由基是非常活泼的中间体，在溶液中的浓度很低。为保证在 ESR 谱测量过程中自由基始终保持较高的浓度，通常必须在 ESR 检测池的外面产生自由基，再用稳定的流体导入测试池使自由基保持稳定的浓度。很显然，这种方法的缺点是需用大量的溶剂和起始原料。

使自由基寿命延长的一种间接技术是，使活泼的自由基和一个反磁性的化合物反应，生成一个较为稳定的自由基，再通过研究新的稳定的自由基来了解原自由基的情况。这种技术称为自旋捕捉(spin trapping)。另一种方法是在一个固相惰性的基质(matrix)中产生自由基，比如冷冻的 Ar 中，这样自由基由于无法相互接触，其寿命被人为地延长。

## 7.6 化学诱导的动态核极化作用(CIDNP)

化学诱导的动态核极化作用(chemically induced dynamic nuclear polarization，CIDNP)最早是在 1967 年由两个研究组分别独立观察到的(*Acc. Chem. Res.* **1969**，*2*，110；*J. Am. Chem. Soc.* **1967**，*89*，5518)。CIDNP 建立在对含有自由基中间体的反应产物进行 NMR 谱分析的基础上，它应用电子和核之间的自旋耦合，用核磁共振来检测自由基。这种方法适合于研究自由基的动态过程，特别是自由基再结合以后的过程。因此，这种技术对于检测反应机理中的自由基中间体是有效的。

CIDNP 效应比较独特：经由自由基中间体形成的产物的 NMR 谱在其产生后的较短时间内，显示出异常的 NMR 发射(相反的吸收峰)或增大的吸收(通常是强的吸收峰)。结果是，NMR 谱上会出现异常的增大吸收，或者有时是负的吸收。这种现象与笼中的自由基对的相互作用有关(见下文)。

CIDNP 现象是由于未成对电子对核自旋取向的影响而引起的。一般的 NMR 吸收是以核自旋的 Boltzmann 分布为基础的，稍多的质子具有顺外加磁场的自旋，NMR 吸收强度取决于较高能级和较低能级的不同占据程度。但是，在自由基中，未成对电子的自旋可与质子的自旋相互作用。这可以使质子自旋极化：不是分布于低能自旋态的质子过剩，就是分布于高能态的质子过剩。尽管在反应过程中自由基将形成一个反磁性产物，但质子自旋极化仍可以维持数分钟之久。此时，质子自旋极化导致形成非 Boltzmann 分布的分子，其 NMR 谱将显示出一些异常的强度特征。如果低能态的质子数比一般情况多，那么吸收就比一般吸收强；反之，如果高能态的质子过剩，则会产生负吸收(降到低能态并放出相同频率的辐射)。

例如，过氧化苯甲酰(BPO)在环己酮中的分解反应(图 7-19)。发射信号($t=4$ min 时的负吸收峰)对应于产物苯，这说明苯的形成经历了自由基中间体。

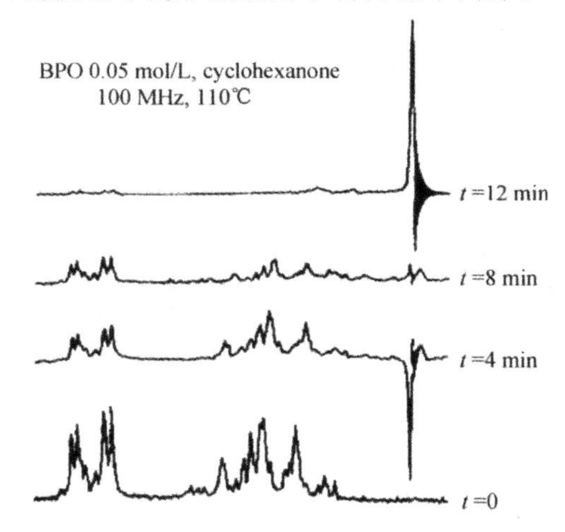


**图 7-19 过氧化苯甲酰热分解过程中的 NMR 谱**

高场的单峰信号是苯，而其他信号是过氧化二苯甲酰

$$\mathrm{Ph\overset{O}{\overset{\|}{C}}O O\overset{O}{\overset{\|}{C}}Ph \longrightarrow 2Ph\cdot + 2CO_2}$$

$$\mathrm{Ph\cdot + S{-}H \longrightarrow PhH + S\cdot}$$

SH 表示能够提供 H 原子的底物

## 7.7 笼效应

溶液中最初产生的一对自由基将在周围溶剂所形成的"笼子"中停留片刻，即笼效应(cage effects)。对于正常的液体，一个分子在分子笼中停留的时间可以长达 $10^{-10}$ s。因为自由基再结合和歧化的速度很快，因此，这些过程能够和自由基的扩散进行竞争。结果，有一部分形成的自由基没有机会去引发溶液中的其他过程。这种自由基的再结合称为偕位再结合(geminate recombination)。

$$\mathrm{R{-}O{-}O{-}R \rightleftharpoons \overline{R{-}O\cdot \ \cdot O{-}R} \longrightarrow 2R{-}O\cdot}$$

（笼中的自由基对）　（扩散到溶液中的自由基）

在最简单的情况下，如果只有一根化学键断裂，那么偕位再结合只是重新产生起始物。这种效应的结果是使反应变慢，从实验中检测这种现象的一个方法是用不同粘度的溶剂来测量反应速率的变化。因为自由基的扩散速率受溶剂粘度的影响。当分解包括一根以上的化学键时，底物消失的速度不受偕位再结合的影响，这种情况可以用交叉实验(crossover experiments)来研究。例如，以下的偶氮化合物的分解反应，可以用 R—N═N—R 和 $R^1$—N═N—$R^1$ 的混合物反应，偕位再结合只生成 R—R 和 $R^1$—$R^1$，而逃逸出笼外的自由基则生成 R—R，$R^1$—$R^1$ 和 R—$R^1$（图 7-20）。

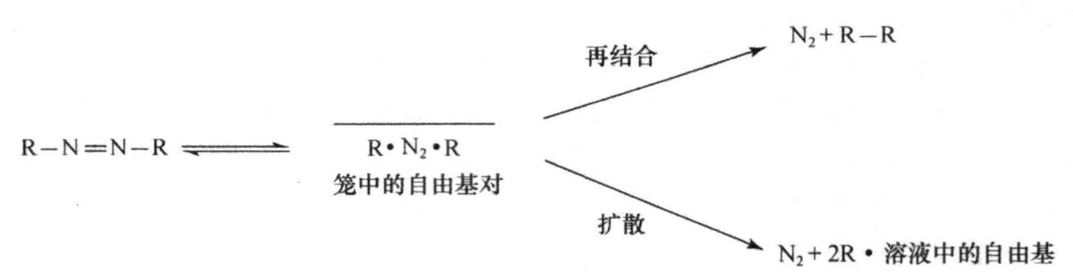


**图 7-20　自由基再结合和扩散的竞争**

也可以用较高浓度的稳定自由基来捕捉逃到笼外的自由基，笼内反应的程度通常可以用截获逃到笼外的所有自由基的方法来估计，并假定未被截获到的所有自由基都进行了原对重合。例如，偶氮二异丙苯在苯中于 40℃下的分解反应已证明有 27%的笼效应。

$$\mathrm{PhC(Me)_2{-}N{=}N{-}C(Me)_2Ph \xrightarrow[\text{苯}]{40^\circ C} PhC(Me)_2\cdot \ \ N_2 \ \ \cdot C(Me)_2Ph \xrightarrow{k_{\text{再结合}}} PhC(Me)_2{-}C(Me)_2Ph}$$

$$\downarrow k_{\text{扩散}}$$

$$\mathrm{2PhC(Me)_2\cdot \ \ N_2 \xrightarrow{\text{消除剂}}}$$

除压力非常大的情况，在气相中笼效应是不存在的。而在固相中，介质的刚性则引起一些很显著的笼效应。

**化学诱导动态核极化(CIDNP)在笼效应研究中的应用**

一旦自由基对形成以后，自由基之间的相互作用将会产生单线态或者三线态，自由基在重新结合以后逃离“笼”的概率取决于自由基对是单线态或是三线态。对于单线态，它的自旋状态使之可以直接成键，而三线态则不可直接成键。因为电子和核是相互耦合的，单线态和三线态之间的转化速率受核与电子自旋状态的影响，结果是，那些核与电子刚好具有某种自旋状态的自由基对可能形成笼内结合的产物，而具有另一种自旋状态的自由基对则从“笼”中逃出发生反应，生成非“笼”中结合产物。因此，不同的生成物占据不同自旋状态的分布将会受到不同的影响，当然，这种扰乱很快会恢复正常。但是，如果 NMR 谱是在反应过程中检测的，那么这种扰乱会以异常强的吸收(或者发射)显示出来。需要注意的是，观察到 CIDNP 现象并不能说明主要反应的历程一定包含了自由基中间体，一个微量的副反应也有可能产生很强的CIDNP 信号；相反，一些的确有自由基中间体参与的反应也有可能观察不到 CIDNP 信号。

## 7.8　以自由基反应为基础的有机合成近年的进展

20 世纪 80 年代，有机自由基化学的一个重要进展是大量以自由基反应为基础的新的有机合成方法学的发展。这些自由基反应以前未能在合成中得到广泛的应用，原因是自由基通常非常活泼、难以控制，经常导致聚合物的生成。因此，过去人们在设计合成反应时，总是试图避免自由基中间体的参与。随着对于自由基反应动力学的深入了解，按照人们的愿望控制有机自由基反应已成为可能，特别是 C—C 成键反应。自由基反应与相应的离子反应相比较具有反应条件温和等优点，并且能够发生一些离子中间体所不具有的反应。如果设计合理，自由基可以发生连续反应(称为 cascade 或者 tandem 反应)，一步生成具有复杂结构的产物。例如，图 7-21 所示的具有螺环结构的天然产物的全合成中，人们应用了自由基的连续重排反应(*J. Am. Chem. Soc.* **1998**, *120*, 1747)。经过数十年的发展，目前自由基反应已经逐渐为合成有机化学家所采用。

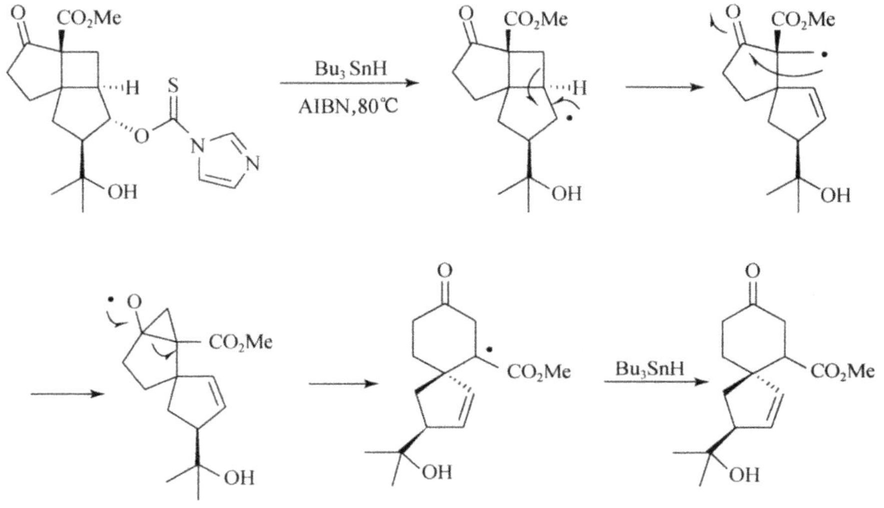

**图 7-21　自由基连续反应**

进入 20 世纪 90 年代,自由基为基础的合成方法学的研究主要集中在反应的立体化学控制,特别是应用催化反应进行不对称诱导方面。应用手性助剂的方法,自由基反应通常能够给出较好的非对映选择性,这方面的工作已经比较成熟。而更具有挑战性的是应用不对称催化的方法,用手性 Lewis 酸配合物已经取得初步的成功(*Acc. Chem. Res.* **1999**, *32*, 163),见图 7-22。由于自由基反应通常受极性因素的影响较小,因此这方面的研究将会有一定难度。

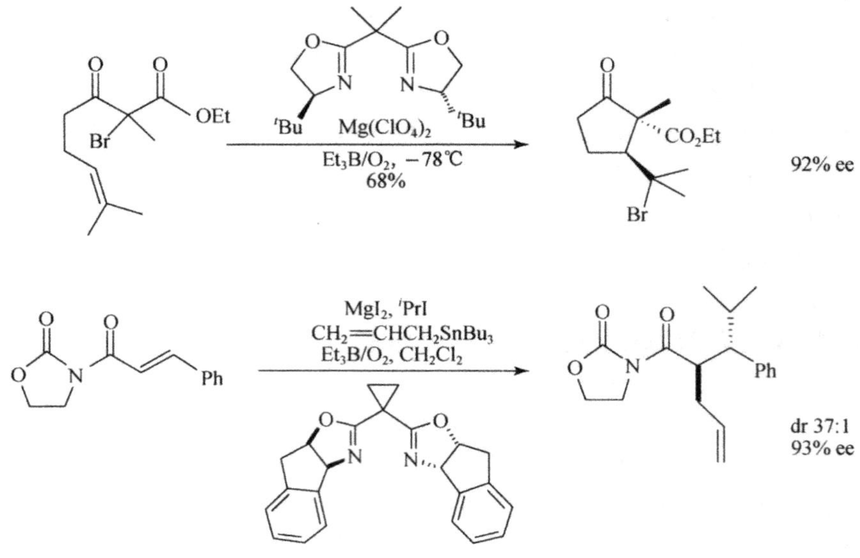

OEt Br $^t$Bu $Mg(ClO_4)_2$ $^t$Bu $Et_3B/O_2$, −78℃ 68% $CO_2Et$ Br 92% ee

$MgI_2$, $^i$PrI $CH_2{=}CHCH_2SnBu_3$ $Et_3B/O_2$, $CH_2Cl_2$ Ph Ph dr 37:1 93% ee

**图 7-22 自由基反应中的不对称催化**

# 卡 宾

卡宾这个名字据说是由 Woodward, Doering 和 Winstein 于 1951 年在一辆芝加哥夜间出租汽车中设想出来的。卡宾可以定义为包含只有 6 个价电子的二价碳原子的化合物,其中四个电子在两个共价键中,另外两个为非键电子,最简单的成员是 :$CH_2$,甲基卡宾(methyl carbene, methylidene),也称为甲烯。

| | |
|---|---|
| $CH_2$: | methylidene,甲基卡宾 |
| $CH_3CH_2$: | ethylidene,乙基卡宾 |
| $CH_2{=}CH{-}CH_2$: | propenylidene,丙基卡宾 |

虽然卡宾在 20 世纪 50 年代以后才成为人们积极研究的对象,但是早在 1862 年,"二氯化碳"中间体在氯仿碱性水解反应中就已经被假定过。

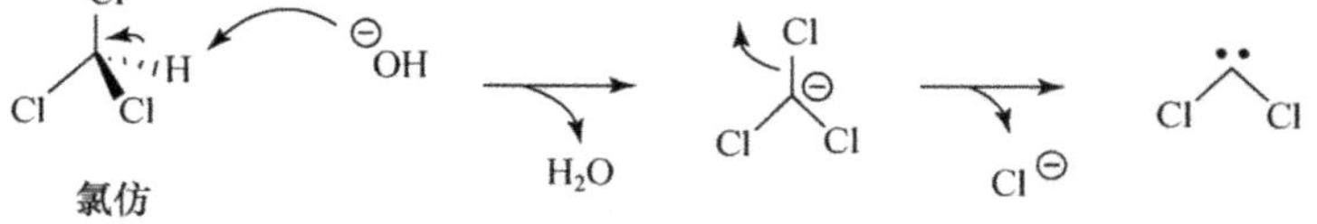

氯仿 $\xrightarrow{-H_2O}$ $Cl_3C^{\ominus}$ $\xrightarrow{-Cl^{\ominus}}$ $:CCl_2$

这样的假设当然过于超前，以当时以及以后相当长时间内人们所达到的理论和技术水平，不可能对卡宾展开深入探讨。因此，在相当长的时间里，卡宾并没有引起任何关注。一直到1950年出现了Hine和Doering等的开创性工作以后，人们才开始真正对卡宾中间体有了深入的认识。

## 7.9 卡宾的结构

碳原子有4个原子轨道，能够容纳8个价电子。因为卡宾碳仅用了两个成键分子轨道，因此，两个非键电子有两个原子轨道可以利用，一般有以下两种情况：

1）两电子占据同一轨道。在这种情况下，根据量子力学原理它们必须具有相反的自旋。这种情况称为单线态卡宾(singlet carbene)。

2）两电子占据不同的轨道。这时自旋必须相同，称为三线态卡宾(triplet carbene)。

根据洪特规则，三线态是具有较低能量的形式，因为它使电子间的斥力减到最小。

三线态卡宾的最简单描述是中心碳原子采用sp杂化：

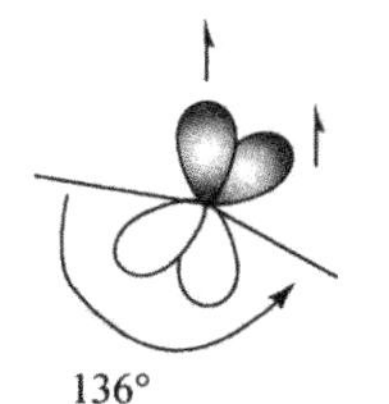


如果卡宾碳是sp杂化，那么三线态卡宾的结构应当是直线的。但研究表明，三线态卡宾一般是弯曲的，因为弯曲会降低被占轨道的能量。即处于平面内的p轨道将会变得“杂化”，混有一些s轨道的性质，因而能量会降低；而与平面重直的p轨道将基本不会受影响。由于三线态卡宾的两个电子分别占据两个p轨道，所以它们应当具有双自由基的特征。大量的实验表明，三线态卡宾的确具有双自由基的行为。

单线态卡宾可用中心碳原子的$sp^2$杂化构成。两个电子成对地占据能量较低的$sp^2$杂化轨道，而p轨道是空的轨道。从这种结构可以预测，单线态卡宾既可以看作碳正离子(p空轨道)，也可以看作碳负离子($sp^2$电子)。从化学性质上来看，单线态卡宾的确具有两性离子的性质。

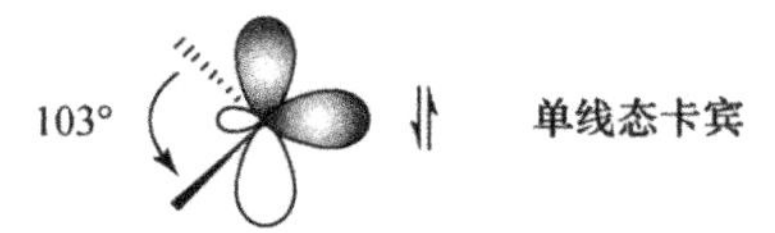


当然，以上的结构讨论是相当简化的情况。单线态和三线态卡宾精确结构的测定是具有挑战性的工作，人们做了大量的理论和实验工作。计算和测量得到，单线态卡宾的键角约为103°，三线态卡宾的键角约为136°。单线态和三线态之间的能量差也是大量研究工作的对象，所得数据指出，三线态大约比单线态稳定8～9 kcal/mol。

**ESR 研究**

三线态卡宾有未成对电子，所以它们可以产生电子自旋共振信号。由于卡宾的高度活泼性，在溶液中它们的浓度通常很低，很难观察到 ESR 信号。用低温固体状态光解产生的卡宾可以解决浓度低的问题。例如，在 77 K 下冻结的玻璃质烃中产生的卡宾是无限稳定的，因为在这种状态下卡宾难以发生适当的化学反应。

ESR 研究证明，芳基卡宾的基态是三线态。母体二苯基重氮甲烷化合物的光解首先产生单线态卡宾，然后迅速发生自旋转向而生成三线态卡宾。ESR 信号的长寿命（在 77 K 时可以达到数小时）证明，这种三线态是基态的。

$$Ph_2C{=}N_2 \xrightarrow[77\ K]{h\nu} [Ph_2C{:}\ (\uparrow\downarrow)]^1 \longrightarrow [Ph_2C\ (\uparrow\uparrow)]^3$$

单线态卡宾　　　　三线态卡宾

对于这种芳基卡宾的 ESR 谱的细致分析，可以得出有关其结构的详细情况。研究证明，芳基卡宾是弯曲的，并且有一个未成对电子与芳基的 π 体系共轭，而另一个未成对电子与它垂直，因此不发生共轭。

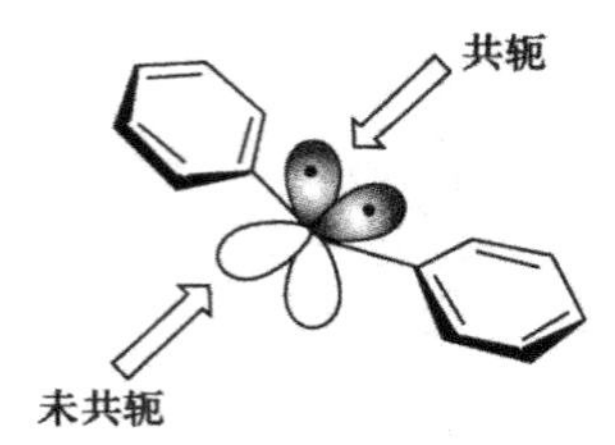


## 7.10　单线态卡宾与三线态卡宾化学反应性的主要区别

卡宾的主要反应可以分为两大类：σ 键的插入反应和与 π 键的环加成反应。

1）插入反应（insertion reaction）：

$$-\overset{|}{\underset{|}{C}}-H + {:}CH_2 \longrightarrow -\overset{|}{\underset{|}{C}}-CH_2-H$$

2）环加成或称为环丙烷化反应（cycloaddition 或 cyclopropanation）：

$$>C{=}C< \quad + \quad {:}CH_2 \longrightarrow \text{环丙烷}\ (CH_2 \text{ 桥连})$$

无论是单线态卡宾还是三线态卡宾，均可以发生上述两类反应。在卡宾化学研究中，一个重要的问题是确定某一给定反应中卡宾的自旋状态。对于大多数卡宾，虽然三线态是基态（在能量上较为稳定），但这绝不能保证只有三线态才参与反应。事实上，产生卡宾的绝大多数方法初期都生成单线态。而且，这种单线态卡宾的活性通常非常高，因此，很有可能在它转变为较稳定的三线态之前就发生反应了。

虽然单线态卡宾和三线态卡宾均可以发生碳氢键插入和环丙烷化反应，但是它们的反应过程是不同的。这种不同也将导致反应选择性和立体化学的差异。利用这种结果的差异可以反过来区分卡宾的两种状态。这种区分是基于这样的假定：三线态卡宾因为含有两个自旋平行的未成对电子，所以它必须以分步方式反应(反应过程中必须有电子自旋的反转)；而单线态卡宾因为所有电子都是成对的，故可以协同反应给出产物(*J. Am. Chem. Soc.* **1959**, *81*, 3383)。

协同反应：—C—H + :$CH_2$ → —C—$CH_2$—H

三线态卡宾是不能以协同方式反应的，这是因为在形成基态产物之前必须有一个电子自旋转向的过程。

—C—H + ↑•$CH_2$•↑ —自由基攫氢→ —C•↑ + H—$CH_2$•↑ —自旋转向→ —C•↓ + H—$CH_2$•↑ —自由基再结合→ —C—$CH_2$—H

分步反应和协同反应必然会导致反应结果的不同。

**卡宾反应的立体化学**

上述单线态和三线态卡宾反应性的差别可以用于区分卡宾中间体的性质。对于双自由基自旋相关的研究表明，三线态双自由基的 σ 键旋转的确比关环(自旋转向)快。而对于单线态卡宾，反应一般以协同方式进行。根据生成产物的立体化学，就可以推测卡宾中间体的状态。在环丙烷化反应中，单线态卡宾给出立体专一的产物，而三线态卡宾则生成立体混合物。图 7-23 的反应过程表示三线态卡宾和顺式或者反式 2-丁烯发生环丙烷化反应时，均得到同样比例的顺式和反式环丙烷混合物。

应用卡宾的 C—H 键插入反应的立体化学，也可以获得中间体的相关信息。例如，在以下的 C—H 插入反应中发现产物构型保持，说明反应以协同方式进行。根据这个实验事实可以推断卡宾中间体为单线态。

↑↓:$CD_2$（反应物中带 * 的 C—H 转变为产物中带 * 的 C—$CD_2H$）

不对称碳原子的C—H键插入反应的另一个例子是关于二氯甲基卡宾的研究(图 7-24)。在插入反应过程中发现手性中心没有消旋，同时测得数值为 2.5 的同位素效应。

并且，对一系列芳环上有取代基的苄位 C—H 键进行了插入反应的相对速率测量，对所获数据进行 Hammett 线性自由能相关，得到反应常数 $\rho=-1.19$。这些实验表明，$:CCl_2$ 具有较高的选择性。负的反应常数说明，在插入反应过程中有部分电荷的分离，苄位碳带有部分正电荷。

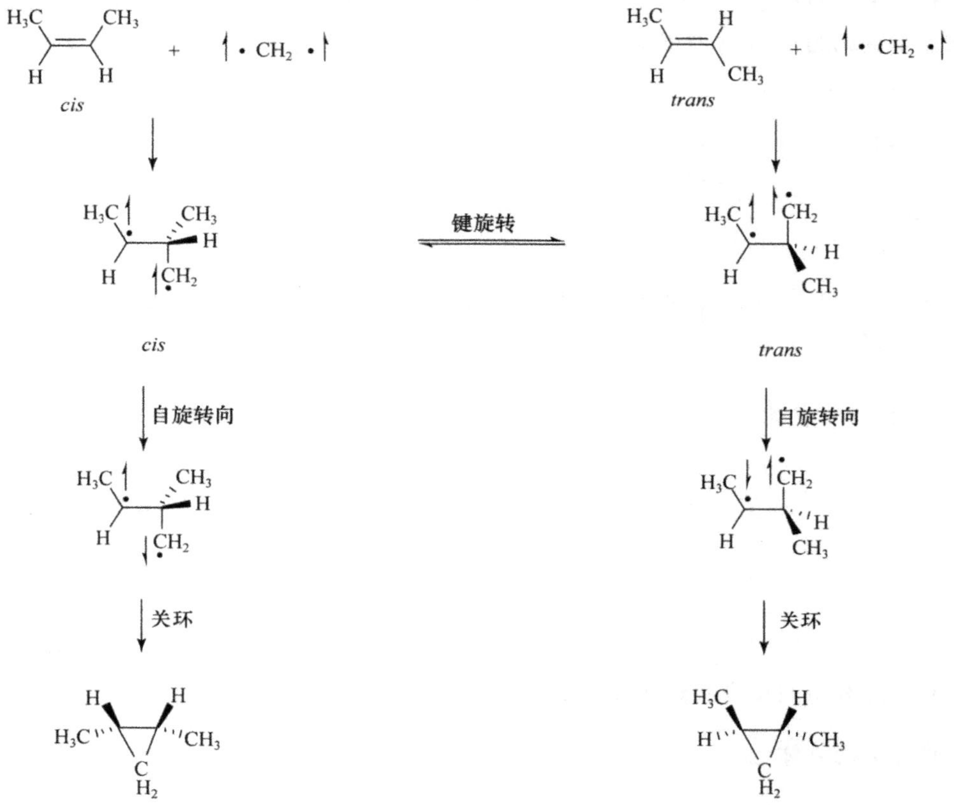

**图 7-23 三线态卡宾环丙烷化反应的立体化学**

下面的一个十分巧妙的同位素标记实验，可以排除自由基中间体的存在(图 7-25)。如果反应是通过三线态卡宾中间体，那么必然会产生烯丙基自由基。而这个烯丙基自由基发生电子离域，使得最初产生自由基的碳($^{12}C$)和双键的碳($^{14}C$)变得完全等价。自由基再结合时必然会产生混合物。实验表明，在甲基的 C—H 键插入反应中，99%的产物$^{14}C$ 保持在双键的位置(*Tetrahedron* **1959**, *6*, 24)。显然，这个实验有力地证明了 C—H 插入过程是协同的，即反应是通过单线态卡宾中间体发生的。

此外，单线态和三线态卡宾反应的化学选择性有较明显的差别。单线态卡宾通常对反应底物缺乏选择性，在 C—H 插入反应中，对于三级、二级和一级 C—H 键插入的相对反应速率的比例为 1.5∶1.2∶1.0。在环丙烷化反应中，烯烃的取代基对反应的影响也不大。

而对于三线态卡宾，相应的三级、二级和一级 C—H 键插入的相对反应速率的比例约为 7∶2∶1。在环丙烷化反应中，烯烃的取代基对反应的影响比较大。例如，在气相中，丁二烯与三线态卡宾 $H_2C:$ 的反应比乙烯快 19 倍。这些实验现象均可以用形成稳定的双自由基或自由基对为基础来解释。

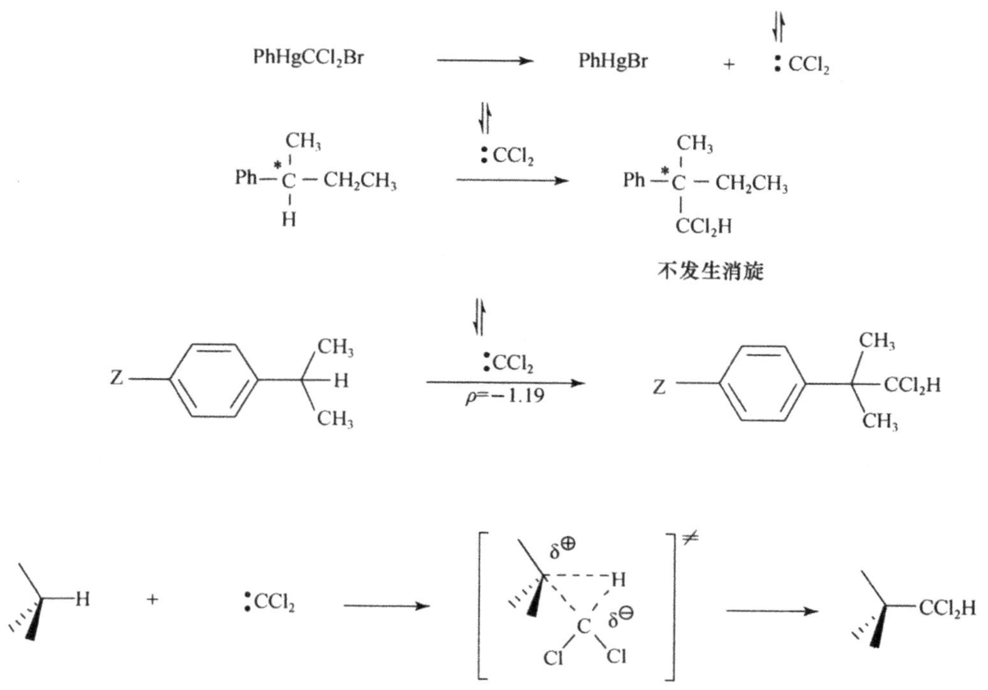

$PhHgCCl_2Br \longrightarrow PhHgBr + :CCl_2$

不发生消旋

$\rho = -1.19$

图 7-24　单线态二氯甲基卡宾反应的机理研究

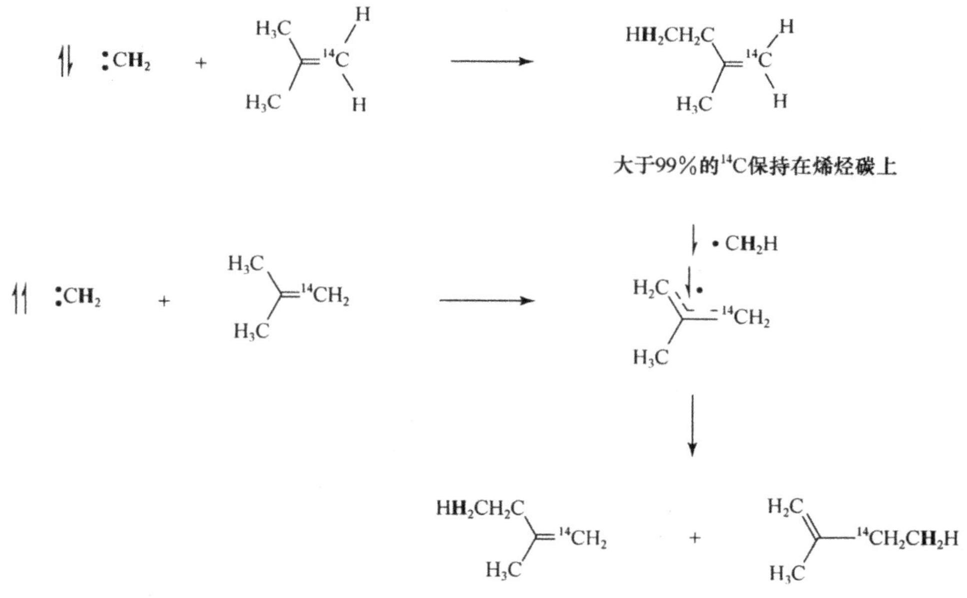

大于99%的$^{14}C$保持在烯烃碳上

图 7-25　$^{14}C$ 同位素标记验证卡宾 C—H 插入的协同机理

除了上述卡宾反应的立体化学以及区域选择性之外，三线态卡宾的插入反应在某些情况下还可以生成溶剂笼中逸出的自由基重合的副产物。观察到这些副产物是证明自由基中间体或三线态卡宾中间体的有力证据。例如，在研究甲基卡宾和 2-甲基丙烷的 C—H 插入反应时，发现可以分离得到乙烷和 2，2，3，3-四甲基丁烷的副产物（图 7-26）。这些副产物是通过溶剂笼中逸出的自由基重合形成的。由此可以说明，反应是经历了三线态卡宾中间体（*J. Am. Chem. Soc.* **1967**, *89*, 5091）。

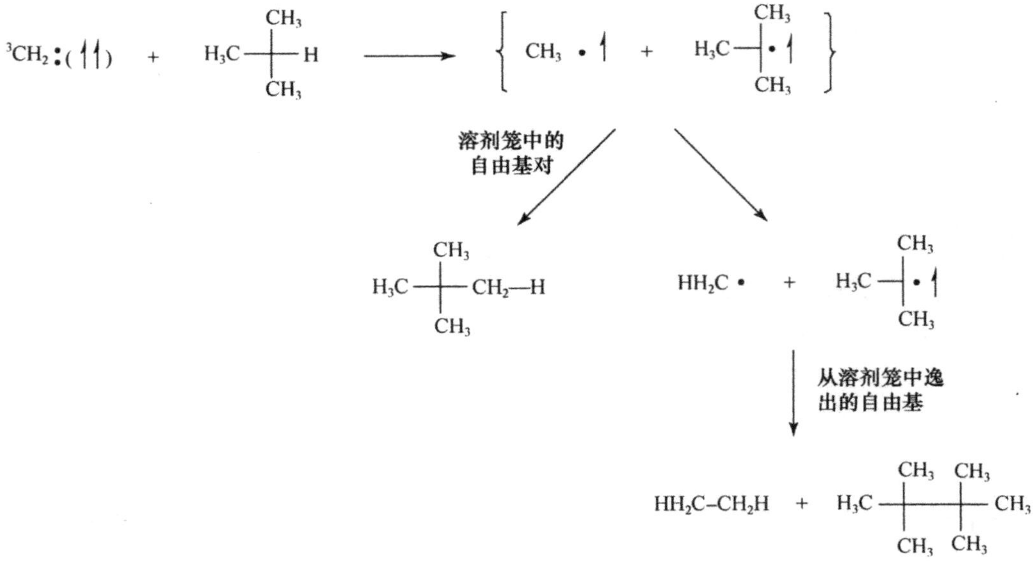

$$^{3}CH_2:(\uparrow\uparrow) + (CH_3)_3C{-}H \longrightarrow \{CH_3\cdot\uparrow \ + \ (CH_3)_3C\cdot\uparrow\}$$

溶剂笼中的自由基对：

$$(CH_3)_3C{-}CH_2{-}H$$

$$HH_2C\cdot + (CH_3)_3C\cdot\uparrow$$

从溶剂笼中逸出的自由基：

$$HH_2C{-}CH_2H + (CH_3)_3C{-}C(CH_3)_3$$

图 7-26　三线态卡宾 C—H 键插入反应的机理研究

## 7.11　卡宾的产生

卡宾主要由两种类型的反应形成：

1）活性分子的分解（烯酮类或者重氮化合物）；

2）消去反应，例如二氯或二溴卡宾的生成。

$$R_2C{=}C{=}O \xrightarrow{h\nu} R_2C: + CO$$

驱动力：形成的 CO 的键能为 256 kcal/mol

$$R_2C{=}\overset{\oplus}{N}{=}\overset{\ominus}{N} \xrightarrow{h\nu} R_2C: + N_2$$

驱动力：形成的 $N_2$ 的键能为 225 kcal/mol

$$CHBr_3 \xrightarrow{KO^tBu} Br_2C: + {}^tBuOH + KBr$$

在较为温和（低温、中性）的条件下产生卡宾对于机理研究以及有机合成都是十分重要的，其中一个制备二卤卡宾的比较温和的方法是应用有机汞化合物的热分解（*J. Am. Chem. Soc.* **1965**, *87*, 4259）。

$$PhHgCCl_2Br \xrightarrow{\triangle} PhHgBr + :CCl_2 \ (\uparrow\downarrow)$$

## 7.12　稳定的自由卡宾

如前所述，自由卡宾通常具有极高的反应活性，因此，这些中间体的寿命也极短。这使得研究这些中间体的性质成为一件十分困难的工作。寻找稳定的卡宾是有机化学家长年的梦想，而这样的梦想在最近几年得到了实现。20 世纪 90 年代初，Arduengo 等分离出由双杂原子稳定的单线态卡宾。这些卡宾在氮气中可以在室温下稳定存在，有的是很好的晶体。氮杂环卡宾的发现不仅在结构化学方面具有重要的理论意义，而且这些稳定的卡宾已经发展成为一类重要的过渡金属配体，同时在有机小分子催化反应方面也发挥着重要的作用（*Acc. Chem. Res.* **1999**, *32*, 913; *Angew. Chem. Int. Ed.* **2002**, *41*, 1290; *Acc. Chem. Res.* **2008**, *41*, 1440）。

$+$ NaH $\longrightarrow$ $+$ $H_2\uparrow$ $+$ NaCl $\downarrow$

稳定的卡宾

Arduengo 的卡宾之所以能够稳定存在，是由于邻位氮原子的孤对电子和卡宾 p 轨道之间的相互作用，以及邻位大基团的空间位阻。Pauling 在 20 世纪 80 年代曾预测，如果卡宾碳上具有相反电性的取代基，那么单线态卡宾将会被稳定（*J. Chem. Soc. Chem. Commun.* **1980**, 688）。相反电性的取代基可以通过电子离域稳定卡宾，同时也避免了产生电荷分离的状态，而保持卡宾的电中性。按照这个思路，Bertrand 等在卡宾碳上引入一个吸电子的 2,6-二（三氟甲基）苯基和一个给电子二异丙基膦基（*Science*, **2000**, *288*, 834）。这个稳定卡宾的晶体结构说明，磷原子上的孤对电子向卡宾碳的空轨道提供电子，而卡宾的孤对电子则向芳香环离域。这种协同作用既实现了电子的离域，同时也确保了卡宾碳的电中性。这种稳定的单线态卡宾具有通常卡宾中间体特有的反应活性，例如环丙烷化、Si—H 插入反应等。

$CF_3$ $N_2$ $P(N^iPr_2)_2$ $CF_3$ $\xrightarrow[-60℃]{h\nu}$ $CF_3$ $P(N^iPr_2)_2$ $CF_3$

稳定的单线态卡宾

F5 F6 N1 C6 C7 C9 F4 C5 C1 P1 C2 F2 C4 C3 C8 N2 F3 F1

Bertrand 还报道了由氨基和芳基稳定的单线态卡宾，发现对于这些新的卡宾，芳基并不与卡宾发生电子离域作用，其对于卡宾的稳定化作用主要是提供空间位阻（*Science*, **2001**, *292*, 1901）。因此，一个同时具有 π 给电子和 σ 吸电子能力的取代基（例如氨基）就可以使卡宾稳定，这将使得制备更多种类的稳定卡宾成为可能。

另一方面，Tomioka 等在制备三线态卡宾方面获得了成功，他们报道了室温下在溶液中寿命长达 19 min 的三线态卡宾（*Nature*, **2001**, *412*, 626）。这个双蒽基取代的卡宾由相应的重氮甲烷衍生物前体通过光照获得，由于三线态卡宾的双自由基分别被两个芳香体系通过电子离域而稳定，再加上空间位阻的稳定化作用，因而他们可以幸运地获得这个稳定的中间体。由于三线态卡宾的两个单电子的自旋是相互平行的，因此它们在有机磁性材料方面可能有潜在的应用价值。

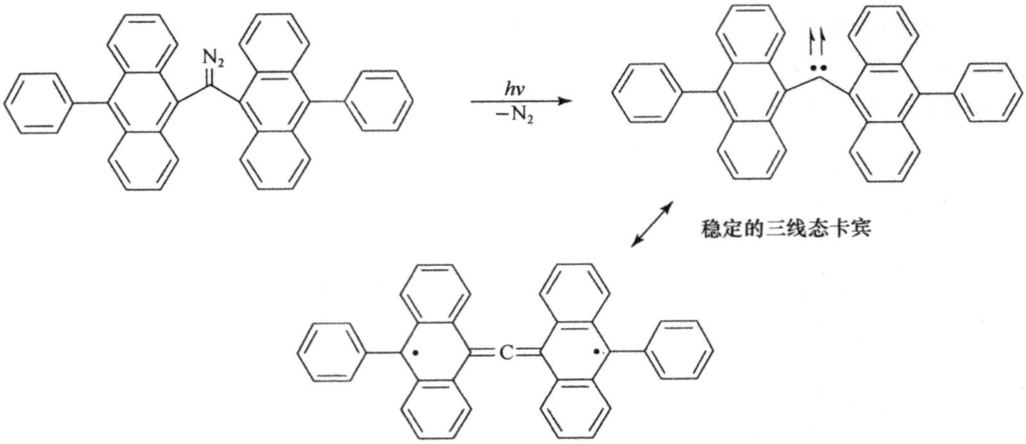

$N_2$ $\xrightarrow[-N_2]{h\nu}$

稳定的三线态卡宾

稳定卡宾中间体的研究是一个十分引人注目的领域。稳定卡宾的发现从观念上改变了人们对于这类活泼中间体的基本看法。随着更多稳定卡宾的发现，人们对于这些重要中间体的认识也会进一步深入，有机化学基础理论的内容将被丰富。另外，这些研究对于有机合成方法学以及有机材料研究也可能产生影响。

## 7.13　卡宾络合物：类卡宾或者金属卡宾

在确立了单线态和三线态的卡宾概念以后，我们必须认识另外一种更为复杂的情况，即卡宾和金属的结合所形成的一类金属卡宾(metal carbene)或类卡宾(carbenoid)中间体。这类反应的机理常常比较复杂，但它们在合成上却有许多重要的应用，例如 Simmons-Smith 环丙烷化反应(图 7-27)、Tebbe 反应以及近年来发展起来的烯烃复分解等反应。

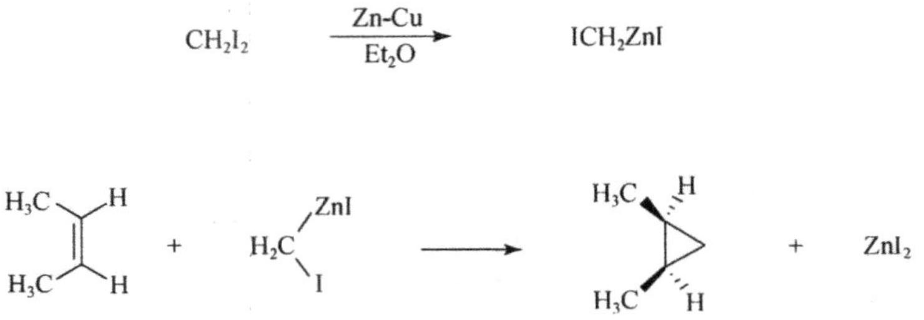

$$CH_2I_2 \xrightarrow[Et_2O]{Zn\text{-}Cu} ICH_2ZnI$$

$H_3C$ H $H_3C$ H + $H_2C$ ZnI I ⟶ $H_3C$ H $H_3C$ H + $ZnI_2$

图 7-27　Simmons-Smith 环丙烷化反应

金属卡宾可以看作与金属络合的一类二价碳的活泼中间体。在这种络合物中，游离状态下寿命短暂、极度活泼的游离卡宾由于与金属的键合而得以稳定。金属卡宾可以分为两类，Fischer 型和 Schrock 型。

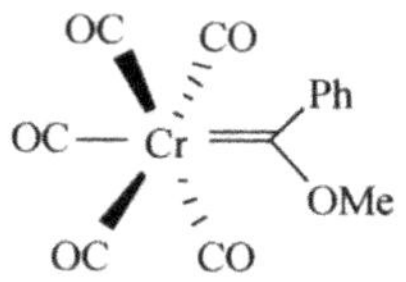

Fischer型金属卡宾 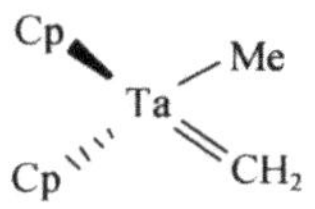　　Schrock型金属卡宾

Fischer 型金属卡宾包含从ⅥB族到Ⅷ族的过渡金属，中心金属以低氧化态存在，一般被一系列具有吸电子基性质的配体，例如CO基所稳定。Fischer型卡宾的代表性络合物是五羰基[甲氧基(苯基)卡宾]合铬。其X射线晶体结构表明，卡宾碳原子是 $sp^2$ 杂化的，有一个空的p轨道，具有缺电子性，而其缺电子性可以通过相邻甲氧基的氧原子上的一对孤对电子与卡宾碳原子空的p轨道之间的作用得到补偿；同时，中心金属向卡宾碳原子的空p轨道也有一定程度的反馈。而Schrock型卡宾，一般是以前过渡金属(如Ti，Zr，Ta等)为中心金属，不含CO基配体，其卡宾碳原子具有富电子性。

因此，不同类型的金属卡宾，其中心金属-卡宾碳之间的键的极性是不同的。Fischer型卡宾的卡宾碳是电正性的，易与富电子的底物例如碳碳双键发生亲电反应；而Schrock型卡宾的卡宾碳是电负性的，可以看作Wittig试剂的类似物，易与亲电试剂例如羰基发生加成反应生成烯烃(Tebbe反应)。

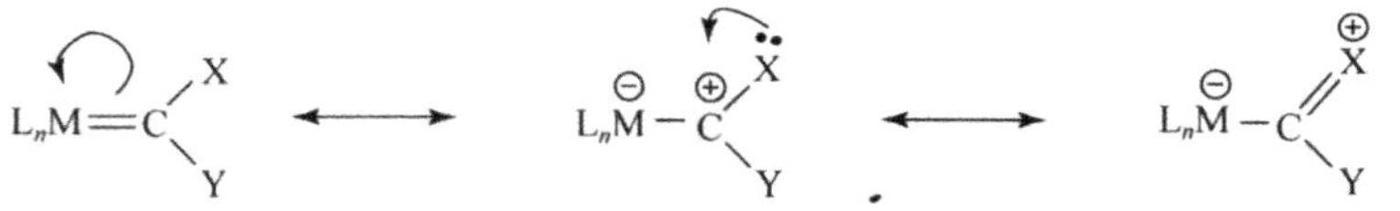

X= OR, $NR_2$ 等
Fischer型金属卡宾

Schrock型金属卡宾

金属卡宾络合物还可能被氧化裂解，生成酯、硫代酯和硒代酯；或者被还原生成相应的烃的衍生物；以及与炔、烯胺、西弗碱发生环化反应等。例如，Fischer型金属卡宾在加热或光照条件下，可以和炔烃反应生成萘醌衍生物(Dötz反应，图7-28)(*Angew. Chem. Int. Ed. Engl.* **1975**，*14*，644)。

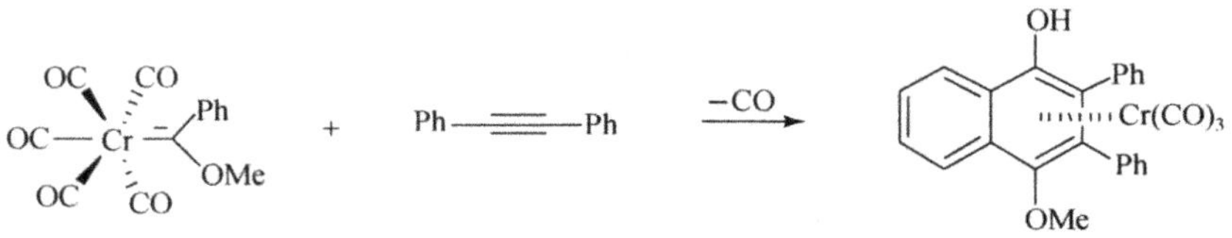

**图7-28　Dötz反应**

金属卡宾方面的研究目前主要集中在金属卡宾作为不稳定中间体参与的反应过程。这是由于这样的反应可以实现金属络合物作用下的催化过程。而过渡金属络合物催化分解

α-重氮化合物正是形成金属卡宾中间体的重要手段。

金属卡宾的环丙烷化是具有很大合成价值的一类反应。缺电子和富电子的烯烃都可能与金属卡宾发生［2+1］环加成反应，构筑环丙烷骨架。大量事实表明，反应不涉及游离的卡宾中间体。根据中心金属的不同，反应机制可能是金属卡宾对烯烃的亲电进攻的过程（carbenoid mechanism）；也可能是包含烯烃配位，经过金属环丁烷的过程（coordination mechanism），见图 7-29。

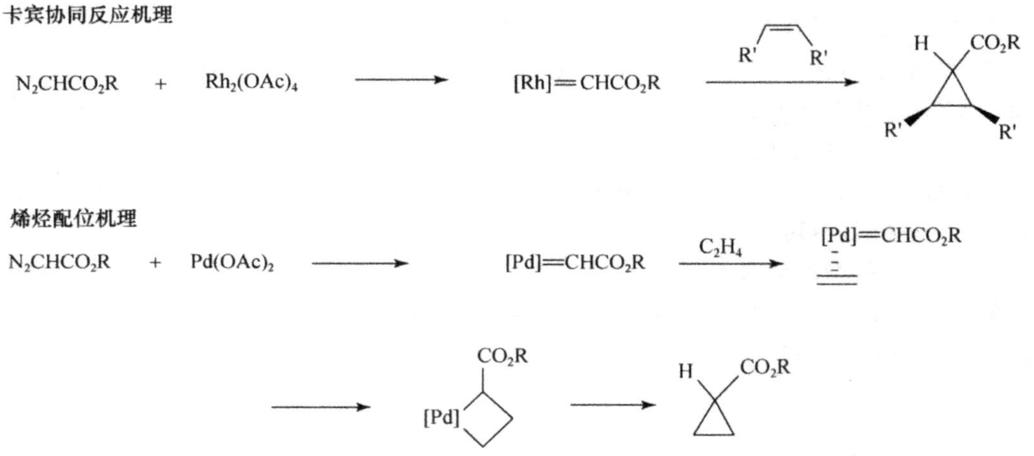

卡宾协同反应机理

$N_2CHCO_2R$ + $Rh_2(OAc)_4$ ⟶ $[Rh]{=}CHCO_2R$ ⟶ (R'CH=CHR') cyclopropane (H, $CO_2R$, R', R')

烯烃配位机理

$N_2CHCO_2R$ + $Pd(OAc)_2$ ⟶ $[Pd]{=}CHCO_2R$ ⟶ ($C_2H_4$) $[Pd]{=}CHCO_2R$ ⟶ [Pd] ($CO_2R$) ⟶ (H, $CO_2R$)

图 7-29　金属卡宾经由的环丙烷化反应的机理

最早的烯烃环丙烷化的报道可以追溯到 1906 年，但直到 20 世纪 60 年代后期，随着高效催化剂的开发，这类反应才在有机合成中得以广泛应用。最常见的是过渡金属络合物催化重氮化合物分解，实现对双键的环加成。例如，手性铜络合物催化的环丙烷化反应已经在工业生产中得到应用（*Angew. Chem. Int. Ed.* **2002**, *41*, 2008），见图 7-30。

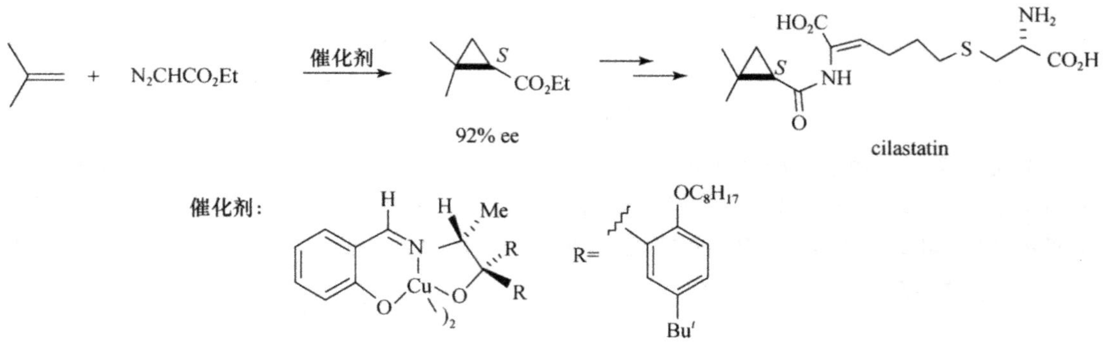

+ $N_2CHCO_2Et$ —催化剂→ S, $CO_2Et$ (92% ee) ⟶ ⟶ cilastatin ($HO_2C$, S, NH, O, S, $NH_2$, $CO_2H$)

催化剂：(H, N, Cu, O, O, H, Me, R, R, )$_2$)　R= ($OC_8H_{17}$, $Bu^t$)

图 7-30　不对称环丙烷化反应的工业应用

除环加成反应以外，金属卡宾络合物还能够插入较活泼的硅-氢、锡-氢和锗-氢键，其反应速率依次递增。而对于氧-氢、氮-氢等极性键，金属卡宾也可发生插入反应。近年来南开大学周其林等在不对称催化的氧-氢、氮-氢等极性键的卡宾插入反应方面取得了重要的进展（*Acc. Chem. Res.* **2012**, *45*, 1365）。

至于非活性的碳-氢键，其官能团化一直是有机化学领域富有挑战性的课题。金属卡宾对碳-氢键的插入反应是一种活化非活性的碳-氢键的重要方法，它可以在非官能团化的碳上形成新的碳-碳键，构筑新的有机化合物母体骨架（*Nature*，**2008**，*451*，417）。近年来，应用手性二价铑络合物催化分解 α-羰基重氮化合物，进而形成手性金属卡宾，在分子内（图7-32）和分子间（图 7-33）碳-氢键的插入反应中实现了催化过程的高对映选择性的碳-氢键的活化（*Chem. Rev.* **1998**，*98*，911；**2003**，*103*，2861）。

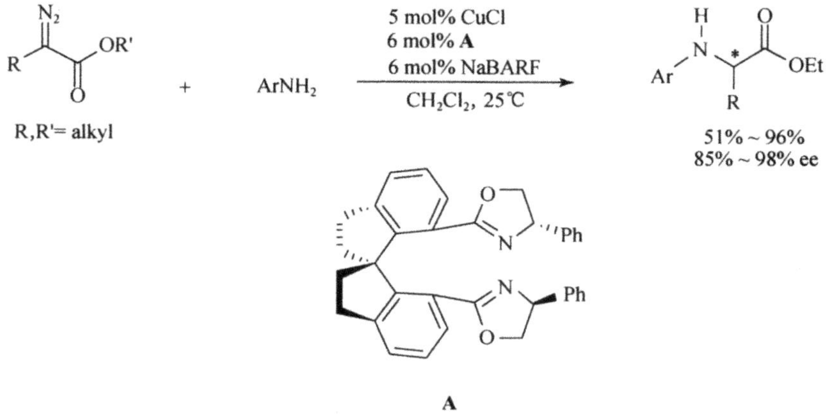

图 7-31　不对称催化金属卡宾的 N—H 插入反应

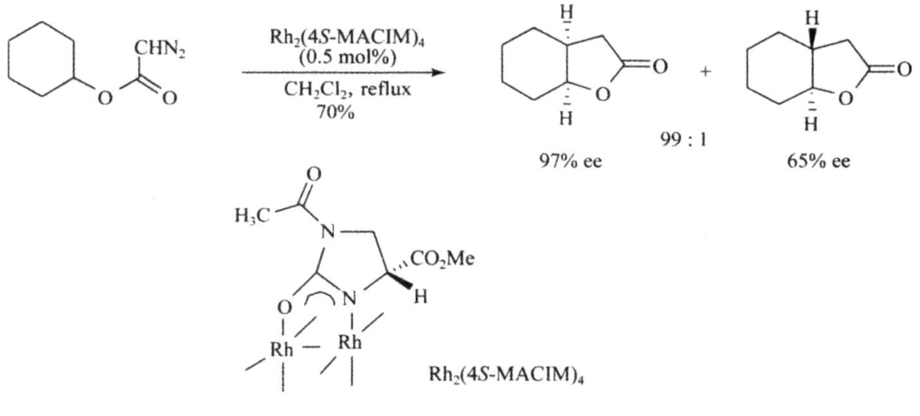

图 7-32　手性 Rh(Ⅱ)催化剂催化的不对称分子内 C—H 键插入反应

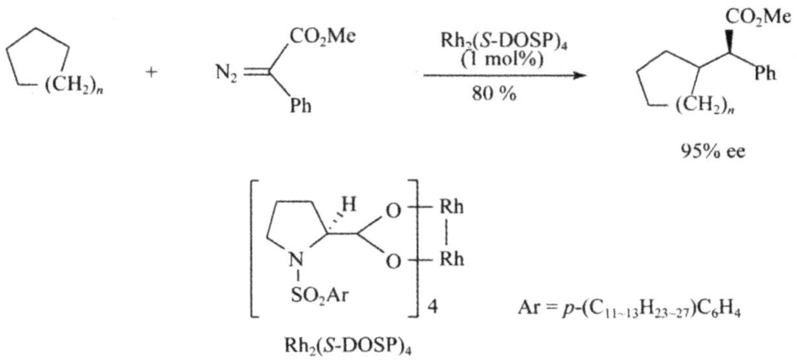

图 7-33　手性 Rh(Ⅱ)催化剂催化的不对称分子间 C—H 键插入反应

金属卡宾与杂原子以及羰基等形成叶立德或者1,3-偶极子再进一步发生反应,可以合成结构复杂的多环化合物。在这类反应中实现高对映选择性的不对称诱导,是人们一直在努力的一个方向。该领域的最新进展表明,应用手性铜或者铑络合物可以实现高选择性的1,3-偶极环化反应(图7-34)。由此推测,金属卡宾与杂原子在形成叶立德以后,金属络合物仍然与1,3-偶极子键合在一起。所以,金属络合物上的配体的手性可以诱导1,3-偶极子后续反应的立体化学(*J. Am. Chem. Soc.* **1999**, *121*, 1417)。

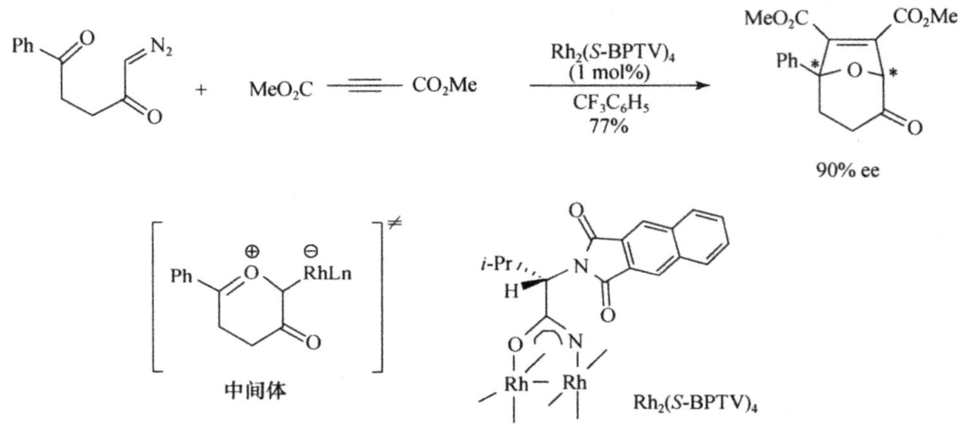

Ph, $N_2$, O, O; + $MeO_2C$—≡—$CO_2Me$; $Rh_2(S\text{-BPTV})_4$ (1 mol%), $CF_3C_6H_5$, 77%; $MeO_2C$, $CO_2Me$, Ph, O, O; 90% ee

中间体; Ph, O, RhLn; i-Pr, H, N, O, Rh—Rh; $Rh_2(S\text{-BPTV})_4$

图7-34 手性Rh(Ⅱ)催化剂催化的不对称1,3-偶极环化反应

金属卡宾除了发生C—H键插入以及环丙烷化反应之外,与烯烃的复分解反应也是金属卡宾络合物的重要反应类型之一。被假设为中间体的四元金属环化物——金属环丁烷发生裂解生成烯烃化合物,同时再生成新的钌卡宾络合物,从而实现催化循环(图7-35)。由Grubbs等开发的钌卡宾是催化烯烃复分解反应的高效催化剂,该反应已经在有机合成以及高分子聚合等领域得到广泛的应用(*Acc. Chem. Res.* **2001**, *34*, 18)。

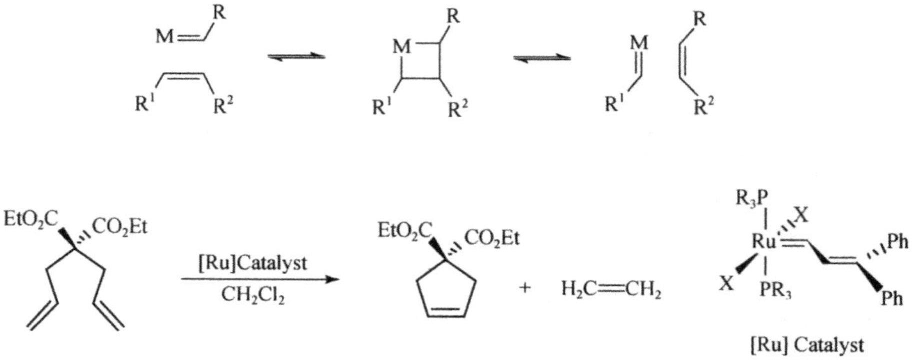

M, R, $R^1$, $R^2$

$EtO_2C$, $CO_2Et$; [Ru]Catalyst, $CH_2Cl_2$; $EtO_2C$, $CO_2Et$; + $H_2C{=}CH_2$; $R_3P$, X, Ru, Ph, X, $PR_3$, Ph; [Ru] Catalyst

图7-35 钌卡宾催化的烯烃复分解反应

## 练习题

**7-1** 键的离解能可以被简单而有效地用来分析自由基反应中的能量关系,对于氯和溴原子的攫氢反应得到如下数据:

$$\text{Cl}\cdot + CH_3CH_2CH_2\text{—H} \longrightarrow \text{H-Cl} + CH_3CH_2\dot{C}H_2 \qquad \Delta H = -5\ \text{kcal/mol}$$

$$\text{Cl}\cdot + CH_3\underset{\text{H}}{\underset{|}{C}}HCH_3 \longrightarrow \text{H-Cl} + CH_3\dot{C}HCH_3 \qquad \Delta H = -8\ \text{kcal/mol}$$

$$\text{Br}\cdot + CH_3CH_2CH_2\text{—H} \longrightarrow \text{H-Br} + CH_3CH_2\dot{C}H_2 \qquad \Delta H = +10\ \text{kcal/mol}$$

$$\text{Br}\cdot + CH_3\underset{\text{H}}{\underset{|}{C}}HCH_3 \longrightarrow \text{H-Br} + CH_3\dot{C}HCH_3 \qquad \Delta H = +7\ \text{kcal/mol}$$

虽然在两种情况下攫取二级氢比一级氢均有利约 3 kcal/mol，但用溴攫氢时具有更高的选择性。试描述过渡态结构，并对选择性的差异用势能图给予说明。

又已知以下反应的同位素效应的数据，试说明这些数据和反应过渡态结构的关联。

$$PhCH_2D + Cl\cdot \longrightarrow PhCH_2\cdot + DCl \qquad k_H/k_D = 1.3$$

$$PhCH_2D + Br\cdot \longrightarrow PhCH_2\cdot + DBr \qquad k_H/k_D = 4.6$$

**7-2** 对于以下的实验事实，通过提出反应机理给出合理的解释：

a) 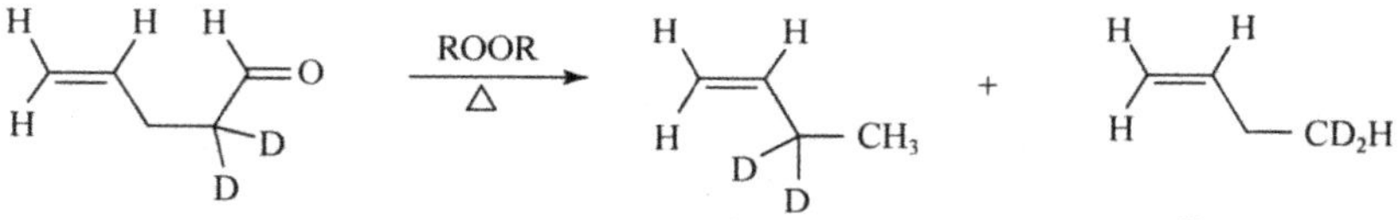 $H_2C{=}CH{-}CH_2{-}CD_2{-}CHO \xrightarrow[\triangle]{ROOR}$ **A** $H_2C{=}CH{-}CD_2{-}CH_3$ + **B** $H_2C{=}CH{-}CH_2{-}CD_2H$

**A** 和 **B** 的比例在低浓度时为 1∶1，在高浓度时变为 1∶1.5。

b) 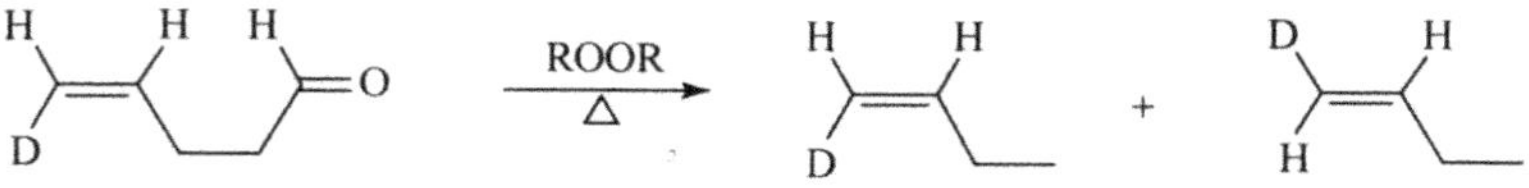 (D)(H)C=CH–CH₂CH₂–CHO $\xrightarrow[\triangle]{ROOR}$ **C** + **D**

**C** 和 **D** 的比例在低浓度时为 1∶1，在高浓度时变为 1.4∶1。

**7-3** 推测以下反应可能的产物，以及各个产物的比例。请简要说明推测的过程。

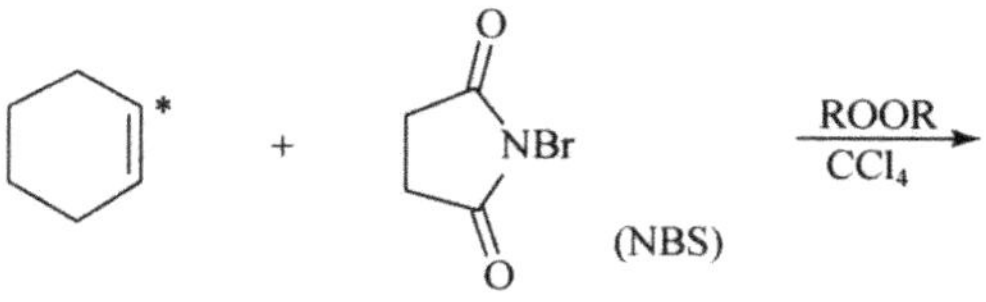

环己烯(*) + NBr $\xrightarrow[CCl_4]{ROOR}$

(NBS)

(*表示$^{14}$C标记的碳原子)

**7-4** 叔丁基过氧化物在甲苯中分解生成叔丁醇和丙酮两种产物，写出其机理并预言这个分解反应的其他产物。在异丙苯溶剂中，叔丁醇/丙酮的比例与在甲苯溶剂中的反应比较有何变化？

**7-5** 在气相的 Wolff 重排反应中，下面所示的用$^{13}$C 在 C-2 处标记的重氮酮光解生成如下的等量混合物：

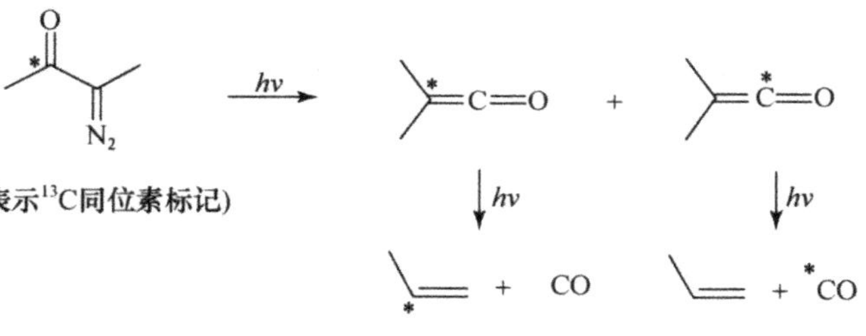

$CH_3\overset{*}{C}(=O)C(=N_2)CH_3 \xrightarrow{h\nu} (CH_3)_2\overset{*}{C}{=}C{=}O + (CH_3)_2C{=}\overset{*}{C}{=}O$

(*表示$^{13}$C同位素标记)

$\downarrow h\nu$: $CH_3\overset{*}{C}H{=}CH_2$ + CO ; $CH_3CH{=}CH_2$ + $^*$CO

试提出合理的反应机理解释这个实验。

7-6 试解释以下反应的机理：

a) 

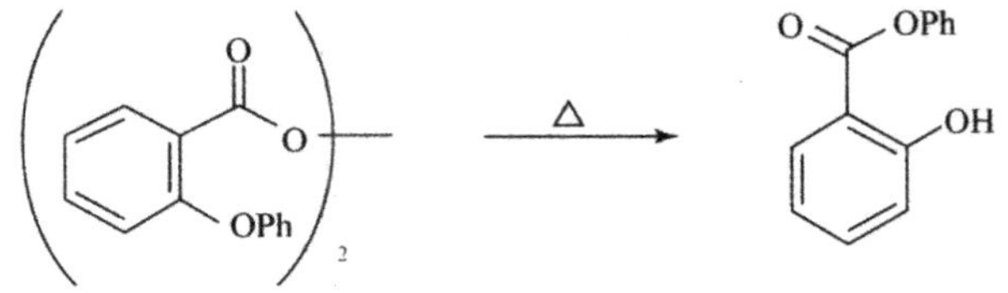

O

O

OPh

2

△

O OPh

OH

b) 

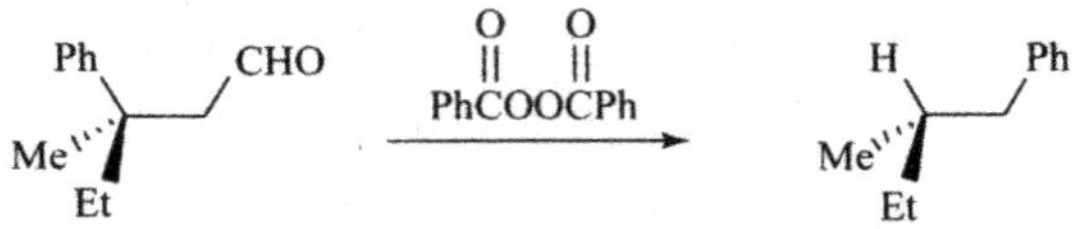

Ph CHO

Me Et

光学活性

O O

PhCOOCPh

H Ph

Me Et

消旋

c) 

$CH_3$

HO

(1) NOCl

(2) $h\nu$

(3)$H^{\oplus}$,$H_2O$

CHO

HO

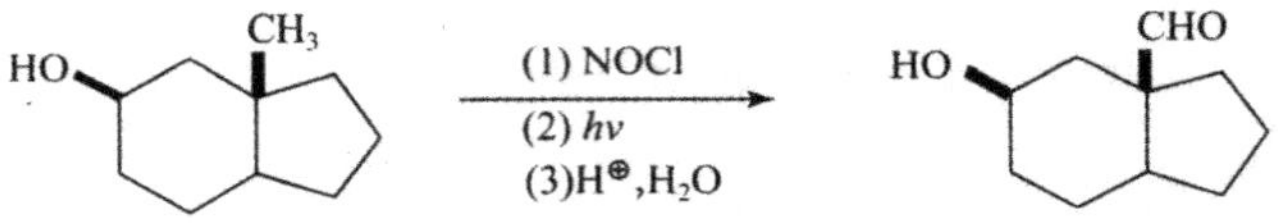

7-7 对于以下重氮化合物的热分解反应有不同的结果，试解释这个实验现象。

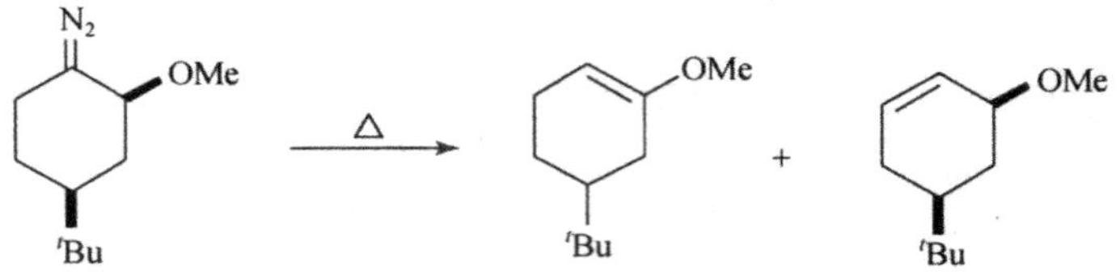

$N_2$ OMe

$^t$Bu

△

OMe + OMe

$^t$Bu $^t$Bu

95.3% 4.7%

$N_2$ OMe

$^t$Bu

△

OMe + OMe + $^t$Bu OMe

$^t$Bu $^t$Bu

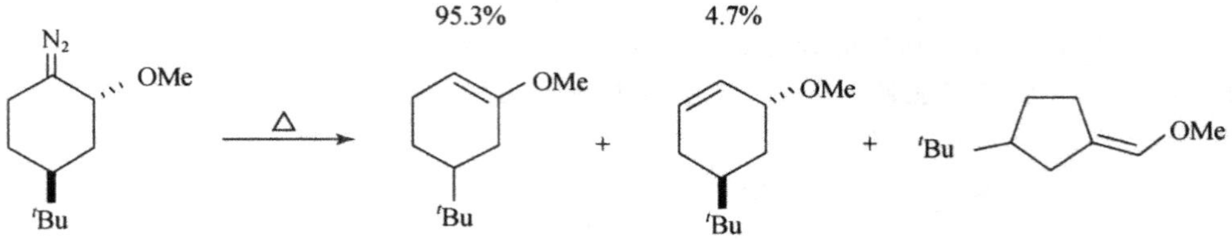

27%~31% 54%~62% 10%~14%

7-8 试写出以下反应的机理。

a) 

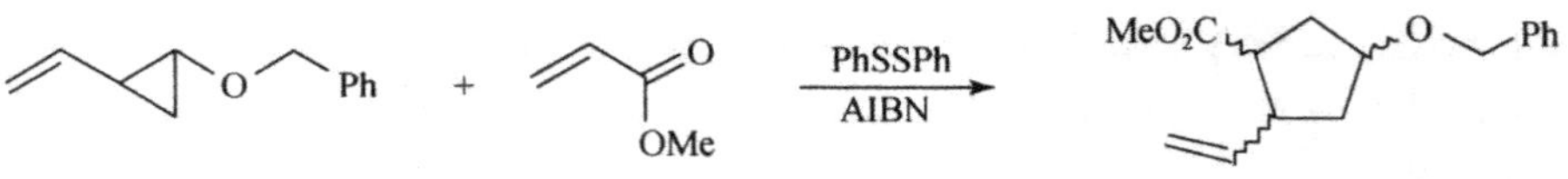

O Ph + O OMe

PhSSPh

AIBN

$MeO_2C$ O Ph

b) 

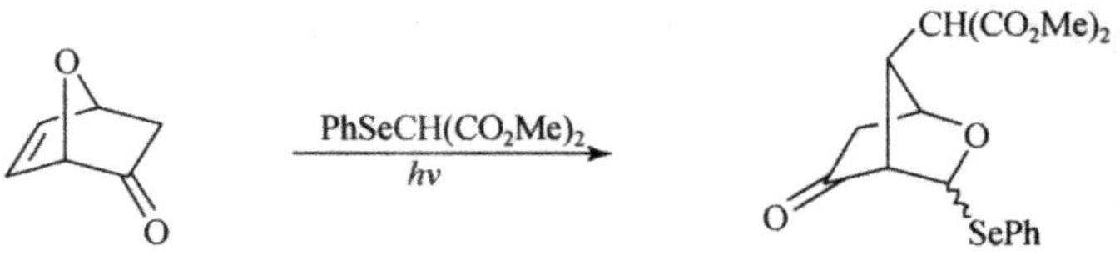

O O

$PhSeCH(CO_2Me)_2$

$h\nu$

$CH(CO_2Me)_2$

O O

SePh

# 第 8 章　反应中间体：碳正离子和碳负离子

# (Reaction Intermediates: Carbocation and Carbanion)

## 碳 正 离 子

碳正离子是许多有机化学反应的中间体，包括最基本的有机反应类型，如 $S_N1$，E1，烯烃的亲电加成以及芳香化合物的亲电取代等。碳正离子也涉及许多重要的重排反应。在物理有机化学的发展历史中碳正离子的研究起到了关键的作用，物理有机化学中的许多重要原理和技术是在探讨碳正离子的过程中发展起来的。因此，对于碳正离子性质的深入理解是学习有机化学的核心内容之一。本章仅对碳正离子的基本性质进行讨论。

### 8.1　碳正离子的基本结构

#### 1. 结构和稳定性

碳正离子未占有电子的空轨道有两种可能的杂化状态：$sp^2$ 和 $sp^3$ 杂化。

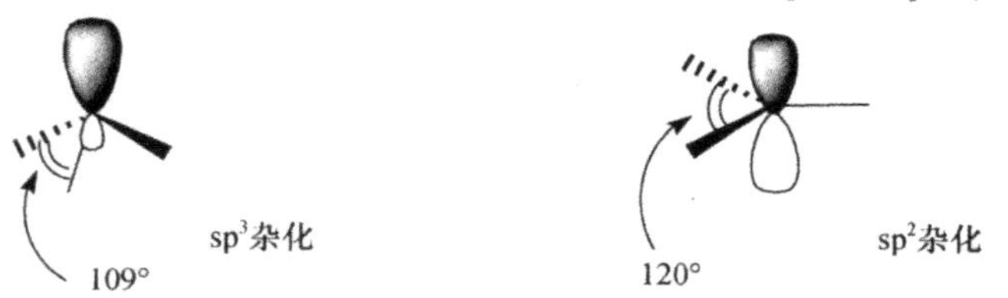


量子力学计算表明，平面 $sp^2$ 结构比锥形 $sp^3$ 结构稳定大约 20 kcal/mol。从碳正离子取代基的空间效应可以看到，采取 $sp^2$ 杂化轨道更为有利，因为取代基相互之间可以有较远的距离。因此，碳正离子采取 $sp^2$ 杂化的平面结构，和等电子的三烷基硼 $R_3B$ 相似。

#### 2. 有关碳正离子结构的实验

**实验一**：下面三个三级溴化物在 80% $EtOH/H_2O$，20℃ 的水解速率有非常大的差别。这里取代反应显然只能以 $S_N1$ 机理进行。由于体系的刚性增大，形成平面结构的能量将大为增加。水解反应速率的差别反映了中间体碳正离子的稳定性，锥形的碳正离子是非常难形成的。

Br　　　Br　　　Br

1　　　$\approx 10^{-6}$　　　$10^{-14}$

**实验二**：在相似的条件下，以下两个三级溴化物 **A** 和 **B** 的亲核取代反应的速率也有巨大的差别。

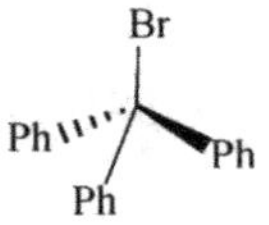

| A | B |
| --- | --- |
| 1 | $10^{-23}$ |

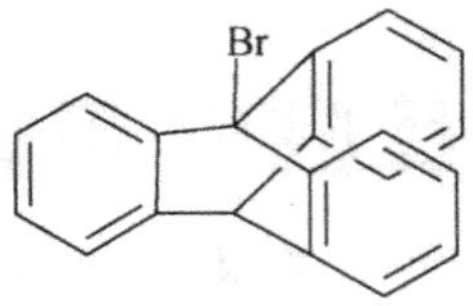

虽然两种情况下形成的碳正离子都可以采用平面结构，但是从溴化物 **B** 形成的碳正离子由于刚性结构导致空轨道无法和苯环上的 p 轨道平行。也就是说，由于极端的刚性结构，从溴化物 **B** 形成的碳正离子通过 π 体系的电荷离域实际上被完全阻止。而从化合物 **A** 形成的碳正离子，尽管苯环共平面时也有一定的空间位阻，但是仍然可以有相当程度的电荷离域。

此外，对于结构较为简单的碳正离子，例如 $Me_3C^+$ 等，其平面结构已经被核磁共振以及红外光谱所直接证实。

以上的实验说明，碳正离子需要严格采取 $sp^2$ 杂化轨道（注意，这一点和自由基以及碳负离子是有区别的，自由基和碳负离子可以采取 $sp^2$ 和 $sp^3$ 两种杂化状态）。

## 8.2 碳正离子的稳定性

碳正离子的稳定性受到若干外部和内在因素的影响。

### 1. 溶剂效应

三级溴电离成为正负离子，在水溶液中只需 20 kcal/mol 能量；而在气相中则需 200 kcal/mol。这种巨大的差异是由于溶剂化的作用。极性溶剂通过溶剂化作用稳定碳正离子中间体以及相应的负离子，从而使电离的能量大为降低。而在气相中，则没有这种稳定化作用。正是由于这种溶剂的稳定化作用，使得溶液中的有机反应很多能够通过碳正离子中间体进行。

### 2. 电子效应

碳正离子是缺电子的，所以任何使正电中心增加电子密度的结构变化都能使碳正离子稳定。显然，这些电子效应包括诱导效应、场效应和共振效应。

1）诱导效应

$$CH_3\overset{\oplus}{C}H_2 > F{-}CH_2\overset{\oplus}{C}H_2$$

$$(CH_3)_3\overset{\oplus}{C} > (CH_3)_2\overset{\oplus}{C}H > CH_3\overset{\oplus}{C}H_2 > \overset{\oplus}{C}H_3$$

2）场效应

场效应是一种纯粹通过空间的静电作用，很难和诱导效应分开，这两种效应常常合在一起称为极性效应，或者诱导场效应。比较以下的两个碳正离子 **A** 和 **B**，**A** 的稳定性远大于 **B**。在刚性的碳正离子结构中，吸电子的氰基和碳正离子已隔了两个碳，因此其诱导效应是可以忽略的。它对于碳正离子的作用被认为是通过空间传递的场效应（*J. Am. Chem. Soc.* **1968**，*90*，6528）。

A > B（B 带 NC）

3）共振效应

$CH_2^{\oplus}$（苄基）⟷ $=CH_2$

$CH_2=CH-\overset{\oplus}{C}H_2$ ⟷ $\overset{\oplus}{C}H_2-CH=CH_2$

$MeO-\overset{\oplus}{C}H_2$ ⟷ $Me\overset{\oplus}{O}=CH_2$

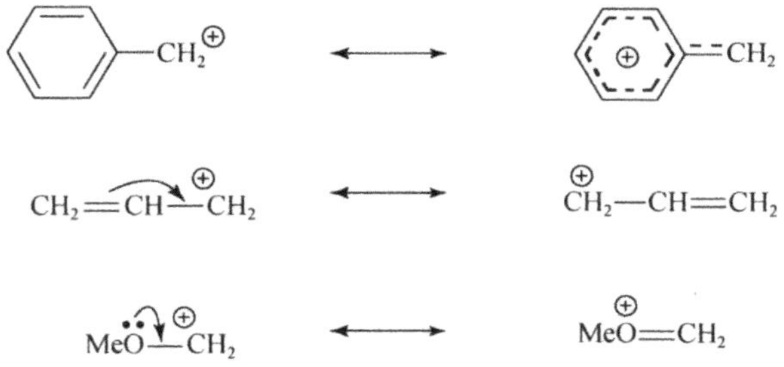

**图 8-1 稳定的碳正离子**

烯丙位和苄位碳正离子的稳定性是由于共振效应。碳正离子的邻位有带孤对电子的杂原子时，这个碳正离子也将很大程度被稳定化，例如 MeO-$CH_2Cl$ 的溶剂解反应比 $CH_3Cl$ 至少快 $10^{14}$ 倍。

这种通过电荷离域的稳定化作用也可以通过邻位取代基的参与来实现。例如，*p*-$MeOC_6H_4CH_2CH_2Cl$与超酸 $SbF_5$ 在液态 $SO_2$ 中作用，实际观察到的碳正离子是 **C**，而不是 **B**。邻基参与的结果是反应通常比预期的大大加速。

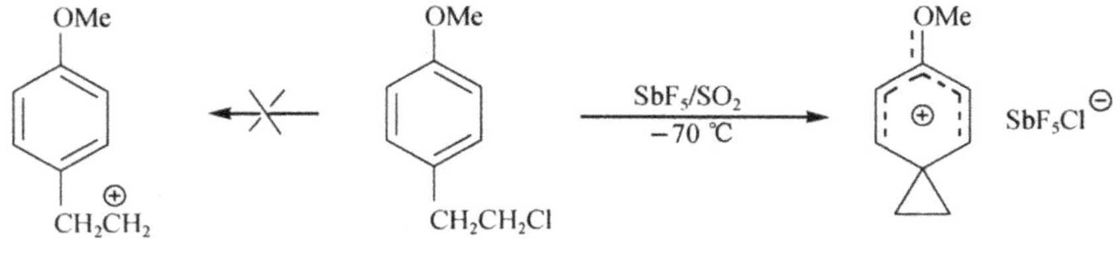

OMe　　OMe　　OMe

$SbF_5/SO_2$, $-70$ ℃　　$SbF_5Cl^{\ominus}$

$\overset{\oplus}{C}H_2CH_2$　　$CH_2CH_2Cl$

**B**　　**A**　　**C**

这种邻位取代基效应当对位是 OH 时更为明显：*p*-$HOC_6H_4CH_2CH_2Cl$ 的溶剂解比对位为 OMe 的情况快 $10^6$ 倍（图 8-2）。

碳碳双键的 π 电子也可以作为邻基参与到碳正离子稳定化。7-降冰片烯基苯甲磺酸酯的溶剂解反应是一个很好的例子，说明了邻位碳碳双键对于反应速率以及立体化学的影响。反式苯甲磺酸酯 **A** 的乙酸水解速率是相应的饱和苯甲磺酸酯 **B** 的 $10^{11}$ 倍，并且从反式苯甲磺酸酯得到的产物是反式-7-乙酰氧基降冰片烯，即反应是构型保持的。这个结果可以解释为碳碳双键参与了碳正离子的形成，通过电子离域稳定碳正离子中间体，并且乙酸对碳正离子的进攻是从双键的反面（*J. Am. Chem. Soc.* **1955**，*77*，4183；**1956**，*78*，592；**1963**，*85*，

2324)，见图 8-3。

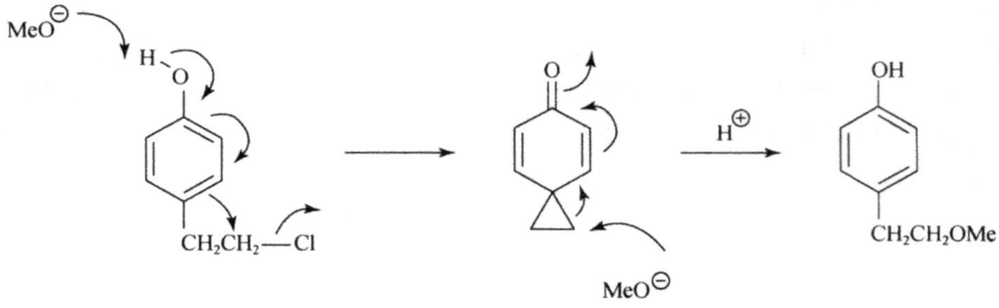

图 8-2 邻位取代基效应

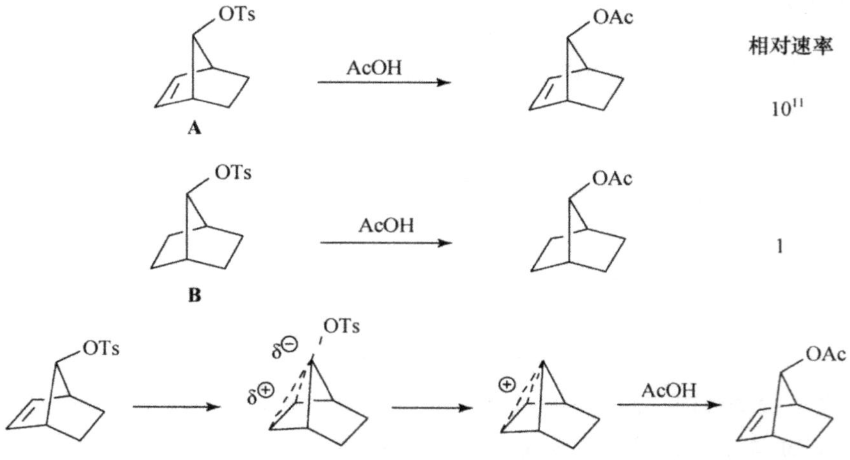

相对速率

$10^{11}$

1

图 8-3 碳碳双键参与碳正离子的稳定化

当顺式-7-降冰片烯基苯甲磺酸酯 **C** 进行同样的乙酸解时，此时由于双键没有在合适的位置来协助离解，因此要比相应的反式异构体的乙酸解反应慢 $10^7$ 倍。并且反应经历了碳正离子的重排，形成稳定的烯丙基碳正离子(*J. Am. Chem. Soc.* **1957**, *79*, 505)。

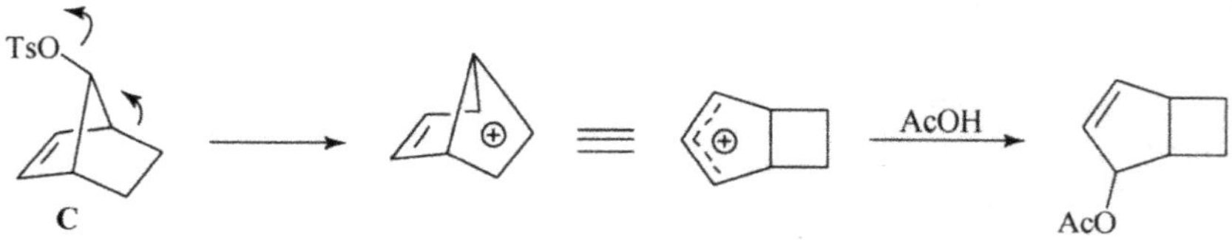

双键参与稳定碳正离子也可能会导致新的碳碳 σ 键的形成。例如在下面的反应中，双键的参与导致了降冰片烷基碳正离子的形成。这个碳正离子进一步被乙酸根负离子捕获(*J. Am. Chem. Soc.* **1961**, *83*, 2399)。

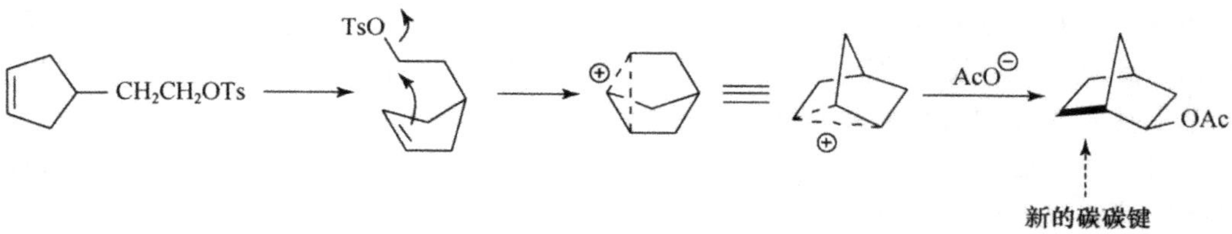

新的碳碳键

稳定化也可以通过芳香化得以实现。例如以下的两个化合物虽然互为异构体，但是化合物 **D** 在水中具有很好的溶解度，并且是一个晶体(m. p. 208℃)。实际上化合物 **D** 中的碳和 Br 间不是共价键而是离子键。而化合物 **E** 则是一个普通的溴化物。这种巨大的差别是由于化合物 **D** 电离以后形成的碳正离子 **F** 具有 6π 电子的芳香性，因此特别稳定。化合物 **D** 的 $^1H$ NMR 表明只有一个质子峰，碳正离子 **F** 实际上比 $Ph_3C^{\oplus}$ 还稳定 $10^{11}$ 倍。

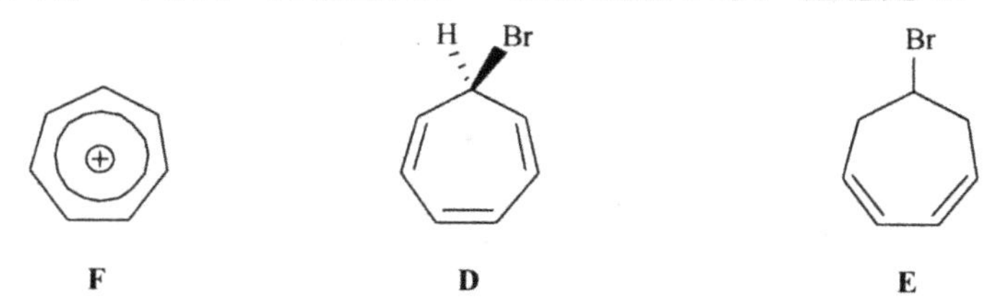


以下的化合物也可以白色结晶体被分离出来。环丙烯基正离子是具有最小环状结构的芳香体系(2π 电子)。

$CH_2{=}CH^+$ 的稳定性介于甲基正离子和乙基正离子之间。而苯基正离子是极不稳定的正离子，它处于 $sp^2$ 杂化轨道的节面上，与环 π 体系不共轭。这也就是为什么烯基卤化物和芳基卤化物不能发生经由 $S_N1$ 机理的亲核取代反应的原因(由于空间上的原因，$S_N2$ 机理的亲核取代也很困难)。

## 8.3　碳正离子的形成

### 1. 中性分子的异裂反应

$$Me_3C{-}Br \rightleftharpoons Me_3C^{\oplus} + Br^{\ominus}$$

$$Ph_2CH{-}Cl \rightleftharpoons Ph_2\overset{\oplus}{C}H + Cl^{\ominus}$$

$$MeOCH_2Cl \rightleftharpoons MeO\overset{\oplus}{C}H_2 + Cl^{\ominus}$$

以上的电离需要较高的离子-溶剂化介质，即只有在适当的溶剂中才能较容易地发生这种电离。很显然，加入 $Ag^+$ 可以使平衡向生成碳正离子的方向移动。

$$Ag^{\oplus} + R{-}Br \rightleftharpoons AgBr\downarrow + R^{\oplus}$$

### 2. Lewis 酸的作用

Lewis 酸可以协助碳正离子的形成。例如，特戊酰氯在 $AlCl_3$ 作用下的碳正离子形成过程是，特戊酰氯和 $AlCl_3$ 作用，协助 CO 离去，并形成特丁基碳正离子。

$$Me_3C\overset{O}{\overset{\|}{C}}Cl + AlCl_3 \rightleftharpoons Me_3C\overset{O}{\overset{\|}{C}}{}^{\oplus}\ \overset{\ominus}{A}lCl_4 \rightleftharpoons Me_3C^{\oplus}\ \overset{\ominus}{A}lCl_4 + CO\uparrow$$

应用 Olah 的超酸(super acid)体系也可以产生碳正离子。这样产生的碳正离子可以直接用核磁共振进行研究，这些研究揭示了碳正离子的许多重要性质。应用 $SbF_5$ 为 Lewis 酸，液态 $SO_2$ 或者 $SbF_5$ 为溶剂，可以产生简单的烷基碳正离子，用核磁共振以及其他手段可以详细研究这些碳正离子的性质。应用其他的超酸体系，例如 $SbF_5/FSO_3H$，可以直接从烷烃生成碳正离子。

$$R—F + SbF_5 \rightleftharpoons R^{\oplus}\overset{\ominus}{SbF_6}$$

$$Me_3C—H + SbF_5/FSO_3H \longrightarrow H_2 + Me_3C^{\oplus}SbF_5FSO_3^{\ominus}$$

### 3. 正离子对中性分子的加成

正离子和中性有机分子体系的加成会产生碳正离子。这在有机化学反应机理中是非常常见的。这些相互作用可以用 Lewis 酸碱的作用来理解。

$$—CH=CH— \xrightleftharpoons{CH_3^{\oplus}} —\underset{\underset{CH_3}{|}}{CH}—\overset{\oplus}{CH}—$$

$$(CH_3)_2C=O \xrightarrow{H^{\oplus}} (CH_3)_2C=\overset{\oplus}{O}H \longleftrightarrow (CH_3)_2\overset{\oplus}{C}—OH$$

$$Ph_3C—OH \xrightleftharpoons{H_2SO_4} Ph_3C—\overset{\oplus}{O}H_2 + HSO_4^{\ominus}$$

$$\rightleftharpoons Ph_3C^{\oplus} + H_3O^{\oplus} + 2HSO_4^{\ominus}$$

$$(CH_3)_2C=O + AlCl_3 \rightleftharpoons (CH_3)_2\overset{\oplus}{C}—\overset{\ominus}{O}AlCl_3$$

### 4. 形成其他碳正离子

通过重氮盐来产生碳正离子在有机合成中是十分有意义的。这里的驱动力显然是由于 $N_2$ 是一个非常好的离去基团。

$$R—\ddot{N}=\overset{\oplus}{N} \longleftrightarrow R—\overset{\oplus}{N}\equiv N \longrightarrow R^{\oplus} + N\equiv N\uparrow$$

重氮盐正离子

此外，应用不同碳正离子稳定性的差异，通过适当的平衡由一种碳正离子来产生另一种更稳定的的碳正离子也是常用的方法。

$$Ph_3C^{\oplus} + C_7H_8\text{(环庚三烯)} \rightleftharpoons Ph_3CH + C_7H_7^{\oplus}\text{(环庚三烯正离子)}$$

## 碳负离子

碳负离子是和碳正离子相对应的另一种高度活泼的有机反应中间体。有机合成中的许多重要反应，特别是碳碳键形成的反应，碳负离子中间体通常在其中起到至关重要的作用。因此，深入了解碳负离子的性质不仅具有重要的理论意义，同时也对有机合成有重要的指导意义。

## 8.4　碳负离子的结构

烷基碳负离子有两种合理的结构，一种平面 $sp^2$ 杂化构型和一种棱锥体 $sp^3$ 杂化构型：

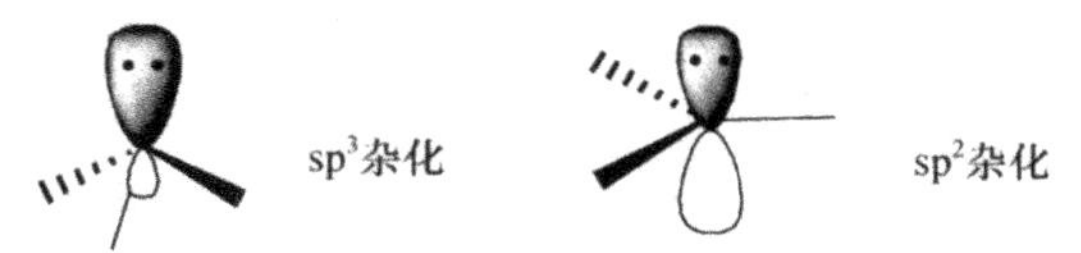


在一个轨道中 s 特性的增加(相对于 p 轨道，$sp^3$ 杂化轨道中有 1/4 的 s 成分)会使该轨道更靠近核，因而能量更低。因为碳负离子的孤对电子靠核愈近愈稳定，所以棱锥体 $sp^3$ 杂化构型对碳负离子是有利的。同时，孤对电子和三个成键电子对之间还有一种相互排斥的作用，这种作用在棱锥体中也是最小的($sp^3$ 杂化轨道中的 108°对 $sp^2$ 杂化轨道中的 90°角)。

### 有关碳负离子结构的实验

以下的实验说明了碳负离子的构型翻转和温度之间的关系。

I / CH₃ —(*sec*-BuLi)→ Li / CH₃ —(1) $CO_2$ 2) $H_3O^{\oplus}$)→ $CO_2H$ / $CH_3$

−70℃时60% 构型保留，40% 构型翻转；
0℃时外消旋

手性锂化合物解离的结果是生成一对快速平衡的棱锥体碳负离子，碳负离子再和 $CO_2$ 反应，在−70℃下，由于和 $CO_2$ 的反应是发生在平衡达到之前，因此构型大部分保留。但在 0℃下反应时，碳负离子构型翻转平衡完全达到，因此反应得到外消旋体(*J. Am. Chem. Soc.* **1950**, *72*, 4842)，见图 8-4。

Li / $CH_3$ ⇌($-Li^{\oplus}$) H / $CH_3$ ⇌(构型翻转) H / $CH_3$

↓ 1) $CO_2$ 2) $H_3O^{\oplus}$　　↓ 1) $CO_2$ 2) $H_3O^{\oplus}$

$HO_2C$ / H / $CH_3$　　H / $CH_3$ / $CO_2H$

**图 8-4　碳负离子构型翻转平衡**

如果由于立体化学上的限制，使得碳负离子翻转的能垒升高，则可以观察到立体化学完全保持的情况。例如，顺式-2-甲基环丙基锂羧基化时生成立体定向的顺式羧酸。顺式羧酸由于三元环的限制，使得碳负离子的翻转变得困难(*J. Am. Chem. Soc.* **1961**, *83*, 862)。

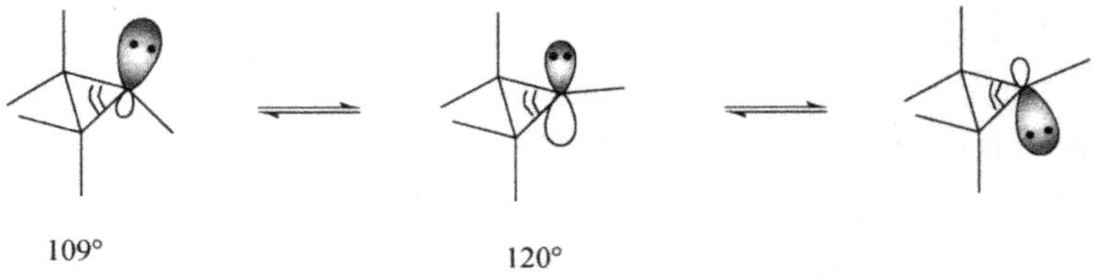

109°　　120°

(构型翻转过程中碳负离子经过$sp^2$杂化状态，张力增加)

顺式-2-甲基环丙基锂羧基化时生成立体定向的顺式羧酸机理见图 8-5。

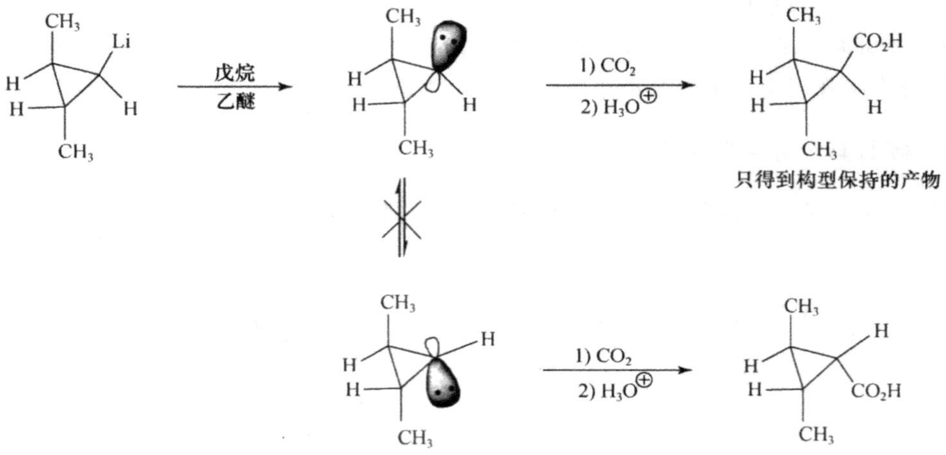

$CH_3$　Li　H　H　H　$CH_3$　戊烷 乙醚　$CH_3$　H　H　H　$CH_3$　1) $CO_2$　2) $H_3O^{\oplus}$　$CH_3$　$CO_2H$　H　H　H　$CH_3$

只得到构型保持的产物

$CH_3$　H　H　H　$CH_3$　1) $CO_2$　2) $H_3O^{\oplus}$　$CH_3$　H　H　H　$CO_2H$　$CH_3$

图 8-5　碳负离子构型翻转受限

下面的实验所观察到的是氢同位素交换以及碱催化外消旋化作用：用 $CH_3OD$/$CH_3OK$ 处理下述光学纯化合物，发现外消旋化和氘交换的速率是等同的，这说明碳负离子中间体具有平面的或者快速转化的锥形结构，即碳负离子和邻位的氰基之间发生电子离域(图 8-6)。这个例子清楚表明了电子离域作用对碳负离子结构的影响。

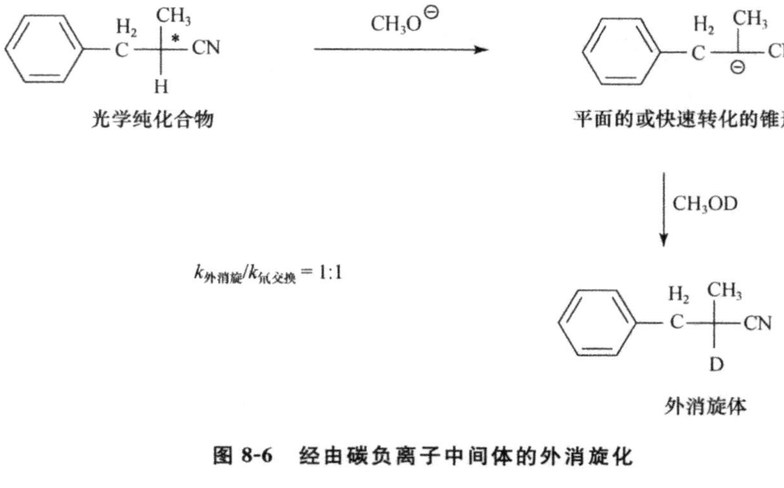

$H_2$　$CH_3$　C　*　CN　H　$CH_3O^{\ominus}$　$H_2$　$CH_3$　C　CN　⊖

光学纯化合物　　平面的或快速转化的锥形结构

$CH_3OD$

$k_{外消旋}/k_{氘交换} = 1:1$

$H_2$　$CH_3$　C　CN　D

外消旋体

图 8-6　经由碳负离子中间体的外消旋化

显然，碳负离子的平面构型对轨道重叠最为有效，而这种共振效应使得碳负离子能够很大程度上得到稳定，从而大大增加相应的 C—H 键的酸性（参见第 5 章）。有机合成中具有重要应用的相当大部分的碳负离子是属于这种类型。

$H_3C$ $Ph-H_2C$ C≡N ⟷ $H_3C$ $Ph—CH_2$ =C=$N^{\ominus}$

和图 8-5 中的情况相似，在下面的例子中，同样是由于三元环立体化学的限制，碳负离子的平面化变得非常困难。这使得氘交换以后的产物的构型大部分能够得到保持（*J. Am. Chem. Soc.* **1962**, *84*, 2465）。

旋光性　$\xrightarrow{CH_3O^{\ominus}}$　慢转化　$\xrightarrow{CH_3OD}$　大部分构型保持

$k_{外消旋}/k_{氘交换} = 1:8080$

另一方面，桥式有机锂化合物容易形成并能正常地与亲电试剂反应，说明碳负离子也可以采取锥体电子构型（*J. Am. Chem. Soc.* **1956**, *78*, 2597）。注意，这一点和碳正离子有很大的不同，碳正离子更倾向于采用严格的平面结构，因此在刚性的桥头碳上很难形成碳正离子。

Cl $\xrightarrow{Li}$ Li $\xrightarrow[2)\ H_3O^{\oplus}]{1)\ CO_2}$ $HO_2C$

此外，从结构的角度，碳负离子可以和胺进行类比，因为它们是等电子的。实验表明，胺也是以快速转化的棱锥体存在的。

## 8.5　碳负离子的稳定性

碳负离子的稳定性是和相应的 C—H 键的酸性联系在一起的，测定烷烃的酸性就可以容易地估计出碳负离子的稳定性（参见第 5 章）。

$$\text{C—H} + \text{B:} \underset{k_{-1}}{\overset{k_1}{\rightleftharpoons}} \text{C}^{\ominus} + \text{BH}$$

$$K_a = \frac{k_1}{k_{-1}},\quad pK_a = -\lg K_a$$

**影响碳负离子稳定性的因素**

1）s 轨道特性效应

s 轨道成分较多的轨道上的孤对电子稳定性较大，例如不同杂化状态碳上的碳负离子稳定性顺序为 $sp>sp^2>sp^3$。这是因为 s 轨道的成分越多，它离核就越近，处于这些轨道上的电子的势能就越低。

$pK_a=23$　　$pK_a=44$　　$pK_a=52$

2）共轭效应

碳负离子碳原子上的负电荷可以通过共轭效应有效地离域，从而变得稳定（图 8-7）。如前所述，这一点在有机合成中是十分重要的。

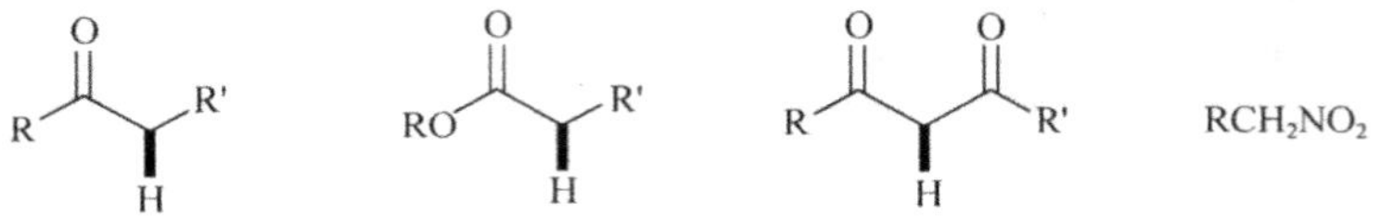

$pK_a=19\sim20$　　$pK_a=24$　　$pK_a=9$　　$RCH_2NO_2$ $pK_a=10$

6π

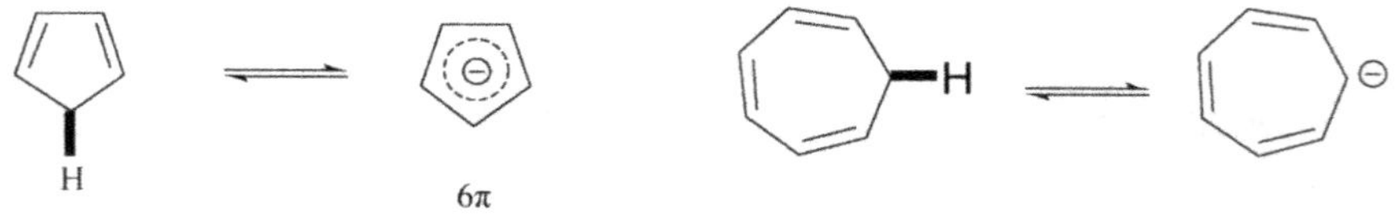

$pK_a=15$　　具有芳香性　　$pK_a=36$　　不具有芳香性

图 8-7　电子离域对碳负离子稳定性的影响

要使共轭效应有效，相互作用的轨道必须是共平面的。在下面的实验中，观察到 **A** 比 **B** 有更大的酸性。显然，**B** 由于刚性结构不能形成平面碳负离子。

**A**　　**B**

叶立德可以看成是正离子稳定的碳负离子。硫、磷叶立德能够较为稳定，是由于硫、磷的 d 轨道和碳的 p 轨道重叠。这类叶立德因而在有机合成中得到了广泛的应用。而氮原子却不可能有这种效应，因为第二周期元素没有低能量的空 d 轨道可以接受孤对电子，因此氮叶立德无法稳定存在。

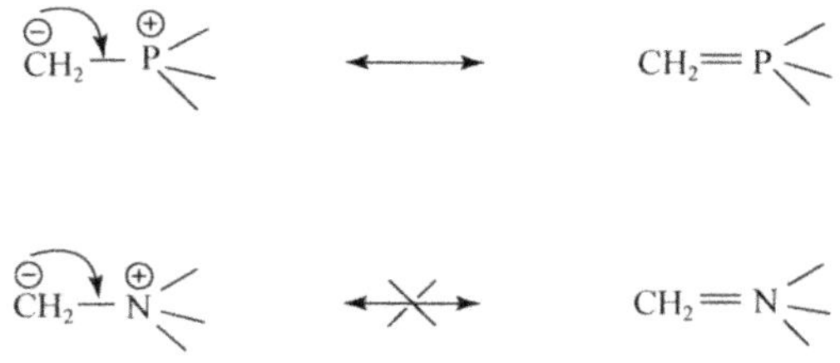

$CH_2^{\ominus}-P^{\oplus}$ ⟷ $CH_2=P$

$CH_2^{\ominus}-N^{\oplus}$ ⟷（×） $CH_2=N$

## 8.6　中间体的 1,2-迁移反应

1,2-迁移反应(1,2-shift)是有机化学反应中各类中间体所具有的共同的反应类型。通过 1,2-迁移的过程，活泼反应中间体生成稳定的分子。不同反应中间体的 1,2-迁移经历的过渡态结构有相当大的差异，1,2-迁移基团的优先顺序受到过渡态的结构以及取代基的很大影响。进一步探讨 1,2-迁移反应的机理，将会有助于更加深入地了解相应的中间体的性质，并发展基于 1,2-迁移反应的有机合成方法。

活性中间体的 1,2-迁移反应是自由基、碳正离子、碳负离子和卡宾等中间体的后续反应中所共有的一类重排反应，可以用图 8-8 来表示。

* = ⊕ • ⊖

碳正离子、碳负离子、自由基的1,2-迁移反应　　(M: 迁移基团)　　卡宾的1,2-迁移反应

**图 8-8　活泼中间体的 1,2-迁移反应**

图中 M 表示迁移基团，* 表示原子自身的带电性质(依次分别表示碳正离子、自由基、碳负离子)。对自由基、碳正离子、碳负离子和自由卡宾来说，1,2-迁移反应的研究已经相对比较深入。但是在相应的金属卡宾中，这一类反应还缺乏系统的探讨。

### 1. 碳正离子的 1,2-迁移反应

1922 年，Meerwein 和 van Emster 在研究萜类化合物重排反应的机理时，提出反应经历了碳正离子 1,2-烷基迁移的过程，这被认为是碳正离子重排化学的起源(图 8-9)。

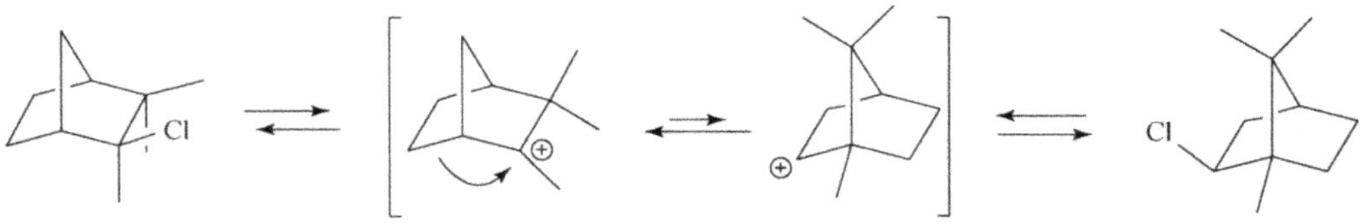

**图 8-9　碳正离子的骨架重排**

随后，Whitmore 也从亲核取代、烯烃的亲电加成和其他反应中发现了碳正离子中间体的证据(*J. Am. Chem. Soc.* **1932**, *54*, 3274)。碳正离子的 1,2-氢和烷基迁移是很常见的，

瓦格奈尔-麦尔外因重排(Wagner-Meerwein 重排)和频哪醇重排(pinacol 重排)是我们熟知的这一类反应的代表。

从改变分子骨架的角度来看,1,2-氢迁移属于不改变基本构架的反应。对于此类反应,基团的迁移选择性取决于所生成碳正离子的稳定性。由于碳正离子具有缺电子性质,因此,如果碳正离子上的正电荷能有效地发生离域作用,它就会比较稳定。烷基具有弱的给电子作用,因而碳正离子上的烷基取代基越多时,它就越稳定。通常碳正离子稳定性排列顺序为:三级碳正离子>二级碳正离子>一级碳正离子。这种碳正离子稳定性的顺序,也就是重排反应的方向。

当分子内其他的离域作用增大时,上述顺序就可能会发生变化,如下例中,由于苯环的共轭效应,在发生 1,2-氢迁移时,实际上是由三级碳正离子向二级碳正离子的重排。

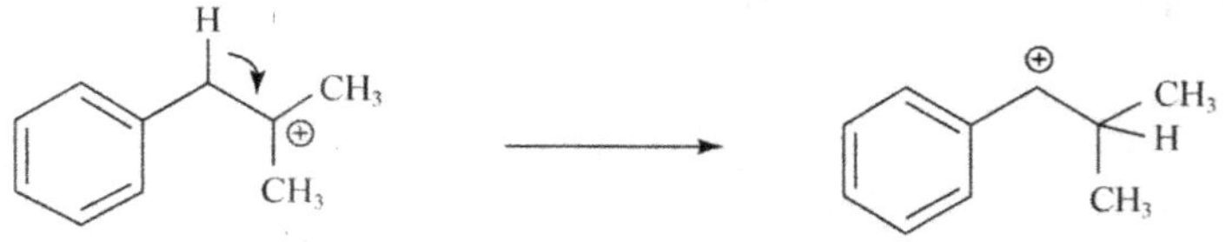

与 1,2-氢迁移相对应的 1,2-烷基(芳基)迁移则会改变分子的骨架。上面提及的 Wagner-Meerwein 重排和频哪醇重排是此类反应的实例。当醇羟基的碳原子与三级碳原子或二级碳原子相连,在酸催化下脱水时,会发生 Wagner-Meerwein 重排。下例中的二级碳正离子 **A** 向三级碳正离子 **B** 变化所发生的 1,2-烷基迁移,同样也遵循着碳正离子稳定性的顺序。

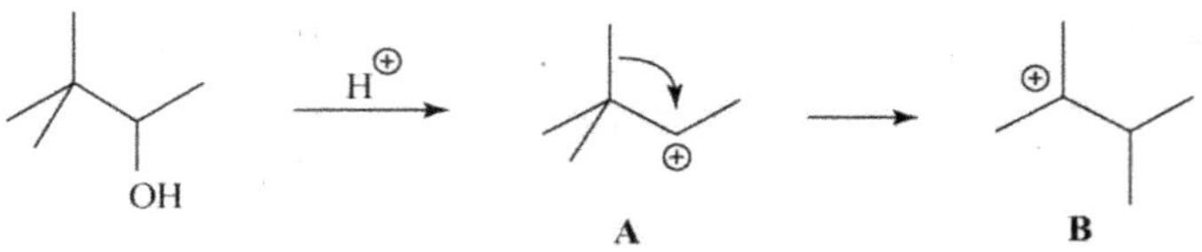

与 Wagner-Meerwein 重排相似,邻二醇在酸作用下发生的频哪醇重排是由碳正离子经过 1,2-烷基(芳基)迁移重排为更加稳定的鎓盐。

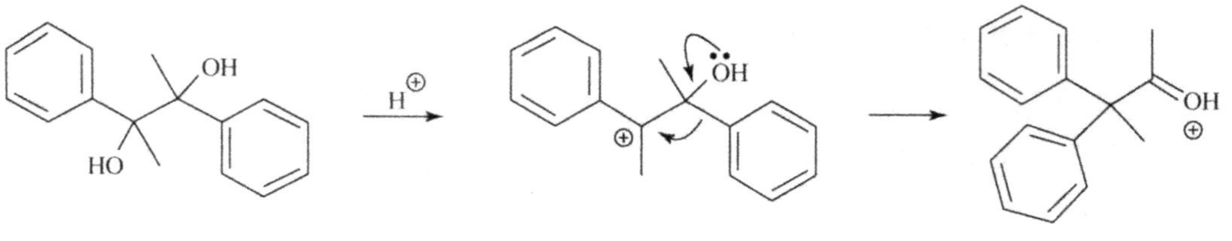

由于碳正离子上电荷的缺乏,在发生 1,2-迁移的时候,能够提供电子、稳定正电荷较多的基团优先发生迁移。研究表明,基团迁移的相对优先顺序为:Ph>$Me_3C$>$MeCH_2$>Me。同样,当苯环上带有不同的取代基(表现出不同的给电子或吸电子效应)时,基团迁移的相对优先顺序为:$p$-$MeOC_6H_4$> $p$-$MeC_6H_4$> Ph> $p$-$ClC_6H_4$> $o$-$MeOC_6H_4$。

除上面的 1,2-氢和烷基(芳基)迁移外,硅基、卤素、烷氧基和氨基也可以发生类似的 1,2-迁移。除了基团从一个碳原子向缺电性的碳正离子迁移外,也可以从碳原子向缺电性的其他原子(如 N 和 O 原子)上迁移,并伴随新的碳正离子的生成。贝克曼重排(Beckmann

重排）、卤酰胺的霍夫曼重排（Hoffmann 重排）、拜耳-魏立格重排（Baeyer-Villiger 重排）和过氧化氢的重排是其中经典的例子（图 8-10）。

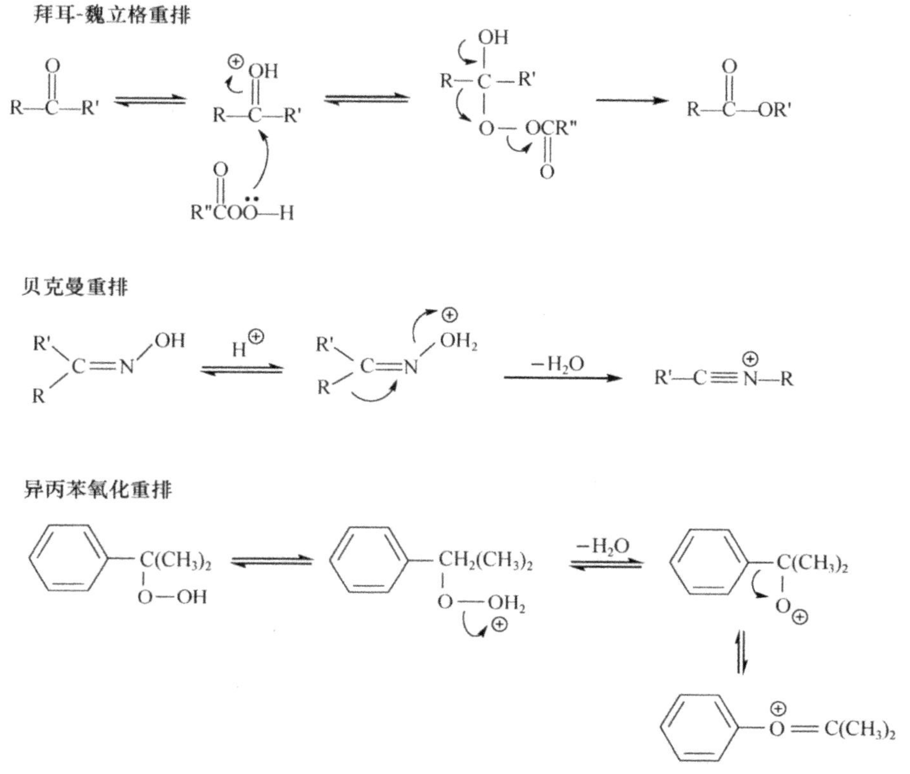

拜耳-魏立格重排

R—C(=O)—R' ⇌ R—C(=$\overset{\oplus}{O}$H)—R' ⇌ R—C(OH)(R')—O—OC(=O)R'' ⟶ R—C(=O)—OR'

R''COO—H

贝克曼重排

R'(R)C=N—OH $\xrightleftharpoons{H^{\oplus}}$ R'(R)C=N—$\overset{\oplus}{O}H_2$ $\xrightarrow{-H_2O}$ R'—C≡$\overset{\oplus}{N}$—R

异丙苯氧化重排

PhC$(CH_3)_2$—O—OH ⇌ PhC$(CH_3)_2$—O—$\overset{\oplus}{O}H_2$ $\xrightleftharpoons{-H_2O}$ PhC$(CH_3)_2$—$O^{\oplus}$ ⇌ Ph—$\overset{\oplus}{O}$=C$(CH_3)_2$

**图 8-10　向缺电性原子的 1,2-迁移**

在碳正离子的 1,2-迁移反应中，“桥连键（bridged bond）”的过渡态是人们普遍接受的。迁移的 R 基团与两个碳原子形成三元环的结构，使得正电荷得到分散，随后 R 基团发生迁移。

R ⊕ ⟶ [ R ⊕ ]$^{\neq}$ ⟶ ⊕ R

由于碳正离子的缺电性质，从过渡态的结构可以看出，当分子中存在多个迁移基团时，可以最大程度稳定碳正离子的 R 基团最先发生迁移，这一推断与前面提到的基团迁移的优先顺序相吻合。因此，我们可以获得如下的结论：在碳正离子中，发生 1,2-迁移反应时基团的迁移顺序为：芳基>烷基。但是考虑到其他因素（如苯环的共振效应）可以极大地影响碳正离子自身的稳定性，所以对于氢和烷基（芳基）迁移顺序的比较，无法做出一个确切的定论。

图 8-11 给出了碳正离子、自由基以及碳负离子中间体重排过程中桥连键过渡态的分子轨道能级图。从这个能级图我们可以比较清楚地看到，碳正离子的 1,2-迁移重排是最为容易的。

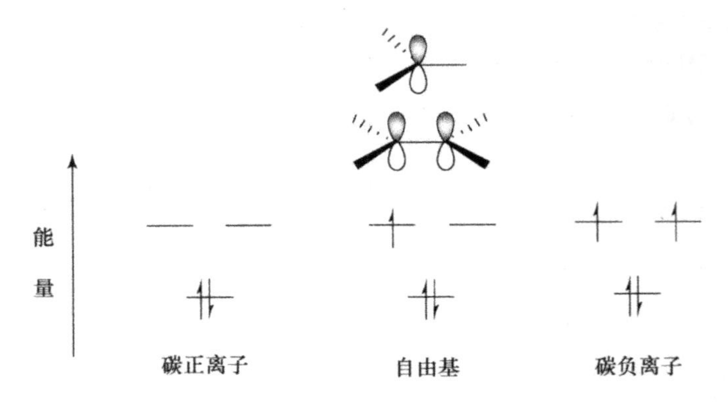


图 8-11　1,2-迁移反应的分子轨道

## 2. 碳自由基的 1,2-迁移反应

与碳正离子的 1,2-迁移相比，自由基的 1,2-迁移重排相对较少。图 8-11 所示的分子轨道理论对此提供了一个合理的解释。三中心过渡态只有一个成键能级，可以容纳两个电子，碳正离子重排时，两个电子正好进入其中，但是自由基重排时，另一个电子必须进入反键能级，过渡态的稳定性下降，因此，重排反应受到了限制。尽管自由基较少发生 1,2-迁移重排反应，但也有一些相关的报道。

自由基的 1,2-氢迁移被认为是十分困难的，因为在形成三元环状过渡态时，氢无法与单电子发生离域作用，过渡态得不到足够的稳定。对于苯基自由基，理论计算表明，在高温或燃烧等剧烈条件下 1,2-氢迁移(58.4 kcal/mol)与 β-氢断裂(82.2 kcal/mol)相比，在能量上是有利的。在实验中的确观察到了苯基自由基的 1,2-氢迁移(*J. Am. Chem. Soc.* **1999**, *121*, 5444)，见图 8-12。需要指出的是，自由基的 1,2-氢迁移在普通的实验条件下(溶液中)，仍然无法观察到。

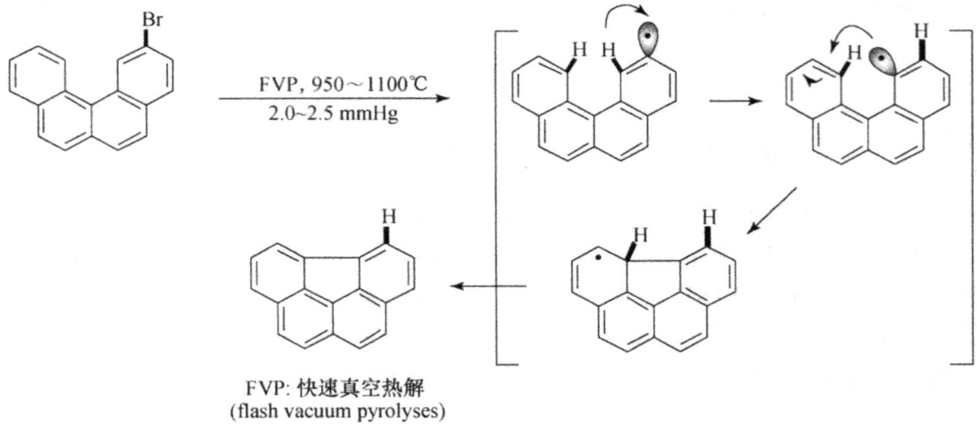

Br
FVP, 950～1100℃
2.0~2.5 mmHg
H H
H H
H H
H

FVP: 快速真空热解
(flash vacuum pyrolyses)

图 8-12　苯基自由基的 1,2-氢迁移

对于自由基的 1,2-烷基迁移，如果迁移后生成不同的碳自由基，那么由于自由基之间的能量差较小(一级碳自由基重排为二级碳自由基，反应放热仅为 1.41 kcal/mol)，因而重排反应的推动力是很小的。以前曾经提出的在气相条件下自由基的烷基迁移后来都被修正为

其他的机理，而不是 1,2-迁移的过程。在溶液状态中，Kolbe 电解观察到的一个反应被解释为自由基 **A** 通过 1,2-甲基迁移生成自由基 **B** 的机理。

O• O $CO_2Et$ $-CO_2$ $CO_2Et$ **A** $CO_2Et$ **B**

环状过氧酯在溶液中加热分解，过氧酯开环生成双自由基后，1,2-烷基迁移和 1,2-芳基迁移相互竞争，实验结果表明在此过程中基团的迁移顺序为：异丙基＞苄基＞乙基＞甲基＞苯基(*J. Org. Chem.* **1966**, *31*, 2087; *J. Am. Chem. Soc.* **1969**, *91*, 2109)。

O O $C_6H_5$ O $H_3C$ △ O O• $C_6H_5$ O• $H_3C$ $\dot{C}H_2$ $C_6H_5$ O• $CH_3$ 1,2-$CH_3$ $H_3C$ $C_6H_5$ O 70% 1,2-$C_6H_5$ $C_6H_5$ $H_3C$ O 15%

而在一些其他的反应中，发现芳基和卤原子的 1,2-迁移比烷基和氢要容易得多。例如在下例中，苯基优先于甲基发生重排(*J. Am. Chem. Soc.* **1944**, *66*, 1438)。

Me Ph $CH_2Cl$ Me + CoBr• Me Ph $\dot{C}H_2$ Me Me • $CH_2Ph$ Me Me Ph Me Me Me H $CH_2Ph$ Me

苯基的迁移比烷基和氢要容易的原因归结为，苯环在迁移过程中可以形成一个桥式结构，未成对电子受到苯环 π 体系的离域作用而得到较大程度的稳定。

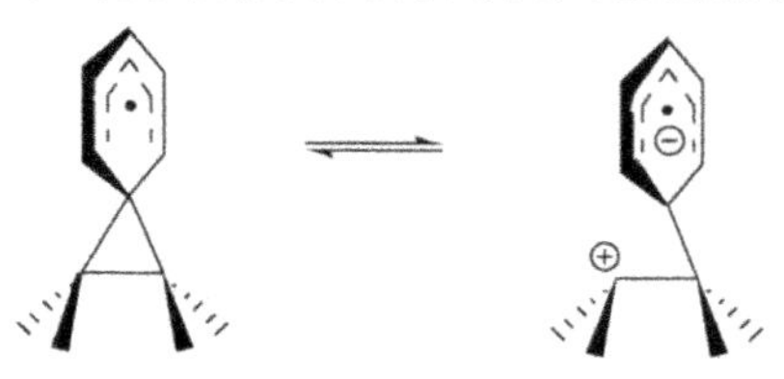

当苯环上连有不同取代基时，能够观察到明显的取代基效应，吸电子基团有利于重排反应的发生。这可以解释为有电荷分离的结构。

此外，可以观察到自由基的 1,2-烯基迁移反应的发生。对 1,2-烯基迁移过程，烯基上的 π 体系对未成对电子有着显著的离域作用。实验证明，乙烯基的 1,2-迁移经过了一个环丙基甲基自由基的中间过程(*J. Am. Chem. Soc.* **1967**, *89*, 6556)。

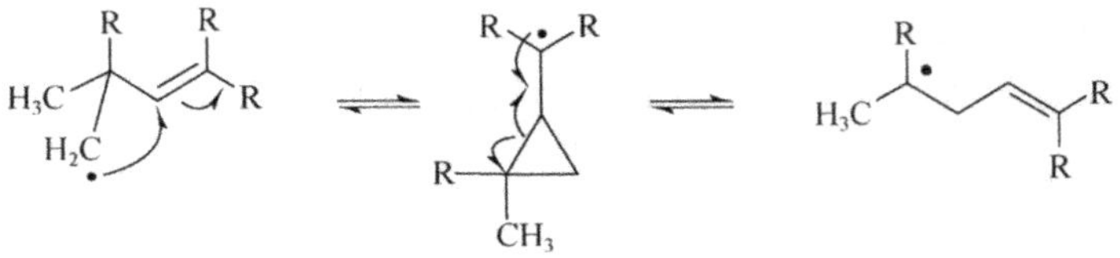

1,2-杂原子迁移也是自由基1,2-迁移反应中的重要组成部分。1,2-卤素和1,2-硅基迁移反应的发生(图8-13),可以解释为迁移原子空d轨道的参与形成一个桥式自由基**A**的过程。在卤素迁移的过程中,Cl比Br更容易发生迁移,这是因为自由基中心α位上的Br有发生消除反应的倾向(*J. Am. Chem. Soc.* **1971**,*93*,716)。除了卤素和硅基的1,2-迁移外,苯硫基(—SPh)也可以发生相同的反应。此反应的发生要比苯基容易,可以解释为硫原子上的n电子参与了反应历程。

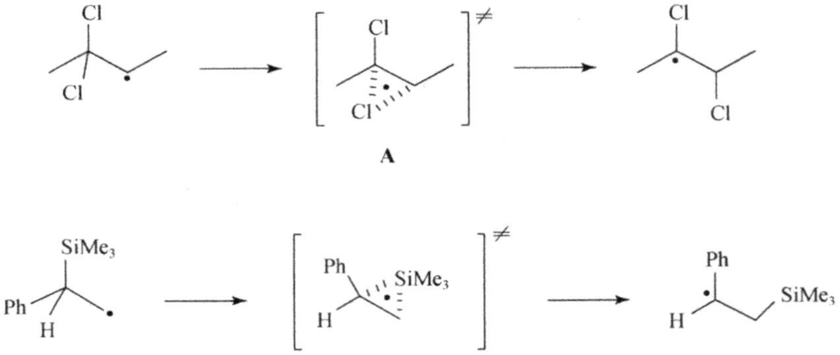

图8-13 自由基的1,2-氯和1,2-硅基迁移

通过3-酰氧基-3-甲基丁醛的脱碳反应研究,发现酰氧基也可以发生自由基的1,2-迁移反应(*J. Am. Chem. Soc.* **1969**,*91*,7535)。对于酰氧基的迁移,可能经过了环状中间体。同位素标记实验表明,碳氧键的断裂和形成是在两个氧原子之间发生的。Crich提出,当迁移反应的速度相对较慢时,重排是经过中间体**A**的过程;而当迁移速度相对较快时,重排主要是经过一个氧原子参与的桥式自由基**B**的过程(*J. Org. Chem.* **1995**,*60*,4834;**1999**,*64*,1762)。

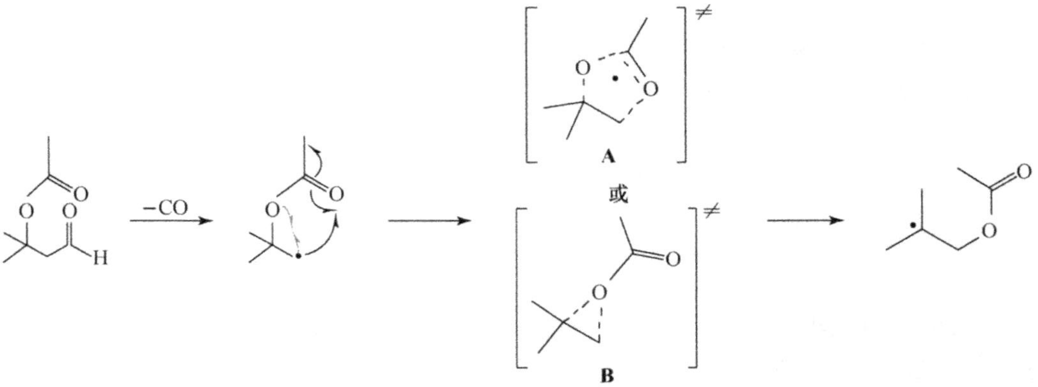

由于自由基中未成对电子的存在,自由基的1,2-迁移反应的发生没有碳正离子那样普遍。与碳正离子相似,在自由基的1,2-迁移反应中,由迁移基团的π电子、空d轨道或n电子参与的"桥式结构"过渡态的稳定性决定了迁移反应发生的难易程度。

同样，可以最大限度稳定自由基的 R 基团最先发生迁移，因此我们可以归纳为如下的结论：在自由基中发生 1,2-迁移反应时，基团迁移一般顺序为：苯硫基＞乙烯基＞卤素＞硅基＞芳基＞烷基＞氢。但是，需要提出的是，重排前后两个自由基的稳定性的差异可能会导致与上面的一般顺序不同的情况。另外，取代基（即所谓旁观基团）对迁移基团的顺序也有很大影响。

### 3. 碳负离子的 1,2-迁移反应

碳负离子的 1,2-迁移的报道与碳正离子和自由基相比，就更为少见。如图 8-11 所示，对于碳负离子来说，它比自由基多一个电子，两个反键轨道中各有一个电子，在能量上就更不稳定。虽然各种分析对碳负离子发生 1,2-迁移反应都是不利的，但是人们确实观察到了此类反应。

Zimmerman-Grovenstein 重排就是碳负离子的 1,2-芳基迁移反应（*J. Am. Chem. Soc.* **1961**, *83*, 1196; **1961**, *83*, 412）。金属钠与卤化物作用得到碳负离子，接着芳基从相邻的碳原子上向碳负离子中心迁移。对该反应的研究还表明，芳基对位上的不同取代基对反应有明显的影响，强吸电子基团有利于 1,2-迁移反应的发生。碳负离子中芳基的 1,2-迁移可以认为是苯环参与了电荷的分散，形成了与碳正离子和自由基重排中类似的桥式结构的中间体或过渡态。

$Ph_2C-CH_2Cl \xrightarrow{Na} Ph_2C-\overset{\ominus}{C}H_2 \longrightarrow Ph_2C-CH_2 \longrightarrow Ph_2\overset{\ominus}{C}-CH_2$

碳负离子的 1,2-烷基（主要是苄基）迁移反应也有报道。对于苄基的 1,2-迁移反应，可能有如下的两种机理：① 消除-加成的机理；② 自由基对的过程（图 8-14）。虽然没有足够的证据来区分这两种可能性，但是我们可以看出反应不是一个协同的过程，它伴随着电荷分离或自由基的形成。

$Ph_2C(CH_2Ph)-CH_2Cl \xrightarrow{Li} Ph_2C(CH_2Ph)-\overset{\ominus}{C}H_2 \longrightarrow Ph_2\overset{\ominus}{C}-CH_2CH_2Ph$

碳负离子机理

$Ph_2C(CH_2Ph)-\overset{\ominus}{C}H_2 \longrightarrow Ph_2C{=}CH_2 + \overset{\ominus}{C}H_2Ph \longrightarrow Ph_2\overset{\ominus}{C}-CH_2-CH_2-Ph$

自由基机理

$Ph_2C(CH_2Ph)-\overset{\ominus}{C}H_2 \longrightarrow Ph_2\overset{\ominus}{C}-\dot{C}H_2 + \dot{C}H_2Ph \longrightarrow Ph_2\overset{\ominus}{C}-CH_2-CH_2-Ph$

**图 8-14　碳负离子 1,2-苄基迁移的机理**

在碳负离子的1,2-迁移反应中,基团的迁移顺序为:苄基＞苯基。对于烷基、氢和其他基团的迁移,尚没有足够的实验数据。

#### 4. 卡宾的1,2-迁移反应

与上述三种中间体相比,卡宾一般是更为活泼、更不稳定的中间体。1,2-迁移是卡宾中间体常见的一类反应。研究表明,1,2-氢迁移反应的活化能约为0.6 kcal/mol,基本接近反应零活化能的状态。因此,卡宾的1,2-迁移反应非常容易进行。此外,α和β位上的取代基对卡宾的1,2-迁移反应的选择性有一定的影响。

由于卡宾的1,2-氢迁移占据绝对主导的地位,因此,当有可迁移的β-氢时1,2-烷基和1,2-芳基迁移反应则很难发生。如没有β-氢存在,则1,2-烷基和1,2-芳基迁移反应可以发生。例如,环丙基氯卡宾可以通过1,2-烷基迁移生成环丁烯(*J. Am. Chem. Soc.* **1989**, *111*,6875)。

Cl　　Cl

卡宾的1,2-芳基迁移反应相对1,2-烷基迁移容易很多。1,2-二苯基-1-重氮丙烷在较低温度分解时,主要产物为1,2-芳基迁移反应的产物(−110℃时产率为81%)(*J. Am. Chem. Soc.* **1980**,*102*,7818;**1993**,*115*,7011)。进一步研究表明,在这个反应中三线态卡宾在能量上要比单线态卡宾低。因此,在低温状态下,卡宾的存在形式主要为三线态,反应表现出自由基的行为,此时芳基将优先于氢发生1,2-迁移。

$N_2$　Ph　Ph　$CH_3$　$h\nu$, −110℃　$-N_2$　Ph　$CH_3$　Ph　H

主要产物

如前所述,卡宾有两种存在方式:单线态卡宾和三线态卡宾。在单线态卡宾中,反应按照协同的方式发生,迁移基团从与卡宾碳相连的碳原子上通过桥式结构迁移到卡宾碳的空轨道中。此过程中伴随着电荷的部分分离,氢原子优先于芳基和烷基发生迁移。基团迁移的优先顺序为:氢＞芳基＞烷基,这与碳正离子具有很大的相似性(*J. Phys. Chem.* **1990**, *94*,5518)。

H　≠　H

在三线态卡宾中,两个电子分别占据了两个轨道,具有双自由基的性质,此时芳基的迁移明显优于氢原子的迁移。基团迁移的优先顺序为:芳基＞烷基＞氢,与自由基中的迁移顺序相一致。

进一步系统的实验和理论研究还发现,自由卡宾中α和β位上的取代基对1,2-迁移反应有着重要的影响。可以用下式来表示这样一个过程(其中B为β位上的取代基,称为旁观基团;T为α位上的取代基,称为末端基团;M为迁移基团):

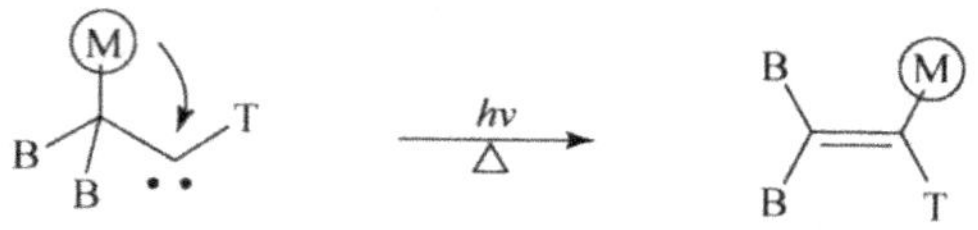

理论计算和 Hammett 线性相关说明，α 位上的取代基 T 对 1,2-氢迁移反应的影响顺序为：MeO> OH> F> Cl> $CH_2$=CH > H，这些自由卡宾发生 1,2-氢迁移反应时相应的活化能分别为 26.9，24.9，23.1，11.5，8.4，0.6 kcal/mol。旁观基团 B 对 1,2-氢迁移的影响也具有类似的顺序：MeO> alkyl ≈ Ph> F> Cl> H。同样，甲基也可以加速 1,2-苯基迁移反应（*J. Phys. Chem. A* **1998**, *102*, 8467; *Acc. Chem. Res.* **1993**, *26*, 84）。

## 练习题

**8-1**　对于下列 A，B 和 C 各组反应，分别预测哪一个反应更快（*k* 更大）或反应更完全（*K* 更大）。

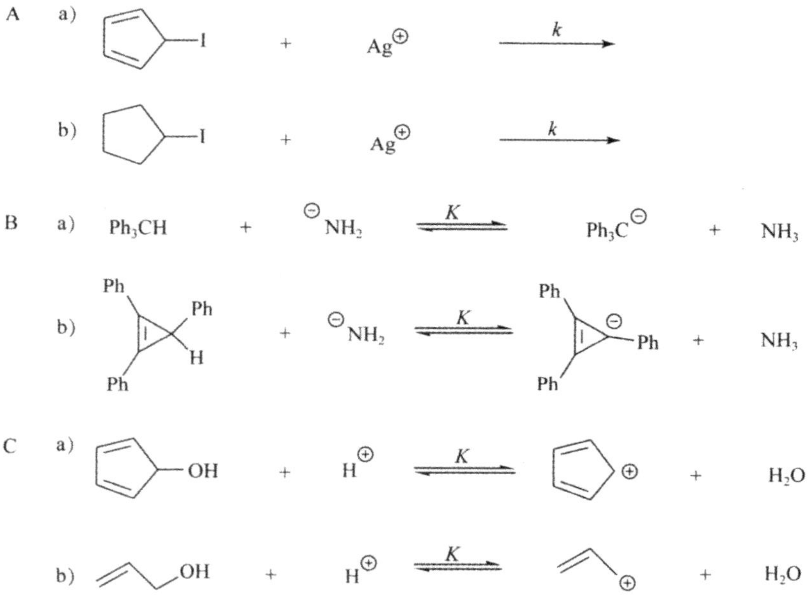

A　a)　环戊二烯基碘 + $Ag^{\oplus}$ $\xrightarrow{k}$

b)　环戊基碘 + $Ag^{\oplus}$ $\xrightarrow{k}$

B　a)　$Ph_3CH$ + $^{\ominus}NH_2$ $\underset{}{\overset{K}{\rightleftharpoons}}$ $Ph_3C^{\ominus}$ + $NH_3$

b)　三苯基环丙烯 + $^{\ominus}NH_2$ $\overset{K}{\rightleftharpoons}$ 三苯基环丙烯负离子 + $NH_3$

C　a)　环戊二烯醇 + $H^{\oplus}$ $\overset{K}{\rightleftharpoons}$ 环戊二烯正离子 + $H_2O$

b)　烯丙醇 + $H^{\oplus}$ $\overset{K}{\rightleftharpoons}$ 烯丙基正离子 + $H_2O$

**8-2**　写出化合物 **A** 的共振结构，并用弯箭头表示电子移动。化合物 **A** 和 **B** 哪个更稳定，为什么？

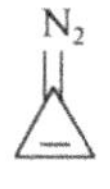

$N_2$　**A**　　　$N_2$　**B**

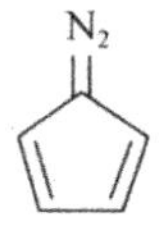

**8-3**　推测以下反应的产物，并写出合理的反应机理。

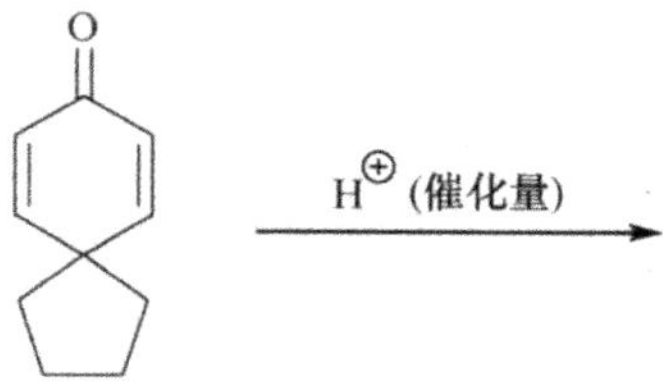

O　$\xrightarrow{H^{\oplus}\text{(催化量)}}$

**8-4** 请对下面 A,B 两组化合物在酸存在下失水的难易分别进行排序(由难到易)。

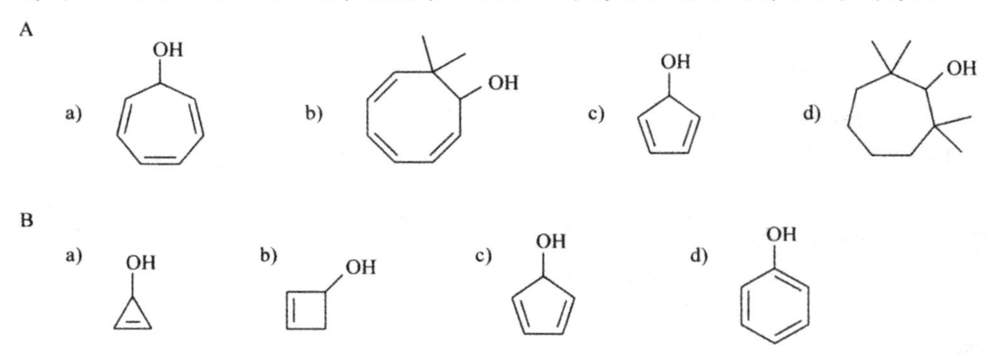


**8-5** 请对以下化合物在甲醇中发生溶剂解反应的速率进行排序。

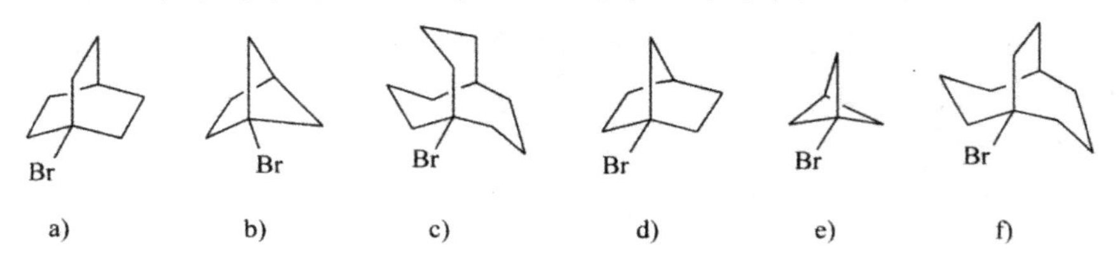


**8-6** 对于以下的反应试写出合理的反应机理。

**8-7** 在乙酸中,化合物 **A** 的水解速率比化合物 **B** 要快 $2\times10^3$ 倍,为什么?

**8-8** 对于以下的重排反应,写出合理的反应机理。

**8-9** 在以下的反应中,试解释为什么产物是 **A**,而不是 **B**。

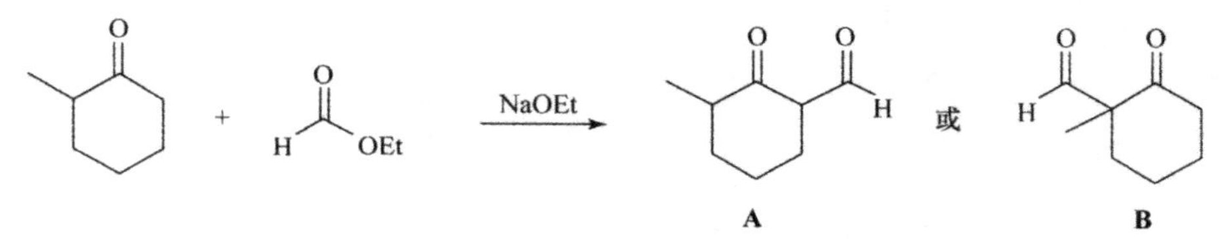

**8-10** 一些环状化合物的酸性明显高于相应的非环状化合物，对于这个现象试给出合理的解释。

a)

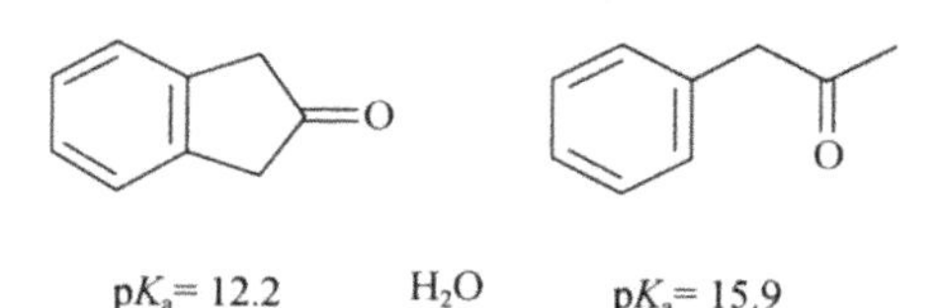

p$K_a$= 12.2　　$H_2O$　　p$K_a$= 15.9

b)

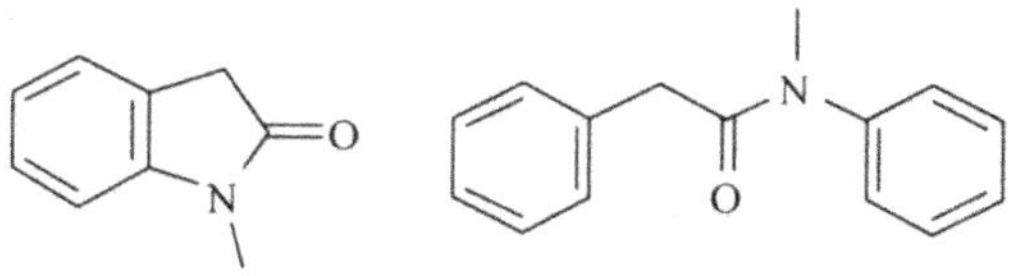

p$K_a$= 18.5　　DMSO　　p$K_a$= 24.6

c)

p$K_a$= 10.3　　DMSO　　p$K_a$= 13.3

**8-11** 芥子气 **A** 的致命毒性在于它和空气中的湿气接触以后会立即产生盐酸，而类似的 1,5-二氯戊烷 **B** 则相对稳定得多，试解释之。

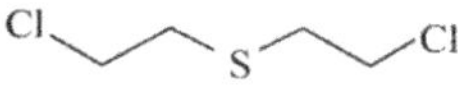

**A** 　　**B**

**8-12** 外消旋的溴化物 **A** 发生乙酸解时反应是立体专一的，只生成化合物 **B**，试给出合理的解释。如果用光学纯的化合物 **A** 进行同样的反应，预测将会是什么结果。

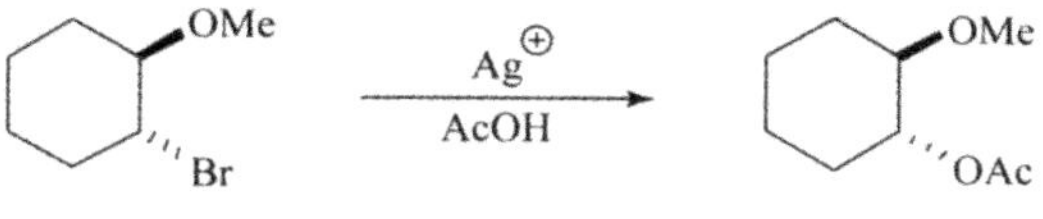

$Ag^{\oplus}$ / AcOH

**A**　　**B**

**8-13** 写出以下溴化反应的机理。

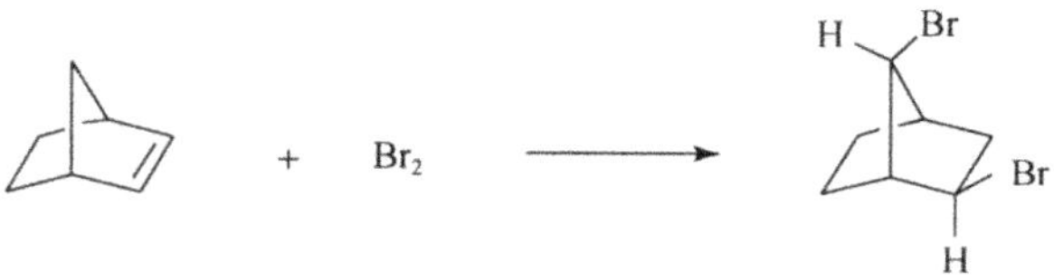

$+ \ Br_2 \longrightarrow$

**8-14** 解释以下反应：

a)

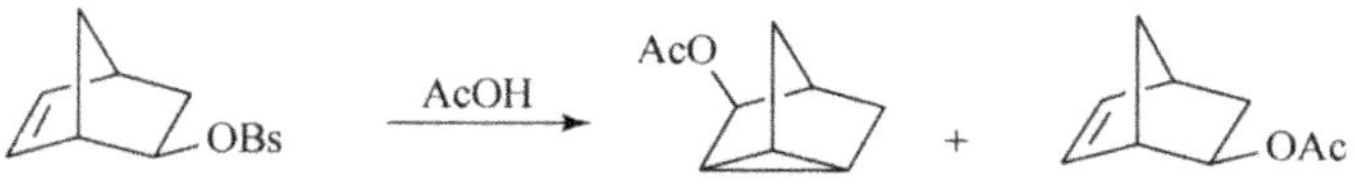

AcOH

光学活性　　外消旋　　外消旋

Bs= $p$-$BrC_6H_4SO_2$–

b)

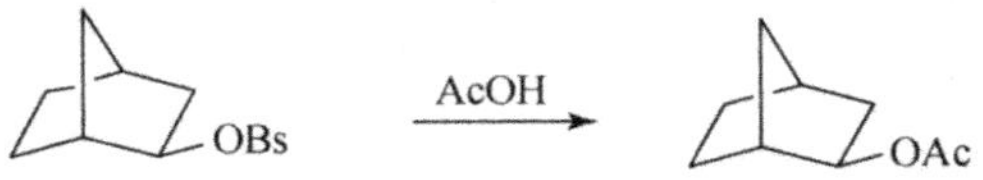

OBs —AcOH→ OAc

光学活性　　外消旋

c)

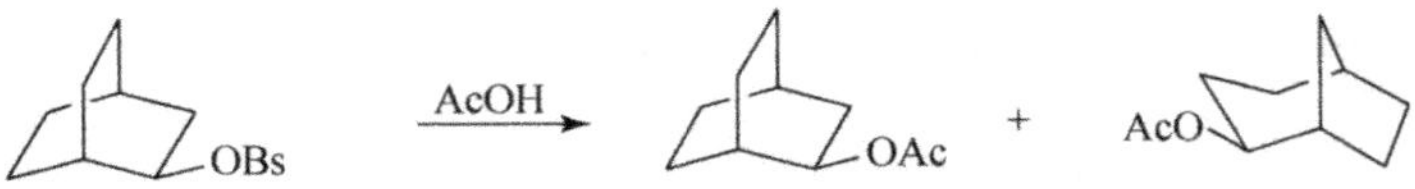

OBs —AcOH→ OAc + AcO

光学活性　　光学活性　　光学活性

**8-15** **A**和**B**发生乙酸解时均生成化合物**C**。当同位素标记的化合物**D**发生乙酸解时，生成的产物中同位素均匀地分布在三个位置。试给予解释。

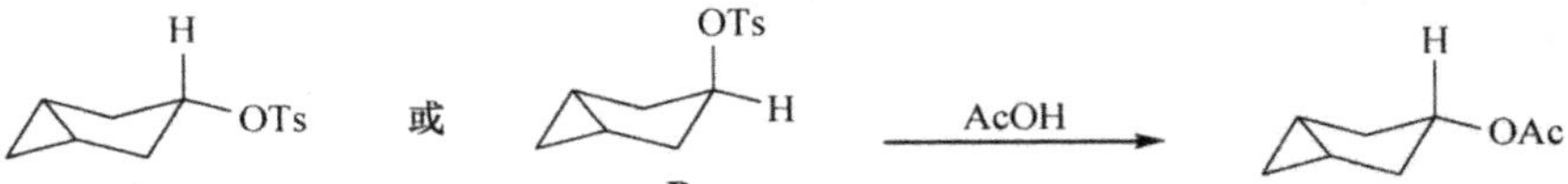

H, OTs (**A**) 或 OTs, H (**B**) —AcOH→ H, OAc (**C**)

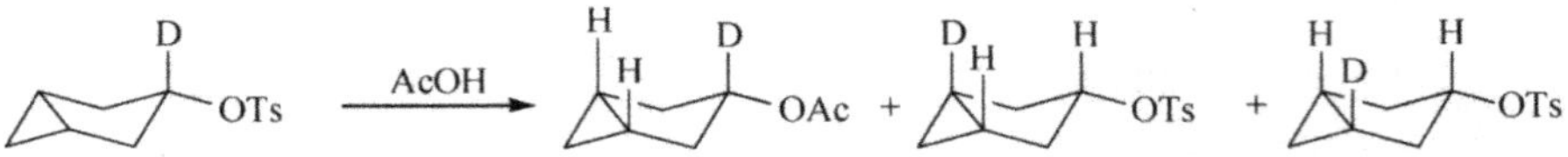

D, OTs (**D**) —AcOH→ H, H, D, OAc (**E**) + D, H, H, OTs (**F**) + H, D, H, OTs (**G**)

(**E**:**F**:**G** = 1:1:1)

# 物理有机化学发展大事记

| | |
|---|---|
| 1869年 | Markovnikov 发现烯烃加成反应的马氏规则 |
| 1874年 | van't Hoff 和 Le Bel 独立地提出碳的立体结构理论 |
| 1875年 | Zaitsev 发表消除反应的区域选择性(Zaitsev 规则) |
| 1888年 | Kehrmann 提出取代基电子效应的概念 |
| 1889年 | Arrhenius 提出反应速率方程(Arrhenius 方程) |
| 1894年 | Meyer 提出空间位阻的概念 |
| 1894年 | Fischer 提出“Lock and Key”模型解释酶的作用原理 |
| 1899年 | Stieglitz 提出碳正离子中间体 |
| 1900年 | Gomberg 报道三苯甲基自由基 |
| 1901年 | Norris 和 Kehrmann 独立地观察到溶液中稳定的三苯甲基正离子 |
| 1903年 | Buchner 提出卡宾中间体(:$CHCO_2Et$) |
| 1903年 | Lapworth 应用动力学方法研究 HCN 对羰基的加成——动力学方法研究有机化学反应机理的开始 |
| 1907年 | Clarke 和 Lapworth 提出苯偶姻缩合反应中碳负离子中间体的参与 |
| 1911年 | Le Bel 提出亲核取代的概念 |
| 1912年 | Staudinger 报道由重氮甲烷生成亚甲基卡宾(:$CH_2$),它和烯烃反应生成环丙烷,和一氧化碳反应生成烯酮($CH_2$=C=O) |
| 1914年 | Schlenk 和 Marcus 报道三芳基自由基可以被碱金属还原成碳负离子 |
| 1916年 | Lewis 提出共价键的概念 |
| 1921年 | Latimer 和 Rodebush 提出氢键的概念 |
| 1921年 | Meerwein 提出碳正离子重排机理 |
| 1923年 | Brønsted 提出酸碱定义(Brønsted 酸碱) |
| 1923年 | Brønsted 提出酸碱催化定律(第一个线性自由能相关) |
| 1923年 | Lewis 提出酸碱定义(Lewis 酸碱) |
| 1929年 | Paneth 测定甲基自由基的寿命 |
| 20世纪20年代 | Lowry, Ingold 和 Robinson 建立用电子取代描述有机分子结构及反应机理的方法 |
| 1931年 | Hückel 提出处理环状共轭有机分子结构的分子轨道近似方法(Hückel 理论) |
| 1932年 | Hammett 建立酸度函数的方法 |
| 1932年 | Conant 报道碳氢酸的相对酸度 |
| 1932年 | Pauling 发表杂化轨道理论(1954年诺贝尔奖) |
| 1933年 | Lewis 分离重水,证实动力学同位素效应 |

| | |
|---|---|
| 1935 年 | Erying 提出过渡态理论的速率方程(Erying 方程) |
| 1937 年 | Hammett 提出 Hammett 线性自由能相关方程 |
| 20 世纪 30 年代 | Kharasch, Ziegler 等对自由基反应的研究 |
| 1940 年 | Hammett 出版《物理有机化学》一书 |
| 1949 年 | Norrish 和 Porter 应用闪光光解方法研究活性中间体(1967 年诺贝尔奖) |
| 20 世纪 40 年代 | Barton 和 Hassel 提出构象分析(1969 年诺贝尔奖) |
| 1955 年 | Hammond 提出关于过渡态结构的假说(Hammond 假说) |
| 1956 年 | Pimentel 应用基质隔离方法研究活性中间体 |
| 1965 年 | Cram 在 McEwen, Streitwieser, Applequist 和 Dessy 的工作基础上,建立弱碳氢酸的酸度标尺(MSAD Scale) |
| 1966 年 | Starks 提出相转移催化 |
| 20 世纪 60 年代 | Pearson 提出软硬酸碱原理 |
| 20 世纪 60 年代 | Woodward, Hoffmann 和 Fukui 提出前线分子轨道理论(1981 年诺贝尔奖) |
| 20 世纪 60～70 年代 | Pedersen, Cram 和 Lehn 研究主客体化学(1987 年诺贝尔奖) |
| 20 世纪 60～70 年代 | Olah 研究稳定碳正离子(1994 年诺贝尔奖) |
| 1956 年 | Marcus 发表 Marcus 反应速率理论(1992 年诺贝尔奖) |
| 20 世纪 70 年代 | Bordwell 建立在 DMSO 溶剂中的酸度标尺 |
| 20 世纪 80 年代开始 | Zewail 应用飞秒激光技术研究化学反应过渡态(1999 年诺贝尔奖) |
| 20 世纪 90 年代 | Arduengo, Bertrand 研究稳定单线态卡宾;Tomioka 研究稳定三线态卡宾 |
| 20 世纪 90 年代 | 量子力学从头计算以及密度泛函理论在有机反应机理研究中的普及应用 |

# 英汉对照词汇

α-effect　α-效应
α elimination　α 消除
π stacking　π 堆积
π-π interaction　π-π 相互作用

autocatalysis　自催化
axial bond　直[立]键
axial chirality　轴向手性
azacrown ether　氮杂冠醚

**A**

absolute configuration　绝对构型
achiral　无手性[的]
acidity function　酸度函数
activation parameters　活化参数
activating group　活化基团
activity coefficient　活度系数
acyl cation　酰[基]正离子
acylium ion　酰基正离子
aggregation　簇集
allosteric effect　变构效应
alternate hydrocarbon　交替烃
ambident　两可[的]
aminoxyl radical (nitroxyl radical, nitroxide)　氮氧自由基
amphiphile　两亲体
anchimeric assistance　邻位促进
angle strain　角张力
anomeric effect　异头效应
antarafacial reaction　异面反应
anti　反
antiaromaticity　反芳香性
antibody enzyme　抗体酶
antibonding orbital　反键轨道
anti-Markovnikov addition　反马尔科夫尼科夫加成
arenium ion　芳基正离子
aromatic nucleophilic substitution　芳香族亲核取代[反应]
aromaticity　芳香性
Arrhenius activation energy　阿仑尼乌斯活化能
aryl cation　芳正[碳]离子
atropisomer　阻转异构体

**B**

backside attack　背面进攻
banana bond　香蕉键
bathochromic effect　红移效应
benzylic cation　苄[基]正离子
benzylic intermediate　苄[基]中间体
benzyne　苯炔
bimolecular acid-catalyzed acyl-oxygen cleavage ($A_{AC}2$)　双分子酸催化酰氧断裂[反应]
bimolecular acid-catalyzed alkyl-oxygen cleavage ($A_{AL}2$)　双分子酸催化烷氧断裂[反应]
bimolecular base-catalyzed acyl-oxygen cleavage ($B_{AC}2$)　双分子碱催化酰氧断裂[反应]
bimolecular base-catalyzed alkyl-oxygen cleavage ($A_{AL}2$)　双分子碱催化烷氧断裂[反应]
bimolecular electrophilic substitution ($S_E2$)　双分子亲电取代[反应]
bimolecular elimination (E2)　双分子消除[反应]
bimolecular elimination through conjugate base (E2cb)　双分子共轭碱消除[反应]
bimolecular nucleophilic substitution ($S_N2$)　双分子亲核取代[反应]
bimolecular nucleophilic substitution with allylic rearrangement ($S_N2'$)　烯丙型双分子亲核取代[反应]
biradical, diradical　双自由基
blue-shift　蓝移
boat conformation　船型构象
Boltzmann distribution　玻尔兹曼分布
bond angle　键角
bond dipole　键偶极
bond dissociation energy　键解离能

bond length 键长
bond polarization 键极化
bond strength 键的强度
bonding orbital 成键轨道
Bredt's rule 布雷特规则
bridged bond 桥连键
bridged carbocation 桥连碳正离子
bridged-ring system 桥环体系
Brønsted acid 布朗斯台德酸
Brønsted base 布朗斯台德碱
Brønsted catalysis law 布朗斯台德催化定律

## C

cage compound 笼合物;笼状化合物
captodative effect 推拉效应
carbanion 碳负离子
carbene 卡宾
carbenium ion 三价碳正离子
carbenoid 类卡宾
carbocation 碳正离子
carbonium ion 高价碳正离子
carbyne 卡拜
cascade mechanism 串联机理
cascade reaction 串联反应
catalytic antibodies 催化抗体
catenane 索烃;索烷
cation-π interaction 正离子-π 相互作用
chain reaction 链式反应
chain initiation 链引发
chain propagation 链增长
chain termination 链终止
charge transfer 电荷转移,简称荷移
chemically induced dynamic nuclear polarization, CIDNP 化学诱导的动态核极化
chromophore 生色团
competitive inhibition 竞争性抑制
concerted reaction 协同反应
configuration 构型
conformation 构象
conformational analysis 构象分析
conformational effect 构象效应
conjugate acid 共轭酸
conjugate base 共轭碱
conjugated system 共轭体系
conjugation 共轭
conjugation molecule 共轭分子
conrotatory 顺旋
conservation of orbital symmetry 轨道对称性守恒
contact ion pair, intimate ion pair, tight ion pair 紧密离子对
counter ion 反荷离子
Cram rule 克拉姆规则
crossover experiments 交叉实验
cryptand 穴醚
cryptate 穴醚络合物
cryptophane 穴蕃
Curtin-Hammett principle 柯廷-哈米特原理
cybotactic region 群聚区域
cyclodextrin 环糊精
cyclophane 环蕃
cyclopropanation 环丙烷化

## D

deactivating group 钝化基团
degree of freedom 自由度
delocalization 离域
dendrimer 树枝状化合物
density functional theory (DFT) 密度泛函理论
deprotonation 去质子
diamagnetic 反磁性的,抗磁性的
diamagnetic ring current effect 抗磁环电流效应
dianion 双负离子
diastereoisomerisation 非对映异构化
diastereomer 非对映[异构]体
diastereomeric excess, de (percent) 非对映体过量[百分比]
diastereomeric ratio, dr 非对映体比例
dication 双正离子
dielectric constant 介电常数
diffusion control 扩散控制
dihedral angle 二面角
dipolar aprotic solvent 极性非质子性溶剂
dipole-dipole interaction 偶极-偶极相互作用
diradical 双自由基
disrotatory 对旋
donor-acceptor interaction 供体-受体相互作用
double inversion 两次翻转
driving force 驱动力

dual parameter substituent constant 双参数取代基常数
dynamic kinetic resolution 动态动力学拆分

**E**

early transition state 早过渡态
eclipsed conformation 重叠构象
electrocyclic rearrangement 电环[化]重排
electron deficient [system] 贫电子[体系],缺电子[体系]
electron donor-acceptor complex, EDA complex 电子供体-受体复合物
electron rich [system] 富电子[体系]
electron transfer 电子转移
electron-donating group 给电子基团
electronic effect of substituent 取代基电子效应
electron spin resonance spectroscopy(ESR) 电子自旋共振
electron paramagnetic resonance spectroscopy(EPR) 电子顺磁共振
electron-withdrawing group 吸电子基团
electronegativity 电负性
electrophile 亲电体
electrophilic addition 亲电加成
electrophilic aromatic substitution ($S_EAr$) 芳香族亲电取代
electrophilic substitution 亲电取代[反应]
electrophilicity 亲电性
electrostatic interaction 静电作用
elimination [reaction] 消除[反应]
enantiomer 对映[异构]体
enantiomeric excess, ee [percent] 对映体过量[百分比]
encounter complex 遭遇络合物
endergonic 吸能的
enderthermic 吸热的
endo 内
endo isomer 内型异构体
endothermic 吸热的
enophile 亲烯体
enthalpy of activation 活化焓
entropy of activation 活化熵
entropy control 熵控制
entropy driven 熵驱动
entropy penalty 熵补偿
envelope conformation 信封[型]构象
equatorial bond 平[伏]键
equilibrium constants 平衡常数
Erying equation Erying 方程
*erythro* configuration 赤式构型
*erythro* isomer 赤型异构体
excimer 激基缔合物
exciplex 激基复合物
excited state 激发态
excitation spectrum 激发光谱
excitation wavelength 激发波长
exo 外
exo isomer 外型异构体
exogonic 放能的
exothermic 放热的
external return 离子对外部返回;外部返回

**F**

F strain, front strain 前张力
Felkin-Ahn rule 费尔金-阿恩规则
femtochemistry 飞秒化学
field effect 场效应
first order kinetics 一级动力学
Fischer projection 费歇尔投影式
flash vacuum pyrolysis 快速真空热解
foldamer 折叠体
forbidden 禁阻
Franck-Condon principle 弗兰克-康登原理
free energy of activation 活化自由能
free energy of transfer 转移自由能
free rotation 自由旋转

**G**

gauche conformation, skew conformation 邻位交叉构象
geminate recombination 偕位再结合
general catalysis 一般催化
general-acid catalysis 一般酸催化
general-base catalysis 一般碱催化
Gibbs free energy Gibbs 自由能
ground state 基态
Grunwald-Winstein equation 温斯坦-格伦瓦尔德方程
guest 客体

**H**

half-chair conformation 半椅型构象
halonium ion 卤鎓离子
Hammett acidity function 哈米特酸度函数
Hammett equation 哈米特方程
Hammond principle [postulate] 哈蒙德假说
heat of combustion 燃烧热
heat of formation 生成热
heat of hydrogenation 氢化热
heat of reaction 反应热
heat of vaporization 气化热
helical structure 螺旋结构
heterolysis (heterolytic) 异裂
heterotopic 异位[的]
Hoffmann rule 霍夫曼规则
homoaromaticity 同芳香性
homoconjugation 同共轭
homoconjugation effect 同共轭效应
homolysis (homolytic) 均裂
host 主体
host-guest chemistry 主客体化学
Hückel energy level diagram 休克尔能级图
Hückel molecular orbital method 休克尔分子轨道理论
hybridization 杂化
hydride 氢负离子
hydrogen abstraction 攫氢
hydron 氢正离子
hyperchromic effect 增色效应
hyperconjugation 超共轭
hypochromic effect 减色效应
hypsochromic effect 蓝移;蓝移效应

**I**

I strain,inner strain 内张力
inductive effect 诱导效应
initiation 引发
inert matrix 惰性基质
insertion 插入[反应]
intermediate 中间体
internal nucleophilic substitution 分子内亲核取代[反应]
internal return 离子对内部返回;内部返回
intrinsic barrier 固有能垒
inverse isotope effect 逆反同位素效应
inversion of configuration 构型翻转
ion pair 离子对
ion pairing 离子配对
ipso-attack 原位进攻
isoequilibrium temperature 准平衡温度
isokinetic temperature 准动力学温度
isomerism 异构[现象]
isotope labeling 同位素标记
isotope scrambling 同位素置乱

**K**

keto carbene 酮卡宾
keto-enol tautomerism 酮-烯醇互变异构
ketyl 羰自由基
kinetic acidity 动力学酸度
kinetic control 动力学控制
kinetic resolution 动力学拆分
kinetic stability 动力学稳定性

**L**

laser flash photolysis 激光闪光光解
late transition state 晚过渡态
leaving group 离去基团
leveling effect 拉平效应
Lewis acid 路易斯酸
Lewis base 路易斯碱
Lewis structure 路易斯结构
like-dissolves-like 相似相溶
linear free energy relationship 线性自由能相关
lipophilic interaction 亲脂作用
London dispersion forces 伦敦力;色散力;范德华力
long range order 长程有序
long range solvation 长程溶剂化
loose transition state 松散过渡态

**M**

Marcus inverted region 马库斯反转区
Marcus theory 马库斯理论
Markovnikov addition 马尔科夫尼科夫加成
Michaelis constant 米氏常数
Michaelis-Menten equation 米氏方程

microscopic rate constant 微观速率常数
microscopic reversibility 微观可逆性
migratory insertion 迁移插入
molecular modeling 分子模拟
molecular orbital 分子轨道
molecular orbital theory 分子轨道理论
Morse potential energy curve 莫尔斯势能曲线

## N

neighboring group assistance, anchimeric assistance 邻基效应;邻助作用
neighboring group participation 邻基参与
Newman projection 纽曼投影式
nitrene 氮宾
nitrenium ion 氮宾离子
non-bonding interaction 非键相互作用
nonclassical carbocation 非经典碳正离子
non-covalent bond 非共价键
nonpolar aprotic solvent 非极性非质子性溶剂
nonpolar protic solvent 非极性质子性溶剂
normal electron demand 正常电子需求
Norrish type Ⅰ photoreaction 诺里什-Ⅰ光反应
Norrish type Ⅱ photoreaction 诺里什-Ⅱ光反应
nucleophile 亲核体
nucleophilic reaction 亲核反应
nucleophilic substitution reaction 亲核取代[反应]
nucleophilicity 亲核性

## O

O—H…stacking O—H…堆积作用
observed rate constant 表观速率常数
olefin metathesis 烯烃复分解
ortho effect 邻位效应
ortho position 邻位
ortho/para directing 邻对位定位
ortho-para directing group 邻对位定位基团
oxonium ylide 氧鎓叶立德

## P

para position 对位
paramagnetic 顺磁性的
partial charges 部分电荷
pericyclic reaction 周环反应
PET 光诱导电子转移
phase-transfer catalysis 相转移催化
phase-transfer catalyst 相转移催化剂
phenol-keto tautomerism 酚-酮互变异构
phenonium ion 苯鎓离子
phenyl group 苯基
photoaffinity labeling 光亲和标记
photochemistry 光化学
photochromism 光致变色
photolysis 光解
photosensitizer 光敏剂
pinacol rearrangement 频哪醇重排
polar covalent bond 极性共价键
polar effect 极性效应
polar protic solvent 极性质子性溶剂
polarity 极性
polarizability 可极化性
polarized light 偏振光
potential energy 势能
potential energy surface 势能面
preexponential factor 指前因子
preliminary equilibrium 初步平衡
prephenate 预苯酸
primary isotope effect 一级同位素效应
principle of hard and soft acids and bases 软硬酸碱原理
principle of least motion 最小运动法则
prochirality 前手性
pseudofirst order reaction 假一级反应
pyramidal inversion 棱锥型翻转

## R

racemate 外消旋体
racemic compound 外消旋化合物
racemic mixture 外消旋混合物
racemization 外消旋化
radical anion 自由基负离子
radical cage 自由基笼
radical cation 自由基正离子
reaction coordinate 反应坐标
radical ion 自由基离子
radical, free radical 自由基
radical initiator 自由基引发剂
red-shift 红移

redox reaction 氧化还原反应
rate constant 速率常数
rate laws 速率定律
rate-controlling step 控速步
rate-determining step 决速步
re face re 面
reactive intermediate (reactive complex) 活泼中间体
reaction constant 反应常数($\rho$)
reaction order 反应级数
relative permitivity 相对介电常数
reorganization energy 重组能
resolution 拆分
resonance 共振[论]
resonance effect 共振效应
restricted rotation, hindered rotation 受阻旋转
retention of configuration 构型保持
reversible reaction 可逆反应
rotamer 旋转异构体
rotational barrier 旋转能垒
rotational freedom degree 转动自由度
rotaxane 轮烷

## S

sawhorse projection 锯木架型投影式
second order kinetics 二级动力学
secondary isotope effect 二级同位素效应
secondary orbital interactions 次级轨道相互作用
self-assembly 自组装
1,2-shift 1,2-迁移
short range order 短程有序
si face si 面
silyl radical 硅自由基
silylene 硅烯
silylium cation 硅正离子
single electron transfer 单电子转移
singlet 单线态
small angle strain 小角张力
solute 溶质
solvation 溶剂化
solvation energy 溶剂化能
solvatochromism 溶剂化显色;溶致变色
solvent 溶剂
solvent cage 溶剂笼
solvent effect 溶剂效应
solvent isotope effect 溶剂同位素效应
spin trapping 自旋捕获
staggered conformation 对位交叉构象
steady-state approximation 稳态近似
stepwise reaction 分步反应
stereochemistry 立体化学
stereoelectronic effect 立体电子效应
stereogenic center 立体[异构]源中心
stereoisomer 立体异构体
stereoisomerism 立体异构现象;立体异构
stereomutation 立体变更
steric effect 空间效应
steric hindrance 位阻
steric isotope effect 空间同位素效应
steric strain 空间张力
substituent constant 取代基常数($\sigma$)
substituent effect 取代基效应
substituent parameter 取代基参数
substitution reaction 取代反应
substrate 底物
sulfur ylide 硫叶立德
super acid 超酸
supermolecule 超分子
supramolecular chemistry 超分子化学
Swain-Lupton equation 斯温-拉普敦方程
symmetry forbidden reaction 对称禁阻反应
synfacial reaction 同面反应
synperiplanar conformation 顺叠构象

## T

Taft equation 塔夫特方程
tandem reaction 串联反应
tautomerism 互变异构[现象]
tautomerization 互变异构化
tetrahedral carbon 四面体型碳
tetrahedral configuration 四面体构型
tetrahedral intermediate 四面体中间体
tetrahedron hybridization 四面体杂化
thermodynamic acidity 热力学酸度
thermodynamic control 热力学控制
thermodynamic cycle 热力学循环
thermodynamic stability 热力学稳定性
thermodynamics 热力学

thermolysis 热裂解反应
three center hydrogen bond 三中心氢键
three center-two electron bond 三中心二电子键
*threo* configuration 苏式构型
*threo* isomer 苏型异构体
through conjugation effect 贯穿共轭效应
tight transition state 紧凑过渡态
torsion angle 扭转角
torsional effect 扭转效应
torsional strain 扭转角张力;扭转张力
transannular interaction 跨环相互作用
transannular strain 跨环张力
transition species 过渡物种
transition state 过渡态
transition state theory 过渡态理论
transition state analog 过渡态类似物
translational freedom 平动自由度
trapping 捕获
trapping agent 捕获剂
trigonal carbon 三角形碳
trigonal hybridization 三角形杂化
triplet 三线态
triptycene 三蝶烯
trityl radical 三苯甲基自由基
troquoselectivity 扭转选择性
tunneling effect 穿隧效应

## U

unimolecular acid-catalyzed acyl-oxygen cleavage ($A_{AC}1$) 单分子酸催化酰氧断裂[反应]
unimolecular acid-catalyzed alkyl-oxygen cleavage ($A_{AL}1$) 单分子酸催化烷氧断裂[反应]
unimolecular base-catalyzed alkyl-oxygen cleavage ($B_{AL}1$) 单分子碱催化烷氧断裂[反应]
unimolecular electrophilic substitution ($S_E1$) 单分子亲电取代[反应]
unimolecular elimination (E1) 单分子消除[反应]
unimolecular elimination through conjugate base (E1cb) 单分子共轭碱消除[反应]
unimolecular free radical nucleophilic substitution 单分子自由基亲核取代[反应]
unimolecular nucleophilic substitution($S_N1$) 单分子亲核取代[反应]
unreasonable resonance structure 不合理的共振结构
UV/Vis spectra 紫外-可见光谱

## V

van der Waals force 范德华力
valence tautomerism 价互变异构
valence tautomerization 价互变异构化
vibrational freedom degree 振动自由度

## W

Walden inversion 瓦尔登翻转
walk rearrangement 游走重排

## Y

ylide 叶立德

## Z

Zaitsev rule,Saytzeff rule 札依采夫规则
zero order kinetics 零级动力学
Zimmerman-Traxler model 齐默尔曼-特拉克斯勒模型
zero point energy 零点能

# 主要参考文献


1. Eric V Anslyn，Dennis A Dougherty，著. 现代物理有机化学. 计国桢，佟振合，等译. 北京：高等教育出版社，2009.
2. 张永敏，包伟良，吴军. 物理有机化学. 第二版. 上海：上海科学技术出版社，2011.
3. Neil S Isaacs. Physical Organic Chemistry. 第二版影印版. 北京：世界图书出版公司，1997.
4. T H Lowry，K S Richardson. Mechanism and Theory in Organic Chemistry. 3rd ed. HarperCollins Publishers，1987.
5. F A Carey，R J Sundberg. Advanced Organic Chemistry (Part A：Structure and Mechanism). 第五版影印版. 北京：科学出版社，2009.
6. Peter Sykes. A Guide Book to Mechanism in Organic Chemistry (Sixth Edition). 第六版影印版. 北京：世界图书出版公司，2004.
7. Barry K Carpenter，著. 有机反应机理测定的研究方法. 李崇熙，李根，译. 北京：北京大学出版社，1991.
8. Joseph B Lambert. Physical Organic Chemistry：Through Solved Problems. Holden-Day，Inc，1978.